高职高专"十一五"规划教材

★ 农林牧渔系列

动物性食品卫生检验

DONGWUXING SHIPIN WEISHENG JIANYAN

张升华　乐涛　主编

化学工业出版社

·北京·

本书主要包括绪论、理论部分（分四个单元，共十五章）、实训指导和附录四部分。主要介绍了肉、乳、蛋、水产品及其制品受污染的来源及途径，动物性食品及其制品在生产、加工、贮藏、运输及销售过程中的卫生监督和卫生检验。

本书的特点是既有实用性、全面性，又有先进性和系统性。既保证了社会实践中需要的基础知识够用，满足实际工作的需要，且融入了一些先进的检验技术与检验手段，并拓展了今后兽医卫生检验发展趋势性的内容。

本书适合作为高等职业院校兽医专业、防疫检疫专业教材，也可供动物防疫检疫工作人员参考。

图书在版编目（CIP）数据

动物性食品卫生检验/张升华，乐涛主编. —北京：化学工业出版社，2010.8（2023.8 重印）
高职高专“十一五”规划教材★农林牧渔系列
ISBN 978-7-122-09260-1

Ⅰ. 动…　Ⅱ. ①张…②乐…　Ⅲ. 动物性食品-食品检验-高等学校：技术学院-教材　Ⅳ. TS251.7

中国版本图书馆 CIP 数据核字（2010）第 146217 号

责任编辑：李植峰　梁静丽　　　文字编辑：周　倜
责任校对：徐贞珍　　　装帧设计：史利平

出版发行：化学工业出版社（北京市东城区青年湖南街 13 号　邮政编码 100011）
印　　装：北京七彩京通数码快印有限公司
787mm×1092mm　1/16　印张 17¼　字数 436 千字　　2023 年 8 月北京第 1 版第 8 次印刷

购书咨询：010-64518888　　　售后服务：010-64518899
网　　址：http://www.cip.com.cn
凡购买本书，如有缺损质量问题，本社销售中心负责调换。

定　　价：39.80 元

高职高专“十一五”规划教材★农林牧渔系列
建设委员会成员名单

高职高专“十一五”规划教材★农林牧渔系列
编审委员会成员名单

高职高专“十一五”规划教材★农林牧渔系列建设单位

（按汉语拼音排列）

安阳工学院
保定职业技术学院
北京城市学院
北京林业大学
北京农业职业学院
长治学院
长治职业技术学院
常德职业技术学院
成都农业科技职业学院
成都市农林科学院园艺研究所
重庆三峡职业学院
重庆文理学院
德州职业技术学院
福建农业职业技术学院
抚顺师范高等专科学校
甘肃农业职业技术学院
广东科贸职业学院
广东农工商职业技术学院
广西百色市水产畜牧兽医局
广西大学
广西职业技术学院
广州城市职业学院
海南大学应用科技学院
海南师范大学
海南职业技术学院
杭州万向职业技术学院
河北北方学院
河北工程大学
河北交通职业技术学院
河北科技师范学院
河北省现代农业高等职业技术学院
河南科技大学林业职业学院
河南农业大学
河南农业职业学院
河西学院
黑龙江农业工程职业学院
黑龙江农业经济职业学院
黑龙江农业职业技术学院
黑龙江生物科技职业学院
黑龙江畜牧兽医职业学院
呼和浩特职业学院
湖北生物科技职业学院
湖南怀化职业技术学院
湖南环境生物职业技术学院
湖南生物机电职业技术学院
吉林农业科技学院
集宁师范高等专科学校
济宁市高新区农业局
济宁市教育局
济宁职业技术学院
嘉兴职业技术学院
江苏联合职业技术学院
江苏农林职业技术学院
江苏畜牧兽医职业技术学院
金华职业技术学院
晋中职业技术学院
荆楚理工学院
荆州职业技术学院
景德镇高等专科学校
昆明市农业学校
丽水学院
丽水职业技术学院
辽东学院
辽宁科技学院
辽宁农业职业技术学院
辽宁医学院高等职业技术学院
辽宁职业学院
聊城大学
聊城职业技术学院
眉山职业技术学院
南充职业技术学院
盘锦职业技术学院
濮阳职业技术学院
青岛农业大学
青海畜牧兽医职业技术学院
曲靖职业技术学院
日照职业技术学院
三门峡职业技术学院
山东科技职业学院
山东省贸易职工大学
山东省农业管理干部学院
山西林业职业技术学院
商洛学院
商丘职业技术学院
深圳职业技术学院
沈阳农业大学
沈阳农业大学高等职业技术学院
思茅农业学校
苏州农业职业技术学院
温州科技职业学院
乌兰察布职业学院
厦门海洋职业技术学院
咸宁学院
咸宁职业技术学院
信阳农业高等专科学校
杨凌职业技术学院
宜宾职业技术学院
永州职业技术学院
玉溪农业职业技术学院
岳阳职业技术学院
云南农业职业技术学院
云南省曲靖农业学校
张家口教育学院
漳州职业技术学院
郑州牧业工程高等专科学校
郑州师范高等专科学校
中国农业大学烟台研究院

《动物性食品卫生检验》编写人员

主　　编　张升华（黑龙江畜牧兽医职业学院）

乐　涛（信阳农业高等专科学校）

副 主 编　刘秀萍（辽宁医学院畜牧兽医学院）

李汝春（山东畜牧兽医职业学院）

吴桂银（江苏畜牧兽医职业技术学院）

参编人员　张升华（黑龙江畜牧兽医职业学院）

乐　涛（信阳农业高等专科学校）

刘秀萍（辽宁医学院畜牧兽医学院）

李汝春（山东畜牧兽医职业学院）

吴桂银（江苏畜牧兽医职业技术学院）

王明利（北京农业职业学院）

张崇秀（湖北生物职业技术学院）

唐雨顺（锦州医学院）

白　雪（黑龙江畜牧兽医职业学院）

王力群（黑龙江畜牧兽医职业学院）

序

当今，我国高等职业教育作为高等教育的一个类型，已经进入到以加强内涵建设，全面提高人才培养质量为主旋律的发展新阶段。各高职高专院校针对区域经济社会的发展与行业进步，积极开展新一轮的教育教学改革。以服务为宗旨，以就业为导向，在人才培养质量工程建设的各个侧面加大投入，不断改革、创新和实践。尤其是在课程体系与教学内容改革上，许多学校都非常关注利用校内、校外两种资源，积极推动校企合作与工学结合，如邀请行业企业参与制定培养方案，按职业要求设置课程体系；校企合作共同开发课程；根据工作过程设计课程内容和改革教学方式；教学过程突出实践性，加大生产性实训比例等，这些工作主动适应了新形势下高素质技能型人才培养的需要，是落实科学发展观，努力办人民满意的高等职业教育的主要举措。教材建设是课程建设的重要内容，也是教学改革的重要物化成果。教育部《关于全面提高高等职业教育教学质量的若干意见》（教高［2006］16号）指出“课程建设与改革是提高教学质量的核心，也是教学改革的重点和难点”，明确要求要“加强教材建设，重点建设好3000种左右国家规划教材，与行业企业共同开发紧密结合生产实际的实训教材，并确保优质教材进课堂。”目前，在农林牧渔类高职院校中，教材建设还存在一些问题，如行业变革较大与课程内容老化的矛盾、能力本位教育与学科型教材供应的矛盾、教学改革加快推进与教材建设严重滞后的矛盾、教材需求多样化与教材供应形式单一的矛盾等。随着经济发展、科技进步和行业对人才培养要求的不断提高，组织编写一批真正遵循职业教育规律和行业生产经营规律、适应职业岗位群的职业能力要求和高素质技能型人才培养的要求、具有创新性和普适性的教材将具有十分重要的意义。

化学工业出版社为中央级综合科技出版社，是国家规划教材的重要出版基地，为我国高等教育的发展做出了积极贡献，曾被新闻出版总署领导评价为“导向正确、管理规范、特色鲜明、效益良好的模范出版社”，2008年荣获首届中国出版政府奖——先进出版单位奖。近年来，化学工业出版社密切关注我国农林牧渔类职业教育的改革和发展，积极开拓教材的出版工作，2007年年底，在原“教育部高等学校高职高专农林牧渔类专业教学指导委员会”有关专家的指导下，化学工业出版社邀请了全国100余所开设农林牧渔类专业的高职高专院校的骨干教师，共同研讨高等职业教育新阶段教学改革中相关专业教材的建设工作，并邀请相关行业企业作为教材建设单位参与建设，共同开发教材。为做好系列教材的组织建设与指导服务工作，化学工业出版社聘请有关专家组建了高职高专“十一五”规划教材★农林牧渔系列建设委员会和高职高专“十一五”规划教材★农林牧渔系列编审委员会，拟在“十一五”期间组织相关院校的一线教师和相关企业的技术人员，在深入调研、整体规划的基础上，编写出版一套适应农林牧渔类相关专业教育的基础课、专业课及相关外延课程教材——高职高专“十一五”规划教材★农林牧渔系列。该套教材将涉及种植、园林园艺、畜牧、兽医、水产、宠物等专业，于2008～2010年陆续出版。

该套教材的建设贯彻了以职业岗位能力培养为中心，以素质教育、创新教育为基础的教育理念，理论知识“必需”、“够用”和“管用”，以常规技术为基础，关键技术为重点，先进技术为导向。此套教材汇集众多农林牧渔类高职高专院校教师的教学经验和教改成果，又得到了相关行业企业专家的指导和积极参与，相信它的出版不仅能较好地满足高职高专农林牧渔类专业的教学需求，而且对促进高职高专专业建设、课程建设与改革、提高教学质量也将起到积极的推动作用。希望有关教师和行业企业技术人员，积极关注并参与教材建设。毕竟，为高职高专农林牧渔类专业教育教学服务，共同开发、建设出一套优质教材是我们共同的责任和义务。

介晓磊

2008年10月

前言

本教材是根据教育部有关文件精神，本着以培养适应生产、建设、管理、服务第一线需要的高素质技能型专业人才为原则，以理论知识“必需、够用”为度，“加强实践技能培养”为重点而编写的，参考了以往教学、生产中的有益成果及新法规、新政策，加强了行业的针对性和实用性。

随着当前有毒有害动物性食品对人体健康造成极大危害现象的不断出现，由兽医人员对动物及动物性食品及其他产品进行的兽医卫生监督与检验日益重要。本教材就是为保证动物性食品的安全性，保障食用者的安全健康，防止疫病传播及维护动物性食品出口信誉，宣传和普及生产加工动物性食品及其他过程中应进行的兽医卫生监督，以及在此过程中兽医防疫检疫部门所应做的兽医卫生检验而编写的。本书既适合作为高等职业院校兽医专业、防疫检疫专业教材，也可供动物防疫检疫工作人员参考。

本教材的特点是既有实用性、全面性，又有先进性和系统性。既保证了社会实践中需要的基础知识够用，满足实际工作的需要，且融入了一些先进的检验技术与检验手段，并拓展了今后兽医卫生检验发展趋势性的内容。

本教材主要包括绪论、理论部分（分四个单元，共十五章）、实训指导和附录四部分。主要介绍了肉、乳、蛋、水产品及其制品受污染的来源及途径，动物性食品及其制品在生产、加工、贮藏、运输及销售过程中的卫生监督和卫生检验。其中绪论和第一章、第二章第一节和第三节至第五节及实训一至实训三由乐涛编写；第三章至第六章由张升华编写；第七章及实训四至实训七由吴桂银编写；第八章第一节和第二节、第九章及实训八至实训十由李汝春编写；第八章第三节和第四节及实训十九、实训二十由唐雨顺编写；第十、十一章，实训十一及附录由刘秀萍编写；第二章第二节、第十二章及实训十二至实训十四由王明利编写；第十三章及实训十五至实训十八由张崇秀编写；第十四章由白雪编写；第十五章由王力群编写。

由于时间仓促，加之水平所限，书中不妥和疏漏之处在所难免，敬请读者不吝指教，提出宝贵意见，谨此表示衷心感谢！

编　者

2010年7月

目录

绪　论

一、动物性食品卫生检验概念

动物性食品卫生检验是以兽医学和公共卫生学的理论及相关法规为基础，从预防角度出发，研究动物及动物性食品在生产、加工、贮藏、运输及销售等过程中的预防性和生产性卫生监督，并对产品卫生质量做出鉴定、控制及最合理的加工利用，确保产品的安全与质量，以保障食用者的安全健康，防止人畜共患病及其他动物疫病散播的综合性应用学科。它涉及动物从养殖场到餐桌的全程检验与监控，与人类的日常生活息息相关。

这里的动物，是指家畜家禽和人工饲养、合法捕获的其他动物，主要以猪、牛、羊、鸡、鸭、鹅、兔等动物为主。动物性食品，更广义地说动物产品，是指动物的肉、生皮、原毛、绒、脏器、脂、血液、精液、卵、胚胎、骨、蹄、头、角、筋以及可能传播动物疫病的奶、蛋等。所以动物性食品通常主要指肉、乳、蛋、水产品及其制品，如各种生鲜肉、各种肉制品、各种蛋品、各种乳品等，种类广泛复杂。

俗语说“民以食为天”，食物是人类赖以生存和发展的物质基础。据统计推算认为，一个人在一生中所必须摄取营养物质的数量大约是：水 75t、糖类 17.5t、蛋白质 2.5t、脂肪 1.3t，以及各种维生素、无机盐等。这说明了人的摄食量要超过人体重量的 1000 倍。人类的生存和发展需要大量的食物供应。

食品按其来源可分为两大类：动物性食品与植物性食品。动物性食品富含优质的蛋白质以及较多的脂肪、碳水化合物、无机盐和维生素等营养物质，能给人体提供丰富的营养。但是动物性食品同时又具有容易腐败变质的特性，不健康的动物及其产品常带有致病性微生物和寄生虫。因此，人们吃了不卫生的动物性食品，常会使人感染某种传染病和寄生虫病，甚至发生食物中毒，损害食用者的健康。

随着我国经济的发展和科学技术的进步，人们对动物性食品卫生的认识和要求也有了提高。动物性食品污染的含义已经具有了新的内容，除了指过去所熟悉的致病性微生物和寄生虫污染外，还包括农药、食品添加剂、霉菌毒素、重金属、放射性物质和其他化学物质的污染。这些新的致病因素由于使人致癌、致畸、致突变以及影响遗传而受到日益广泛的重视。这些因素影响所及已经不只是食用者本身的安全和健康，而且要影响他们的子孙后代。因此，应该从新的高度来认识兽医卫生检验的含义及其在国计民生中的重要性。

二、动物性食品卫生检验目的与任务

动物性食品卫生检验对于保障人民身体健康，防止人畜共患病及其他畜禽疫病的传播具有重要意义。它无论是作为一门学科或具体工作实践，其目的都是为了保证动物性食品卫生质量，保障消费者的食用安全及防止疫病散播。动物性食品卫生检验的具体任务是：①防止人畜共患病和其他动物疫病的传播和蔓延；②防止食品中毒和有毒有害物质通过动物及动物性食品对人体造成危害；③维护我国动物产品及动物性食品贸易的信誉，提高其在国际市场竞争力；④提高动物生产和动物性食品加工企业的经济效益；⑤为制定和完善我国兽医卫生检验法规提供科学依据。

三、动物性食品卫生检验发展概况

我国动物性食品卫生检验的发展有着漫长的历史。春秋战国时《论语》中记载“鱼馁而肉败不食，色恶不食，臭恶不食，失饪不食”。东汉张仲景著《金匮要略》中记载“六畜自死，皆疫死，则有毒，不可食之”。《庸律》中规定“脯肉有毒，曾经病人，有余者速焚之，违者杖九十；若故予人食，并出卖令人病者徒一年；以故致死者，绞”。南北朝的《养生要集》、《食经》等著作，也都记载了有关动物性食品卫生的内容。

在近代，帝国主义侵占我国领土，外国商人在上海、南京、武汉、青岛和哈尔滨等开办了较大规模的屠宰厂、蛋品厂，并由他们派来的检验人员进行检验，开启了半殖民地旧中国的动物性食品卫生检验。1928 年，国民党政府卫生部颁布了《屠宰场规则》和《屠宰场规则实施细则》，但是没有组织、人员和经费保障，不过是一纸空文。1935 年又公布的《实业部商品检验局肉类检验实施细则》，是我国最早的肉品检验法规，但这只是针对部分出口的鲜肉、冷藏肉。

1949 年中华人民共和国成立以来，国家在大、中城市建立屠宰场；扩建和新建大、中型肉类联合加工厂、蛋品加工厂及动物水产品加工厂；国家培养了一大批高、中级人才并广泛培训在职人员，大力开展食品卫生科学研究，为开展食品卫生监督与检验工作奠定了基础。1959 年，农业部、外贸部、商业部和卫生部联合颁布的《肉品卫生检验试行规程》和外贸部制定的《输出输入农畜产品检验暂行标准》等成为中华人民共和国成立后相当长时期动物检疫和肉品卫生检验工作的依据。

党的十一届三中全会后，国务院先后颁布了《中华人民共和国食品卫生管理条例》（1979 年）、《家畜家禽防疫条例》（1985 年）、《中华人民共和国进出境动植物检疫法》（1991 年）和《生猪屠宰管理条例》（1997 年）；国务院各部委、各委员会先后制定相应的配套规章和技术性规程，主要有《家畜家禽防疫条例实施细则》（1992 年）、《生猪屠宰管理条例实施办法》（1998 年）、《动物检疫管理办法》（2002 年）等；全国人民代表大会常务委员会审议通过了《中华人民共和国进出口商品检验法》（1989 年通过，2002 年修正）、《中华人民共和国进出境动植物检疫法》（1991 年）、《中华人民共和国食品卫生法》（1995 年）、《中华人民共和国动物防疫法》（2007 年修订）和《中华人民共和国食品安全法》（2009 年 2 月通过）。

此外，我国在 20 世纪 70 年代，共计公布了 86 种食品卫生标准（其中动物性食品卫生标准 45 种）和 22 项卫生管理办法；20 世纪 80 年代对上述标准和管理方法进行了修改和增补的有 88 种国家食品卫生标准、30 种行业内部食品卫生标准、32 项卫生管理办法和 105 条食品卫生检验方法；近年来又修订和增补了多项食品卫生国家标准和行业标准。

在食品卫生法规日益完善的同时，相关的兽医卫生工作也在逐渐规范化，如近年相继制定和公布了《畜禽病害肉尸及其产品无害化处理规程》、《畜禽产地检疫规范》、《新城疫检疫技术规范》、《猪瘟检疫技术规范》、《奶牛场卫生及检疫规范》、《乳品厂卫生规范》、《畜禽产品消毒技术规范》、《高致病性禽流感监测技术规范》、《高致病性禽流感无害化处理技术规范》、《高致病性禽流感人员防护技术规范》、《高致病禽流感处置规范》、《重大动物疫情应急条例》等国家和农业部门行业的规范性技术操作的指导性文件。

这些法律和法规的颁布实施，标志着我国动物防疫检疫工作和食品卫生管理工作进入法制管理的新阶段，这对促进养殖业生产发展，提高防疫灭病水平，保障人民健康具有十分重要的现实意义和深远意义。

四、动物性食品卫生检验发展趋势

动物性食品卫生检验是随着生产力发展、人类社会的不断进步、科学技术的不断发展及人类物质生活水平的不断提高逐渐向前发展的。为了适应我国逐步进入市场经济并加入世界贸易组织（WTO）的新形势，既要实事求是地看到在中华人民共和国成立后半个多世纪，特别是改革开放以来我国的法制建设、兽医管理制度的建设、各相关机构和人员在我国动物性食品卫生事业的发展中所起的作用，以及兽医工作和动物性食品卫生工作取得的成就，也要清醒地认识到，我国的动物卫生法律法规体系，现行兽医管理体制，动物疫病诊断技术标准，动物性食品卫生安全监管体系、控制体系以及技术支撑体系等与发达国家比较，仍然存在着较大差距。回顾历史，面对现实，展望动物性食品卫生学科事业的发展，可谓任重道远。因此，在当前和今后相当长一段时期内，动物及动物性食品中病原体的分离与鉴定仍然是国际和国内兽医卫生检验的重点内容。

1. 加强养殖、加工、贮存和流通等过程的疫病控制和动物产品的卫生监督检验

健全官方兽医对动物饲养过程中主要环节，诸如动物养殖生产有关的饲料、饲料添加剂、饮水、动物防疫检疫以及兽药的使用等进行有效监督；对动物屠宰加工、贮藏以及动物产品的流通过程实施有效的监督检验，以确保动物产品及动物性食品卫生安全。

2. 加快兽医管理体制改革步伐，全面推行与市场经济发展相适应的官方兽医制度

从我国实际出发，针对我国兽医管理中存在部门分割、多头执法和分段管理等弊端，尽快建立统一管理的官方兽医制度，完善现有垂直管理的国家兽医体制，对动物性食品卫生来说，是在这一大框架原则下，健全动物性食品安全监管体系，形成高效的动物性食品安全控制体系，以保证监督执法和动物性食品监督检验的公正性、科学性和权威性。

3. 完善与动物性食品卫生安全有关的法律法规体系

尽快修订《动物防疫法》和制定动物防疫法实施细则，完善“动物产品安全”的法规，新增与动物屠宰相关的“动物福利”法规，修订和新增动物性食品卫生安全技术标准等系列配套法规、规定和标准，以规范执法行为，提升执法水平，使我国的动物性食品安全法律法规与国际接轨。也为我国的动物防疫、检疫及动物性食品安全监管与控制体系提供坚强有力的法律保障。

畜牧生产集约化在许多方面违背了“动物福利”原则，一定程度上影响了畜产品质量。我国仅颁布了《野生动物保护法》（1989 年）、《实验动物管理条例》及国家标准《生猪屠宰操作规程》（2008 年）。从目前我国动物福利的状况来看，迫切需要制定一部适合中国国情的全面的动物福利法律和行业配套条例、法规，来规范和管理各种不良行为，其立法已正处于研讨与立项阶段。

4. 推行良好生产规范，健全危害分析和关键控制点管理与控制系统

良好的生产规范是对食品生产过程的产品质量的管理体系，涉及人员、建筑、设施、设备和条件以及加工、检验、运输、销售管理制度和要求，以保证食品安全和质量稳定。危害分析和关键控制点是一种预防性的食品安全控制体系，是对食品生产、加工、包装、运输及销售等过程中，对每个环节、每项措施、每个组分的危害风险进行鉴定、评估，找出影响食品安全的关键点加以控制，以确保食品安全。

只有在生产企业中将这一管理系统列入强制性规定，并以其为基础建立动物性食品安全控制体系，才能保证其产品的卫生安全。

5. 加强对动物性食品污染物特异、灵敏、快速检测新技术、新方法的研究

加强食源性疾病监测体系，创建和完善评价动物性食品安全新技术，对提升动物、动物产品的卫生监督工作的技术含量，规范检疫检验监督行为，保证动物检疫、动物产品卫生检验的科学性、公正性和权威性，具有决定性保障支撑作用。

建立自动化和标准化的快速、准确、简便的检测手段和方法，也是近代动物性食品卫生检验的发展趋势和当今研究的新课题。在当前，应当研究和开展准确、快速、简便、实用的动物性食品安全的检测技术，如免疫层析快速检测法，肉、乳掺假作伪的快速鉴定方法，中毒动物肉毒物快速检测方法等。

6. 加强专业人才的培养

中华人民共和国成立以来，特别是从 20 世纪 80 年代以来，我国一些高等农业院校设置肉品卫生检验专业或兽医公共卫生专业，为国家培养了一批高级人才，他们在动物检疫和动物性食品卫生战线上发挥着重要作用。在高等农业院校设置兽医公共卫生学科的相关专业，培养从动物饲养到动物屠宰加工、运输、贮藏、销售等各环节都能进行监督管理和检验检疫的高级专业技术人才，并同时加强对现有不同层次的专业人员培训，更新知识，建立一支素质高、技术过硬的专业队伍已是刻不容缓。

总之，动物性食品卫生检验事业在我国方兴未艾，面临的任务艰巨而又繁重，相信在广大兽医卫生检验工作者共同努力下，我国的兽医卫生检验事业将以更快的速度向前发展，并进入世界前列。

（乐　涛）

第一单元

动物性食品污染基础知识

第一章　动物性食品污染

【主要内容】 动物性食品污染的基础知识，包括动物性食品污染的概念、来源和分类；动物性食品污染的危害。

【重点】 动物性食品污染的来源与途径，动物性食品污染的危害。

【难点】 根据动物性食品污染的情况分析其污染物质的来源与途径。

第一节　动物性食品污染概述

一、动物性食品污染的概念

按世界卫生组织的定义，食品污染是指“食物中原来含有或者加工时人为添加的生物性或化学性物质，其共同特点是对人体健康有急性或慢性的危害”。所以食品污染就是指食品受到有害物质的污染，以致使食品的卫生质量下降或对人体健康造成不同程度的危害。据此，动物性食品污染，就是指肉、蛋、乳、水产食品及其制品受到了上述有害物质的污染，以致使食品卫生质量下降或对人体健康造成不同程度的危害。

广义地说，食品在生产（种植、养殖）、加工、运输、贮藏、销售、烹饪等各个环节，混入、残留或产生不利于人体健康、影响其食用价值与商品价值的因素，均可称为食品污染。

食品污染具有如下特点：①污染源除了直接污染食品原料和制品外，多半是通过食物链逐级富集的；②造成的危害，除了引起急性疾患外，更可以蓄积或残留在体内，造成慢性损害和潜在性的威胁；③污染的食品，除少数表现出感官变化外（如细菌污染），多数不能被感官所识别；④常规的冷、热处理不能达到绝对无害，尤其是有毒化学物质的污染。

二、动物性食品污染的分类

动物性食品污染的性质复杂、涉及面广、种类繁多，按污染的来源和方式可以分为内源性污染和外源性污染两大类；按污染源的特性可以分为生物性污染和非生物性污染两大类。

通常按照污染物质性质的不同，将动物性食品污染分为生物性污染、化学性污染及放射性污染三大类。

1. 生物性污染

生物性污染是指微生物、寄生虫、有毒生物组织和昆虫对动物性食品的污染。

（1）微生物污染　细菌与细菌毒素、霉菌与霉菌毒素、病毒是造成动物性食品污染的重要因素。动物性食品在生产、加工、运输、贮藏、销售及食用过程中，都有可能被各种微生物所污染。动物性食品中污染的微生物，包括人畜共患传染病的病原体，以食品为传染媒介的致病菌及病毒，以及引起人类食物中毒的细菌、真菌及其毒素。细菌如炭疽杆菌、分枝结核杆菌、布鲁菌、痢疾杆菌、沙门菌、葡萄球菌及其肠毒素、副溶血弧菌、变形杆菌、肉毒毒素及其肉毒毒素，真菌如黄曲霉菌及其黄曲霉毒素等，病毒主要有口蹄疫病毒、禽流感病毒、传染性水疱病病毒等。此外，还包括大量引起食品腐败变质的非致病性微生物。

（2）寄生虫污染　主要是那些能引起人畜共患寄生虫病原体，通过动物性食品使人发生感染。常见的有旋毛虫、囊尾蚴、弓形虫、棘球蚴、姜片吸虫等。这些人畜共患病的病原体，一直都是动物性食品卫生检验对象。食物被寄生虫污染是很难被观察到的，有些甚至难以确定对身体有害的感染剂量。在许多地区发生的人体被寄生虫感染多是由于食用了生的或烹煮时间不够的鱼、虾、贝壳或肉类，饮用了未经处理的生水，或在食品制作中使用了不干净的水也可引起寄生虫感染。

（3）媒介昆虫污染　主要指食品受苍蝇、蛆、甲虫、螨虫等媒介昆虫污染。粮食和各种食品的贮存条件不良，容易孳生各种仓储害虫。例如粮食中的甲虫类、蛾类和螨类；鱼、肉、酱或咸菜中的蝇蛆以及咸鱼中的干酪蝇幼虫等。

2. 化学性污染

化学性污染是指各种有毒有害的化学物质对动物性食品造成的污染。包括有害的金属、非金属、有机物、无机物等。

造成化学性污染的原因主要有以下几种：①食物农药、兽药、鱼药残留；②有害金属（汞、铅、镉等）污染；③食品加工不当产生的有毒化学物质，如多环芳烃类（苯并芘）、*N*-亚硝基化合物等；④滥用食品添加剂、生长促进剂和违法使用有毒化学物质（如苏丹红、孔雀石绿）等造成的食品污染。

食品的化学性污染主要来自环境污染。近年来，由于工业三废治理滞后于工业发展，环境污染问题突出，加上新技术、新材料、新原料的应用使食品的化学污染呈现出多样化和复杂化，如违规使用呋喃丹、甲胺磷、酰胺磷、氧化乐果、敌敌畏等剧毒农药，超量使用食品添加剂和防腐剂都会使食品中有害化学物质残留。水体污染、土壤污染、大气污染导致汞、铅、铬等重金属、有毒气体等有害化学物质沉积或固着在食品中。食品的包装物如金属包装物、塑料包装物及其他包装物都可能含有有害的化学成分污染食品。

3. 放射性污染

食品吸附或者吸收外来的放射性核素，使其放射性高于自然放射性本底时，称为食品的放射性污染。近几十年来，原子能的利用在逐年增加，使用放射性物质的生活活动，如医疗、科学实验的放射性废物排放，以及意外事故中放射性核素的渗漏，使得放射性物质均可通过食物链等各环节而污染到食物。特别是鱼类等水产品对某些放射性核素有很强的富集作用，以致超过安全限量造成对人体健康的危害。因此，研究和防止放射性物质对食品的污染，已经成为食品卫生学的重要研究课题。

三、动物性食品污染的来源

动物性食品主要来自畜禽和水生动物，受各种污染机会很多，其污染的方式、来源及途径也是多方面的。总的来说可以分为两方面，即内源性污染和外源性污染。

1. 内源性污染

内源性污染是指动物在生前受到的污染，又称一次污染。根据污染物来源不同，内源性污染的主要来源有如下几方面。

（1）内源性生物性污染　凡动物在生活过程中，由本身带染的微生物或寄生虫造成其食品的污染称为内源性生物污染。引起内源性生物性污染的原因有以下几方面。

① 非致病性和条件致病性微生物。这类微生物常以一定的类群和数量存在健康动物体内，如在正常的消化道、呼吸道中即存在有微生物。当机体受到不良因素影响时，动物机体抵抗力下降，这些微生物繁殖增多，并可侵入组织内部，造成肉品污染，成为肉品腐败和食物中毒的重要原因。

② 致病性微生物。动物被致病性微生物，如炭疽芽孢杆菌、结核分枝杆菌、沙门菌、口蹄疫病毒等感染后，自身携带有致病菌，而造成食品内源性污染。这些受到病原微生物污染的食品，往往能引发人的食源性污染。

③ 寄生虫。食用动物在生活过程中，会通过各种途径感染寄生虫。人畜共患寄生虫病，如弓形虫、旋毛虫等污染的食品，人可通过食入这种污染的食品而造成人的感染。

（2）内源性化学性污染　由于化学工业的发展，大量的化学物质在工业、农业、医疗卫生以及日常生活等各方面广泛应用，一些有毒的化学物质，它们以多种形式存在环境中，再通过食物链最终进入人体。由于食物链中每一环节的生物，都有蓄积和浓缩环境化学毒物作用，所以这些通过富集而使其残留量超过最高限量的食品被人摄入后，即会产生毒性作用。

（3）内源性放射性污染　环境中的放射性物质通过多种途径进入水生动物和畜禽体内，使动物性食品受到放射性污染。水生动物对放射性物质具有很强的富集作用。环境中的放射性物质通过牧草、饲草、饲料和饮水等途径进入动物体内，并蓄积在组织器官中。当人摄入受过放射性物质污染的食品后，身体健康就会受到很大危害。

2. 外源性污染

外源性污染又称为食品加工流通过程中的污染或第二次污染，即食品在生产、加工、运输、贮藏、销售等过程中受到的污染。常见以下几种情况。

（1）通过水的污染　动物性食品生产加工的许多环节都离不开水，如果使用被生物性、化学性或放射性物质污染的水源，则会直接造成对所生产食品的污染。因此，在生产加工过程中用水的卫生质量与食品卫生质量有着密切关系。

（2）通过空气的污染　空气中含有大量的微生物，还可能含有工业废气等有害物质。空气中的污染物可以自然沉降或随雨滴降落在食品上，造成直接污染，也可以污染水源、土壤，造成间接污染。此外，带有微生物的痰沫、鼻涕与唾液的飞沫、空气中的尘埃等也可对食物造成污染。

（3）通过土壤的污染　土壤中可能存在各种致病性微生物和各种有害的化学物质。据实验研究，自然界中，1g 表层泥土可含有微生物 $10^7 \sim 10^8$ 个，土壤常为动物性食品污染的主要来源。动物性食品在生产、加工、贮藏、运输等过程中接触被污染的土壤或尘土沉降于食品表面，造成食物的直接污染，或者土壤成为水及空气的污染源而间接污染食品。土壤、空气、水的污染是相互联系、相互影响的，污染物在三者之间常年转化，往往形成环境污染的恶性循环，从而造成污染物对食物的更严重的污染。

（4）生产加工过程和流通环节的污染　动物性食品在生产加工过程中的污染也同样常见。如食品加工器具、设备等不清洁，可以造成食品的污染；又如挤奶过程中，挤乳工人的手、挤乳用具等未经严格消毒，都有可能污染乳汁；如果直接从事食品生产的工人患有呼吸道、消化道传染病，就有可能将病原排出而污染食品；从食品生产到消费者进食，期间要经过运输、贮藏、销售、烹调等环节，任何一个环节稍不注意，就会不可避免地造成污染。

（5）从业人员带菌污染　从业人员的健康状态和卫生习惯对食品卫生也至关重要。正常人的体表、呼吸道、消化道、泌尿生殖道均带染一定类群和数量的微生物，尤其是当从业人员患有传染性肝炎、开放性结核、肠道传染病、化脓性皮炎等疾病时，可向体外不断排菌，可以通过加工、运输、贮藏、销售、烹调等环节将病原微生物带入食品，进而危害消费者的健康。因此，对食品加工及经营环节的从业人员，要定期进行健康检查，并搞好个人卫生。

（6）有害动物的污染　苍蝇、老鼠、蟑螂可携带有大量微生物。动物性食品如果受到这类动物咬噬或接触，就会造成食品的污染。

第二节 动物性食品污染的危害

动物性食品在生产、加工、运输、贮藏、销售、烹调等环节，都有可能受到各种因素的污染，危害人类的健康。

根据食品中致病因素及引发疾病的性质和特征不同，动物性食品的危害主要表现为以下几个方面：食物传染（即食肉传染）、食物中毒（食肉中毒）、“三致”（致癌、致突变、致畸形）作用和兽药残留的危害等。

一、食肉感染

食肉传染是指人类食用患病动物的产品及其制品而引发的某种传染性和寄生虫性疾病。带染有人畜共患病病原体的动物性食品，可经食肉传染给人，导致人畜共患病的传播和流行。

人畜共患病的危害因国家和地区不同而异。在我国，据不完全统计，人畜共患病有196种之多，其中比较重要的有：炭疽，布鲁菌病，结核病，伪结核病，沙门菌病，猪丹毒，破伤风，土拉杆菌病，军团病，李氏杆菌病，弯杆菌病，钩端螺旋体病，口蹄疫，甲型肝炎、乙型肝炎、狂犬病、Q热、日本乙型脑炎、轮状病毒病，猪囊尾蚴病，棘球蚴病，旋毛虫病，弓形虫病，血吸虫病，肺吸虫病，华支睾吸虫病，孟氏双槽蚴病等。

疯牛病不仅给英国造成巨大损失，而且引起全世界的恐慌。近年来，禽流感在国内外相继暴发，不仅使大批鸡发病死亡，而且造成人感染H5N1型流感病毒并发病，甚至造成死亡。2003年我国暴发的严重急性呼吸道综合征（SASR）传染病，影响重大，调查人员在野生动物果子狸体内分离出SASR病毒。

人畜共患病不仅可以通过食物传染给人，危害人体健康，同时，亦会因为畜产品及废弃物处理不当，造成动物疫病流行，影响畜牧业的发展。因此，为了保障人类健康，促进畜牧业的发展，必须加强对动物性食品的卫生监督与检验，以防止食肉传染的发生。

二、食肉中毒

造成食肉中毒的因素有多种，主要表现在以下几个方面。

1. 微生物性食肉中毒

微生物性食物中毒是指因食用被中毒性微生物污染的食品而引起的食物中毒。包括细菌性食物中毒和霉菌毒素性食物中毒。前者是指人食用被大量活的中毒性细菌或细菌毒素污染的食品所引起的中毒现象，是常见的一类食物中毒。后者是指某些霉菌如黄曲霉菌污染了食品，并在适宜条件下繁殖，产生毒素，摄入人体后所引起的食物中毒。长期少量摄入霉菌毒素，则可引起“三致”作用。

在微生物污染中，细菌性污染是涉及面最广、影响最大、问题最多的一种污染。在食品的加工、贮存、运输和销售过程中，原料受到环境污染、杀菌不彻底、贮运方法不当以及不注意卫生操作等，是造成细菌和致病菌超标的主要原因。

微生物性食物中毒的共同特点为：与饮食有关，不吃者不发病；除掉引起中毒的食物，新的患者不再发生；呈暴发性和群发性，众多人同时发病；有季节性，多发生在夏秋，6～9月份为高峰期；多数呈现恶心、呕吐、腹痛、腹泻等急性胃肠炎症状，不相互传染。

2. 化学性食肉中毒

化学性食肉中毒，主要指一些有毒的金属、非金属及其化合物、农药和亚硝酸盐等化学物质污染食物而引起的食物中毒。

造成化学性食肉中毒的主要原因是：①农用化学物质（如化肥、农药）的广泛应用和使用不当；②使用不合卫生标准的食品添加剂；③使用质量不符合要求的包装容器，如陶瓷中的铅、聚氯乙烯塑料中的聚氯乙烯单体都有可能转移进入食品；④工业“三废”的不合理排放所造成的环境污染也会通过食物链危害人类健康。

2008 年的三聚氰胺奶粉安全事故，导致全国数千名婴幼儿患有泌尿系统结石病。三聚氰胺是一种以尿素为原料生产的氮杂环有机化合物，主要用于木材加工、塑料、造纸、纺织等行业。由于食品和饲料工业蛋白质测试方法的缺陷，三聚氰胺被不法商人用作食品添加剂，以提升食品检测中的蛋白质含量指标。试验证明，动物长期摄入三聚氰胺会造成生殖、泌尿系统的损害，导致膀胱、肾部结石。

苏丹红是一种化学染色剂。它具有致癌性，对人体的肝肾器官具有明显的毒性作用。1995 年欧盟等国家已禁止其作为色素在食品中进行添加，对此我国也明文禁止。但由于其染色鲜艳，印度等一些国家在加工辣椒粉的过程中还允许添加苏丹红。

目前在我国使用的杀虫剂中，有机磷农药产量占 70%，在有机磷农药中高毒品种的产量又占 70%；兽药安全性较低，滥用和超标使用现象严重；饲料中添加违禁药品的现象仍然比较严重；农业环境污染，直接造成了食品中重金属含量超标，农产品产地环境急需加强治理。

化学性食物中毒的特征主要有：①发病快，潜伏期较短，多在数分钟至数小时，少数也有超过一天的；②中毒程度严重，病程比细菌性毒素中毒长，发病率和死亡率较高；③季节性和地区性均不明显，中毒食品无特异性，多为误食或食入被化学物质污染的食品而引起，其偶然性较大。

3. 含有自然毒素的动物组织食肉中毒

有数种鱼和贝壳类含有各种天然毒素，如果人们吃了就会中毒。许多热带鱼含有神经毒素，一般的烹煮方法不能破坏它。比较典型的有毒鱼类是河豚鱼，河豚鱼的卵巢、睾丸、皮、肝及鱼子均有剧毒。其毒素对胃肠道有局部刺激作用，被吸收后迅速作用于神经，使神经末梢和神经中枢传导发生障碍，最后使脑干的呼吸循环中枢麻痹。一旦人类误食，就很难摆脱中毒死亡的命运。

某些地区的软体贝壳类，如贻贝、蛤和扇贝食用了某些特定藻类或其他涡鞭毛植物，会产生贝类神经毒素，能引起人体中毒。

又如动物体内的甲状腺与肾上腺，均属于动物的正常组织，但因其内含有能影响人体正常生理代谢的物质，故人食入达一定量则会引起中毒现象。但因其对人体功能有影响，所以在适当剂量下也可用作药物。所以在屠宰动物过程中应及时将甲状腺、肾上腺摘除，送生化制药车间及时加工制成药品。

三、致癌、致畸、致突变

食品中的一些污染物质除引起食物中毒外，还具有致癌、致畸、致突变作用，即“三致”作用。如苯并芘、多氯联苯、亚硝酸盐、农药、黄曲霉毒素等。人长期食用含有致癌物质的食品后，就可能诱发肝癌、胃癌、肺癌、肠癌及某些遗传性疾病的发生。如苯并芘是目前已知的强烈致突变和致癌物质之一。据统计，匈牙利西部地区、拉脱维亚沿海地区胃癌明显高发，调查认为与居民经常进食高苯并芘的自制熏肉、熏鱼有关。冰岛是胃癌高发国家，原因也是与食用熏制食品有关。

四、兽药残留的危害

兽药残留是“兽药在动物源性食品中残留”的简称，是指“动物产品的任何食用部分所含兽药的母体倾倒物及（或）其代谢物，以及与兽药有关的杂质的残留”。所以，兽药残留既包括原药，也包括药物在动物体内的代谢产物和兽药生产中所伴生的杂质。其对人体健康的危害甚为严重且深远。

1. 兽药残留产生原因

（1）不正确应用药物　如用药剂量、给药途径、用药部位和用药动物的种类等不符合用药规则。

（2）于药物休药期结束前屠宰动物　药物休药期是指畜禽停止给药到屠宰或准予其产品上市的间隔时间。动物因某种原因应用药物时应注意在休药期结束后动物才可屠宰，或动物产品方可上市销售。

（3）屠宰前用药物掩盖临床症状　为了逃避宰前检疫或其他目的，对患病动物使用药物暂时掩盖疾病的症状。

（4）药物管理不当　如用未经批准的药物作为饲料添加剂使用于动物，因残留量大已明令禁止应用的药物流入市场等。

2. 兽药残留的危害

（1）毒性反应　长期食用兽药残留超标的食品后，当人体内蓄积的药物浓度达到一定量时会对人体产生多种急慢性的危害。

目前，国内外已有多起有关人食用盐酸克伦特罗（瘦肉精）超标的猪肺脏而发生急性中毒事件的报道。盐酸克伦特罗是一种β_2-受体激动剂，用于治疗哮喘、慢性支气管炎、肺气肿等呼吸系统疾病的病人，但同时它还能添加于饲料中提高多种家畜特别是猪的瘦肉率。但早已发现瘦肉精对人体有害，我国 2000 年就已禁止生产和使用其作为动物的饲料添加剂，但仍有不法分子为追求利益而仍在使用，由于在使用中其用量大、使用时间长、代谢慢，所以在屠宰前到上市，在猪体内瘦肉精的残留量都很大。这种残留有大量瘦肉精的肉品被人食入后，就会对人体产生危害，引起蓄积中毒或发生急性中毒。人食入瘦肉精残留较多的肉品后，15min～6h 内出现症状，主要表现肌肉震颤、肌痛、头痛、头晕、目眩、恶心、呕吐、胸闷、面部潮红等症状。慢性中毒可引起低钾血症、心律失常等。也有专家认为瘦肉精还可能使人体致畸、致癌。

此外，人体对氯霉素反应比动物更敏感，特别是婴幼儿的药物代谢功能尚不完善，氯霉素的超标可引起致命的“灰婴综合征”反应，严重时还会造成人的再生障碍性贫血。四环素类药物能够与骨骼中的钙结合，抑制骨骼和牙齿的发育。红霉素等大环内酯类可致急性肝毒性。氨基糖苷类的庆大霉素和卡那霉素能损害前庭和耳蜗神经，导致眩晕和听力减退。磺胺类药物能够破坏人体造血机能等。

（2）耐药菌株的产生　动物机体长期反复接触某种抗菌药物后，其体内敏感菌株受到选择性抑制，从而使耐药菌株大量繁殖。耐药性细菌的产生使得一些常用药物的疗效下降甚至失去疗效，如青霉素、庆大霉素、磺胺类等药物在畜禽中已大量产生耐药性，临床效果越来越差。

（3）过敏反应　许多抗菌药物如青霉素、四环素类、磺胺类和氨基糖苷类等能使部分人群发生过敏反应甚至休克，并在短时间内出现血压下降、皮疹、喉头水肿、呼吸困难等严重症状。青霉素类药物具有很强的致敏作用，轻者表现为接触性皮炎和皮肤反应，重者表现为致死的过敏性休克。四环素药物可引起过敏和荨麻疹。磺胺类则表现为皮炎、白细胞减少、溶血性贫血和药热。喹诺酮类药物也可引起变态反应和光敏反应。

【复习思考题】

1. 动物性食品污染的概念是什么？
2. 食品污染具有哪些特点？
3. 动物性食品污染的来源有哪些？
4. 何谓兽药残留？

（乐　涛）

第二章　动物性食品污染的预防与控制

【主要内容】 动物性食品安全性评价；动物性食品检验的一般程序；生物性污染的预防与控制；化学性污染的预防与控制；放射性污染的预防与控制。

【重点】 生物性污染的预防与控制；化学性污染的预防与控制；放射性污染的预防与控制；动物性食品检验的一般程序；动物性食品安全性评价常用指标。

【难点】 食品生物性污染与化学性污染的控制与监测。

第一节　动物性食品安全性评价

一、动物性食品安全性评价的定义

动物性食品安全性评价的定义是对食品中任何组分可能引起的危害进行科学测试，得出结论，以确定该组分究竟能否为人们接受，据此以制定相应的标准。这些组分包括：正常的食品成分、添加剂、环境污染物、农药、转移到食品中的包装材料成分、天然毒素、霉菌毒素以及其他任何可能在食品中发现的可疑物质。食品安全性评价在食品安全性研究、监控和管理方面具有重要的意义。

二、食品安全性评价的程序

食品安全性评估的程序一般为：初步工作→急性毒性试验→遗传毒性学研究和代谢研究→亚慢性毒性试验及繁殖试验→慢性毒性试验（致癌）。

三、食品安全性评价的适用范围

① 用于食品生产、加工和保护的化学和生物物质，食品添加剂，食品加工用微生物等。

② 食品生产、加工、运输、销售和保藏等过程中产生和污染的有害物质和污染物，如农药残留、重金属和生物毒素等，以及包装材料的溶出物、放射性物质和洗涤消毒剂等。

③ 新食物资源及其成分。

④ 食品中其他有害物质。

四、常用指标

在对动物性食品进行安全性评价时，常依据一定的指标体系。常用的指标有日许量、最高残留限量、菌落总数、细菌总数、大肠菌群、致病菌等。

1. 日许量（ADI）

人体每日允许摄入量简称日许量，是指人终生每日摄入同种药物或化学物质，对健康不产生可察觉有害作用的剂量。以相当于人体每千克体重摄入毫克物质（mg/kg）表示。其计算方法为：

$$\mathrm{ADI}=\frac{\text{试验动物无作用剂量}}{\text{安全系数}}$$

2. 最高残留限量（MRL）

最高残留限量是指允许在食品中残留化学物质或药物的最高量和最高浓度，又称允许残留量或允许量，具体指在屠宰、加工、保存、运输和销售等特定时期，直到被消费时，食品中化学物质或药物残留的最高允许量或浓度。其计算方法为：

$$最高残留限量(mg/kg)=\frac{ADI(mg/kg)\times 平均体重(kg)}{人每日食物总量(kg)\times 食物系数}$$

食物系数是指被测定的食品占食物总量的百分数。

3. 菌落总数和细菌总数

天然食品内部没有或仅有很少的细菌，食品中的细菌主要来源于生产、贮藏、运输、销售等各个环节的污染。食品中的细菌数量反映了食品受微生物污染的程度。食品中的细菌数量越多，食品腐败变质的速度就越快。细菌数量的表示方法因所采用的计数方法不同而主要有两种：菌落总数和细菌总数。

(1) 菌落总数　是指一定数量和面积的食品检样，在一定条件下（如样品的处理、培养基种类、培养时间、温度等）进行培养，使适应该条件的每一个活菌必须而且只能形成一个肉眼可见的菌落，然后进行菌落计数所得到的菌落总数量。通常以 1g 或 1mL 或 $1cm^2$ 样品中所含的菌落数量——菌落形成单位（colony forming unit，cfu）来表示。

(2) 细菌总数　是指一定数量和面积的食品检样，经过适当的处理（如溶解、稀释、揩拭等），在显微镜下对细菌进行直接计数。其中包括各种活菌和尚未消失的死菌数。细菌总数也称细菌直接显微镜数。

4. 大肠菌群（coliform group）

大肠菌群系指一群在 37℃发酵乳糖、产酸、产气、需氧和兼性厌氧的革兰阴性的无芽孢杆菌。从种类上讲，大肠菌群包括许多细菌属，其中有埃希菌属、枸橼酸菌属、肠杆菌属和克雷伯菌属等，以埃希菌属为主。大肠菌群以在 100g（或 100mL 或 $100cm^2$）食品检样中所含的大肠菌群的最可能数（maximum probable number，MPN）来表示。

大肠菌群来自人或温血动物的粪便，食品中检出大肠菌群则认为该食品受到了人或动物粪便的污染，大肠菌群数量越多，则表明粪便污染越严重，因此推测该食品存在着肠道致病菌污染的可能，潜伏着食物中毒或流行病的威胁。粪便一般对食品的污染是间接的，通常采取限制食品中大肠菌群数量来控制这类污染。

5. 致病菌

食品的首要要求是安全性，其次才是可食性和其他。食品中一旦含有致病菌，其安全性也就丧失了，食用性也不复存在。与菌落总数和大肠菌群相比，致病菌与食物中毒和疾病发生不再是推测性的和潜在性的，而是肯定性的和直接的。所以，各国的卫生部门对致病性微生物都做了严格的规定，将其作为食品卫生质量的重要的标准之一。目前列入国家标准的致病菌有 12 种，如沙门菌、葡萄球菌、链球菌、副溶血弧菌等，每种都有详细、完整的检验方法。作为全国范围内的统一方法，在保证食品安全和维护消费者健康方面起了重要作用。列入出口食品专业标准的致病菌有 7 种，这些检验方法与发达国家的相应方法基本保持了一致，同时也尽量适合我国国情。

第二节　动物性食品检验的一般程序

动物性食品种类多种多样，成分也相当复杂，并且来源不一，同时进行检验的目的、项目、要求也不尽相同。尽管如此，不论什么类型的动物性食品，只要进行检验，都可按照一个共同的程序进行，大致如下：①样品的采集、制备和保存；②样品的预处理；③样品的检测；④分析数据的处理；⑤检验报告的出具。

一、样品的采集、制备和保存

动物性食品样品的采集和保存，关系到食品检验工作的成败。不正确的采样方法和样品保存方法不得当，往往会导致错误的结果。

（一）样品的采集

所谓样品的采集，是从大量的分析对象中抽取有代表性的一部分作为分析材料（分析样品），简称采样。

确定食品的卫生质量是否符合食品卫生标准，首先要考虑的就是采样问题，其次就是检验的方法是否得当，采样方法是否得当、采样量是否充分、样品是否具有代表性等都直接影响到检验的结果及最终的判定。因此采样对于食品检验的开始很重要。

1. 采样原则

正确的采样，必须遵守一定的原则。

（1）样品采集要均匀、具有代表性，能反映全部被检样品的组成、质量和卫生标准。

（2）采样方法必须与分析目的保持一致。

（3）采样及样品制备过程中，设法保持原有的理化成分，避免预测组分发生化学变化或丢失。

（4）采集样品的过程中要防止带来新的污染，在进行微生物检验时，必须符合无菌操作，采样的器材要足够，并且一件器材只能用于一件样品，防止交叉污染。

（5）样品的处理过程，尽可能简单易行，所有样品处理装置的大小应当与处理的样品量相适应。

（6）样品采集的数量要能满足检验项目的需要。一式三份，以供检验、复检和备查使用。

2. 采样步骤

样品通常可分为检样、原始样品和平均样品。采集样品的步骤一般分五步，依次如下。

（1）获得检样　由分析的整批物料的各个部分采集的少量物料成为检样。

（2）形成原始样品　许多份检样综合在一起称为原始样品。如果取得的检样不一致，则不能把它们放在一起做成一份原始样品，而只能把成分相同或类似的检样混在一起，做成若干份原始样品。

（3）获得平均样品　原始样品经过技术处理后，再抽取其中一部分供分析检验用的样品称为平均样品。

（4）平均样品三分　将平均样品平分为三份，分别作为检验样品（供分析检测使用）、复验样品（供复验使用）和保留样品（供备查或查用）。

（5）填写采样记录　采样记录要求详细填写采样的单位、地址、日期、样品的批号、采样的条件、采样时的包装情况、采样的数量、要求检验的项目以及采样人姓名等资料。

3. 采样的一般方法

采样通常有两种方法：随机抽样和代表性取样。随机抽样是按照随机的原则，从分析的整批物料中抽取出一部分样品。随机抽样时，要求使整批物料的各个部分都有被抽到的机会。代表性取样则是用系统抽样法进行采样，即已经掌握了样品随空间（位置）和时间变化的规律，按照这个规律采取样品，从而使采集到的样品能代表其相应部分的组成和质量，如对整批物料进行分层取样、在生产过程的各个环节取样、定期从货架上采取陈列不同时间的食品的取样等。

两种方法各有利弊。随机抽样可以避免人为的倾向性，但是，在有些情况下，如难以混匀的食品（如黏稠液体）的采样，仅仅使用随机抽样法是不行的，应结合代表性取样，从有代表性的各个部分分别取样。因此，采样通常采用随机抽样与代表性取样相结合的方式。具体的取样方法，因分析对象性质的不同而异。

由于动物性食品的种类繁多，性质以及包装和检验的目的都不尽相同，具体的采样方法大体分为以下几种。

(1) 均匀的固体食品，应从每批食品的上、中、下三层中的不同部位按三层五点（三层即整批食品几何图形中的上、中、下三层，五点即中心一点周围四点）法分别采取部分样品。

(2) 不能混匀的食品要根据不同的情况对待。

脂肪或油脂类，如为液体样品，必须充分搅拌均匀后，再进行采样。如为固体样品须经水浴使样品熔化后，再充分混匀后采样（微生物检验禁用）。

肉类、水产品由于它们当中都含有肌肉组织、脂肪组织和结缔组织等不同的成分，并且在不同的部位，甚至在同一个体不同部位，其所含的成分也不尽相同。所以，在做某种检验时，采样时要根据不同的分析项目的要求，分别从同一个体的不同部位，采取能代表该个体的样品。

在进行微生物检验时，如果样品是冷冻等状态，则应尽量保持样品的原有状态，可采用钻孔器或较为锋利的器械采集冻结的样品。防止反复冻融。

(3) 液体、半流体食品用大容器盛装的，应先充分混匀以后，再用三层五点法采样。使用特制的采样器材或使用虹吸法分层分点来采集少量的样品，再进行混匀。然后样品分装在三件不同的经灭菌处理的洁净容器内。

(4) 小包装食品应根据批号随机采样。同一批号的取样件数：250g 以上的不少于 3 件，250g 以下的不少于 6 件。

(5) 定时采样，在流水线上采样，应考虑生产量的大小，可每间隔一定的固定时间抽取一定的样品。

(6) 进行微生物检验时，可按两种方法采样。一种是食品表面的擦拭采样，即用棉拭子和具有一定面积的中空的采样板，在食品的表面擦拭一定的面积，然后将棉拭子放进经灭菌的增菌培养液中浸洗。另外一种就是对设备、器材等采样可以用冲洗法、擦拭法和琼脂平板表面接触法进行。

对不同种类的食品或相同的食品不同的检测项目，对采样的数量和采样的方法要求都不尽相同，国家对采样方法和数量有规定的应按规定采取。

(7) 对于食品中微生物样品的采样问题，我国现用的方法与国际食品微生物法规委员会（ICMSF）有所不同，我国目前使用的方法是在每批样品中，采集一件样品进行检验，该批食品是否合格，全凭这个检样来决定。而 ICMSF 的方法则是从统计学原理来考虑，为了更好地与国际接轨，有必要对 ICMSF 的采样设想及其基本方法做一简单介绍。

① ICMSF 方法相关的四个代号。

n：系指同一批产品的采样个数。

c：系指该批产品的检验菌数，超过限量的检样数。

m：系指合格菌数限量。

M：系指附加条件，判定为合格的菌数限量。

② ICMSF 方法的采样方法。ICMSF 方法中包括二级法和三级法两种，在二级法中只设 n、c 及 m 值，三级法中则有 n、c、m 及 M 值。

二级法：在自然界的材料中，它的分布一般属于正态分布，以其一点作为食品微生物的限量值，只设合格的判断标准 m 值，超过 m 值的则判断为不合格产品。以生产海产品鱼为例，$n=5$、$c=0$、$m=100/g$，$n=5$ 即采取 5 个样品，$c=0$ 即代表在该批检样中，未见到超过 100/g 的检样，此批食品为合格食品。ICMSF 的二级采样见图 2-1。

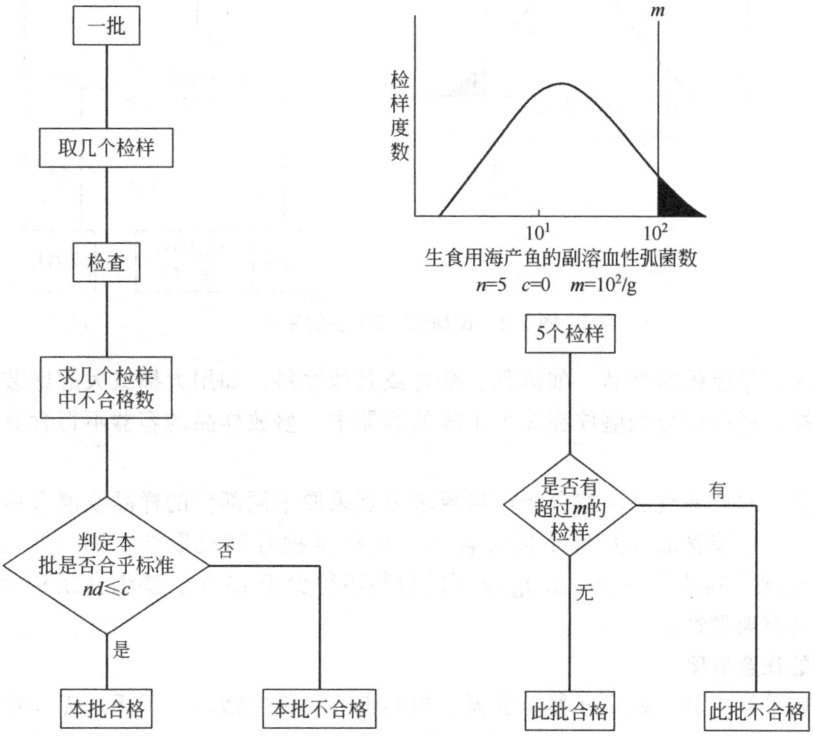

图 2-1 ICMSF 的二级采样

三级法：如图 2-2 所示，设有微生物标准值 m 和 M 值，与二级法相同的是，超过 m 值的检样为不合格食品。其中以 m 值到 M 值的范围内的检样数为 c 值，如果在此范围内，即为附加条件合格；超过 M 值者，为不合格样品。例如，冷冻生虾的细菌标准 $n=5$、$c=3$、$m=10^6/g$、$M=10^7/g$，意思是从一批产品中，采取 5 个检样，经检验结果，允许≤3 个检样的菌数在 $m \sim M$ 之间，如多一个检样菌数超过 M 者，则判断该批产品为不合格。

4. 采样数量

食品分析检验结果的准确与否通常取决于两个方面：①采样的方法是否正确；②采样的数量是否得当。因此，从整批食品中采取样品时，通常按一定的比例进行。确定采样的数量，应考虑分析项目的要求、分析方法的要求和被分析物的均匀程度三个因素。一般平均样品的数量不少于全部检验项目的 4 倍；检验样品、复验样品和保留样品一般每份数量不少于 0.5kg。检验掺伪物的样品，与一般的成分分析的样品不同，分析项目事先不明确，属于捕捉性分析，因此，相对来讲，取样数量要多一些。

采样数量应能反映该食品的卫生质量和满足检验项目对试样量的需要，一式三份，供检验、复验、备查或仲裁，一般散装样品每份不少于 0.5kg。

鉴于采样的数量和规则各有不同，一般可按下述方法进行。

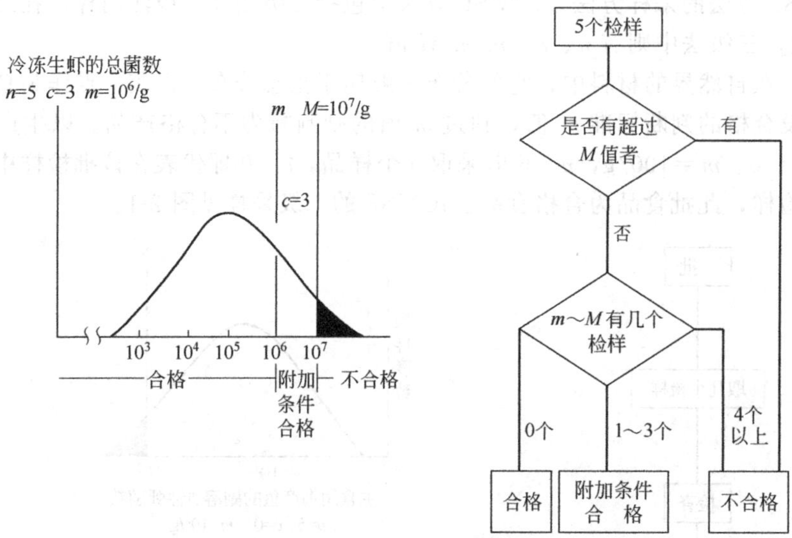

图 2-2 ICMSF 三级法的采样

（1）液体、半流体饮食品。如鲜乳、酸乳或其他饮料，如用大桶或大罐盛装者，应先充分混匀后采样。样品应分别盛放在 3 个干净的容器中，盛放样品的容器不得含有待测成分及干扰物质。

（2）肉类、水产等食品应按分析项目要求分别采取不同部位的样品或混合后采样。

（3）罐头、瓶装食品或其他小包装食品，应根据批号随机取样。同一批号取样件数，250g 以上的包装不得少于 6 个，250g 以下的包装不得少于 10 个。掺伪食品和食物中毒的样品采集，要具有典型性。

5. 采样的注意事项

（1）一切采样工具（如采样器、容器、包装纸等）都应清洁、干燥、无异味，不应将任何杂质带入样品中。例如，作 3,4-苯并芘测定的样品不可用石蜡封瓶口或用蜡纸包，因为有的石蜡含有 3,4-苯并芘；检测微量和超微量元素时，要对容器进行预处理；做锌测定的样品不能用含锌的橡皮膏封口；做汞测定的样品不能使用橡皮塞；供微生物检验用的样品，应严格遵守无菌操作的规程。

（2）设法保持样品原有微生物状况和理化成分，在进行检测之前样品不得被污染，不得发生变化。例如，做黄曲霉毒素 B_1 测定的样品，要避免阳光、紫外灯照射，以免黄曲霉毒素 B_1 发生分解。

（3）感官性质极不相同的样品，切不可混在一起，应另行包装，并注明其性质。

（4）样品采集完后，应在 4h 之内迅速送往检测室进行分析检测，以免发生变化。

（5）盛装样品的器具上要贴牢标签，注明样品名称、采样地点、采样日期、样品批号、采样方法、采样数量、分析项目及采样人。

6. 采样实例

（1）罐头

① 按生产班次取样，取样量为 1/3000，尾数超过 1000 罐者，增取 1 罐，但每班每个品种取样量基数不得少于 3 罐。

② 某些罐头生产量较大，则以班产量总罐数 20000 罐为基数，取样量按 1/3000。超过 20000 罐以上罐数，取样量按 1/10000，尾数超过 1000 罐者，增取 1 罐。

③ 个别生产量过小的产品，同品种、同规格可合并班次取样，但并班总罐数不超过5000罐，每生产班次取样量不少于1罐，并班后取样基数不少于3罐。

④ 按杀菌锅取样，每锅检取1罐，但每批每个品种不得少于3罐。

(2) 瓶、袋、听装奶粉　按批号采样，自该批产品堆放的不同部位采取总数的1/1000，但不得少于2件，尾数超过500件者应加取1件。

(二) 检验样品的制备和保存

1. 样品制备

(1) 理化检验分析样品的制备　按照相关方法所采集的样品，为了能满足检验工作的需要，数量往往都是比较多的，并且样品颗粒较大不均匀。为了保证样品均匀，使其在分析时采取任何部位都具有代表性，必须对样品进行粉碎、混匀以及缩分。对于均匀的固体样品可直接采用圆锥四分法。对于肉类、水产品等，应把样品绞碎、混匀以后再采用圆锥四分法。

圆锥四分法，即把样品充分混合后堆成圆锥体，再把圆锥体压成扁平的圆柱形，中心划两条交叉的直线分成对等的四等份（图2-3）；弃去对角的两部分，再混匀，反复用四分法缩分样品，直到得到适量的样品量。

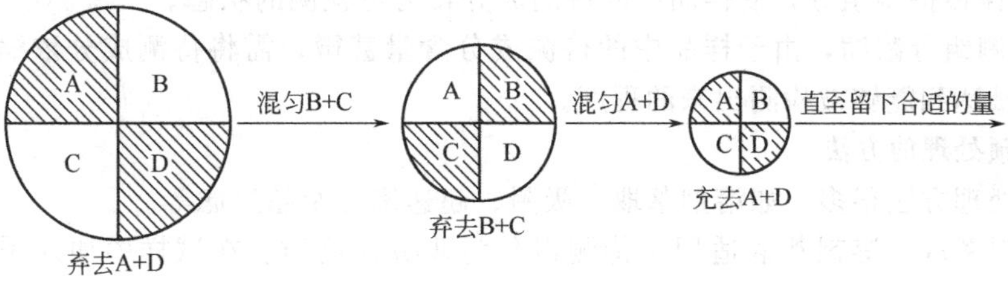

图2-3　圆锥四分法缩分样品

(2) 微生物检验样品的制备　在无菌操作的条件下，对均匀的样品可以直接用四分法缩分。如果是肉类、水产类的食品，可用均质器、组织捣碎机、剪刀等，在无菌操作的条件下，将样品制作均匀后，再用四分法缩分。

2. 样品的保存

采集来的样品原则上应该立即进行检验，尽量减少所采集的样品与原产品的差别。但由于受各种因素的影响，不可能立即进行，就必须对样品加以妥善保存。

(1) 样品保存的目的　样品保存的目的主要是最大限度地保持其原有的状态和特性，尽量减少其离开总体后的变化。

(2) 样品保存的原则

① 防止污染　凡是接触样品的工具、容器以及操作人员的手都必须是洁净的。做理化检验时，清洁通常指的是，不能带入新的污染物质；而做微生物检验时，清洁指的就是无菌。当两种检验都做时，则标准就是在无菌的基础上，不能带入新的污染物质。

② 防止腐败变质　最好的方法就是尽快采取低温冷藏。

③ 防止病毒死亡　进行病毒检测的样品，需用较低的温度条件保存，一般要求在－20℃保存，由于条件所限，经常采用50%的甘油生理盐水冷藏保存。

④ 稳定水分　就是保持样品中原有的水分含量，防止蒸发损失和较干燥的食品吸潮，由于水分的含量直接影响食品中各种成分的浓度和组成比例。所以采样后，容器需密闭加封。

⑤ 固定待测成分　由于某些待测的成分不稳定，易挥发损失，样品保存时，可根据分析方法，以及样品的组成成分的性质，加入某些试剂或溶剂来使待测成分处于稳定状态。

3. 样品保存的方法

样品保存就是要消除可能对检验结果有影响的各种不利因素，而使样品尽量保持其原有的状态，防止食品发生受潮、挥发、腐败变质、病毒死亡或待测成分损失等现象。为了防止水分和一些挥发性成分的变化，一般采用密闭的容器，如用聚乙烯袋、具塞广口瓶、具塞聚乙烯瓶等；为防止空气的氧化，可在样品放入容器后不留空间或用惰性气体氮气来置换容器中的空气；防止样品中微生物和一些酶的作用，通常采用低温冷藏的方法；防止待测病毒死亡可采用－20℃保存或50％的甘油生理盐水冷藏保存等。

二、样品的预处理

由于食品或食品原料的种类繁多，组成复杂，而组分之间往往又以复杂的结合形式存在，常对样品分析造成干扰。有些待测组分由于浓度太低或含量太少，直接测定有困难，这就需要将待测组分进行浓缩，这些过程称作样品的预处理。

1. 样品预处理的目的

① 消除干扰因素，即消除掉样品中与待测成分共存的并可能影响检测结果的成分。

② 完整保留待测组分，使样品中的待测成分转为可检测的状态。

③ 使待测组分浓缩，由于样品中的待测成分含量甚微，需将待测成分浓缩富集，使得待测组分的量达到能够被检测出来的程度。

2. 样品预处理的方法

样品预处理方法很多，如溶剂萃取、吸附、超速离心及超过滤等。

(1) 溶剂萃取　溶剂萃取适用于待测组分为非极性物质。在试样中加入缓冲溶液调节pH，然后用乙醚或氯仿萃取待测组分。但如所测组分和蛋白质结合，在大多数情况下难以用萃取操作来进行分离。

(2) 吸附　将吸附剂直接加到试样中，或将吸附剂填充于柱中进行吸附。亲水性物质用硅胶吸附，而疏水性物质可用聚苯乙烯-二烯基苯等树脂吸附。

(3) 除蛋白质　向试样中加入三氯醋酸或丙酮、乙腈、甲醇，使蛋白质被沉淀下来，然后经超速离心，吸取上层清液供分离测定用。

(4) 超过滤　用孔径为 $10\times10^{-10}\sim500\times10^{-10}$cm 的多孔膜过滤可除去蛋白质等高分子物质。

三、样品的检测

(1) 合法的检验依据　在动物性食品的生产、流通过程中，根据不同的规定需要，选择针对性的检测项目，参考规定项目的检测标准。

(2) 合理的试验原理　详细了解检测项目的试验原理，掌握其检测规范操作要点。

(3) 精准的实验器材　各种试剂的准确配制、正确保存、合理使用是前提；仪器的准确度是关键；操作过程对结果起着至关重要的作用。

(4) 专业的检疫检验员　具有良好专业素质的检疫检验员，对检验结果的准确性有重要影响。

四、数据分析与统计

1. 分析检验结果的表示方法

检验结果的表示应采用法定计量单位，并尽量与食品卫生标准相一致。一般有以下表示方法。

(1) 固体物质　固体试样中待测组分的含量，一般以质量分数表示，在实际工作中通常使用的百分比符号“%”，是质量分数的一种表示方法，即表示每100g样品中所含被测物质的质量(g)。当待测组分含量很低时，可采用mg/kg(或μg/g，10^{-6})、μg/kg、pg/g来表示。

(2) 液体试样　液体试样中待测组分的含量，可用下列方式表示。

① 物质的量浓度，表示待测组分的物质的量除以试液的体积，常用单位mol/L。

② 质量摩尔浓度，表示待测组分的物质的量除以试液的质量，常用单位mol/kg。

③ 质量分数，表示待测组分的质量除以试液的质量，量纲为1。

④ 体积分数，表示待测组分的体积除以试液的体积，量纲为1。

⑤ 摩尔分数，表示待测组分的物质的量除以试液的物质的量，量纲为1。

⑥ 质量浓度，表示单位体积中某种物质的质量，以mg/L、μg/L或μg/mL、ng/mL、pg/mL等表示。

2. 有效数字及其处理规则

所谓有效数字，就是实际能测得的数字。测量结果所记录的数字，应与所用仪器测量的准确度相适应。

我国科学技术委员会正式颁布的《数字修约规则》，通常称为“四舍六入五成双”法则。四舍六入五成双，即当尾数≤4时舍去，尾数为6时进位。当尾数4舍为5时，则应看末位数是奇数还是偶数，5前为偶数应将5舍去，5前为奇数应将5进位。

有效数字运算规则，在常见的常量分析中，一般是保留4位有效数字。但在水质分析中，有时只要求保留2位或3位有效数字，应视具体要求而定。

(1) 加减法　在加减法运算中，保留有效数字的以小数点后位数最小的为准，即以绝对误差最大的为准。

(2) 乘除法　乘除运算中，保留有效数字的位数以位数最少的数为准，即以相对位数最大的为准。

(3) 自然数　在分析化学中，有时会遇到一些倍数和分数的关系。

3. 分析检验结果的准确性和精密度

为提高检测结果的准确性和精密度，更好地反映被检样品的实际情况，必须对从检验单到试验的设计和准备、标本的采集、运输、结果分析、直到最后发出报告等检测的全过程进行质量控制。

4. 提高分析精确度的方法

为了提高准确度和测定结果的可靠性，可以采用以下几种方法。

① 对各种试剂、仪器进行校正。

② 增加测量次数。

③ 做空白对照实验。

④ 做回收率测定实验。

⑤ 正确选取样品的量。

五、检验报告的出具

食品检验的结果要靠食品检验结果报告来反映。食品检验结果报告是食品检验的最终产物。检验报告的内容，只有填写完整和准确，报告才有意义。

一份完整的检验报告包括正本和副本。正本包括报告的封皮、检验报告首页(被检产品信息和检验结论)、检验报告续页(检验项目、检测数据及单项测定)三部分。作为归档留存的副本，除具有上述三项外，还必须有填写详细的产品抽样单、仪器设备使用情况记录、真实完整的检验原始记录等。

1. 检验报告封皮

应写明产品编号，产品名称，生产、经销、委托单位名称，检验类别，检验单位名称，详细地址，出具报告时间等。

2. 检验报告首页

被检产品的详细信息及检验结论一般在首页填写，这是检验结果报告的关键内容。被检信息包括：产品名称，受检单位，生产单位，经销单位，委托单位名称，检验类别，产品的规格型号，包装，商标，等级，所检样品数量，样品批次，检验日期等。检验项目、检验依据和检验结果要在检验报告首页醒目位置显示。检验项目应根据标准规定的项目来决定，也可根据实际需要决定，不必每个项目都进行检验。检验依据及判定原则，依据各类产品所执行的标准，合同及说明书中所明示的质量要求进行。

3. 检验报告续页

对每一个检验项目，逐一列出标准规定值和实际检测值，在相比较的基础上，判定该产品的单项合格与否。需要注意的是检测结果的单位与标准规定的单位应当一致。

4. 副本

检验原始记录是检验工作运转的媒介，是检验结果的体现。检验原始记录必须如实填写检验日期、检测环境的温度和湿度、检验依据的方法标准、使用的仪器设备、检验过程的实测数据、计算公式、检测结果等。最后报值的单位要与标准规定的单位相一致。检验原始记录的填写，必须按照检验流程中的各个实测值如实认真填写，字迹清楚无涂改。如果确有必要更正的，可以用红笔划改，但必须有修改人的签字。填写完整后，由检验员、审核人签字，作为出具检验结果报告的依据。

第三节　生物性污染的预防与控制

一、生物性污染的危害

生物性污染直接关系到食品安全，它不仅能引发食源性疾病，而且腐败菌的存在会导致食品腐败变质。

（一）食品的腐败变质

1. 腐败变质的概念

变质是指食品在贮存中发生的氧化等化学变化，或因食品自身酶作用，使食品发生自溶分解而不能食用的变化。腐败是食品由于微生物的作用引起食品分解而不能食用的状态。狭义的腐败是指蛋白质分解。广义的腐败是指食品质量降低，甚至丧失食用价值的一切变化。腐败和变质两者同时发生称为腐败变质或简称为变败。

2. 影响食品腐败变质的因素

虽然食品腐败变质的主要原因是微生物，但变质的性质和程度则取决于各种食品的组成成分、理化特性和食品的外部环境因素。

（1）食品的组成成分　食品腐败主要是蛋白质成分的分解，同时伴有脂肪和糖的分解。动物性食品富含蛋白质，故较其他食品更易腐败变质。一般能分泌胞外蛋白酶的细菌，如梭状芽孢杆菌、假单胞属、变形杆菌属、链球菌属等细菌，对蛋白质的分解能力特别强。而不能分泌蛋白酶的细菌，如葡萄球菌、微球菌、无色杆菌、黄杆菌、埃希菌等，对蛋白质分解能力则比较弱。

（2）食品的理化特性

① 水　食品中的水分往往是以结合水和游离水两种状态存在，微生物只能够利用游离水。一般来说，含水分高的食品细菌容易繁殖，含水分低的食品霉菌和酵母比细菌容易繁殖。而食品中的水分能否被微生物利用，主要取决于水分在食品中的存在形式。可溶性成分多的食品，水分含量虽然很高，但也能够阻止微生物的繁殖；可溶性成分少的食品，只有水分含量降至很低时，才能阻止微生物的繁殖。食品中可提供给微生物利用的这部分水分，常以水分活性（water activity，A_w）来表示。水分活性（A_w）值，即微生物的作用物（食品、溶液或培养基）中的水分在密闭容器中的蒸汽压（p）与同样条件下纯水蒸气压（p_0）之比，$A_w=p/p_0$。A_w 值表示食品中所含微生物可利用的游离或自由水量，而不是食品中的总含水量，食品中还有一部分是被水溶性盐、蛋白质等结合的结合水，对微生物是无用的。A_w 的最大值为1，表示为纯水；最小值为0，即食品中不含游离水。水分活性是影响细菌生长的内在因素之一，随着 A_w 值的降低，微生物的生长发育会逐渐缓慢乃至停止。因此生产中常利用水分活性调整剂（如食盐、食糖）降低食品的 A_w 值，来提高食品的耐藏性。细菌、酵母、霉菌三大微生物类群中，细菌最不耐干燥。新鲜食品尤其是易腐的肉、乳、蛋、鱼、水果、蔬菜等的 A_w 值都在0.98～0.99，适合于多种微生物生长繁殖。干制食品的 A_w 值多在0.8左右，多数细菌难以生长，但不少霉菌仍能增殖。当食品 A_w 值降至0.7以下，绝大多数微生物停止生长，因此，食品 A_w 值在0.65以下时，常可保存2年以上不会腐败变质。如果 A_w 值小于0.7的食品而又在低温下贮藏，就能显著延长食品存放期。

② pH　各类微生物生长繁殖所适应的酸碱环境pH都有一定的范围。多数酵母和霉菌比较适应酸性环境（pH3～6）；大多数细菌最适合pH为6.5～7.5。动物性食品的pH几乎适合绝大多数微生物的生长繁殖。当食品的pH降至5.0以下时，腐败菌的生长受到抑制。牛肉、羊肉、猪肉在成熟过程中产生大量的乳酸和磷酸，使肉的pH能下降至5.4～6.2，甚至5.1～5.4，这就可抑制大多数腐败菌的生长繁殖，从而能延长食品的鲜度和保藏时间。

③ 渗透压　各种微生物对渗透压有一定适应范围。除大多数霉菌、酵母菌和嗜盐菌外，多数微生物在高渗透压环境中不能生长（尤其是细菌）。因此，高渗透压环境对微生物有较好的抑制和杀伤作用，因此盐腌和糖渍成为保存食品的一种有效方法。

（3）环境因素　食品的腐败变质与温度、湿度、气体等环境因素有密切关系。

① 温度　环境温度适宜可以促进微生物的生长繁殖，加速食品腐败变质的过程。不适宜的温度可减弱微生物的生命活动，或者导致其形态、生理特性等的改变，甚至死亡。

② 气体　食品中是否有氧气存在，对食品的腐败变质过程影响较大。不同种类微生物对氧的需求不同，一般来说，罐藏食品的腐败主要是厌氧微生物作用的结果。而非罐藏肉类等食品，大多受需氧微生物的作用。通常腐败变质从表面开始，中间层的腐败变质是由兼性厌氧微生物引起，深层腐败变质则是厌氧微生物作用的结果。这样就形成腐败变质过程中的菌群交替现象。

③ 湿度　细菌所要求的适宜相对湿度通常为92%或者更高，酵母菌为90%左右，霉菌为85%～92%。因此食品贮藏运输过程中，适当控制湿度，可延缓食品腐败变质。

（二）食源性疾病

1. 食源性疾病的概念

凡是通过摄取食物而使病原体及其毒素或其他有害物质进入人体，引起的感染性疾病或中毒性疾病，统称为食源性疾病。

2. 食源性疾病的流行和分布特点

食源性疾病呈流行性或暴发性发生。其分布特点可能是在一定的时间和地区内，发生于特定的人群。

3. 食源性疾病的分类

（1）食源性感染　是指人们食用了患人畜共患病动物的肉、乳、蛋等或被病原微生物污染的食品而引起的感染性疾病。

（2）食源性中毒　是指人们食用了某些被微生物及其毒素、有毒化学物质污染的食品或者有毒生物组织，致使人们发生急性中毒性疾病。在各类食源性中毒中，细菌性食物中毒占70%～80%，细菌污染食品的程度与机体食源性中毒的轻重存在着密切关系。

二、生物性污染的预防与控制措施

生物性污染的监测和控制必须从动物饲养、屠宰加工、运输、贮藏、销售、烹调等各环节着手，制定“以卫生管理为主，卫生检测为辅”的从农田到餐桌的全程监控措施。

（1）加大生物性污染源检测技术和方法的研究力度，建立并完善动物性食品生物性污染的全程监控体系，进一步加强动物性食品法制化和标准化建设。

（2）加强饲养环节的监控，保证生产出健康的动物。包括饲养场的选址和建设布局的设计，饲料饮水、畜舍环境及有关工具器械等的卫生要求，疫病监测与预防控制，制定健全的卫生防疫制度以及其他日常的兽医卫生管理工作等。

（3）加强宰前检疫工作，保证健康的动物进入屠宰环节。未经检疫合格的动物不得进入屠宰车间。同时必须高度重视动物运输过程的监督和管理。

（4）加强动物性食品在屠宰加工环节的卫生监督与管理，包括屠宰场的选址、建筑布局、加工设备卫生，以及屠宰过程中的卫生监督和检疫检验工作。

（5）加强运输、贮藏、销售、烹调等过程中对动物性食品卫生监督与管理，避免动物性食品流通环节中的外源性污染。

第四节　化学性污染的预防与控制

一、化学性污染的危害

1. 化学性污染与急性中毒

化学性污染产生的毒性作用与人的接触剂量和接触时间密切相关，若一次摄入有害物质的量过大，就会出现急性中毒反应。

动物组织药物残留水平一般低于人的治疗量，发生急性中毒的可能性极小。除极少数外，绝大多数药物残留通常产生慢性、蓄积毒性作用。环境化学毒物如短期内在环境中造成浓度增高时，人通过呼吸、饮水或食物摄入，就会引起机体急性中毒。

2. 化学性污染与慢性中毒

有毒有害物质或其代谢产物在接触间隔期内，如不能完全排出，则可在人或动物体内逐渐蓄积。当有毒有害物质的蓄积部位与其靶器官一致时，则易发生慢性中毒。比如有机汞化合物蓄积于脑组织，可引起中枢神经系统损害；铅在人骨骼内蓄积到一定的量时，就会发生慢性中毒，甚至导致癌变。

3. 化学性污染与致癌、致畸和致突变作用

（1）致癌作用　人类的癌症绝大部分是由于环境因素引起的，而在环境因素中由化学物质引起的癌症约占90%。动物试验表明，确认或怀疑有致癌作用的化学物质已达几百种，而确证对人有致癌作用的主要有苯并（*n*）芘、多氯联苯、滴滴涕等环境污染物。这些有毒有害物质一旦进入自然环境，便可在环境中进行短则3～5年、长则40余年的反复循环，对人和动物危害极大。

（2）致突变作用　过量接触环境中某些化学物质，可以诱导人体生物细胞中遗传物质发生突然的、根本的改变，称为致突变作用，可表现为基因突变、染色体畸变和DNA损伤。能诱发突变的化学性物质，称为致突变原（mutagen）。目前已知的致突变原有数百种，如庆大霉素、灰黄霉素、异烟肼、雌激素、苯、镉、铅、二硫化碳、苯并（*q*）芘、滴滴涕、除草剂等。

致突变原通过胎盘使胚胎体细胞发生突变，是发生畸胎的原因。生殖细胞遗传物质的突变。可使下代或下几代发生畸胎和某些遗传性疾病。

（3）致畸作用　环境中化学物质或有害物质在母体妊娠期通过母体影响胚胎发育，导致胎儿器官形态结构异常，称为致畸作用。致畸物对生殖过程的毒性效应包括：导致先天畸形；妊娠前生殖细胞（精子或卵子）受到影响时，可以引起不孕；在胚胎期，可使胚胎染毒致死；在妊娠胚胎期，可出现胚胎死亡（流产）、结构畸形或功能畸形。而这些异常与环境污染以及食品化学性污染有密切关系，如烷基汞、滴滴涕、林丹等可通过胎盘进入胚胎，导致畸胎或死胎。

鉴于动物性食品的化学性污染所产生的食品安全问题，我国制定了一系列法律法规来预防控制其对人类健康的危害。目前我国食品卫生标准中常用到的有害物质评价指标主要有每日允许摄入量（acceptable daily intake，ADI）和最高残留限量（maximum residue limit，MRL）。ADI是指人一生中每日从食物或饮水中摄取某种物质而对健康没有明显危害的量[以人体重为基础计算，表示为μg/(kg体重·d)]。MRL是指允许存在于食物表面或内部的化学污染物残留的最高量或最大浓度（以鲜重计，表示为mg/kg或μg/kg）。

二、化学性污染的预防与控制措施

1. 环境化学毒物污染的控制措施

为了有效地预防和控制动物性食品的环境化学毒物污染，需要采取“从农场到餐桌”的全过程的食品安全管理模式。其控制措施包括以下几方面。

（1）结合国际先进管理经验模式和我国的实际情况，建立动物性食品安全卫生质量全程监控体系；并认真贯彻《食品卫生法》、《环境保护法》等法律法规，加强从原料、生产加工、贮存、运输、销售全过程的各级预防和行政管理措施，从源头和根本上杜绝动物性食品的化学性污染。

（2）制定食品中环境化学污染物的最高允许限量，将污染物减低到实际可能达到的最低水平，并加强食品中环境化学污染物残留监控。

（3）综合治理工业“三废”，根据我国《农药登记规定》、《农药管理条例》和《农药安全使用标准》合理安全使用农药以及加强农药运输和贮存管理。

2. 药物残留污染的控制措施

（1）严格执行《兽药管理办法》，加强对抗生素和磺胺类药物的使用和管理，禁止在饲料中添加未经批准的治疗药物。

（2）对使用兽药的种类、对象、方法、剂量等做出明确的规定，防止滥用。对允许使用的兽药和饲料药物添加剂要严格执行休药期规定。

（3）制定动物性食品中药物最高残留限量标准，加强食品中药物残留监控。

第五节　放射性污染的预防与控制

天然放射性核素在自然界中分布很广，可存在于矿石、土壤、水、大气及动植物的所有组织中。放射性核素主要通过水及土壤污染农作物、水产品、饲料等，并随食物链进入食品。污染环境和动物性食品的放射性核素的放射性很难消除，射线强度只能随时间的推移而衰减。一旦被人体摄取就会在人体内长期蓄积。

与食品卫生学意义有关的天然放射性核素主要为^{40}K、^{226}Ra。另外，^{210}Po、^{131}I、^{90}Sr、^{137}Cs等，它们也是污染食品的重要的放射性核素。

一、动物性食品放射性核素污染的危害

环境中的放射性物质可以由多种途径进入人体，主要是通过水生生物食物链途径。各种放射性核素对人体的损害会因放射性核素的性质、环境条件、动植物的代谢状况以及人的膳食习惯等因素而有差异。

放射性核素进入人或动物体后，其射线会破坏机体内的大分子结构，甚至直接破坏细胞和组织结构，给人体造成损伤。高强度射线会灼伤皮肤，引发白血病和各种癌症，破坏人或动物的生殖功能，如^{90}Sr和铀裂变产物可引起雄性动物性功能改变，使精子数减少，畸形数增加，严重的能在短期内致死。放射性核素在人体蓄积会引起慢性放射病，使造血器官、心血管系统、内分泌系统和神经系统等受到损害，发病过程往往延续几十年。^{90}Sr、^{137}Cs是食物链中常见的放射性核素，能在动物脂肪组织中蓄积，可随乳排出。

二、动物性食品放射性污染的控制措施

（1）加强对放射性污染源的卫生监督，严格执行动物性食品人工放射性核素限制浓度标准。

（2）严格执行国家食品卫生标准，对检出的放射性核素超标的食品，一律按章处理，保证人类不受放射性污染食品的危害。

【复习思考题】

1. 何为动物性食品安全评价定义？常用指标有哪些？
2. 简述生物性污染的预防与控制措施。
3. 简述环境化学毒物污染的控制措施。
4. 进行菌落总数和大肠菌群测定的意义是什么？
5. 简述动物性食品污染的危害。

（乐　涛　王明利）

第二单元

屠宰动物的兽医卫生监督与检验

第三章 屠宰加工企业建立的兽医卫生监督

【主要内容】 屠宰加工企业建立前的场址选择；场内各建筑设施的布局及内部各主要部门的设置；屠宰加工企业主要部门和系统的兽医卫生要求；屠宰场的用水卫生；屠宰污水的特点及处理措施；屠宰加工企业的消毒。

【重点】 屠宰加工企业场址选择及企业总平面布局；屠宰加工部门各主要场所的卫生要求；屠宰加工企业供水的要求和污水的处理方法。

【难点】 设计屠宰加工企业整体布局；测定污水污染指标及进行污染处理；对屠宰加工各场所的消毒。

依据《中华人民共和国食品卫生法》和《中华人民共和国动物防疫法》的有关规定，单位、个人屠宰畜禽必须由当地畜禽防疫监督机构设检疫员实施检疫（检验），出具畜产品检疫（检验）证明，胴体上加盖“兽医验讫”印章时，方可经营销售。根据此规定，有关部门提出，对屠宰动物实行“定点屠宰，集中检验，统一纳税，分散经营”的管理办法，故中华人民共和国成立以来，我国各大中城市相继建立了较大规模的肉类联合加工厂，人口相对少一些的市、县建立了小规模的屠宰厂，乡镇也建立了现代化水平较低的屠宰点，这些场所统称为屠宰加工企业。这些屠宰加工企业主要是对猪、牛、羊、家禽、兔等肉用动物实施屠宰，或者进一步加工，并在此过程中实施兽医卫生监督与检验，为人类提供合格的肉、肉制品及其他副产品。随着我国肉类产量的增加和人民生活水平的提高，屠宰加工企业与人民生活的关系越来越密切，它在公共卫生中的地位日益重要。为保证人们食用的肉及肉制品的卫生质量，防止人畜共患病的发生，也防止疫情的散播，防止对养殖业造成重大的损失，屠宰加工企业的卫生要求必须摆在一个重要地位。屠宰加工企业屠宰的动物来自全国的四面八方，宰后的肉品和副产品又将输送到全国各地，甚至出口到国外。在这运进和运出的过程中，如果企业场址选择不当，或内部建筑设施不合理，或卫生管理不当，屠宰加工企业将成为散布畜禽疫病的疫源地和自然环境的污染源，不仅危及人民群众的健康，也会造成养殖业的重大损失。所以屠宰加工企业在场址的选择上，场内各建筑设施的布局上，以及场内的用水和下水的处理上等，都必须符合国家规定的兽医卫生要求。

第一节 屠宰加工企业选址和布局的卫生要求

一、屠宰加工企业场址选择的卫生要求

屠宰加工企业的建立应遵循“统一规划、合理布局、有利流通、方便群众、便于检疫和管理”的原则，既要保证待宰动物来源充足，又要保质保量地将产品供应市场，且又能防止人畜共患病和畜禽疫病散播，所以不论屠宰加工企业规模大小和设备条件如何，在选择屠宰加工企业场址时必须考虑周全，多方防范，特别注意以下各方面的卫生要求。

1. 符合总体规划要求

我国规定，新建屠宰加工企业时，其场址和场区建筑设计须经当地城市规划部门及卫生

防疫部门的批准，符合国家、省、自治区、直辖市和当地政府的环境保护、卫生和防疫等要求。

2. 地理位置

屠宰加工企业的地点应远离交通要道、居民区、医院、学校、水源及其他公共场所至少500m以上，并位于水源和居民区下游、下风向，以免污染居民区的水源、空气和环境。但应考虑交通便利，有利于屠宰畜禽的运入和畜禽产品的运出。可设在城市的郊区或交通良好的牧区。

3. 场区地势

场区整体地势应平坦，干燥，具有一定的坡度，以便于车辆的运输和污水的排出。地下水位离地面的距离不得低于1.5m，以保持场地的干燥、清洁和防止水源的污染。

4. 场内环境

屠宰加工企业场区周围应有2m高的围墙，防止狗、鼠等其他动物窜入。场内的道路、地面应为柏油或水泥，以减少尘土污染，且便于清洗及消毒。场内还应注意环境绿化，起到防风固沙和调节空气的作用。

5. 具备完善的上下水系统

屠宰加工企业的用水量及排水量都很大，建场前必须首先解决用水问题，可以是政府部门供应的自来水，或经过检验合格的自备水源。还必须设置完善的污水排放系统及污水处理系统，以及设有粪便发酵处理场所，以便使粪便、胃肠内容物经发酵处理后运出，防止病原微生物扩散。

6. 尊重少数民族信仰

我国规定，在少数民族地区，应根据其风俗习惯，将宰猪场与宰牛、羊场分开建立，专场屠宰。

二、屠宰加工企业总平面布局及卫生要求

屠宰加工企业总平面布局应本着既符合卫生要求，又方便生产、利于科学管理的原则，在各建筑物和车间的分布上应科学合理，既要相互连接方便，又要做到一定的分隔，既能提高生产效率，又能防止原料与产品交叉污染。

1. 屠宰加工企业总平面布局

各屠宰加工企业规模虽有不同，但从整体布局上基本可划分为五个区（图3-1），每个区可根据条件设置相应的配套设施。

（1）宰前饲养管理区　即贮畜场，可设置卸车台、预检分类圈、饲养圈、候宰圈及兽医室等。

（2）生产加工区　可设置屠宰加工车间、副产品整理车间、分割肉车间、凉肉间、肉品和复制品加工车间、生化制药车间、化验室、卫检办公室及冷库等。

（3）病畜隔离及污水处理区　可设置病畜隔离圈、急宰车间、化制车间及污水处理系统、粪便发酵处理场所等。

（4）动力区　可设置锅炉房、供电室、制冷设备室等。

（5）行政生活区　办公室、宿舍、库房、车库、俱乐部、食堂等。

2. 卫生要求

（1）以上各车间之间应有明确的分区标志，特别是宰前饲养管理区、生产加工区及病畜隔离与污水处理区之间应以围墙相隔，设专门通道相连，并要有严密的消毒措施。

（2）病畜隔离与污水处理（隔离圈、急宰间、化制间及污水处理系统）区应处于生产加

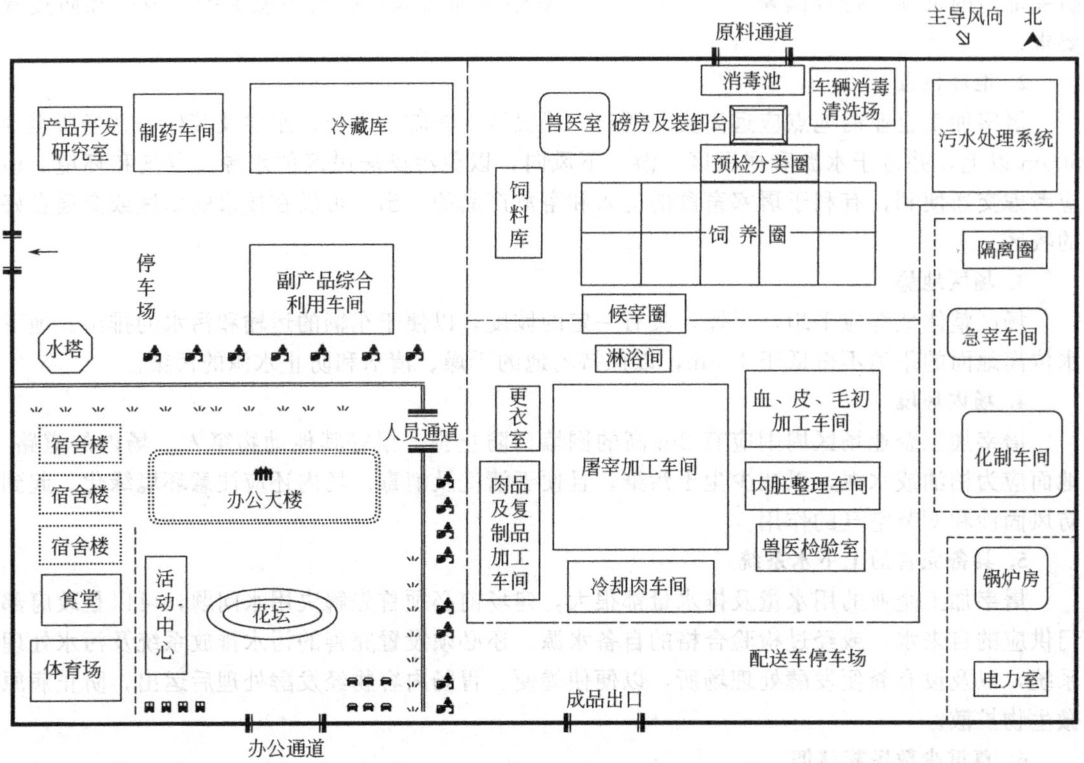

图 3-1　中小型肉联厂平面布局示意图

工区的下风点。生活区和生产车间应保持相当距离。

（3）生产区与非生产区应分开，且必须单独设置人员、活畜、产品、废弃物的出入口，原料与产品在场内不得共用一个通道，防止发生交叉污染。所有出入口应设有与门等宽的消毒池。

（4）各个建筑物之间的距离，应不影响彼此间的采光。

第二节　屠宰加工企业主要部门的卫生要求

根据相关的法规及卫生要求，肉类屠宰加工企业应特别加强宰前饲养管理场、病畜禽隔离圈、候宰间、屠宰加工车间、急宰车间、化制车间、供水系统及污水处理系统等重要部门的管理。

一、宰前饲养场

宰前饲养场是对屠宰动物实施入场验收、宰前管理、宰前检疫的场所。其容量以能容纳日屠宰动物数量的 2～3 倍为宜，设有卸车台、地秤、预检圈、病畜隔离圈、健畜圈、候宰圈，以及饲料加工调制车间等。

为防止疫病的传播，饲养场应远离生产区，所有建筑和生产用地的地面应以不渗水的材料建成，并有适当的坡度，以利污水排出和消毒工作。动物圈舍应采取小而分立的形式，圈内光线充足，通风良好，并具有完善的供水、排水系统，圈内应设有饲槽、饮水装置和消毒用具及圆底的排水沟。在我国北方要有保暖设施，寒冷季节圈温应不低于 4℃。场内所有圈舍，必须每天清除粪便，定期进行消毒，粪便须及时运到粪便发酵处理场所处理后方能运出。

应设有兽医工作室，建立完善的兽医卫生管理制度。

二、病畜隔离圈

病畜隔离圈是暂时存放宰前检疫中剔除的患病或怀疑患有传染病动物的场所，其容量应不少于宰前饲养管理场的1%。因这些动物很可能携带有大量的病原，所以在建筑和使用上都更应注意兽医卫生要求。

首先病畜隔离圈应设有坚固的围墙，与宰前饲养管理场和急宰车间保持有限制的联系，通道开启方便，但人畜车辆不能随意通过，与其他部门保持严格隔离。隔离圈的地面和墙壁应用不渗水的材料建成，地面与墙壁、柱脚的结合处为圆弧形，便于清洗消毒，饲槽等用具均应专用，饲养人员应专职，粪尿须经消毒后方可运出，尸体应用密闭的专用车运送，出入口设消毒池。

三、候宰圈

候宰圈是对屠宰动物实施宰前停饲管理并等待屠宰的场所，其容量以能容纳日屠宰量为准，可与屠宰加工车间相毗邻，分成若干个小圈，圈内墙壁光滑，地面不渗水，易于冲洗、消毒，设有良好的饮水设备和淋浴间，淋浴间应紧连屠宰加工车间。

四、屠宰加工车间

屠宰加工车间是对动物进行屠宰加工并生产出肉品的地方，也是屠宰加工企业最重要的场所，其设备、卫生状况的好坏及加工环节是否合理都将影响到产品的卫生质量，无论是规模大的肉类联合加工厂，还是机械化程度较低的屠宰点，在建筑设施和卫生管理上都必须严格遵守屠宰加工车间的兽医卫生要求。

1. 房屋建筑的卫生要求

屠宰加工车间内墙壁、地面和顶棚应用不渗水和抗腐蚀的材料建成，离地面2～3m以上的墙壁应用白色瓷砖铺砌。地面最好用水泥纹砖，并形成1°～2°的倾斜度，以便防滑和便于排水。地角、墙角、柱角呈圆弧形，并有防鼠设备。天花板的高度，在垂直放血处不低于6m，其他部分不低于4.5m。门窗应采用密闭性能好、不变形的材料制作。室内窗台宜向下倾斜45°。窗户与地面面积的比例为（1∶4）～（1∶6），以保证车间内光线充足。车间内光照度应不低于75lx，屠宰操作处应不低于150lx，检验操作处应不低于300lx。车间内的采光应以自然光为好，但不能用直射光或过强光，需要人工照明时应选择日光灯，不能使用有色灯和高压水银灯，更不能用煤油灯和汽灯，以防止造成对肉的影响以及检验员的正确判断。

车间内应设有赶畜道、致昏处、放血处、烫毛脱毛（剥皮）处、净膛处、内脏整理间、胴体修整处及凉肉间等。车间的入口处应设有与门同宽且不可跨越的消毒池，池内的消毒液应经常更换，以保持药效。赶畜道的宽度以仅能通过1头畜为宜，赶畜道坡度不应大于10%，墙的高度不应低于1m。

在各兽医检验点应设有操作台，并备有冷热水和刀具消毒设备。在放血、开膛、摘除内脏等加工点，也应有刀具消毒设施。

2. 传送装置的卫生要求

一般采用架空轨道为宜，既可减少污染，又能减轻劳动强度。猪放血轨道应距地面3～3.5m；牛4.5～5m；羊2.4～2.6m。胴体加工线轨道距地面高度单滑轮2.5～2.8m，双滑轮2.8～3m。轨道输送速度以每分钟不超过6头屠体为宜，既可提高效率，又不会造成来不及操作和漏检的可能。架空轨道上畜体间的距离猪间距应大于0.8m，牛间距不小于1.2m。羊间距应大于0.8m。从生产流程的主干轨道，应分出若干岔道，以便随时将需要隔离的胴体从生产流程中分离出来。在悬挂胴体的架空轨道旁边，应设置同步运行的内脏和头的传送装置（或安装悬挂式输送盘），以便兽医卫检人员实施“同步检查”，综合判断。为了减少污染，屠宰加工车间与其他车间的联系，最好采用架空轨道和传送带。上、下层之间采用金属滑筒。所有用具、设备应用不锈钢材料。

3. 车间通风的要求

车间内应有良好的通风设备，在我国北方的冬季，室内雾气大，车间入口处应设有套房，室内应安装去湿除雾机。夏季气温高，在南方应安装降温设备。门窗的开设应适合空气的对流，有防蝇、防蚊装置。室内空气交换以每小时1～3次为宜，交换的具体次数和时间可根据悬挂胴体的数量和气温决定。

4. 上、下水的要求

车间内要有冷、热水龙头，以便洗刷消毒器械和去除油污。最好不用手动的。消毒用水水温不低于82℃。为及时排除屠宰车间内的废水，保持生产地面的清洁和防止产品污染，必须建造通畅完善的下水系统，每$20m^2$车间地面设置一个废水收容坑，上面盖有滤水铁篦子。车间排水管道的出口处，应设置脂肪清除装置和沉淀池。

屠宰加工车间的卫生管理要做到制度化、规范化和经常化。门口应设与门同宽且不能跨越的消毒池。消毒液经常更换，严禁闲散人员进入车间。保证车间内光线充足。车间地面、墙裙、设备、工具及用具经常保持清洁，每天生产完毕后用热水洗刷。除发现烈性传染病时紧急消毒外，每周应用2%的热碱液消毒1次，至下一班生产前冲洗干净。放血刀经常更换和消毒。生产人员工具受污染后，应立即消毒和清洗。

五、急宰车间

急宰车间是屠宰病畜禽的场所，一般与病畜隔离圈相邻，以便于病畜隔离圈检出的病畜及时得到处理。因病畜常携带有病原菌，故急宰车间更应加强兽医卫生监督，应设有屠宰室、冷却室、有条件利用肉的无害化处理室、胃肠加工室、皮张消毒室、尸体和病料化制室，同时应设有专用的更衣室、淋浴室、污水粪便处理池，大型肉联厂可建立单独的病畜化制车间。

急宰车间除在卫生要求上与病畜隔离圈相同外，还应配备专职人员，具有良好的卫生条件与人身防护设施。各种器械、设备、用具应专用，经常消毒，防止疫情扩散。整个车间的污水和粪便必须经严格消毒后方可排入污水处理系统。

六、化制车间

化制车间是对经无害化处理仍不能食用的胴体、内脏等进一步处理的场所，将可能携带的病原体全部杀死，产品进一步利用，尽可能降低损失。因其处理的主要是病畜禽及其产品，故其兽医卫生要求更需严格。

化制车间可位于屠宰加工企业的边缘位置和下风处，车间的地面、墙壁、通道、装卸台等均用不透水的材料建成，大门口和各工作室门前应设有永久性消毒槽。车间内应分成两部分，一是原料接收和初步处理场所，二是化制处理和成品贮存场所，两部分应分开，只保持运料孔道相连。化制车间的工作人员要保持相对稳定，非特殊情况不得任意调动，且要特别注意个人的卫生防护，防止受到人畜共患病的感染。化制车间排出的污水，必须经过严格消毒后方可排入屠宰加工企业的污水处理系统。

七、分割肉车间

分割肉车间是肉类加工企业的一个重要车间，包括暂存胴体的冷却间、分割肉加工车间、成品冷却间、包装间、用具准备间、包装材料暂存间，有时还有分割工人的专用淋浴间。分割肉车间和屠宰车间相连，后端连接冷库。

地面、墙壁等卫生要求同屠宰加工车间，车间入口处配备靴子和设置洗手、干手设备。车间内应设有饮用水、非饮用水（红色）和消毒用的 82℃热水管道并用不同色彩作标记。室内的温度应保持在 20℃以下，设置空调，配置自动温度测定仪和自动记录仪。湿度的要求是顶棚和风道都不能结露滴水。风速的要求是，操作区平均风速 0.1～0.2m/s。车间内以人工照明为主，要求达到 130～140lx。开关不设明拉线。传送装置用不锈钢或无毒塑料制品。加工机械便于拆卸、清洗消毒。车辆、用具和容器以及操作台面应采用不锈钢或者无毒塑料制造。切割电锯有防噪声措施，要求达到国家标准，并用 82℃热水定时消毒。

第三节　供水与污水处理系统的卫生要求

一、供水系统

屠宰加工企业用水量很大，饲养管理场、候宰圈、屠宰加工车间、内脏整理车间、肉制品加工车间等都要用到大量的水，而且这些水与畜体或肉品直接接触，如果用水卫生不良，将直接影响原料和生产成品的卫生质量，所以屠宰加工企业必须有完善的供水系统，用水必须符合我国《生活饮用水卫生标准》(GB 5749—1985)。主要包括以下几方面。

1. 水源

加工企业的用水如为自来水厂供给的，一般来说是安全的，卫生监督重点放在保持水的清洁上。如为场内自备水源，则应检验各项指标，符合标准后方可使用，且必须注意保护水源不遭受污染，并定期检查，以便及时排除污染源。

2. 水的物理性质

饮用水应清净、无沉淀、透明、无色、无味，不应含有令人厌恶的异味、异臭。

3. 水的化学性质

供水不应含有任何对饮用者有损害的化学杂质和对供水系统有极度腐蚀性的物质。用于消毒水的化学药剂的浓度不得超过卫生标准。

4. 细菌污染

供水内的病原微生物，特别是已知通过水传播疾病的微生物，如沙门菌、大肠杆菌等，要求供水的含菌范围符合国家卫生标准。

5. 放射线污染

放射线对人类是危险的，所以水不应含有放射性物质。

供水的消毒通常采取氯化消毒，用有自动释放装置的加氯器进行消毒更好。此方法不仅可降低水中的细菌含量，还具有氯化有机物和某些盐类及驱除供水气味的作用。

二、污水处理系统

1. 屠宰污水的特点

屠宰加工企业的污水来自饲养圈、屠宰加工车间、内脏整理车间、分割肉车间、熟肉制品车间等，其中含有血液、油脂、碎肉、胃肠内容物、粪、尿、毛等大量的污染物质，是典型的高浓度有机污水，其流量大、含污物多（BOD 高达 500～1800mg/L）、温度高、气味不良，且含有大量病原体（大量微生物和寄生虫）。如果直接排放将会污染江河湖海和地下水，并在公共卫生和畜禽流行病学方面具有很大的危险性，因此必须做好屠宰污水的处理。

2. 测定指标（《肉类加工工业水污染物排放标准》GB 13457—92）

屠宰加工企业污水的污染情况及处理结果是否符合要求，可通过测定以下污染指标来判定。

（1）生化需氧量（BOD） 是指在一定的时间和温度下，水体有机污染物质通过微生物的作用而被氧化分解时所消耗的水体溶解氧的总数量，单位是 mg/L。国内外均以 5d、水温保持 20℃时的 BOD 值作为衡量有机污染的指标，记为 BOD_5。污染度越高，其值越大。我国肉品工业污水排出口 BOD_5 要求不超过 60mg/L，排入地面后 BOD_5 不超过 4mg/L。清洁水生化需氧量一般小于 1mg/L。

（2）化学耗氧量（COD） 是指在一定条件下，用化学氧化剂氧化废水中的有机污染物质和一些还原物质所消耗的氧量，单位为 mg/L。当用重铬酸钾作氧化剂时，所测得的化学耗氧量用 COD_{Cr}表示，而高锰酸钾法则用 COD_{Mn}表示。最高允许排放浓度为 100mg/L。

此外还可以通过测定污水的溶解氧（DO）、苯 pH、悬浮物（SS）、浑浊度、硫化物及微生物等，来了解水的污染情况或处理效果。目前，我国已制定了屠宰加工企业污水排放标准，即《肉类加工工业水污染物排放标准》（GB 13457—92），该标准根据肉类加工企业建设的时间而提出了不同的要求，对于 1992 年 7 月以后立项及建成投产的企业的污水排放要求见表 3-1。

表 3-1 屠宰加工污水污染物浓度排放标准 mg/L

污染物	悬浮物			生化需氧量（BOD_5）			化学耗氧量（COD_{Cr}）			氨氮			大肠菌群数/(个/L)		
级别	一级	二级	三级	一级	二级	三级	一级	二级	三级	一级	二级	三级	一级	二级	三级
畜类屠宰加工	60	120	400	30	60	300	80	120	500	15	25	—	5000	10000	—
肉制品加工	60	100	350	25	50	300	80	120	500	15	20	—	5000	1000	—
禽类屠宰加工	60	100	300	25	40	250	70	100	500	15	20	—	5000	1000	—

3. 屠宰污水的处理方法

屠宰污水的处理方法通常包括预处理、生物处理和消毒三步。

（1）预处理（物理学处理或机械处理） 主要利用物理学原理除去污水中的悬浮固体、胶体、油脂和泥沙。常用方法是设置格栅、格网、沉沙池、除脂槽、沉淀池等。其意义主要在于减少生物处理时的负荷，提高排放水的质量，还可以防止管道阻塞，降低能源消耗，节约费用，便于综合利用。

格栅和格网可以将碎肉、碎骨及木屑等较大杂质过滤出去，防止其进入污水处理系统而堵塞管道，甚至损坏水泵，此方法可使 BOD_5 降低 10%～20%；除脂槽可在较低温度下收集污水中的油脂，防止油脂阻碍水流和妨碍污水的生物净化。除脂槽的除脂效率为 60%～70%；沉砂池是利用静置沉淀的原理沉淀污水中固体物质，主要为沙、泥土、炉渣及骨屑等。沉淀池沉积的污泥要及时排出，以免厌氧细菌作用产生气体，使污泥上升到水面，降低沉淀效果。

（2）生物处理 利用自然界大量微生物氧化有机物，形成低分子的水溶性物质、低分子的气体和无机盐，从而除去污水中的胶体、有机物质。根据微生物对氧气要求的不同，将污水处理分为好氧处理法和厌氧处理法两类。

好氧处理法：主要包括土地灌溉法、生物过滤法、生物转盘法、接触氧化法、活性污泥法及生物氧化塘法等。

厌氧处理法：主要有厌氧消化法。

(3) 消毒处理　经过生物处理后的污水一般还含有大量的菌类，特别是屠宰污水含有大量的病原菌，需经药物消毒处理方可排出。常用的方法是氯化消毒，将液态氯转变为气体，通入消毒池，可杀死 99%以上的有害细菌。近年研究证明，用漂白粉或液态氯消毒污水，会造成氯对环境的二次污染。现在已研究出将紫外线灯成排地安装在污水净化处理后排水口前面的消毒技术，待排出的水在紫外线灯周围经过 0.3s，即可达到消毒的目的。这一新的消毒技术值得广泛应用。

第四节　屠宰加工企业的消毒

屠宰加工企业屠宰的动物来源广泛、健康情况复杂，不可避免地有带菌动物进入屠宰加工过程而造成对场内或车间内的污染。为此，屠宰加工企业必须定期或不定期地消毒，消毒的范围既涉及病畜通过的道路、停留过的圈舍、接触过的工具（饲槽、车船等）、产生的排泄物等，也包括工作人员的刀具、工作服、手套、胶靴等，这些场地或用具等特点不同，必须选择适当的消毒方法方能取得良好的消毒效果。

一、有关消毒的一些概念

1. 消毒

是指用物理的或化学的方法杀灭或抑制停留在不同的传播媒介物上的病原体，借以切断传播途径，阻止和控制传染的发生。

2. 灭菌

是指杀灭体外环境中某些物体上的一切微生物，其中还包括消灭芽孢。

3. 经常性消毒

是指生产车间在日常工作中或工作完毕后所进行的清扫消毒工作。如每日工作完毕，将全部生产地面、墙裙、通道、台桌、各种设备、用具、检验器械、工作衣帽、手套、胶靴等都要仔细彻底打扫，并用 82℃热水洗刷消毒，必要时选择适当的消毒液重点喷洒。

此外，生产车间还应有定期消毒制度，每周（或 10d，或半个月）定期进行一次大消毒。在彻底扫除、洗刷的基础上对生产地面、墙裙和主要设备用 1%～2%的氢氧化钠（烧碱）溶液或 2%～4%的次氯酸钠溶液进行喷洒消毒，保持 1～4h 后，用水冲洗。刀和器械可用 82℃左右的热水消毒或 0.015%的碘溶液消毒。工作人员的手用 75%的乙醇擦拭消毒或用 0.0025%的碘溶液洗手消毒。该碘溶液无刺激、无气味、无染色性，具有较强的清洁效力。胶鞋、围裙等胶制品，用 2%～5%的福尔马林溶液进行擦洗消毒。工作服、口罩、手套等应煮沸消毒。

4. 临时性消毒

是在生产车间发现炭疽等烈性传染病或其他必要情况下进行的以消灭特定传染病原为目的的消毒方法。它在控制疫情、防止肉品污染上有很大的作用。具体做法可根据传染病的性质分别采用有效的消毒药剂。对病毒性疾病的消毒，多采用 3%的氢氧化钠喷洒消毒。对能形成芽孢的细菌如炭疽、气肿疽等，应用 10%的氢氧化钠热水溶液或 10%～20%的漂白粉溶液进行消毒，国外多用 2%的戊二醛溶液进行消毒。消毒的范围和对象，应根据污染的情况来决定。消毒时药品的浓度、剂量、时间等必须准确。

二、消毒的方法

1. 物理消毒法

（1）机械清除　以清扫、冲洗、洗擦等手段达到清除病原体的目的，是最常用的一种消毒方法，但不能杀灭病原体，当发生传染病，特别是烈性传染病时，需与其他消毒方法共同使用。

（2）日晒　日晒是利用太阳光谱中的紫外线、灼热以及干燥作用达到消毒的目的。很多非芽孢菌和病原体在阳光暴晒下都能被杀死；抵抗力较强的病原体，也能失去繁殖力。但阳光的消毒能力受许多因素影响，须配合其他方法。

（3）焚烧　一种可靠的消毒方法，通常用于烈性传染病病畜尸体及被其污染的无利用价值的物品，如垫草、粪便、残剩的草料等。

（4）煮沸　一种经济方便、应用广泛、效果良好的消毒法。一般细菌在100℃开水3～5min即可被杀死，煮沸2h以上，可以杀死一切传染病的病原体。

（5）蒸汽消毒　蒸汽具有较强的渗透力，高温的蒸汽透入菌体，使菌体蛋白质变性凝固，微生物因之死亡。

2. 化学消毒法

指用化学药物抑制和杀灭病原微生物的方法。

（1）化学消毒药分类

① 碱类：主要包括氢氧化钠、生石灰等，一般具有较高消毒效果，适用于潮湿和阳光照不到的环境消毒，也用于排水沟和粪尿的消毒，但有一定的刺激性及腐蚀性，价格较低。

② 氧化剂类：主要有双氧水、高锰酸钾、过氧化氢等。

③ 卤素类：氟化钠对真菌及芽孢有强大的杀菌力，1%～2%的碘酊常用作皮肤消毒，碘甘油常用于黏膜的消毒。细菌芽孢比繁殖体对碘还要敏感2～8倍。还有漂白粉、碘酊、氯胺等。

④ 醇类：75%乙醇常用于皮肤、工具、设备、容器的消毒。

⑤ 酚类：有苯酚、鱼石脂、甲酚等，消毒效力较高，但具有一定的毒性、腐蚀性，污染环境，价格也较高。

⑥ 醛类：甲醛、戊二醛、环氧乙烷等，可消毒排泄物、金属器械，也可用于厩舍的熏蒸，能杀死繁殖型细菌、霉菌、病毒和芽孢，此外对仓库害虫及其卵也有毒杀作用，主要作为气体消毒。醛类具有刺激性、毒性，长期接触会致癌。

⑦ 表面活性剂类：常用的有新洁尔灭、消毒净、度米芬，一般适于皮肤、黏膜、手术器械、污染的工作服的消毒。

⑧ 季铵盐类：新洁尔灭、度米芬、洗必泰等，既为表面活性剂，又为卤素类消毒剂。主要用于皮肤、黏膜、手术器械、污染的工作服的消毒。

（2）化学消毒药消毒效果分类

① 高效消毒剂：戊二醛、甲醛、过氧乙酸等。

② 中效消毒剂：含氯消毒剂（次氯酸钠）、二氧异氰尿酸钠（优氯净）、碘（碘伏、复合碘）、酒精等。

③ 低效消毒剂：新洁尔灭、洗必泰等。

（3）化学消毒药物的选用原则和注意事项

① 化学消毒剂的选用原则　理想的化学消毒剂应具有以下几个条件：杀菌谱广；有效浓度低；作用速度快；性质稳定；易溶于水；不易受有机物、酸、碱及其他物理、化学因素

的影响；对物品无腐蚀性；无色无味，无臭，消毒后易除去残留药物；毒性低，不易燃易爆，使用无危险；可在低温下使用；价格低廉；便于运输，可以大量提供。

虽然化学消毒剂很多，但至今没有发现一种能满足上述全部条件的消毒剂，因此，在消毒时需要根据消毒目的和消毒对象的特点，选用合适的消毒剂。

② 使用化学消毒剂的注意事项

a. 一般需要将消毒剂配成溶液。

b. 消毒剂的浓度和用量必须符合规定。

c. 消毒时必须达到规定的时间。

d. 消毒剂必须与病原体直接或充分接触。

e. 注意温度会影响消毒效果，避免在过高或过低温度进行消毒操作。

3. 生物消毒法

生物消毒法是利用自然界中广泛存在的微生物在氧化分解污物（如垫草、粪便等）中的有机物时所产生的大量热能来杀死病原体。最常用是粪便和垃圾的堆积发酵，它是利用土壤和粪便中的大量的嗜热菌、噬菌体及土壤中的抗菌物质繁殖产生的热量杀灭病原微生物。但此法只能杀灭粪便中的非芽孢型病原微生物和寄生虫幼虫及虫卵，不适用于芽孢菌及患危险疫病畜禽的粪便消毒。粪便和土壤中的大量嗜热菌、噬菌体及其他抗菌物质可以在高温下发育，其最低温度界限为35℃，适温为50～60℃，高温界限为70～80℃。在堆肥内，开始阶段由于一般嗜热菌的发育使堆肥内的温度高到30～35℃，此后嗜热菌便发育而将堆肥的温度逐渐提高到60～75℃，在此温度下大多数病毒及除芽孢以外的病原菌、寄生虫幼虫和虫卵在几天到3～6周内死亡。粪便、垫料采用此法比较经济，消毒后不失其作为肥料的价值。生物消毒方法多种多样，在畜禽生产中常用的有地面泥封堆肥发酵法，地上台式堆肥发酵以及坑式堆肥发酵法等。

三、屠宰加工企业各场所的消毒

1. 生产车间的消毒

无论是屠宰加工车间、副产品加工车间，还是肉制品加工车间，每日工作完毕，必须进行经常性消毒，即将全部生产地面、墙裙、通道、台桌、各种设备、用具、检验器械、工作衣帽、手套、胶靴等都要仔细彻底打扫，并用82℃热水洗刷消毒，必要时选择适当的消毒液重点喷洒。

此外生产车间应有定期的消毒制度，时间长短视具体情况而定，如冬季与夏季可有不同。或定为1周，或定为10d或半个月，但定期大消毒每月至少进行一次。消毒时应在彻底扫除、洗刷的基础上对生产地面、墙裙和主要设备用1%～2%的氢氧化钠（烧碱）溶液或2%～4%的次氯酸钠溶液进行喷洒消毒，保持1～4h后，用水冲洗。刀和器械可用82℃左右的热水消毒或0.015%的碘溶液消毒。工作人员的手用75%的乙醇擦拭消毒或用0.0025%的碘溶液洗手消毒。该碘溶液无刺激、无气味、无染色性，具有较强的清洁效力。胶鞋、围裙等胶制品，用2%～5%的福尔马林溶液进行擦洗消毒。工作服、口罩、手套等应煮沸消毒。

当发生有恶性传染病时，还应及时进行临时性消毒。

2. 圈舍的消毒

先将粪便、垫草、残余草料、垃圾等堆集在一定地点进行堆肥发酵处理，如量小又有传染危险时，也可烧毁。然后对地面、墙壁、门窗、饲槽、用具等，用1%～4%氢氧化钠溶液或4%的碳酸钠（食用碱）喷洒消毒。消毒后打开门窗通风，并用水冲洗饲槽以除去药味。圈舍墙壁还可以定期用石灰乳粉刷，以达到美化环境和消毒的目的。

3. 场地的消毒

被芽孢杆菌污染的场地，首先用1%漂白粉溶液喷洒，然后将表土掘起一层撒上干漂白粉，与土混合后将此表土深埋，这样重复一次。其他传染病所污染的地方，如为水泥地，则用消毒液仔细刷洗；如为泥土地，可将地面深翻1尺[1]左右，撒上干漂白粉，然后以水湿润、压平。

4. 空气的消毒

室内空气消毒可采用紫外线照射，也可用消毒液喷雾或熏蒸。通常用乳酸，每100m^{3}需6～12mL，稀释后加热蒸发，密闭30min。也可采用过醋酸或甲醛熏蒸消毒。室温在0℃以下的冷库消毒，可用2%～4%次氯酸钠溶液内加2%碳酸钠喷雾或喷洒库内，密闭2h后通风换气。

5. 粪便的消毒

最常采用堆肥发酵产生的生物热达到消毒粪便的目的，即采用生物消毒法。首先选择一个距人、畜的房舍、水池和水井较远的地方，将粪便堆放到坑或池里，坑池的大小视粪便多少而定。坑、池的内壁最好为水泥或坚实的黏土筑成。堆粪之前，在坑底垫一层稻草或其他蒿秆，然后再堆放待消毒的粪便，粪上方再堆一层稻草之类或健畜粪便，堆好后表面加盖或加约10cm厚的土（或草泥）一层。粪便堆放发酵1～3个月即达目的。堆粪便时如粪便过于干燥，应加水浇湿，使其迅速发酵。

【复习思考题】

1. 根据兽医卫生要求，屠宰加工企业内部设施如何布局？
2. 屠宰加工企业各主要部门的卫生要求有哪些？
3. 屠宰污水有什么特点？如何检测污染程度？处理污水的方法有哪些？
4. 屠宰加工企业常用的消毒方法有哪些？

（张升华）

[1] 1尺=0.3333m。

第四章 屠宰动物收购和运输的兽医卫生监督

【主要内容】 收购前的准备及收购时的检疫及管理工作，屠宰动物的运输方法，运输中的兽医卫生监督，应激性疾病及预防措施。

【重点】 收购动物前的准备工作；动物运输方法；收购动物时的检疫方法；运输过程中兽医卫生监督。

【难点】 收购动物时的检疫和运输动物过程中的兽医卫生监督。

屠宰动物主要来源于动物饲养地，在收购这些动物，并将其运到屠宰加工企业的过程中，由饲养地转变为临时圈舍，以及运输动物的生活环境、生活条件突然改变，这些应激因素造成动物抗病能力减弱，极易暴发疫病。特别是随着现代化交通运输业的发展，疫病传播速度加快，能把疫病传播到很远的地方。所以做好收购与运输检疫工作对防止动物疫病远距离传播，促进产地检疫开展，都有着很重要的意义。

第一节 屠宰动物收购的兽医卫生监督

屠宰加工企业屠宰的动物常常都不是自繁自养的，往往是从外地采购来的，为了避免误购病畜禽，保证肉品的质量，防止疫病扩散及减少经济损失，在收购和运输屠宰动物过程中必须加强兽医卫生监督。

一、收购前的准备

1. 了解疫情

根据国家禁止从疫区购买、运出畜禽和畜禽产品的规定，兽医检疫员在到达某地准备采购动物前，应首先向所在地动物检疫和防疫部门、兽医人员、饲养员等了解当地动物定期检疫、预防接种、饲养管理以及有无疫情等情况，通过调查确定为非疫区时，方可设站收购。

2. 物质准备

在收购动物前应事先准备好存放健康畜禽和隔离病畜的圈舍，以及必要的饲养管理用具，消毒用具和药品，使收购来的畜禽能及时妥善安置，得到合理的饲养管理。

3. 组织人力

畜禽收购工作应有明确分工，检疫、过秤、饲养管理及押运等都要分工协作，做到专人负责，检疫人员应对整个收购工作进行防疫和检疫技术指导。

二、收购时的检疫

收购动物时兽医检疫人员必须对动物进行严格的健康状况检查，主要采取群体检查和个体检查相结合（其方法见宰前检疫）的方法，大、中动物以个体检查为主，辅以群体检查，小动物以群体检查为主，辅以个体检查。

检疫中注意观察动物的反应是否灵敏，被毛有无光泽；呼吸、脉搏是否正常；可视黏膜颜色是否正常；眼睛是否有神，有无脓性、黏液性分泌物；鼻镜是否湿润，鼻端有无水疱或溃疡，鼻腔有无分泌物；两耳及颈部动作是否灵活；体表有无创伤、溃疡、疹块、红斑等；体表淋巴结有无肿胀；下颌骨是否肿胀；蹄冠周围及蹄叉间有无水疱、溃疡；口腔黏膜有无水疱、溃疡。大中动物在休息 30min 后逐头测量体温，体温高于正常的，应休息 2h 后复测，体温仍然高于正常的不能收购。经检查确认为健康动物，并符合收购要求方可收购，在收购检疫中发现患病动物，应就地按章妥善处理，发现恶性传染病时，须向当地动物防疫监督机构报告疫情。同时制定并实施控制传染源扩散的措施。

各地区畜禽品种、体形、屠宰年龄均不一致，所以目前尚无统一的收购标准。如有的地区根据屠宰动物活重结合肥育度，估算其屠宰率，并按屠宰率高低规定等级，然后按等论价收购。屠宰率＝胴体重量/屠畜活重×100％。例如猪的屠宰率在 72％以上的可定为特等，70％以上为一等，68％以上为二等，65％以上三等，62％以上为四等。根据国内统计，经过肥育的猪，屠宰率最高可达 80％～85％；牛最高为 50％～60％；羊最高为 44％～52％。

三、收购时的饲养管理

购入的畜禽应按其来源分类、分批、分圈饲养，不得混群饲养，注意场地圈舍的清扫、消毒。在饲养期间应尽力保障动物的安全和正常采食，防止受冻、发病和掉膘。力求做到“八不”和“四防”，即不打、不踢、不饿、不晒、不冻、不挤、不打架和防风雨、防霜雪、防惊吓、防暴食。

四、转运前的准备

转运前的准备是降低经营费用、减少意外损失的关键，购入的畜禽在收购站停留时间最多不超过 3d。同时根据动物防疫法规定，动物、动物产品出售或调运离开产地前，必须向所在地动物防疫监督机构提前报检，动物产品、供屠宰或者育肥的动物提前 3d，种用、乳用或者役用动物提前 15d，生产生活特殊需要，出售、调运和携带动物或者动物产品的，随报随检。如县境内运输需获得产地检疫证明，出县境需获得《出县境动物检疫合格证明》，以及运输工具消毒证明方可运输。在采购地停留期间，应及时获取检疫合格证明及运输工具消毒证明。

产地检疫证明需要检疫员经过临场检疫合格后方可开具，检疫合格的标准为：①动物必须来自非疫区；②动物具备合格的免疫档案及猪、牛、羊佩带有合格的免疫耳标，并在免疫有效期内；③群体和个体临诊健康检查，结果合格；④种用、乳用、役用动物按规定的实验室检查项目检验，结果合格。

经产地检疫后的处理：①出具动物产地检疫合格证明，在本县（市）内运送；②出县境的在产地检疫合格的基础上开具动物及动物产品运输证明，同时检查运输工具，运输工具经消毒后出具动物及动物产品运载工具消毒证明。动物检疫合格证明有效期最长为 7d；赛马等特殊用途的动物检疫合格证明有效期为 15d。

第二节　屠宰动物的运输方法

为了减少宰前畜禽在运输过程中的疾病和死亡，降低经济损失，必须采取科学的运输措施。

1. 赶运

适合于短距离和交通不便的地区。如由收购站运往转运站，或转运站运往火车站、码头。

赶运前首先选择好路线，要避开疫区和沼泽、沙石地带，尽可能少用公路和乡村放牧地区。路程较远的，应选择饲草丰盛、饮水充足地区。并根据屠畜体躯大小、肥瘦程度、种类年龄和产地进行编群，分批赶运。按《商品装卸运输暂行办法》规定，每批每人可赶运猪20头、牛15头、羊70只。但每批押运人员不得少于3人。押运人同时应携带由当地防疫部分或其委托单位出具的检疫证明，并准备必要的饲料、用具、药品和消毒器具，以便途中使用。

途中每天必须定时饮喂2次，喂饮前应让动物休息半小时，草料、饮水必须清洁，以防感染。每天出发前和宿营时，都要清点数量，观察动物状态，发现问题及时处理。

2. 铁路运输

是较安全快速的运输方法。为了保证运输顺利，必须做好以下几方面的工作。

(1) 运输前准备　押运人员要合理分工，备齐途中可能用到的各种用品，如篷布、苇席、水桶、饲槽、饲料、饮水、扫帚、铁锹、手电筒、消毒用具和药品等。运输车辆应根据当时的气候、动物种类、路途远近等进行确定。猪、牛、羊可用30t高帮敞车，天气炎热时，应搭凉棚，寒冷季节必须使用能开关车窗的棚车。装运马、牛车厢必须设置拴系用铁环或横杠，运猪车厢最好用木栅栏分隔成2～4间，为了提高运输量，降低运输费用，在运输猪、羊时可用双层栅栏车，但必须保证上层地板不渗水并有收集粪尿的容器。

凡无通风设备、车帮不牢、铁皮车厢，或装运过腐蚀性药品、化学药品、矿物质、散装食盐、农药等的车厢，都不能用来装运动物。

(2) 装载方法　装载前要对车厢进行清扫和消毒，装车时，可使驯服的动物带头通过搭在车厢上的活动跳板而上车，也可用饲料引诱，或低声轰吓，或响鞭使之驯服登车。禁止用棒打、脚踢、硬拉、重鞭、重摔及抓鬃扯尾巴等粗暴方法装车，以免外伤造成肉品、皮张的损失。

大动物最好顺着车厢、使头向中央排列，且必须拴牢缰绳，这样既可避免火车剧烈振动时发生外伤，防止角斗，又便于喂饲和检查，防止途中动物减重。

每节车厢装载的数量，应根据车厢载重量、动物大小、气候冷暖、路程长短等情况适当掌握。一般30t货车装大动物18～20头、羊80～90只、猪60～70头，家禽用笼装运输。

(3) 途中管理　运输途中加强对屠宰动物的精心管理和按时饮喂，经常到车厢内观察动物的状况，每日饮喂不少于2次，每次相隔8h。天气炎热时车厢内应保持通风良好，于车厢内喷水降温，天气寒冷时采取防寒保暖措施。

3. 汽车运输

适用于近距离和偏僻地区，我国现今公路发达，汽车运输成为最常用的动物运输手段。一般使用载重5t带有车厢板的汽车，车底部须严密不漏水，车顶最好有顶棚。装载方法可参考铁路运输，大动物应设隔木，固定在两畜之间。驾驶室顶上设置横木以便拴系。载重5t的汽车，可装60～100kg的猪30～35头，100kg以上的猪可装25～30头，羊40～45只，大动物3～5头。运猪、羊的汽车顶上应罩以绳网，禽则先装入铁笼再上车。汽车行驶的速度每小时不得超过50km，上下坡必须慢行。

4. 水路运输

水路运输方便、安全、经济。因为动物在船上几乎和舍饲环境相似，若饲养得当，往往可以增加体重。但水路运输限于一定的季节和航线，且必须设置专用码头，码头附近还应设置圈舍，以备畜禽休息和检疫。

选用的船只不论是木船、轮船或驳船，都必须要求船舱宽敞，船底平坦，坚固完整，要有完善的通风和防雨设备，备足饲料、饮水及用具。装载数量以能自由起立及兽医检查方便为原则。大动物应拴牢缰绳，猪、羊可圈在临时畜栏内，禽应事先装在铁笼中，再将铁笼装上船。

第三节 屠宰动物运输的兽医卫生监督

1. 运输前的兽医卫生监督

我国动物防疫法规定，需要运输动物、动物产品的单位或个人，应向当地动物防疫监督机构提出检疫申请（报检），说明运输目的和运输动物、动物产品的种类、数量、用途等情况。动物防疫监督机构要根据国内疫情或目的地疫情，出县境运输的由当地县级以上动物防疫监督机构进行检疫，合格者出具检疫合格证明。不出县境的，由当地防疫机构检疫，出具产地检疫证明。运输工具、包装物在装前卸后应实施消毒，并出具消毒证明。

故运输动物的兽医人员或押运员，在运输动物前必须首先取得检疫合格证明、运输工具消毒证明，同时尚应备好途中可能用到的各种用品，将动物按要求合理装载后，方可承运。

2. 运输途中的兽医卫生监督

运输途中，兽医人员和押运人员应经常观察屠畜情况，发现病畜、死畜和可疑病畜时，立即隔离到车、船的一角，进行治疗和消毒，并将发病情况报告车船负责人，以便与有兽医机构的车站、码头联系，及时卸下病死畜禽，在当地兽医的指导下妥善处理，绝对禁止随意急宰或途中乱抛尸体，也不得任意出售或带回原地，必要时，兽医人员有权要求装运屠畜的车、船开到指定地点进行检查，监督车、船进行清扫、消毒等卫生处理。如发现恶性传染病及当地已经扑灭或从未流行过的传染病时，应遵照有关防疫规程采取措施，防止扩散，并将疫情及时报告当地动物防疫监督机构，妥善处理动物尸体以及污染场所、运输工具，同群动物应隔离检疫，注射相应疫苗或血清，待确定正常无扩散危险时，方可准予运输或屠宰。

运输途中要接受动物防疫监督机构及其派驻车站、码头等运输检疫站的监督检查。防疫监督机构经检查，证物相符，检查合格的放行，发现无证、无章、证物不符或确定未经检疫，检疫不合格的实施重检、补检，对当事人的违法行为给予处理处罚。

运输途中要加强饲养管理，按时饮喂，经常注意屠畜的健康状况，注意观察，防止挤压。天气炎热时，车厢内应保持通风，设法降低温度；天气寒冷时，则应采取防寒挡风措施。

3. 到达目的地时的兽医卫生监督

动物运达目的地后，接收地兽医检疫人员应向押运人员查验检疫证明文件，如检疫证件是3d内填发的，只作抽查复验，不必详细检查。如无检疫证明文件，或动物数目、日期与检疫证明记载不符，而又未注明原因者，或动物来自疫区，或到站后发现有疑似传染病及死亡动物时，则检疫人员必须仔细查验畜群，查明原因，按有关规定做出妥善的处理。

装运动物的车、船，卸完后须立即清除粪便和污垢。对装运过健康动物及其产品的车船，清扫后用60～70℃热水冲洗消毒；装运过一般性传染病病畜及其产品的车船，清扫后用4%的氢氧化钠溶液或0.1%的碘溶液洗涤消毒，清除的粪污应进行生物热消毒；装运过恶性传染病病畜及其产品的车船，要进行两次以上消毒，每次消毒后，再用热水清理，处理程序是：先用10%漂白粉或20%石灰乳、4%苛性钠等消毒，然后清扫粪便污物，用热水将车厢彻底清洗干净后，再依上法消毒一遍，经30min后再用热水洗刷一遍，即可使用。各种用具也应同时消毒，清除的粪便焚烧销毁。

第四节 应激性疾病（运输性疾病）及预防措施

应激性反应是指机体受到体内外非特异的有害因子（应激原）的刺激所表现的机能障碍和防御反应。机体在生理范围内能够适应的自然应激可以使机体逐渐适应环境，提高生产性能。但如果应激过强，即机体受到长时间、高强度的应激原刺激时，就会产生不良影响，而使其产生应激性疾病。所以，所谓应激性疾病，又称运输性疾病，就是指动物机体长期受到各种不良的应激原刺激而引起的各种疾病。

这里的应激原种类很多，包括惊吓、抓捕、保定、运输、驱赶、过冷、过热、拥挤、过劳、咬斗、噪声、电击、感染、损伤、饥饿以及强化培育等不良刺激，这些有害刺激作用于机体后，通过神经反射，大脑边缘系统和自主神经系统引起垂体-肾上腺系统兴奋，分泌增多，从而引起动物一系列机能代谢的改变(见图4-1)。

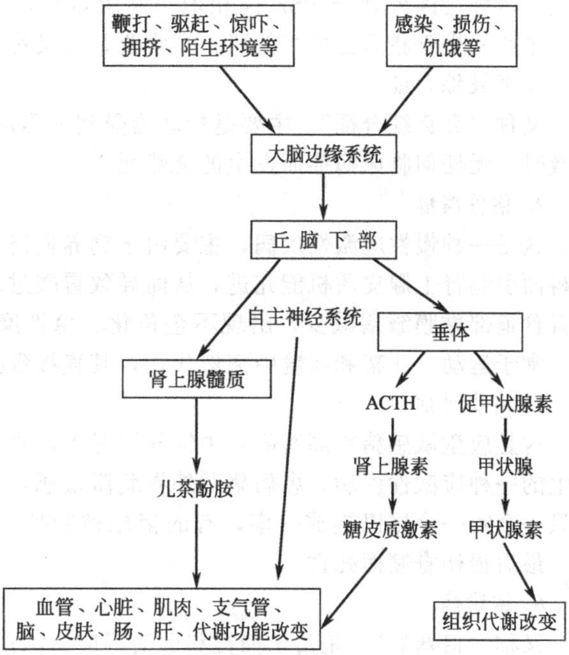

图4-1 应激反应原理示意图

经过体内的一系列变化，机体代谢率增高和胰岛素相对不足，动物表现体温升高，体重减轻，发生酸中毒等一系列症状。

一、常见的应激性疾病

应激性疾病常见的有以下几种。

1. 猪的应激综合征（PSS）

应激敏感猪由于受到应激原刺激而发生的一种应激敏感综合征。应激敏感猪是指在猪的品种改良、集约化封闭饲养等过程中产生的一类产肉多、瘦肉率高及效益高，而对应激刺激反应强烈，易发生应激性疾病的一类猪群。其外观特征是，四肢较短，后腿肌肉发达，腿粗呈圆形，皮肤坚实，脂肪薄，易兴奋，好斗，后躯和尾根易发生特征性颤抖，追赶时呼吸急促、心跳亢进，皮肤有充血斑、紫斑，眼球突出，震颤。猪应激综合征具有以下几种情况。

（1）白肌肉（PSE肉） 又称水煮样肉，因猪宰后肌肉颜色淡白（pale）、质地松弛(soft)、有较多汁液渗出（exudative)，故又称为PSE肉。主要是由于敏感猪宰前受到强烈应激原刺激，如宰前运输、拥挤以及捆绑、热、电等刺激，表现为肌肉强直，机体缺氧，糖原酵解过程加快，产生大量乳酸而产生的，病变主要发生在背最长肌、半腱肌、半膜肌、股二头肌等，其次为腰肌、臂二头肌、臂三头肌，常呈左右两侧对称性变化。

白肌肉虽对人体无害，但肌肉外观不良，加工时损失大，不宜做腌腊制品的原料。

（2）DFD（dry firm dank）肉 又称黑干肉，猪宰后表现肌肉颜色暗红、质地粗硬、切面干燥。病变主要发生于股部肌肉和臀部肌肉。原因主要是猪在宰前长时间受到应激较小的应激原刺激，使体内肌糖原消耗过多，而肌肉产生的乳酸少，且被呼吸性碱中毒时产生的碱所中和。这种肉一般无碍于食用，但口感差，不宜作腌腊制品原料，且胴体不耐保存。

（3）背肌坏死　主要发生于75～100kg的成年猪，是应激综合征的一种特殊表现，并与PSE肉有着相同的遗传病理因素。患过急性背肌坏死的猪所生的后代，可以自发地发生背肌坏死。有的猪也可能在受到应激原刺激后发生急性背肌坏死。病猪表现双侧或单侧背肌肿胀，肿胀无疼痛反应，有的患猪最后酸中毒死亡。

（4）PSS-急性心衰竭死亡　又称心死病，多见于产肉性能高的8周龄至7月龄猪，以3～5月龄猪最为常发，往往是在无任何先兆的情况下突然死亡。剖检心肌具有苍白、灰白、或黄白色条纹或斑点，心肌变性。

2. 猪急性浆液-坏死性肌炎（腿肌坏死）

本病的发生是由于猪对出售时的运输应激刺激适应性很差，因而发生肌肉坏死、自溶和炎症。这种猪肉外观与PSE肉相似，肉眼难以区别。即色泽苍白，质地较硬，切面多水。因其主要发生于猪后腿的半腱肌、半膜肌，故又称为"腿肌坏死"性肌炎。

3. 猝死综合征

又称"突毙综合征"。主要是指动物受到强烈应激原（如运输中的过度拥挤或惊恐）的刺激时，无任何临床病症而发生的突然死亡。

4. 猪胃溃疡

这是一种慢性应激性疾病，主要由于饲养拥挤、惊恐等慢性应激刺激以及单纯饲喂配合饲料而引起肾上腺皮质机能亢进，从而导致胃酸过多，而使胃黏膜受损伤。宰后检验时，可见胃食道部黏膜皱褶减少，出现不全角化、急性糜烂、溃疡等病变。这些猪平时症状不明显，常于运动、斗架和运输中突然死亡，其直接致死原因是胃溃疡灶大出血。

5. 猪咬尾症

这是应激敏感猪在高密度集中饲养情况下，受到饮水和饲料不足等应激因素刺激而诱发产生的一种应激性疾病。患病猪对外界刺激敏感，食欲不振，发生时间多在下午3点左右，猪只一个咬一个尾巴连成一串，有的猪尾被咬掉，受伤部位易形成化脓灶，从尾椎向前蔓延，最后损伤脊髓而死亡。

6. 运输病

又称"格塞病"，是由于捕捉和运输等应激因素作用，诱发猪副嗜血杆菌的感染而发病。以发生浆膜炎和肺炎为特征。30～60kg猪多发，常于运输疲劳后3～7d发病，表现中度发热，食欲不振，倦怠。病程数日至1周而自愈，或恶化而死亡。

7. 运输热

又称运输高温，运输中由于拥护、通风不良、饮水不足而引起。猪的汗腺不发达，且皮下脂肪较厚，散热困难，在运输中如果条件恶劣，可造成猪只体内热量蓄积，引起体温急剧升高，出现一系列高温症状，大猪、肥猪更为明显，表现呼吸加快，脉搏频数，皮温升高，精神沉郁，黏膜发绀，全身颤抖，有时呕吐，体温升高达42～43℃，往往被其他猪只挤压而死。患病猪宰后检查可见大叶性肺炎变化，小叶间隔增宽、浆液性浸润，有时出现急性肠炎。

二、应激性疾病的预防措施

应激性疾病对养殖业及屠宰加工企业可造成严重的经济损失，通过治疗的方法降低损失不可取，应将重点放在预防上，其措施主要可从以下几方面着手。

1. 选育抗应激品种

动物对应激原是否敏感与品种有关，故在育种上应选育抗应激性强，即对应激不敏感的品种，而淘汰应激敏感猪。是否为应激敏感猪可从外貌、行为特征判断，或根据氟烷试验和测定血液中肌酸磷酸激酶（CPK）含量来检出应激敏感猪。

2. 加强饲养管理

集约化养殖场在养殖过程中应注意避免畜舍的高温、高湿、噪声和拥挤等，饮喂时，尽量减少各种应激原对养殖动物的刺激，保证饲料的营养全面，注意添加矿物质和维生素，特别是硒和维生素 E。

3. 加强运输管理

运输过程中尽量减少应激刺激，如不打、不饥渴、不暴食、不拥挤、不任意混群等，避免闷热、饥饿、过劳、骚动、惊恐以及暴力驱赶等外因刺激。

4. 药物预防

可在运输前肌内注射氯丙嗪，猪、牛使用剂量为 1～2mg/kg，以达到镇静目的。为防止 PSE 肉，屠宰过程要迅速，摘除内脏要快，整个屠宰过程应在 45min 内完成。胴体应首先在 15℃以下预冷，然后再进行 5℃冷却，防止发生“冷收缩”，使肉品质下降。

【复习思考题】

1. 采购动物前应做好哪些准备工作？
2. 简述屠宰动物收购时的检疫方法。
3. 如何做好屠宰动物运输过程中的兽医卫生监督？
4. 常见的运输性疾病主要有哪些？
5. 什么是 PSE 肉？发生原因是什么？有什么特点？

（张升华）

第五章 屠宰动物宰前检疫与宰前管理

【主要内容】 屠宰动物入场验收的程序，屠宰动物宰前管理与宰前检疫的意义及方法，宰前检疫后动物的处理。

【重点】 屠宰动物的入场验收；屠宰动物的宰前休息管理和停饲管理方法；屠宰动物的宰前检疫方法；屠宰动物经检疫后的处理方法。

【难点】 宰前检疫时的准确判定，对健康状况不同动物的正确处理。

屠宰加工企业在屠宰动物前要求实施宰前管理与宰前检疫，宰前管理与宰前检疫是执行屠宰动物病健隔离、病健分宰、防止肉品污染、提高肉品卫生质量、防止疫情散播的重要手段。宰前管理包括休息管理和停饲管理，宰前检验包括群体检查和个体检查，管理的方法和检疫的技术必须正确熟练，方能正确判定动物的健康状况，并给出正确的处理意见，使待宰动物得到适当的处理。这样即可减少经济损失，又可防止疫情的散播和保证肉品的卫生质量。

第一节 宰前检疫

宰前检疫是对动物自进入屠宰场到屠宰加工之前所做的健康状况的检查，是对屠宰加工过程实施兽医卫生监督的重要环节之一，是控制疫情、及早消灭疫情和保证动物产品质量的重要措施。

一、宰前检疫的意义

(1) 及时发现患病动物，实行病、健隔离，病、健分宰，适当处理，防止疫病散播，减轻对加工环境和产品的污染，保证产品的卫生质量。

(2) 及早检出宰后检验难以检出的疾病，一些疾病，如破伤风、狂犬病、李氏杆菌病、脑炎、胃肠炎、脑包虫病、口蹄疫以及某些中毒性疾病等，在宰前检验时根据其临床症状不难做出诊断，但在宰后一般无特殊病理变化，或因解剖部位的关系较难发现明显病变，所以在宰后检验时容易被忽略或漏检。

(3) 防止违章宰杀，过去国家规定，对一些动物，如耕畜、种畜、幼畜和适龄的母畜等不许宰杀，随着社会进步，禁宰动物有所改变，耕畜已基本淘汰，而一些濒于灭绝或价值高的动物被禁宰。

(4) 及时发现疫情，并为疫病防制积累资料。在宰前检疫中可根据动物的来源查找到疫病的疫源地，报告当地动物防疫监督机构，可以尽快控制和扑灭疫情，保障畜牧业的发展。

二、屠畜宰前检疫

(一) 宰前检疫的程序

1. 入场验收

这是对从外地采购的动物进入屠宰加工企业时所做的第一步检验，目的是防止患病动物混入宰前饲养管理场，造成疫病的传播和更大的经济损失。

（1）验讫证件，了解疫情　当屠宰动物运到屠宰加工企业时，兽医卫检人员查验并回收《动物产地检疫合格证明》或《出县境动物检疫合格证明》和《动物及动物产品运载工具消毒证明》，了解产地有无疫情，查验免疫标识（耳标），并核对运输动物的种类和数量。如果发现数目不符或有中途死亡的，须查明原因。如果发现疫情或有疫情可疑时，不得卸载，立即将该批动物转入隔离圈内，进行仔细的检查和必要的化验，确诊后按规定妥善处理。

（2）视检屠畜，病健分群　经上述查验的畜群，合格的准予卸载，在动物走过检疫分类栏的过程中施行外貌检查，并对病畜、可疑病畜以及国家禁宰的动物于体表分别涂刷一定的标记，将病畜和禁宰畜移入隔离圈，健康动物进入正常的饲养圈舍。家禽可采用飞沟检验法和障板检验法。

（3）逐头检温，剔出病畜　动物入圈后，使其安静休息，并供给饮水，在4h后施行逐头检温，将体温异常的动物移入隔离圈。

（4）个别诊断，按章处理　对隔离圈中的病畜和可疑病畜逐个进行诊断，必要时辅以实验室诊断，并按照有关规定进行处理。

2. 住场查圈

入场验收合格的动物，在宰前饲养管理期间，兽医人员应经常深入圈舍进行观察，以便及时发现漏检的或新发病的动物，做出相应的处理。

3. 送宰检查

宰前饲养场的健康动物，经过2d以上的饲养管理之后，再进行详细的外貌检查和逐头检温，即可送往屠宰加工车间屠宰。

（二）宰前检疫的方法

屠宰加工企业日屠宰量少的几十，多的上百，甚至上千，要在屠宰之前的有限时间内对这些动物的健康状况作出准确的判断，如果采取逐头（只）临床检查的方法完成检验十分困难，故生产实践中多采用群体检查和个体检查相结合的办法。其具体做法可归纳为动、静、食的观察三大环节和看、听、摸、检四大要领。

1. 群体检查

将来自同一地区或同批的动物作为一组，或以圈为单位进行检查。

（1）静态观察　兽医人员在不惊扰动物的情况下深入到圈舍，仔细观察动物在自然安静状态下的表现，如精神状态、睡卧姿势、呼吸和反刍情况，有无咳嗽、气喘、战栗、呻吟、流涎、嗜睡和孤立一隅等反常现象。

（2）动态观察　静态观察后将动物轰起，或在卸载后观察动物的运动状态，如有无跛行、后腿麻痹、打晃摇摆、屈背弓腰和离群掉队等现象。

（3）饮食状态观察　在动物饮食期间，注意有无少食、贪饮、废食或吞咽困难等现象，并注意动物的排便情况及粪便的状态。

凡发现异常表现或症状的动物，标上记号，以便隔离和进一步进行个体检查。

2. 个体检查

对群体检查中被隔离出的患病动物或可疑患病动物个体逐个进行的较详细的临床检查，即对病畜进行看、听、摸、检等兽医临床诊断，必要时可进行实验室化验和病原微生物学诊断，最后确定动物所患疾病的性质。也可对待宰动物抽样检查，抽出5%～20%做个体检查。

（1）看　就是观察动物的外貌和表现，如动物的精神状态、被毛、皮肤、运步姿势、鼻镜（或鼻盘）、呼吸动作、可视黏膜以及排泄物等有无异常。检查过程中要有敏锐的观察力和养成良好的系统检查的习惯，及时发现动物的异常现象和表现，以利快速诊断和防止漏检。

（2）听　用耳朵直接听取动物的叫声、咳嗽声，或用听诊器听取动物的呼吸音、胃肠音和心音，及时发现动物的异常叫声、病理呼吸音、胃肠异常蠕动音和异常心音。

（3）摸　用手触摸动物体各部，如耳根、角根、体表皮肤、体表淋巴结、胸廓、腹部等。可以大概判定动物的体温，体表有无肿胀、疹块、结节，体表淋巴结有无肿胀，胸、腹部有无压痛等。

（4）检　就是检测体温和实验室检查，体温升高或降低是动物患病的重要标志，但应注意，测温前应让动物得到充分休息，避免因运动、暴晒、运输、拥挤等应激因素导致的体温升高变化，健康动物的正常体温、脉搏和呼吸见表5-1。此外，当发现一些重要疫病的可疑症状时，需进行实验室检查，如牛羊布鲁菌病的血清学检查，牛结核病的结核菌素试验和马鼻疽的鼻疽菌素点眼试验等。

表5-1　健康动物正常体温、脉搏和呼吸

动物种类	体温/℃	呼吸/(次/min)	脉搏/(次/min)
猪	38.0～40.0	12～30	60～80
牛	37.5～39.5	10～30	40～80
羊	38.0～40.0	12～20	70～80
马	37.5～38.5	8～16	26～44
驴	37.5～38.5	8～16	40～50
骡	38.0～39.0	8～16	42～54
鸡	40.0～42.0	15～30	120～140
鸭	41.0～43.0	16～28	140～200
鹅	40.0～41.0	12～20	120～160
兔	38.5～39.5	50～60	120～140

（三）宰前重点检验疫病（检疫对象）

牛：口蹄疫，炭疽。

羊：口蹄疫，炭疽，羊痘。

猪：口蹄疫，传染性水泡病，猪瘟，猪肺疫。

各省（自治区、直辖市）农牧部门，可根据情况增减以上检疫对象。

（四）宰前检疫器械

宰前检疫常用的器械主要有体温计、听诊器、叩诊器、开口器、牛鼻钳、耳夹子、鼻捻子、采血针、穿刺针、皮内注射器及针头、剪刀、毛剪、卡尺等。

也可自行配备检疫箱，主要包括显微镜、载玻片、盖玻片、酒精灯、染色液、消毒剂、采样袋、试管、玻璃瓶皿、解剖刀、剪刀、钩、手术刀、体温计、听诊器、应急灯、工作服、塑料手套、橡胶手套等。有条件的可配备照相机和录音机。

（五）宰前检疫后的处理

1. 准宰

经检查确认为健康的、符合政策规定（卫生质量和商品规格）的动物准予屠宰。

2. 急宰

确认为无碍肉食卫生的普通病患畜及一般性传染病畜而有死亡危险时，可随即签发急宰证明书，送往急宰。急宰动物均需在急宰车间内进行屠宰。如无急宰间，可在正常屠宰间内，待健康动物屠宰之后单独进行宰杀，且必须有兽医检疫员监督，工作完成后，车间和设备必须进行彻底消毒。

3. 缓宰

经检查确认为一般性传染病和普通病，且有治愈希望者，或患有疑似传染病而未确诊的动物应予以缓宰。另有饲养育肥价值的畜禽、幼畜、孕畜亦应缓宰。但必须考虑有无隔离条件和消毒设备，以及经济上是否合算等因素。

4. 禁宰

凡是危害性大而且目前防治困难的疫病，或急性烈性传染病，或重要的人畜共患病，以及国外有而国内无或国内已经消灭的疫病，均按下述办法处理。

(1) 经宰前检疫发现口蹄疫、猪水疱病、猪瘟、牛瘟、牛传染性胸膜肺炎、牛海绵状脑病、痒病、蓝舌病、禽流感时，禁止屠宰，禁止调运畜禽及其产品，采取紧急防疫措施，并向当地农牧主管部门报告疫情。病畜禽和同群畜禽用密闭运输工具送至指定地点，用不放血的方法扑杀，尸体销毁。病畜禽所污染的用具、器械、场地进行彻底消毒。

(2) 经宰前检疫发现炭疽、鼻疽、恶性水肿、气肿疽、狂犬病、羊快疫、羊肠毒血症、羊猝殂、马传染性贫血、钩端螺旋体病、李氏杆菌病、布鲁菌病、急性猪丹毒、牛鼻气管炎、牛病毒性腹泻-黏膜病、鸡新城疫、马立克病、鸭瘟、小鹅瘟、兔病毒性出血症、野兔热、兔魏氏梭菌病畜禽时，一律不得屠宰，采取不放血的方法扑杀，尸体销毁或化制。

(3) 在牛、羊、马、骡、驴群中发现炭疽时，除对患畜采取上述不放血的方法处理外，其同群屠畜立即检测体温，体温正常者急宰；体温不正常者隔离，并注射有效药物观察 3d，待无高温及临床症状时，方可屠宰。

(4) 在猪群中发现炭疽时，同群猪立即进行体温检测，体温正常者急宰，体温不正常者隔离观察，直到确诊为非炭疽时方可屠宰。

(5) 凡经过炭疽芽孢苗预防注射的动物，须经过 14d 后方可屠宰。曾用于制造炭疽血清的动物不得屠宰食用。

(6) 在畜群中发现恶性水肿或气肿疽时，除对患畜采取不放血方法扑杀、尸体销毁外，其同群屠畜应逐头检测体温，体温正常者急宰，体温不正常者隔离观察，确诊为非恶性水肿或气肿疽时方可屠宰。

(7) 被狂犬病或疑似狂犬病患畜咬伤的动物，在咬伤后未超过 8d，且未发现狂犬病症状者，准予屠宰，其胴体和内脏经高温处理后出厂；超过 8d 者不准屠宰，应采取不放血的方法扑杀，并将尸体化制或销毁。

宰前检疫的结果及处理情况应做记录存档。发现新的传染病，特别是烈性传染病时，检疫人员必须及时向当地和产地兽医防检疫机构报告疫情，以便及时采取防治措施。

三、家禽宰前检疫

家禽宰前检疫的程序和方法与屠畜基本相似，只是由于动物种类不同，其生理特点上有差异，故在检疫和处理上稍有不同。

(一) 家禽宰前检疫的方法

家禽的宰前检疫同样包括群体检查和个体检查两个步骤，但一般以群体检查为主，个体检查为辅，必要时进行实验室诊断。

1. 群体检查

一般以笼或舍为单位进行检查，通过对禽群的静态、动态、饮食状态的观察后，判定家禽的健康状况。

健康家禽一般全身羽毛丰满、整洁，紧贴体表且有光泽，泄殖孔周围和腹下绒毛洁净而干燥。两眼明亮有神，口、眼、鼻洁净，冠、髯鲜红发亮，对周围事物反应敏感，行动敏捷，勤采食，不时发出咯咯声或啼叫，经常撩起尾羽与鼓动翅膀，常用喙梳理羽毛，休息时往往头插入翅下，并且一肢高收。呼吸均匀，粪便呈浅黄色半固体状。

病禽精神委顿，闭目缩颈，鸡冠和肉髯苍白、青紫或肿胀，口、鼻、眼有分泌物，翅、尾下垂，羽毛蓬松无光泽，离群独居，行动迟缓，不喜采食，有灰白色、灰黄色或灰绿色的痢便，泄殖孔周围和腹下绒毛潮湿不洁或沾有粪便，呼吸困难，有喘息声。

2. 个体检查

经群体检查被剔除的病禽和疑似病禽，应逐只进行详细的个体检查。其检查方法包括看、听、摸、检四大要领。

检疫人员用左手抓住两翅根部，将家禽提起，从头部向下逐步检查。先观察头的冠、髯，看有无肿胀、苍白、发绀和痘疹等异常现象；看口、眼、鼻是否洁净，有无异常分泌物等；再用右手的中指抵住咽喉部，并用拇指和食指夹压两颊部，迫使禽口张开，观察口腔内情况，有无过多黏液、黏膜是否出血、咽喉部有无灰白色假膜等病理变化。将家禽适当举高，俯耳于家禽头颈部听其呼吸音有无异常，必要时用右手的拇指和食指捏压喉头和气管，是否能诱发咳嗽。观察羽毛是否松乱，有无光泽，重点观察肛门周围和腹下绒毛是否潮湿不洁，有无粪便沾污；掀开被毛，检查皮肤，看皮肤的色泽，有无痘疹、坏死、肿瘤、结节等。用手触摸嗉囊，检查其充实度和内容物的性质，是否空虚、积液、积气、积食；再触摸胸部和腿部肌肉，检查其肥瘦程度；触摸关节，检查是否肿胀。必要时将家禽夹在左腋下，左手握住两腿，将温度计插入泄殖腔，测其体温。

鸭则挟于左臂下，以左手托住锁骨部，用右手进行个体检查。鹅体较重，不便提起，一般按倒就地检查。

（二）宰前检疫后的处理

1. 准宰

经宰前检疫确认健康合格的家禽，由动物检疫人员出具准宰证明，送往屠宰加工车间屠宰。

2. 急宰

经检查确认为患有或疑似患有一般性疾病的家禽，应出具急宰证明，送往急宰间急宰。如患有鸡痘、鸡传染性喉气管炎、鸡传染性支气管炎、传染性法氏囊炎、禽霍乱、禽伤寒、禽副伤寒、球虫病等疫病的家禽应急宰。

3. 禁宰

经检查确认家禽患有危害严重的疫病时，应采取不放血的方法扑杀后销毁。如患有禽流感、鸡新城疫、鸡马立克病、小鹅瘟、鸭瘟等疫病的家禽应禁宰。

与疫病患禽同群的家禽，根据疫病的性质与传染情况不同，迅速屠宰或做其他处理。被病禽污染的场地、设备、用具，应进行严格消毒。

四、家兔宰前检疫

家兔宰前检疫的程序和方法也与屠畜基本相似，只是稍有不同。

（一）宰前检疫的方法

家兔的宰前检疫常以群体检查为主，辅以个体检查。

1. 群体检查

以笼或舍作为一个单位进行检查。健康家兔神态活泼，两耳直立，行动敏捷；双眼圆瞪、明亮，眼角洁净无分泌物；被毛浓密、润滑且有光泽；肛门和后肢被毛洁净，无粪便污染，粪便呈粒状，光圆、滑润、匀整；呼吸均匀，口鼻洁净。

2. 个体检查

对群体检查隔离出的病兔和可疑病兔，进行详细的个体检查。观察体表被毛是否蓬乱、稀疏、脱落斑块，皮肤有无丘疹、化浓或结痂，体表淋巴结，尤其是颌下淋巴结是否肿胀；观察眼睑有无肿胀，眼结膜是否黄染或贫血，是否潮红，有无脓性分泌物；观察鼻腔有无黏性、脓性分泌物；观察阴部肛门周围和后肢被毛有无粪便污染，母兔阴道是否有脓性分泌物；观察家兔站立和运动姿势是否正常，有无神经症状，如头位不正或四肢麻痹。

（二）宰前检疫后处理

经宰前检疫后的家兔，凡确认为患有无碍肉食卫生的一般性疫病，如兔巴氏杆菌病、葡萄球菌病、坏死杆菌病、兔伪结核病、兔密螺旋体病、兔博代菌病、兔球虫病等，或有严重外伤的家兔，应送往急宰间进行急宰。凡确诊为患有危害严重疫病的家兔，如兔病毒性出血症、野兔热、兔产气荚膜梭菌病、兔传染性黏液瘤病等，采取不放血的方法扑杀后销毁。凡确认为孕兔、有肥育价值的家兔可以留养。

第二节 宰前管理

宰前管理主要包括宰前休息管理和宰前停饲管理两方面工作。

一、休息管理

1. 休息管理的意义

（1）可降低宰后肉品的带菌率　经过长途运输，动物比较疲劳，体内的新陈代谢发生紊乱，机体抵抗力降低，促使某些细菌，特别是肠道菌乘虚进入血液循环，并向肌肉组织及其他组织转移。如果不经休息即屠宰加工，宰后肉品的带菌率会大大提高（可达50%）。若使其休息48h后再屠宰，肉品带菌率可降至正常水平（10%以下）。

（2）可增加肌糖原含量　运输途中由于环境和饲养管理等条件的骤变，以及运输等造成动物精神紧张与恐惧，体内肌肉中糖原大量消耗，从而影响宰后肉的成熟，且不利于长期贮藏。适当休息可恢复肌肉中糖原含量，因而可提高肉的品质和耐藏性。

（3）可排出机体内过多的代谢产物　经过长途运输，由于机体内代谢改变，动物体内积聚较多的中间代谢产物，影响肉品的卫生质量。适当休息可使体内过多的不良代谢产物排出，从而提高肉品的卫生质量。

2. 休息管理的方法

将卸载的动物置于卫生良好的饲养圈，给予正常的饲料、饮水，使动物安静休息24～48h，恢复机体的正常代谢。

二、停饲管理

1. 停饲管理的意义

（1）可节约大量饲料　进入动物胃内的饲料必须经数小时至十几小时方能被消化吸收，而此期间内所喂饲料不能被机体消化利用，因此，合理的宰前停饲，可以节约饲料。

（2）有利于操作、减少污染　宰前不喂饲料，将使胃肠内容物减少，屠宰时便于操作，尚可减轻操作者的劳动强度；且胃肠内容物少，胃肠不充盈，开膛时不易被划破，故可减少肉品污染的机会。

（3）有利于提高肉品质量　轻度饥饿可促使肝糖原分解为葡萄糖，分布到肌肉中，提高肌糖原的含量，有利于肉的成熟，从而提高肉品质量。

（4）有利于放血充分　动物在停饲期间供给充足的饮水，很快被吸收，使机体血液浓度变稀，有利于放血完全，提高肉品的耐藏性。

2. 停食管理的方法

屠宰前的一定时间内停止喂给动物饲料，大中动物的停饲时间为：牛、羊 24h，猪 12h，鸡、鸭 12～24h，鹅 8～16h，兔 20h。由于家禽在净膛时采取的方法不同，如加工全净膛和半净膛的光禽时，停食时间一般为 12h 左右；加工不净膛的光禽时，停食时间可适当延长。在停饲期间必须保证充足的饮水，直到宰前 2～3h 停止供水。并加强圈舍的管理及兽医人员的检疫消毒。

【复习思考题】

1. 宰前管理和宰前检疫有什么意义？
2. 试述宰前管理的方法。
3. 家畜屠宰前如何实施宰前检疫？
4. 简述家禽宰前检疫的方法。
5. 经宰前检疫后的动物如何处理？家禽、家兔与家畜有什么不同？

（张升华）

第六章　动物屠宰加工的兽医卫生监督

【主要内容】 各种动物的屠宰加工过程，以及屠宰加工过程中各环节的兽医卫生监督工作。

【重点】 了解猪、牛（羊）、禽及兔的屠宰加工工艺流程，掌握屠宰加工各环节的兽医卫生要求。

【难点】 学会动物的致昏、放血、烫毛（脱毛）及胴体修整的方法并做好卫生监督。

动物屠宰加工，是指将动物宰杀后，经过加工，生产出供应市场的肉品及其他副产品的过程。此过程中所采用的屠宰方法、程序和卫生要求将直接影响所生产的肉品的卫生质量及其耐藏性，且与消费者的健康和畜牧业的发展有着密切的关系。由于屠宰的动物不同，常见的有猪、牛（羊）、禽、家兔等，且各屠宰加工企业的规模、建筑、设备也有所不同，所以各屠宰加工企业的屠宰加工工艺过程存在着一定的差异。但总的来说，动物的屠宰加工工艺过程不外乎包括淋浴、致昏、放血、褪毛或剥皮、开膛、劈半、胴体修整、内脏整理、皮张（羽毛）整理等工序（见图 6-1）。

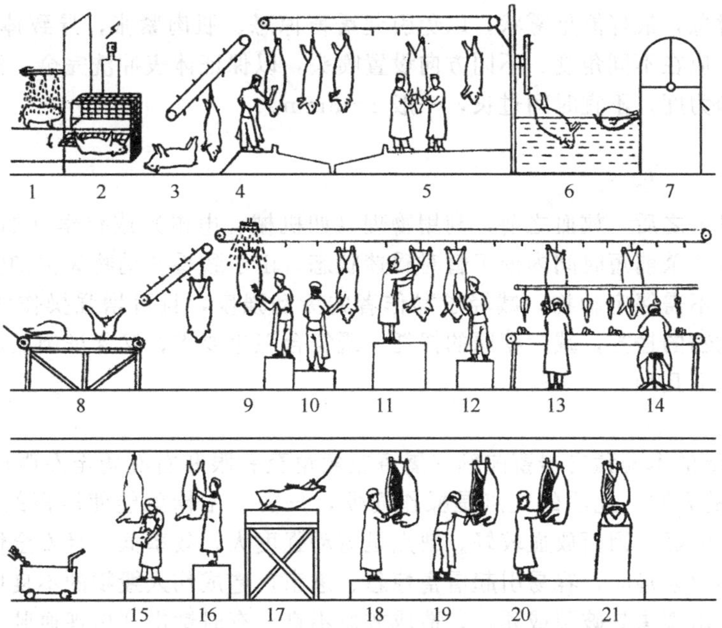

图 6-1　猪的屠宰加工流水线示意图

1—淋浴；2—电麻；3—吊挂上钩；4—放血；5—头部检查；6—烫毛；7—机械脱毛；8—人工净毛；9—刷洗；10—修刮；11—编号与皮肤检验；12—开膛；13—“白下水”检验；14—“红下水”检验；15—割头蹄；16—采膈肌脚；17—劈半；18—胴体检验；19—胴体修整；20—复检；21—称重分级

第一节 生猪屠宰加工的兽医卫生要求

根据国家标准《生猪屠宰操作规程》(GB/T 17236—1998) 规定，从致昏开始，猪的全部屠宰过程要求不超过 45min，从放血至摘取内脏，不超过 30min，从编号到复检、加盖检验印章，不得超过 15min。

一、淋浴

主要用于猪，是在猪致昏放血前，首先用适当压力的温水喷淋屠畜的体表，淋浴间可设在候宰间的一角，装置一些淋浴设备。

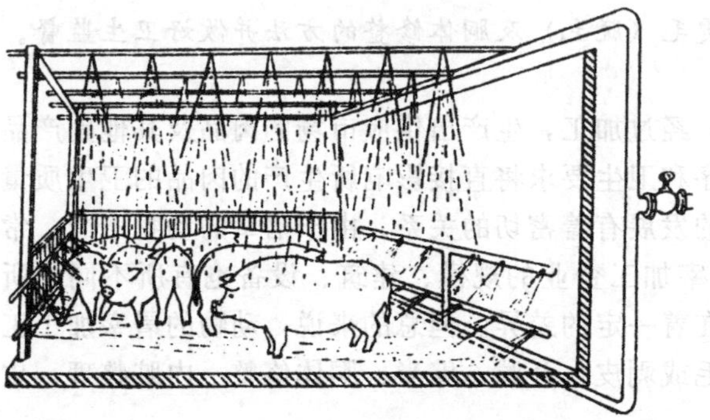

图 6-2 猪宰前淋浴净体

淋浴对于提高肉品卫生质量有着重要的意义：一是可以清洁皮毛，去掉污物，减少屠宰加工过程中肉品污染；二是适宜的冲淋可使屠畜安静，促进血液循环，有利于放血；三是可以浸湿体表，有利于提高下一步电麻效果（图 6-2）。

为提高淋浴效果，在淋浴过程中应注意水温，夏季以 20℃为宜，冬季以 25℃为宜，尽量少用或不用冷水，否则易引起应激刺激，影响肉品质量。水的流速不宜过急，最好能呈雾状，以免引起屠畜惊恐、肌肉紧张，导致体内糖原的损耗，降低肉品质量。应在不同角度、不同方向设置喷头，以保证体表冲洗完全。淋浴的时间以能使屠畜体表洗净为度，不宜时间过长，一般 2～3min。

二、致昏

致昏是在淋浴之后，放血之前，利用物理（如机械、电击）或化学（如吸入二氧化碳）方法，使屠畜在宰杀前短时间内处于暂时昏迷状态。由于致昏使动物失去知觉，处于昏迷状态，此时放血，不需保定动物，减轻了操作者的劳动强度，且可增强操作的准确性和安全性，还可防止动物的挣扎，减少糖原的损耗，既符合卫生要求，又保证肉品质量。常用的致昏方法主要有以下几种。

1. 锤击法

用 2～2.5kg 的木槌猛击屠畜前额（屠畜左额角至右眼和右额角至左眼两条直线的交叉点)，使其昏迷的方法。此法的优点是操作简便，只需一木棒就能使屠畜的知觉中枢麻痹，而运动中枢依然完好，因而放血较好。缺点是劳动强度大，效率低，且安全性较差，当打击部位不准确或用力较轻时，容易引起屠畜惊恐、逃窜，造成伤人毁物的不良后果；如果打击力度过大，则会出现头骨破裂或死亡，造成放血不良，有时锤击部出现血肿。此法目前大型屠宰加工企业已很少使用，仅小型屠宰点对老弱大家畜使用，或农村集镇使用。

2. 电麻法

目前广泛使用的一种致昏方法，采用导电装置作用于动物体，以电流通过屠畜延脑部，造成实验性癫痫状态，使之失去知觉并迅速昏迷。致昏效果与电流强度、电压大小、频率高低及作用部位和作用时间等因素都有关系。研究和实践证明，采用低电压高频率电流的额部或颞部电击可获得较好的电麻效果，肌肉出血可大大减少。猪应用高频率电流（1300Hz 经 3s）可减少出血 10%。

电麻法的优点是操作简便安全，减轻了劳动强度，采用自动电麻器，甚至可不需人操作；另外放血较完全，因电麻使动物处于癫痫状态，此时动物全身肌肉组织发生高度痉挛和抽搐，心跳加剧，昏迷后及时放血，则放血完全。电麻法的缺点是电麻过深会引起动物心脏麻痹，造成死亡或放血不全；电麻不足则达不到麻痹知觉神经目的，会引起动物过度挣扎。且据观察，电麻屠宰的动物约有 5%～10%发生急性心力衰竭而导致放血不全，约有 5%～15%内脏器官和皮肤出现点状出血，尤以电麻不恰当者为甚。虽有上述缺点，实践证明电麻仍被认为是一种操作简便、安全可靠的致昏法。

电麻时使用的电麻器，有人工控制电麻器和自动控制电麻器两种类型。用于猪的电麻器有两种，一种是手提式电麻器，另一种是自动控制电麻机。手提式电麻器电麻时，先将电麻器两极的海绵层分别在下边水中浸湿，最好是盐水，然后将电麻器的两极同时按压在猪体一侧额颞部的太阳穴与肩胛部，电麻器电压一般为 70～90V，电流为 0.5～1A，触电时间 1～3s，盐水浓度 5%；自动电麻器形似狭窄的通道，两侧装有多个铜片电极板，当猪体进入夹道时，即被自动电麻器致昏，然后由流动的托板带出。电麻器电压不超过 90V，电流应不大于 1.5A，电麻时间 1～2s。

3. 二氧化碳麻醉法

此法在丹麦、德国、俄罗斯、美国、加拿大等国常应用，是使屠宰动物通过含有65%～75% CO_2（由干冰产生）气体的 U 形密闭室或隧道（图 6-3），经 15～45s，使动物失去知觉，达到麻醉维持 2～3min 的目的。

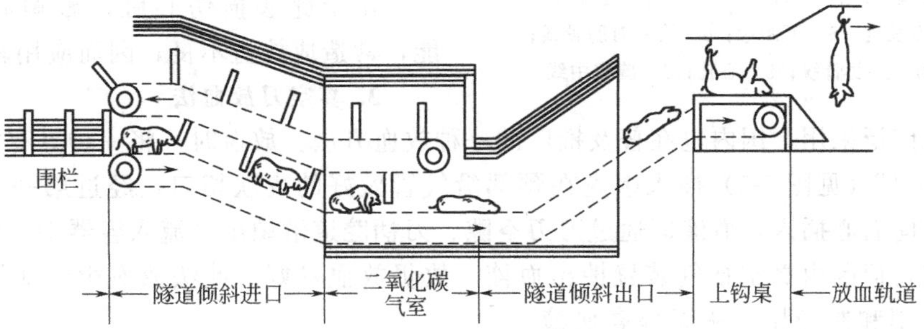

图 6-3 二氧化碳麻醉隧道示意图

此法的优点是，动物在安静状态下，不知不觉地进入昏迷，无噪声，无挣扎，所以操作安全，生产效率高（500～600 头/h）；呼吸维持较久，心跳不受影响，放血良好；糖原消耗少，宰后肉的 pH 较电麻法低而稳定，利于肉的保存；肌肉、器官出血少。缺点是设备成本高，工作人员不能进入麻醉室；CO_2 浓度过高时也能造成动物死亡。故在国内尚较少采用。

三、刺杀放血

是用放血刀割断动物血管或刺破心脏，使血液流出体外，将动物致死的屠宰操作。放血可使动物体内血液减少，肉的颜色鲜亮，含水量少，气味良好，耐贮藏，且食用时口感质嫩，味道鲜美；反之则肉色泽深暗，含水量高，有利于微生物生长繁殖而易发生腐败变质，所以刺杀时要力争放血完全。放血完全的肉体和内脏：色泽鲜艳，有光泽，切割时，一般看不到汁液和血液，容易贮藏，食用时口感质嫩，味道鲜美。放血不完全的肉体内脏：色泽晦暗，切割时，有较多的汁液和血液，脂肪组织发红，不耐贮藏，食用时口感肉质较坚韧，鲜味不浓。

放血应于致昏后立即进行，不得超过致昏后的 30s，否则动物很快苏醒，将影响放血操作。

根据放血时动物的体位不同，可将放血方法分为水平放血和垂直放血两种。从卫生角度来看，以垂直放血为好，一则可使放血完全，二则有利于随后的加工。常用的放血方法有以下几种。

1. 颈部血管切断法

切断动物颈部动脉和静脉血管的放血方法，是目前广泛采用的比较理想的一种放血方法，马、牛、羊、猪等都可采用。猪的刺杀部位在颈与躯干交界处的中线偏右约 1cm 处刺入，刀尖向上，刀刃与猪体成 15°～20°角，抽刀时向外侧偏转切断血管（图 6-4）。杀口长度以 3～4cm 为宜，不得超过 5 cm，以免切口过大，入池浸烫时造成较大的污染。放血时间6～10min。

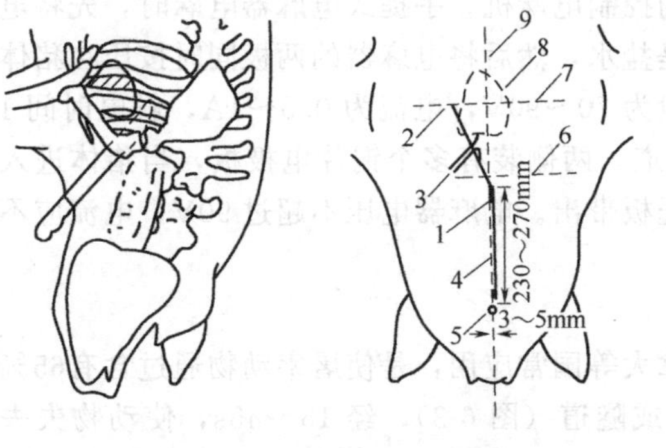

图 6-4　刺杀放血部位示意图

1—进刀起点；2—进刀终点；3—前腔静脉支管；4—拖刀长度；5—下颌痣；6—第一对肋骨线；7—第三对肋骨线；8—心脏；9—胸腹中线

此法的优点是操作简便安全，不伤及心脏，放血良好。缺点是杀口较小，放血时间较长，需要足够的放血时间和放血轨道及集血槽，以保证放血充分。

2. 刺杀心脏放血法

此法主要用于猪，刺杀部位是在颈胸交界处的凹陷处，沿胸前口刺至心脏进行放血。由于此法损伤心脏，影响心脏收缩功能，常造成放血不良，因而应用较少。

3. 真空刀放血法

国外已广泛采用，国内也在普及推广的一种放血方法。放血时，将一种具有抽气装置的特制“空心刀”（见图 6-5）插入事先在颈部沿气管做好的皮肤切口，经过第一对肋骨中间的胸前口直向右心插入，血液即通过刀刃空隙、刀柄腔道沿橡皮管流入容器中。空心刀放血虽刺伤心脏，但因由真空抽气装置抽出血液，故仍放血良好。此法放血由于血液未受到污染，可供食用和制药用，从而提高血液利用价值，且不会造成环境污染，是值得推广的放血方法。但由于放血刀的设备较复杂，故尚没能广泛使用。

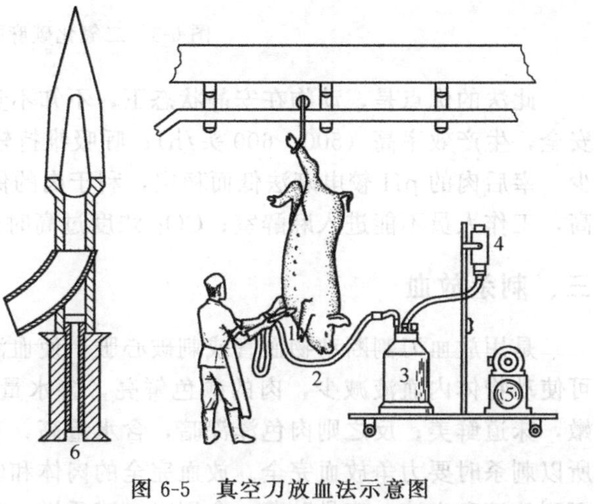

图 6-5　真空刀放血法示意图

1—空心刀；2—输血胶管；3—贮血桶；4—盛抗凝剂容器；5—抽气机；6—真空刀结构剖析图

四、剥皮或脱毛

因利用猪皮可加工成皮革及其皮革制品，利用猪毛可制作毛刷等制品，所以猪的屠宰加工有剥皮和脱毛两种方法。

1. 剥皮

分机械剥皮和手工剥皮两种方法。

机械剥皮，可按剥皮机性能，预剥一面或二面，确定预剥面积。剥皮按以下程序操作。

挑腹皮：从颈部起沿腹部正中线切

开皮层至肛门处。

剥前腿：挑开前腿腿档皮，剥至脖头骨脑顶处。

剥后腿：挑开后腿腿档皮，剥至肛门两侧。

剥臀皮：先从后臀部皮层尖端处割开一小块皮，用手拉紧，顺序下刀，再将两侧臀部皮和尾根皮剥下。

剥腹皮：左右两侧分别剥；剥右侧时，一手拉紧、拉平后档肚皮，按顺序剥下后腿皮、腹皮和前腿皮；剥左侧时，一手拉紧脖头皮，按顺序剥下脖头皮、前腿皮、腹皮和后腿皮。

夹皮：将预剥开的大面猪皮拉平、绷紧，放入剥皮机卡口、夹紧。

开剥：水冲淋与剥皮同步进行，按皮层厚度掌握进刀深度，不得划破皮面，少带肥膘。

手工剥皮，将屠体放在操作台上，按顺序挑腹皮、剥前腿、剥后腿、剥臀皮、剥腹皮、剥脊背皮。

在整个剥皮操作过程中，应力求仔细，不要划破皮张，又要在皮张上少留皮肌和脂肪。剥皮前应洗净体表，避免剥皮刀、手、工作服等接触胴体，防止污物、皮毛等沾污胴体。有条件的屠宰加工企业应尽量采用机械剥皮，既可减少污染胴体和损伤皮张，又可减轻劳动强度，提高工效。

2. 脱毛

脱毛是加工带皮猪的重要工序，主要分为烫毛、脱毛（包括刮毛、燎毛与刮黑）两步。

（1）烫毛　可采用烫池中浸烫和烫毛隧道热水喷淋（或蒸汽烫洗）两种方法。烫池中浸烫是将放血后的猪体由悬空轨道上卸入烫毛池内进行浸烫，烫池中水温应以猪的品种、年龄、季节而定，一般在58～62 ℃为宜，并掌握好浸烫时间，一般可浸烫5～7min。猪体在烫毛池内借助于推挡机前后翻动和向前运送，小型屠宰场若无推挡机时，可用带钩的长杆来翻动猪体向前拨送。浸烫时注意掌握好水温和时间，防止“烫生”和“烫老”，“烫生”即水温低，浸烫时间短，毛孔未舒张，毛不易脱掉；“烫老”即水温高或浸烫时间长，则表皮蛋白凝固，毛孔闭塞，也不易脱毛，而且进入脱毛机（滚筒式）脱毛时易将皮肤打烂。烫毛池中的水至少每班要更换一次。如果采用连续进水、出水的方式烫毛，更要符合卫生要求。烫毛隧道热水喷淋是使吊挂状态的屠体进入隧道，于隧道内以62～63 ℃热水喷淋或蒸汽烫洗屠体，烫好之后再使其经过下一隧道内的打毛机进行脱毛。这种方法较为先进，可避免反复摘挂钩的麻烦以及多次操作中的污染，并且可以保证流水线的平稳运行。

（2）脱毛　分机械脱毛和手工脱毛两种，大中型肉联厂普遍应用机械煺毛机，多为滚筒式刮毛机，刮毛机与烫毛池相连，浸烫完毕的猪可用捞耙或由传送带自动送进刮毛机，刮毛机内淋浴水温应掌握在30℃左右，脱毛时要求不断肋骨，不伤皮下脂肪。脱毛后的猪体自动放入清水池内清洗，同时由人工将未脱净部位的毛，如耳根、大腿内侧及其他部位未脱掉的毛刮去，煺毛要力求干净。小型屠宰场无刮毛设备时，可使用卷铁进行人工脱毛，先用卷铁刮去耳和尾部毛，再刮头和四肢的毛，然后刮背部和腹部的毛。也可采用较先进的吊挂隧道式烫毛脱毛，屠猪经过烫毛隧道后进入两侧有毛刷的脱毛隧道，体表毛被刮去，之后再进入燎毛炉（约1200℃，经10s）与刮黑隧道，经燎毛的猪皮，因高温而膨胀，再经刮黑处理，出隧道后猪体表的残毛与毛根被全部清除掉，只是胴体皮肤略显微黄色。

五、开膛和净膛

开膛是指剖开屠体胸腹腔，净膛是将胸腹腔内的脏器取出的过程。屠宰动物在剥皮或脱毛后应立即进行开膛，自放血后到开膛与净膛，时间不得超过30min。延缓开膛会影响脏器和内分泌腺体的利用价值，如肠管发黑、内分泌腺的激素降解等，同时还会影响肉品质量和耐藏性。

开膛宜采用倒挂垂直方式，这样既可减轻劳动强度，又可减轻胴体被胃肠内容物污染的机会。首先将脱毛后的猪体后肢跟腱部用刀穿口（约6～8cm），然后上钩，通过滑轮吊上悬空轨道，由肛门附近沿腹部中线至胸骨剑状软骨处切开皮肤，接着划开腹膜，使胃肠等自动滑出体外，再沿肛门周围用刀将直肠与肛门连接部割离开（俗称雕圈），将直肠内的粪便向内推动，以免肛门处流出粪便污染胴体。用刀将肠系膜丛处割断，随之取出胃肠、脾。然后用刀划破横膈膜，并沿肋软骨与胸骨连接处剖开胸腔，并剥离气管、食道，再将心、肝、肺取出。取出的内脏“红下水”（心、肝、肺、肾）与“白下水”（胃、肠、脾）分别挂在排钩上或放在传送盘上，以接受检验。

开膛时应注意切勿划破胃肠、膀胱和胆囊，一旦划破应及时冲洗处理。取出内脏后，应及时用足够压力的净水冲洗胸、腹腔，洗净腔内淤血、污物。

六、去头蹄、劈半

净膛后将头从寰枕关节处卸下，将前后蹄分别从腕关节与跗关节处卸掉。操作中注意切口要整齐，避免出现骨屑。

劈半是沿脊椎正中线将胴体劈成左右对称的两半，目前广泛使用的劈半工具是手提式电锯和桥式电锯，劈半时以劈开脊椎管暴露出脊髓为宜，避免左右弯曲或劈断、劈碎脊椎而降低商品价值。用手提式电锯对猪胴体劈半时，可先沿脊柱切开皮肤和皮下软组织，俗称“描脊”，以防劈偏。

七、胴体修整

胴体为屠宰动物经放血、去毛或剥皮、去头蹄和内脏后的剩余部分。胴体修整指清除胴体表面的各种污物，割掉胴体的病变组织、损伤组织及游离的组织，摘除有碍食肉卫生的组织器官，以及对胴体不平整的切面进行必要的修削过程。主要包括湿修和干修两道工序。

1. 湿修

用有一定压力的净水冲洗胴体，将附着在胴体体表的毛、血、粪等污物尽量冲洗干净，特别注意冲洗颈断部和已劈开的脊柱。严禁用抹布擦洗胴体。

2. 干修

用刀具将胴体表面的碎屑、余水除去，修整颈部和腹壁的游离缘，割除伤痕、脓疡、斑点、淤血部及残留的膈肌、游离的脂肪，取出脊髓，摘除甲状腺、肾上腺、病变的淋巴结、公畜的阴茎根等。修整好的胴体要达到无血、无粪、无毛、无污物、无三腺，具有良好的商品外观。

八、内脏整理

摘出的内脏经检验后，应立即送往内脏整理车间进行分离胃肠和翻出胃肠内容物的整理加工，不得积压。要在指定地点翻肠倒肚。分离胃时应将食道和十二指肠留有适当长度，以免胃肠内容物流出。分离肠道时切忌撕裂、拉断，摘除附着在脏器上的脂肪组织和胰脏，除去淋巴结及寄生虫等。翻肠和倒胃应在固定的工作台上进行，翻出的胃肠内容物应集中于容器中，及时运出处理。洗净的内脏装入容器迅速冷却，不得长时间堆放，以免变质。

九、皮张鬃毛整理

1. 皮张整理

先抽取尾巴（牛），刮去血污、皮肌和脂肪，及时送皮张加工车间进一步加工，不得堆放或日晒，以防变质、老化和掉毛。

2. 鬃毛整理

猪的颈部和脊背部的刚毛，刚韧而富于弹性，具有天然的鳞片状纤维，能吸附油漆，为工业和军需用刷主要的原料，能制成各种用刷、化学灭火剂、化学药品等。整理时注意除去混杂的皮屑，及时摊晾，并进一步加工。

第二节　牛、羊屠宰加工的兽医卫生要求

牛、羊的屠宰加工过程及兽医卫生要求与猪基本相似，由于它们在解剖结构上有些差异，故加工中稍有不同。

一、致昏

1. 刺昏法

主要用于以牛为主的大家畜。是用匕首迅速准确地刺入屠畜枕骨与第一颈椎之间，破坏延脑和脊髓的联系，造成瘫痪。此法的优点是，只需 5 寸[1]长的双刃尖刀；操作简便。但要求技术熟练，对性情暴烈和健壮的屠牛不宜使用此法。缺点是刺得过深会伤及呼吸中枢或血管运动中枢，使呼吸立即停止或血压下降，造成放血不良。故仅适用于老弱残牛。

2. 锤击法

与猪致昏时的锤击法相同。

3. 电麻法

牛用单杆式电麻器，一般电压不超过 200V，电流强度为 1～1.5A，电麻时间为 7～30s；双接触杆式电麻器的电压一般为 70V，电流强度为 0.5～1.4A，电麻时间为 2～3s。

由于羊的性情温顺，对人不具有攻击性，因而一般不予致昏。

二、刺杀放血

1. 切颈法

在头颈交接处腹侧面横向切开，切断颈部的颈静脉、颈动脉、气管、食管和部分软组织，使血液从切面流出，是伊斯兰教的一种屠宰法，多用于牛、羊。其优点是：放血快，死亡快，减少挣扎。缺点是：在切断颈动脉、颈静脉的同时，也切断了气管、食管和部分肌肉，胃内容物常经食道流出，污染切口甚至引起肺呛血和肺呛食，影响肉品质量。但在信仰伊斯兰教的少数民族地区，应尊重民族风俗习惯。

2. 切断颈部血管法

牛的刺杀部位，在距胸骨 16～20cm 颈中线处下刀，刀尖斜向上方刺入 30～35cm，随即抽刀向外侧翻转，切断血管。沥血时间 8～10min。羊的刺杀部位，在下颌角稍后处用窄的放血刀横向刺穿颈部，切断颈动脉和颈静脉血管，沥血时间 5～6min。

三、剥皮与去头、蹄

牛、羊的屠宰一般需要剥皮。刺杀放血后应尽快剥皮，以免尸体冷凉后不易剥下。牛、羊的剥皮方法分手工剥皮机械剥皮两种。在剥皮的过程中，分别将蹄、头卸下。

---

[1] 1 寸=3.3333cm

1. 手工剥皮

一般的小型肉联厂或小规模的牛羊屠宰场均采用手工剥皮。牛的手工剥皮是先剥四肢皮、头皮和腹皮，最后剥背皮。剥前、后肢时，先在蹄壳上端内侧横切，再从肘部和膝部中间竖切，用刀将皮挑至脚趾处，并在腕关节和跗关节处割去前后脚。然后将两前肢和两后肢的皮切开剥离。剥腹部皮时，从腹部中白线将皮切开，再将左右两侧腹部皮剥离。剥头皮时，用刀先将唇皮剥开，再挑至胸口处，逐步剥离眼角、耳根，将头皮剥成平面后，在寰枕关节处将头卸下。剥背皮时，先将尾根皮剥开，割去尾根，然后从肛门至腰椎方向将背皮剥离。如果是卧式剥皮时，先剥一侧，然后翻转，再剥另一侧。

羊的手工剥皮方法与牛相似，且各地有不同的剥皮习惯，但要注意不要将羊皮剥破，不能沾污胴体。

2. 机械剥皮

先手工剥头皮，并卸下头，剥四肢皮，并割去蹄，再剥腹皮。然后将剥离的前肢固定在铁柱上，后肢吊在悬空轨道上，再将颈、前肢已剥离皮的游离端连在滑车的排钩上，开动滑车将未剥离的背部皮扯掉。遇到难剥的部分，应小心剥离，不可猛扯硬拉。在整个操作过程中，防止污物、毛皮、脏手沾污胴体。

羊的屠宰有时根据用户要求，采用脱毛剂进行脱毛，或用喷灯进行燎毛的加工方法，而不进行剥皮。进行燎毛时，要掌握好燎毛时间，将毛燎净，以皮肤微黄而又不焦为宜。

四、开膛与净膛

在剥皮后立即进行开膛，并尽量采用机械倒挂式开膛。开膛时应小心沿腹正中线切开腹壁，用刀劈开耻骨联合，切开肛门周围组织，结扎，并切断瘤胃贲门部食管，拉出胃肠，切开颈部气管和食管周围组织、横膈膜，再切断气管，拉出心、肺和肝。操作方法参考猪的开膛。

五、胴体劈半

牛胴体劈半一般与猪胴体劈半一样，先沿脊柱将胴体劈成两半，之后再沿最后肋骨前缘将半胴体分割为前后两部，即四分体，然后再根据需要，进行分割肉的加工。

羊的胴体较小，一般不进行劈半。

六、内脏整理

参见猪的内脏整理。

七、皮张整理

参见猪的皮张整理。

第三节　家禽屠宰加工的兽医卫生要求

一、致昏

家禽个体虽小，但好挣扎，加之两翅的煽动，极易造成车间的污染，所以放血前应予致昏。目前家禽的致昏多采用电麻致昏法，其中以直流电的击昏效果为最佳。

用于家禽的电麻器，常见的有两种：一种是“Y”形的电麻钳，在分叉的两边各有一电极，当电麻器接触家禽头部时，电流即通过大脑而达到致昏的目的；另一种称为麻电板，是在悬空轨道的一段（该段轨道与前后轨道断离）接有一电板，而在该轨道的下方设有一瓦棱状导电板，当家禽倒挂在轨道上传送，其喙或头部触及导电板时，即可形成导电通路，从而达到致昏的目的。致昏时多采用单项交流电，在电流 0.65～1.0A、电压 80～105V 的条件下，电麻时间为 2～4s。多采用单相交流电。

二、刺杀放血

1. 颈动脉颅面分枝放血法

该法是在家禽左耳垂的后方切断颈动脉颅面分支。其切口鸡约 1.5cm，鸭、鹅约 2.5cm。放血时间 2min。本法操作简便，放血充分，也便于机械化操作，而且开口较小，污染面积也小，又能保证胴体较好的完整性，是目前常用的放血方法。

2. 三管切断法

该法是我国民间常用方法，在禽的喉部横切一刀，切断颈部动脉、静脉血管的同时，也切断了气管和食管。该法操作简便，放血较快，但因切口过大，极易造成污染，且有碍整体外观。所以不适合规模化屠宰加工厂。

3. 口腔放血法

该法为有特殊需要（体表完整无破损）时的加工方法。一手打开口腔，另一手持一细长尖刀，在上颚裂后约第二颈椎处，切断任意一侧颈总静脉与桥状静脉连接处，抽刀时，顺势将刀刺入上颚裂至延脑，以促使家禽死亡，并可使竖毛肌松弛而有利于脱毛。用本法给鸭放血时，应将鸭舌扭转拉出口腔，夹于口角，以利于放血通畅，避免呛血。本法虽能保证胴体的外表完整，但操作较复杂，不易掌握，易造成放血不良，不利于禽肉的保藏。

三、褪毛

褪毛有干拔毛和湿拔毛两种方法。干拔法可以最大限度地保持光禽和羽毛的质量，但该法工效低，不利于机械化大批量加工，所以一般多采用湿拔毛法，即先烫毛，再脱毛。

烫毛的方法同猪一样，可采取烫池中浸烫或通过隧道烫蒸。烫毛的水温要根据家禽的品种、年龄和季节而定，一般肉仔鸡浸烫水温为 58～60℃，淘汰蛋鸡浸烫水温为 60～62℃，鸭、鹅为 62～65℃，浸烫时间一般控制在 1～2min。水温过高会烫破皮肤，使脂肪熔化，水温过低则羽毛不易脱离。烫池内的水要保持清洁，最好使用流水，或每 2h 更换一次。未死透或放血不良的禽尸，不能进行烫毛，否则会降低商品价值。

浸烫后一般采用脱毛机脱毛，也有用褪毛隧道，未脱净的残毛可人工清除，或用食用蜡脱去大部分残毛，再人工清除残毛。

四、净膛

脱毛后应立即净膛，方法有三种。

1. 全净膛

从胸骨末端至肛门中线切开腹壁，或从右胸下肋骨处切开，除肺脏和肾脏保留外，将其余脏器全部取出，同时去除嗉囊。

2. 半净膛

由肛门周围分离泄殖腔，并稍扩大开口，将全部肠道由此拉出，其他脏器仍留在体腔内。

3. 不净膛

不开膛，全部脏器都保留在体腔内。

采用净膛和半净膛加工时，拉肠管前应先挤出肛门内粪便，不得拉断肠管和扯破胆囊，以免粪便和胆汁污染胴体。体腔内不得残留断肠和应除去的脏器、血块、粪污及其他异物等。内脏取出后应与该胴体放在一起进行检验。不净膛的家禽，注意做好停食管理。

五、胴体修整

包括湿修和干修两步。湿修时，全自动生产线用洗禽机清洗，半自动生产线在水池中清洗，但应注意勤换池水。用刀、剪将胴体上的不良部位修整后，从跗关节处将后肢剪下。

六、内脏、羽毛整理

可参考猪的整理方法。

第四节　家兔屠宰加工的兽医卫生要求

家兔的屠宰加工过程同样必须注意卫生状况，加强兽医卫生监督。

一、致昏

目前我国各兔肉加工企业广泛采用电麻法进行致昏。电麻器有转盘式和长柄钳式两种。一般采用电压70V，电流0.75A，电麻时间2～4s。通电部位为两侧耳根稍后，电麻不得过深，否则会造成放血不良，使兔肉质量降低。

二、宰杀放血

家兔的宰杀放血有机械割头和切断颈部动静脉血管两种方法。现代化兔肉加工企业多采用机械割头放血法，这种方法可减轻劳动强度，提高工效，并防止兔毛飞扬、兔血四溅。也可采取兔体倒挂，切断颈部动脉、静脉的放血方法。放血时间一般为2～3min，可保证放血良好。

三、剥皮

兔宰杀后应尽快剥皮，剥皮过晚不但不易剥离，而且容易撕破皮张。为避免兔毛飞扬，在剥皮前需用冷水擦湿兔体，但避免淋湿吊钩。剥皮方法宜采用脱袜式剥皮法（图6-6），可分为手工剥皮和机械剥皮法。手工剥皮时，用刀在颈部、前肢腕关节及后肢跗关节上方1cm处将皮肤作环行切口，再沿两后肢内侧绕过肛门挑切开皮肤并断尾，用手自阴部上方翻转皮肤，把皮肤自阴部拉至头部并剥去。机械剥皮是将已手工自后肢及阴部剥下的皮肤夹入剥皮机进行剥离。

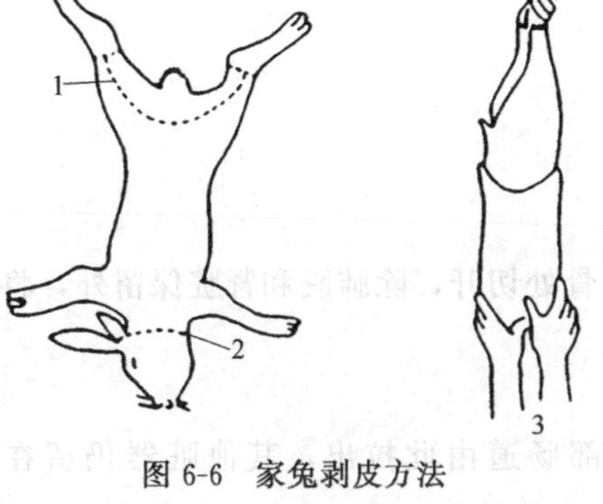

图6-6　家兔剥皮方法

1—剥皮剪开线；2—剥皮剪开线；3—翻剥兔皮

在剥皮过程中，凡是接触过皮毛的手和工具，不得再接触胴体，以防兔肉受到污染。剥下的毛皮应尽快伸展、固定和干燥，不得在烈日下暴晒。

四、截肢、去尾

在腕关节稍上方截断前肢，在跗关节稍上方截断后肢，在第一尾椎处去掉兔尾。操作时应注意四肢要截整齐，切忌长短不一。

五、开膛与净膛

用刀自骨盆腔开始，沿腹部正中线剖开腹腔至胸骨前，切忌暴露出胸骨。将耻骨联合切开，于肛门周围环行切开，以手指按住腹壁及肾脏，以免脂肪与肾脏连同大小肠一并扯下。然后再割开横膈膜，以手指伸入胸腔抓住气管，将心、肺、肝及胃肠取出。开膛时力求深浅适宜，避免割破胃、肠，造成胴体污染。

六、胴体修整

家兔剥皮后，因体腔及体表易残留水分，不耐贮藏，故宰后修整时不进行湿修，而是采取擦血和干修的方法进行整理。

擦血时，可用洁净海绵或毛巾擦去颈部和体腔内的血水，拭去胴体表面的毛污，但注意海绵或毛巾要保持清洁。也有用“T”字形擦血架擦拭体腔内的残余血水。有条件的厂家用真空泵吸出体腔内血水最为理想，可避免胴体受到污染。

擦血后，用刀将兔体进行干修，将残余内脏、生殖器官、结缔组织、游离缘、大血管及外伤等不良部位割掉，保证兔体外观良好。

第五节 生产人员的卫生要求与人身防护

凡屠宰加工车间工作人员，每半年至少应进行一次健康检查，合格者方可参加生产。凡患有开放性或活动性肺结核、传染性肝炎、肠道传染病、化脓性皮肤病等的患者，均应调离或停止屠宰加工工作，未经治愈不得恢复工作。

生产人员应养成良好的卫生习惯和素养，要勤洗澡、勤换衣、勤剪指甲。进入车间前应穿戴好经清洁和消毒的工作服、工作帽、口罩和胶靴，不得在车间内更衣，非工作时间不得着工作服装，车间内严禁进食、饮水、吸烟，不许对着肉品咳嗽和打喷嚏；饭前、便后及工作前后要洗手。

生产人员尚应注意人身防护，除做好定期的健康检查外，放血工人和与水接触较多的人员应穿不透水的衣裤，全体人员应定期接受必要的预防注射等卫生防护，以免感染上人畜共患病。

【复习思考题】

1. 简述动物屠宰加工的工艺过程。
2. 宰杀动物前为什么要致昏？致昏方法常见的有哪几种？各有什么优缺点？
3. 放血方法有哪几种？各有什么特点？
4. 动物屠宰时的烫毛方法有几种？应注意哪些卫生要求？

（张升华）

第七章　屠宰动物宰后检验

【主要内容】 宰后检验的基本方法与技术要求，屠畜宰后必检淋巴结的选择，猪、牛、羊、禽、兔宰后检验的程序和操作要点，屠畜禽宰后检验后胴体、内脏和副产品的处理方法。

【重点】 猪、牛宰后检验程序和操作要点，宰后检验后胴体和内脏的处理。

【难点】 宰后检验中淋巴结的正确选择与剖检，宰后检验各工序检验结果的正确判定。

第一节　宰后检验概述

宰后检验是指动物在放血解体的情况下，通过视、触、剖、嗅等方法检查胴体、内脏，根据其病理变化和异常现象进行综合判断，得出检验结论。

一、宰后检验的目的和意义

屠畜禽宰后检验是动物性食品卫生检验最重要的环节之一，是宰前检疫的继续和补充。屠畜禽经过宰前检疫，只能检出具有体温反应或症状比较明显的患病动物，对于处于潜伏期或发病初期症状不明显的患病动物（如猪慢性咽炭疽、猪旋毛虫、猪囊虫等的患病动物）则很难发现，往往随着健康屠畜进入加工过程。这些病畜禽只有在宰后解体的情况下，通过观察胴体、脏器等所呈现的病理变化和异常现象，以及必要的实验室检验，进行综合分析才能做出准确判断。所以，宰后检验对防止染疫肉类上市销售，保障广大消费者吃上“安全肉”，防止动物疫病传播扩散，促进养殖业发展，均具有十分重要的意义。

（一）宰后检验的目的

① 发现和检出对人有害及致病的肉和肉品。

② 剔除有害于其他动物或有害于公共卫生的肉类，并继而进行适当的处理。

（二）宰后检验的意义

① 判定屠畜禽产品的卫生质量和经济价值。

② 按照国家法律法规对畜产品作出卫生评价。

③ 保障人们食肉安全。

④ 控制动物疫病的传播。

二、宰后检验的基本方法与技术要求

（一）宰后检验的基本方法

宰后检验以感官检查为主，必要时采取细菌学、血清学、寄生虫学、病理学和理化检验等实验室检验方法，作为辅助判定的手段。

1. 感官检查

运用感觉器官通过视检、剖检、触检和嗅检等方法对胴体和脏器进行病理学诊断与处理，以视检和剖检为主。

（1）视检　即肉眼观察胴体皮肤、肌肉、胸腹膜、脂肪、骨骼、关节、天然孔及各种脏器的外部色泽、形态大小、组织性状等是否正常，有无充血、出血、水肿等病理变化，为进一步检查提供方向。例如，牛、羊的上下颌骨膨大时注意检查放线菌病；猪的喉颈部肿胀时注意检查炭疽和巴氏杆菌病；猪皮肤上有出血点时注意检查猪瘟、猪肺疫、猪链球菌病。

（2）剖检　用检验刀具切开并观察胴体或脏器的隐蔽部分或深层组织有无病理变化或寄生虫。在淋巴结、肌肉、脂肪、脏器的检查中尤为常用。

（3）触检　用手直接触摸受检组织和器官，判定其弹性和软硬度有无变化，对发现深部组织或器官内的硬结性病灶具有重要意义。例如，在肺叶内的病灶只有通过触摸才能发现；肝硬化也只有通过触检才能做出判定。

（4）嗅检　对某些无明显病变的疾病或肉品开始腐败时，必须依靠嗅觉来判断。如屠宰动物生前患有尿毒症，肉中带有尿味；药物中毒时，肉中则带有特殊的药味；腐败变质的肉，则散发出腐臭味等。

2. 实验室检验

实验室检验是指采用实验手段并能得出确定检验结果的检验方法。

（1）细菌学检验　采取有病变的器官、血液、组织，用直接涂片法进行镜检，必要时再进行细菌分离、培养、动物接种以及生化反应来加以判定。

（2）血清学检验　针对疫病的特点，采取沉淀反应、补体结合反应、凝集试验和血液检查等方法，来鉴定疫病的性质。

（3）寄生虫学检验　某些寄生虫（如旋毛虫）由于虫体形态较小，需要借助显微镜才能判定。

（4）病理组织学检验　某些器官组织的病理变化（如肿瘤）需要制作成病理切片才能加以鉴定。

（5）理化检验　有时可通过检验肉品的理化特性判定肉品的质量。如肉的腐败程度完全依靠细菌学检验是不够的，还需进行理化检验。可用挥发性盐基氮的定量测定、pH 的测定等综合判断其新鲜程度。

（二）宰后检验的技术要求

（1）宰后检验应在适宜的光线条件下进行。

（2）宰后检验应对胴体和内脏、头、蹄实行同步检验；无同步检验的屠宰场，要求屠宰后的胴体、内脏和其他副产品在分离时编上同一号码，集中检验，以便查对。

（3）在流水作业的加工条件下，为了保证迅速、准确地对屠畜禽组织和器官的健康状态作出判定，检验人员必须按规定检查最能反映病理变化的组织和器官，并遵循一定的方式、方法和程序进行检验，养成良好的工作习惯，以免漏检。

（4）为确保肉品卫生质量和商品价值，剖检只能在规定部位切开，切口深度、大小应适宜，切忌乱划或拉锯式切割。肌肉应顺肌纤维切开，非必要不得横断，以免造成巨大的切口，降低商品价值，并招致细菌的侵入或蝇蛆的附着。

（5）检查带皮猪肉的淋巴结时，应尽可能从剖开面检查，淋巴结应沿长轴切开，当病变不明显时，可沿长轴切成薄片仔细观察。

（6）当切开脏器或组织的病变部位时，要采取适当处理措施，防止病变材料污染产品、地面、设备、器具和检验人员的手。

（7）检验人员应配备两套检验刀具，以便污染后替换，被污染的器械应立即消毒。同时检验人员要做好个人防护，穿戴清洁的工作服、鞋帽、围裙和手套上岗，工作期间不得到处走动。

三、宰后淋巴结的检验

（一）淋巴系统在肉检中的作用

淋巴系统包括两个部分：一部分是由淋巴管组成的管道部分，它最后开口于静脉，将组织液还流于血液；另一部分是淋巴器官，包括胸腺、淋巴结、扁桃体、脾、法氏囊（禽）等。

1. 淋巴器官的结构特点

淋巴器官是由网状细胞和网状纤维组成的网状结构，网眼中充满着淋巴细胞和淋巴组织。分布在淋巴管道上的淋巴结属于外周淋巴器官，是机体的重要防御屏障和过滤装置。

2. 淋巴器官的免疫功能

在动物长期进化过程中，机体逐渐发展形成了具有识别和清除异物的能力，即免疫机能。当病原微生物作用机体后（即异种抗原进入机体时），先由巨噬细胞处理，将抗原吞噬，并将抗原信息（mRNA）传递给栖居于淋巴小结之间弥散组织（副皮质区）中的T淋巴细胞和皮质淋巴小结分化繁殖的B淋巴细胞。在抗原刺激后的3～4d，T淋巴细胞大量增殖，转化为致敏性淋巴细胞，释放出多种淋巴因子，呈现细胞免疫反应。在抗原和淋巴因子的刺激下，B淋巴细胞也大量增殖，在淋巴小结形成生发中心，B淋巴细胞可转化为能产生抗体的浆细胞，当抗体进入血液后发生抗原抗体反应，使补体系统激活，溶解、中和抗原，呈现体液免疫反应。

3. 反映病原入侵的途径和程度

机体每个部位的淋巴结收集相应区域的组织或器官的淋巴液。当机体某些器官或局部发生病变时，病原微生物可随淋巴液到达相应部位的淋巴结，该部位淋巴结内具有免疫活性的细胞迅速增殖，从而引起局部淋巴结肿大。严重的，则继续蔓延，导致机体其他组织和淋巴结发生相应的病变。

4. 淋巴结阻留病原微生物并呈现相应的病理变化

淋巴结在不同病原因子的作用下表现出不同的病理特征，特别是某些传染病，往往会使淋巴结发生特殊的病理变化，如肿大、充血、出血、化脓、坏死、结节以及各种炎症等病变。

由此可见，淋巴系统尤其是淋巴结在肉品检验中可以较准确迅速地反映屠畜的生理或病理状况，在宰后检验中具有极为重要的意义。

（二）淋巴结的正常形态与常见病理变化

1. 淋巴结的正常形态

各种动物的淋巴结在结构上大致相同，其形态、色泽略有差异，大小差异较大。

淋巴结的形状有圆形、椭圆形、扁圆形、长圆形及不规则形，有的单个存在，有的集簇成群。

淋巴结的色泽，一般呈黄白色或灰黄色。猪的大多呈黄白色；牛的为黄灰色；羊的为青灰色。同一机体中，不同部位的淋巴结，其色泽也不同，如呼吸系统的淋巴结呈青灰色，肝门淋巴结常呈红褐色。

淋巴结的大小从纽扣大至长10～20 cm，平均为0.5～3 cm。一般而言，牛的淋巴结较大，猪的较小；幼龄的较大，老龄的较小；瘦弱的较大，肥壮的较小。

2. 淋巴结的常见病理变化

（1）充血　淋巴结肿胀、发硬，表面潮红，切面呈深红或浅红色，按压时有血液渗出。

多见于发炎初期，如急性猪丹毒。

（2）水肿　淋巴结肿大，切面苍白、隆凸、多汁，质地松软。多见于炎症初期和多种慢性消耗性疾病后期、淤血、外伤、长途急赶等。

（3）出血与坏死　在淋巴结的渗出液中含有大量的红细胞，使淋巴结呈红色或深红色。如猪瘟和猪肺疫的淋巴结就是出血性淋巴结炎；猪慢性炭疽的淋巴结多呈出血性坏死性淋巴结炎。

（4）化脓　淋巴结肿大，质地柔软，表面有大小不等的黄白色脓肿灶，切面按压时有脓汁流出，严重时整个淋巴结变成一个大脓肿。多见于马链球菌感染、棒状杆菌感染等化脓菌性传染病和化脓创。

（5）急性增生性炎　淋巴结肿大，切面隆凸，呈灰白色或土黄色浑浊的颗粒状，常称之为淋巴结“髓样变”。多见于弓形虫感染、副伤寒和其他急性传染。

（6）慢性增生性炎　淋巴结因组织增生而肿大、变硬，切面灰白、湿润而富有光泽，呈脂肪样。当病变扩展到淋巴结周围时，淋巴结往往与周围组织粘连。常见于鼻疽和布鲁菌病。

（7）结核性肉芽肿　淋巴结肿大，切面多汁或干燥，质地变硬，色泽灰白，其中散在粟粒至蚕豆大结节。结节中心呈干酪样坏死，往往钙化。有时整个淋巴结干酪化或钙化。

（三）宰后被检淋巴结的选择

由于屠畜体内淋巴结数目众多，猪的淋巴结有 190 多个，牛、羊的有 300 多个，马的达到 8000 多个，分布很广，而且它们从组织收集淋巴液的情况又错综复杂，因此宰后检验时不能逐一剖检，必须有所选择。

1. 选择被检淋巴结的基本原则

选择被检淋巴结时应首先选择汇集淋巴液范围较广泛的淋巴结；其次选择位于浅表易于剖检的淋巴结；再次选择能反映特定病变过程的淋巴结。

2. 猪宰后主要被检淋巴结

猪的淋巴结呈灰白色，椭圆形或近圆形，大小不等。小的如高粱米，长的有如带状，可达 40cm（如结肠淋巴结）。由于其颜色和硬度与猪的脂肪组织相似，故有时可能被误认为脂肪组织。生产实践中主要剖检如下淋巴结。

（1）颌下淋巴结　有 2～6 个淋巴结，常形成 2～3cm 的淋巴结团块，呈卵圆形或扁椭圆形。位于下颌间隙，左右下颌骨角下缘内侧，颌下腺的前方。主要收集下颌部皮肤、肌肉以及舌、扁桃体、颊、鼻腔前部和唇等组织的淋巴液；输出管一方面直接走向咽后外侧淋巴结，另一方面经由颈浅腹侧淋巴结，将汇集的淋巴液输入颈浅背侧淋巴结。颌下淋巴结所在位置见图 7-1。

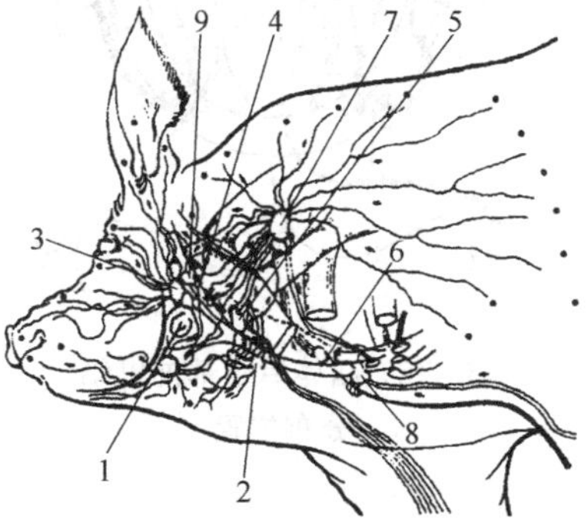

图 7-1　猪头颈部淋巴结流向及淋巴的分布图

1—颌下淋巴结；2—颌下副淋巴结；3—腮淋巴结；4—咽后外侧淋巴结；5—颈浅腹侧淋巴结；6—颈浅中淋巴结；7—颈浅背侧淋巴结；8—颈后淋巴结；9—咽后内侧淋巴结

（2）腹股沟浅淋巴结　此淋巴结在母猪又称乳房淋巴结，在公猪又称阴囊淋巴结。位于最后一个乳头平位或稍后上方（肉尸倒挂）的皮下脂肪内，大小 (3～8)cm×(1～2)cm。收集猪体后半部下方和侧方的表层组织包括腹壁皮肤、后肢内外侧皮肤、腹直肌和乳房、外生殖器官的淋巴液。

(3) 腹股沟深淋巴结　这组淋巴结往往缺无或并入髂内淋巴结。一般分布在髂外动脉分出旋髂深动脉后、进入股管前的一段血管旁，有时靠近旋髂深动脉的起始处，甚至与髂内淋巴结连在一起。汇集来自腰肌和腹肌、后肢全部游离部分，以及腹股沟浅淋巴结、腘淋巴结和髂下淋巴结输出的淋巴液；其输出管走向髂内淋巴结。

(4) 髂淋巴结　分髂内和髂外两组。髂内淋巴结位于旋髂深动脉起始部的前方，腹主动脉分出髂外动脉处的附近。髂外淋巴结位于旋髂深动脉前后两分支的分叉处，包埋在髂腰肌外侧面脂肪中。两组淋巴结汇集淋巴液的部位基本相同，并将收集的淋巴液，大部分经由髂内淋巴结输入乳糜池，其余部分由髂外淋巴结直接汇入乳糜池。髂内淋巴结除收集腹股沟浅、腹股沟深、髂下、腘、腹下和荐外侧淋巴结的淋巴液外，还直接汇集腰部骨骼和肌肉、腹壁和后肢的淋巴液，是猪体后半部最重要的淋巴结。

(5) 腘淋巴结　大部分猪由深、浅两组淋巴结组成。浅组位于股二头肌与半腱肌之间，跟腱后的皮下组织内；深组位于上述两肌的深部，腓肠肌上端后方。宰后检验主要检浅层组，它们汇集小腿部以下的深层和浅层组织的淋巴液。腘淋巴结在肉联厂的宰后检验中一般不予剖检，而只在市场检验中剖检。

猪体后半部淋巴结分布位置见图 7-2。

(6) 肩前淋巴结（颈浅背侧淋巴结）　位于肩关节的前上方，肩胛横突肌和斜方肌的下面，长 3～4cm。主要汇集整个头部、颈上部、前肢上部、肩胛与肩背部的皮肤、深浅层肌肉和骨骼、肋胸壁上部与腹壁前部上 1/3 处组织的淋巴液，是猪的必检淋巴结之一。

(7) 肠系膜淋巴结　主要位于小肠系膜上，沿小肠呈串珠状或绳索状分布。此外，还有结肠淋巴结和盲肠淋巴结，分别位于结肠旋襻中、回肠末端和盲肠之间。见图 7-3 猪腹腔脏器淋巴结分布图。

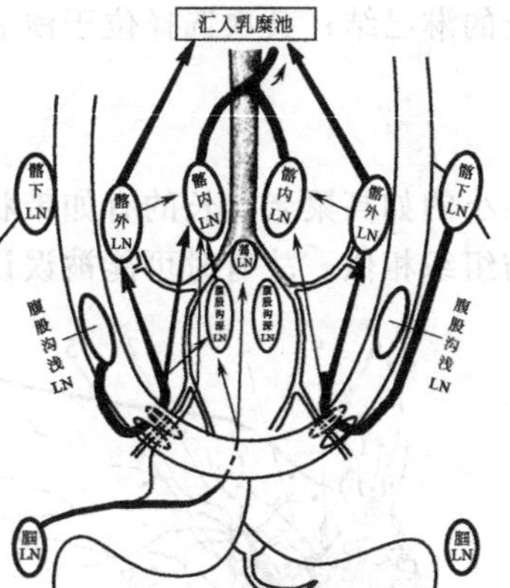

图 7-2　猪体后半部淋巴结分布位置

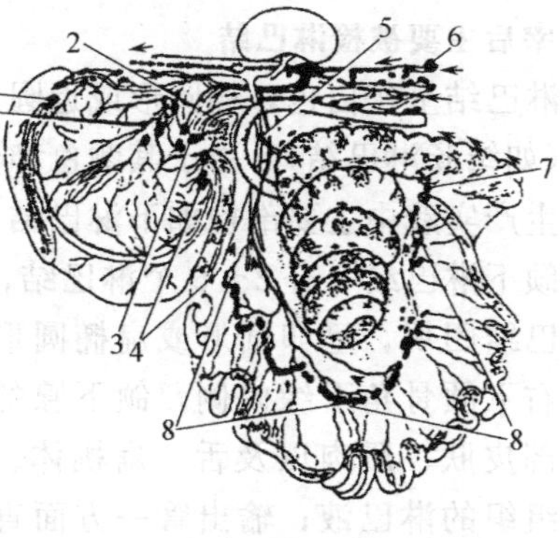

图 7-3　猪腹腔脏器淋巴结分布

1—脾淋巴结；2—胃淋巴结；3—肝淋巴结；4—胰淋巴结；5—盲肠淋巴结；6—髂内淋巴结；7—回、结肠淋巴结；8—肠系膜淋巴结

(8) 支气管淋巴结　分左、右、中、尖叶四组。分别位于气管分叉的左方背面（被主动脉弓覆盖）、右方腹面、气管分叉的夹角内、右肺前叶支气管的前方，一般检查前两组。猪肺淋巴结分布图见图 7-4。

(9) 肝门淋巴结（肝淋巴结）　位于肝门，在门静脉和肝动脉的周围，紧靠胰脏，被脂肪组织所包裹，摘除肝脏时经常被割掉。肝门淋巴结呈卵圆形，通常为 2～7 个单个淋巴结。

肠系膜淋巴结、支气管淋巴结、肝门淋巴结均直接收集相应脏器的淋巴液，同样是肉品卫生检验时着重检验的淋巴结。

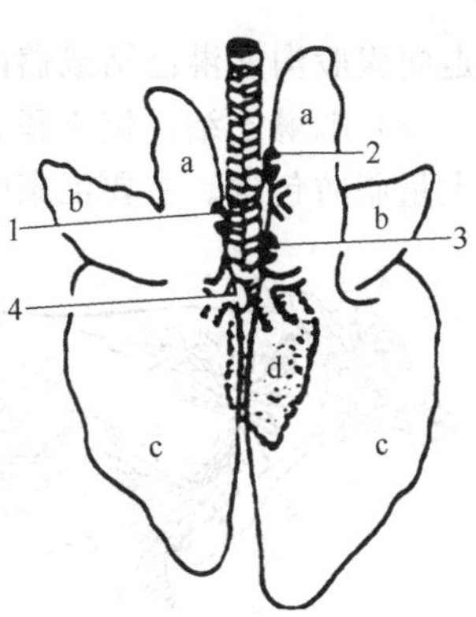

图 7-4 猪肺淋巴结分布图

1—左支气管淋巴结；2—尖叶淋巴结；3—右支气管淋巴结；4—中支气管淋巴结；a—尖叶；b—心叶；c—膈叶；d—副叶

3. 牛羊宰后主要被检淋巴结

牛和羊虽然畜种不同，淋巴结大小也有差异，但淋巴结的形状、色泽、结构、部位以及收集淋巴液的区域均基本相似。和牛不同的是，羊的淋巴结中血淋巴结较多，主要分布于主动脉沿线，呈深红色或黑红色，包埋在脂肪里，形体小但极容易看到。

在牛羊的宰后检验中，头部检验通常检查颌下淋巴结和咽后外侧（或内侧）淋巴结；胴体检验通常检查肩前淋巴结、膝上淋巴结和腹股沟深淋巴结；内脏检验通常检查纵隔淋巴结、支气管淋巴结、肠系膜淋巴结和肝淋巴结。

(1) 颌下淋巴结　位于下颌间隙，下颌血管切迹后方，颌下腺的外侧。如果检验前舌已从下颌间隙游出，此淋巴结有时带在舌上。输入管汇集头下部各组织的淋巴液，输出管走向咽后外侧淋巴结。

(2) 咽后外侧淋巴结　位于寰椎侧前方，被腮腺覆盖。该淋巴结几乎收集了整个头部和颈上 1/3 部分的淋巴液，并将淋巴液由气管淋巴导管直接输入右心，是牛羊头部检验最为理想的淋巴结。但是，在肉尸解体去头时，经常将其割破或留在胴体上，以致不便检查，故宰后检验时常选择咽后内侧淋巴结和位于浅表的颌下淋巴结。在解体时，为了保留咽后外侧淋巴结，应沿第 3、4 气管环之间将头卸下。

(3) 咽后内侧淋巴结　位于咽后方，腮腺后缘深部。收集咽喉、舌根、鼻腔后部、扁桃体、舌下腺和颌下腺等处的淋巴液，输出管走向咽后外侧淋巴结。

(4) 肩前淋巴结（颈浅淋巴结）　位于肩关节前的稍上方，臂头肌和肩胛横突肌的下面，一部分为斜方肌所覆盖。当胴体倒挂时，由于前肢骨架姿势改变，肩关节前的肌群被压缩，在肩关节前稍上方，形成一个椭圆形的隆起，该淋巴结则埋藏于内。主要汇集胴体前半部绝大部分组织的淋巴液；输出管右侧走向气管干，左侧走向胸导管。检查这组淋巴结，基本可以判断胴体前半部的健康状况。

(5) 膝上淋巴结（又称髂下淋巴结、股前淋巴结）　位于膝褶中部，股阔筋膜张肌的前缘。当胴体倒挂时，由于腿部肌群向后牵直的结果，将原来的膝褶拉成一道斜沟，在此沟里可见一个长约 10cm 的棒状隆起，该淋巴结就埋藏在它的下面。主要汇集第 8 肋间至臀部的皮肤和部分浅层肌肉的淋巴液；输出管走向腹股沟深淋巴结。宰后检查这组淋巴结，可基本推断胴体后躯浅层组织的卫生状况。

(6) 腹股沟深淋巴结　位于髂外动脉分出股深动脉的起始部上方，在倒挂的胴体上，该淋巴结位于骨盆腔横径线的稍下方，骨盆边缘侧方 2～3cm 处，有时也稍向两侧上、下移位。除汇集膝上淋巴结、腘淋巴结、腹股沟浅淋巴结这三组淋巴结送来的淋巴液外，还直接汇集从第 8 肋间起后半大部分的淋巴液。其输出管一部分经由髂内淋巴结输入乳糜池，其余的直接输入乳糜池。该淋巴结形体较大，因而在胴体上容易找到，是牛羊宰后胴体检验的首选淋巴结。

(7) 腹股沟浅淋巴结　在公畜位于阴囊的上方，精索的后方，阴茎形成弯曲处的侧方。在母畜又称为乳房淋巴结，位于乳房基部的后上方。当胴体剥皮、劈半并处于倒悬状态时，该淋巴结已相当暴露。主要汇集外生殖器和母畜乳房，以及股部和膝部皮肤的淋巴液；输出管走向腹股沟深淋巴结或髂内淋巴结。

(8) 腘淋巴结：位于膝关节后方，股二头肌和半腱肌之间的深部，腓肠肌外侧头表面，由大量脂肪包围。主要汇集膝以下的淋巴液；输出管主要走向腹股沟深淋巴结。

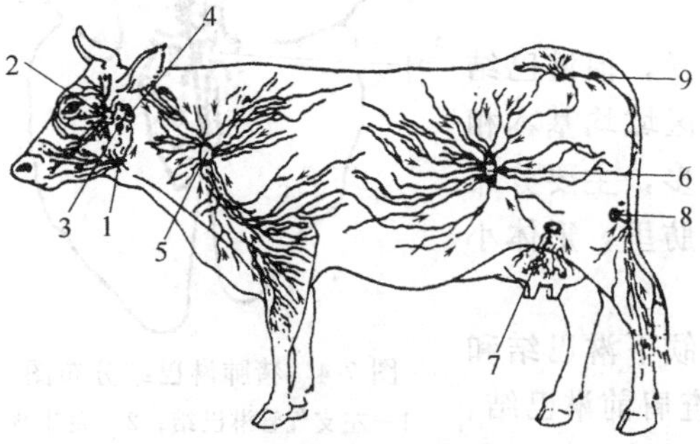

图 7-5 牛体表淋巴结的分布
1—颌下淋巴结；2—腮淋巴结；3—咽后内侧淋巴结；4—咽后外侧淋巴结；5—肩前淋巴结；6—髂下淋巴结；7—乳房淋巴结；8—腘淋巴结；9—坐骨淋巴结

牛体表主要淋巴结位置见图 7-5。

(9) 纵隔淋巴结 是胸腔中最重要的淋巴结，分前、中、后、背、腹五组，位于纵隔上。它们分别汇集整个胸腔脏器和胸腔前部与胸壁肌肉组织的淋巴液；其输出管直接或间接地输入胸导管。检验时，常选用中、后两组淋巴结，因为它们位于两肺叶间的纵隔上，当肺被摘出时常留在肺上，容易剖检。这两组淋巴结还汇集纵隔背淋巴结、左右支气管淋巴结和肋间淋巴结来的淋巴液。

(10) 支气管淋巴结 分左、右、中、尖叶四组，分别位于肺支气管分叉的左方、右方、背面和尖叶支气管的根部。输入管收集气管、相应肺叶及胸部食管的淋巴液；输出管走向纵隔前淋巴结或直接输入胸导管。宰后检验时常剖检前两组淋巴结。

(11) 肠系膜淋巴结 有肠系膜前淋巴结、空肠淋巴结、盲肠淋巴结、结肠淋巴结和肠系膜后淋巴结 5 群，位于肠系膜两层之间，呈串珠状或彼此相隔数厘米散布在结肠盘部位的小肠系膜上。汇集小肠和结肠的淋巴液；输出管经肠淋巴干进入乳糜池。

(12) 肝淋巴结 位于肝门内，由脂肪和胰脏覆盖，收集肝、胰、十二指肠的淋巴液；输出管走向腹腔淋巴干或纵膈后淋巴结。

第二节 宰后检验的程序及要点

屠畜禽宰后检验的程序是根据屠宰加工企业的建筑设备、机械化程度、屠畜禽种类等而有所不同。一般在大中型肉类联合加工厂，由于机械化程度高，设有自动或半自动化的架空轨道，屠宰加工采用流水线作业方式，要求宰后检验必须与屠宰加工工艺流程密切配合。小型屠宰场（厂）尽管生产规模小，屠宰加工数量少，加工速度慢，但屠宰加工的顺序基本上也是保持流水作业，宰后检验也必须与加工流程相适应。因而宰后检验应安排为若干个环节穿插在屠宰加工过程中。一般分为头部检验、内脏检验和胴体检验三个基本环节。

屠畜禽宰后检验之前或过程中，要将分割开的胴体、内脏、头蹄和皮张编上同一号码，以便在发现问题时进行查对。编号的方法，各屠宰场有所不同，有的用红的或蓝的铅笔在皮上写号，有的在胴体上贴有号的纸，条件好的大型肉联厂则设定两个架空轨道，进行胴体和内脏的同步检验。

一、猪宰后检验的程序及要点

猪的宰后检验一般分为头部检验、皮肤检验、内脏检验、胴体检验、旋毛虫检验和复检等检验工序。

(一) 头部检验

猪头部检验分两步进行。

1. 颌下淋巴结检验

在放血之后，烫毛或剥皮之前进行。助手用右手紧握猪的右前蹄，左手用检验钩钩在右侧切口边缘的中间向右拉开。检验者左手持钩，钩住左侧切口边缘的中间部分，向左牵拉切口使其扩张；右手持刀将切口向深部纵切一刀，深达喉头软骨；再以喉头为中心，朝向下颌骨的内侧，左右各作一弧形切口，便可在下颌骨内沿、颌下腺下方，找出呈卵圆形或扁椭圆形的左右颌下淋巴结，并进行剖检。视检淋巴结是否肿大，切面是否呈砖红色，有无坏死灶（紫、黑、灰），周围有无水肿、胶样浸润等，主要是检查猪的局限性咽炭疽。

2. 咬肌检验

如果加工工艺流程规定劈半之前头仍留在胴体上，该步检验在胴体检验时一并进行，否则单独作离体检验。检验人员用检验钩钩住颈部断面上的咽喉头部，提起头，剖检两侧外咬肌，检查有无囊尾蚴。

除上述检查项目外，还可检查咽喉黏膜、会厌软骨和扁桃体（检查猪瘟），同时观察鼻盘、唇和齿龈（注意口蹄疫、水疱病）。

（二）皮肤检验

带皮猪在脱毛后开膛前进行检验，剥皮猪则在头部检验后洗猪体时初检，然后待皮张剥除后复检。主要观察皮肤的完整性和色泽变化，注意耳根、四肢内外侧、胸腹部、背部等处，有无点状、斑状出血和弥漫性充血，有无疹块、痘疮、黄染等。特别注意传染病、寄生虫病与一般疾病引起的出血点、出血斑的区别。由传染病引起的出血点和出血斑多深入到皮肤深层，水洗、刀刮、挤压、煮沸均不消失。猪瘟皮肤上有广泛的出血点；猪肺疫皮肤发绀；猪丹毒皮肤呈方形、菱形、紫红或黑紫色疹块，或呈现“大红袍”；猪弓形虫病引起的皮肤发绀伴有淤血斑和出血点。一般疾病引起皮肤上的出血点和出血斑多发生在皮肤表层和固有层，刀易刮掉。鞭伤、电麻、疲劳等均可造成皮肤变化。当发现有传染病、寄生虫病可疑时，即刻打上记号，不行解体，由岔道转移到病猪检验点，进行全面剖检与诊断。

（三）内脏检验

根据屠宰加工条件的不同，猪内脏检验可分离体和非离体两种情况。离体检查时要注意将受检脏器编上与胴体相同的号码。非离体检查时，按照内脏摘除顺序，分两步进行。

1. 胃、肠、脾检验

首先视检脾脏，注意其形态、大小及色泽，触摸其弹性及硬度，必要时剖检脾髓，观察有无猪瘟的脾脏边缘楔形梗死灶，有无脾型炭疽痈的结节状黑紫病变等。然后剖检肠系膜淋巴结，注意有无肠炭疽。最后视检胃肠浆膜及肠系膜，必要时将胃肠移至指定地点，剖检黏膜，检查色泽，观察有无充血、出血、水肿、胶样浸润、痈肿、糜烂、溃疡、坏死等病变。下列病变值得关注：猪瘟的胃黏膜有点状出血；猪丹毒时胃底部出血；急性胃炎时黏膜充血，慢性胃炎时黏膜肥厚有皱褶；猪瘟时大肠回盲瓣附近有纽扣状溃疡；猪副伤寒时大肠黏膜上有灰黄色糠麸状坏死性病变（纤维素性坏死性肠炎）和溃疡；坏死性肠炎溃疡面大。

2. 心、肝、肺检验

动物感染疫病时，这些实质器官常出现充血、出血、变性、炎症等变化，应逐一检查。

心脏检查时仔细检查心包并剖开，观察心脏外形及心包腔、心外膜的状态。随后用检验钩钩住心脏左纵沟加以固定，在左心室肌上作一纵斜切口，露出两侧的心室和心房，观察心肌、心内膜、心瓣膜及血液凝固状态。要特别注意二尖瓣上有无菜花状增生物（慢性猪丹毒），检查心肌有无囊尾蚴、浆膜丝虫寄生。

肝脏检查时先用刀轻轻刮去表面的血污后观察其外表，触检其弹性和硬度，注意大小、色泽、表面损伤及胆管状态。然后剖检肝门淋巴结，并以刀横断胆管，挤压胆管内容物（检查肝片形吸虫）。必要时剖检肝实质和胆囊，注意有无变性、脓肿、坏死和肿瘤等病变。如肝片形吸虫、华支睾吸虫寄生胆管时，切开胆管可使虫体溢出；蛔虫异位寄生于胆道时可引起阻塞性黄疸；老龄公、母猪的肝、胆肿瘤检出率高；猪瘟病猪的胆囊黏膜出血；败血型猪丹毒的肝脏肿大淤血，胆囊黏膜可见炎性充血、水肿。

肺脏检查时先视检其外表，剖开左、右支气管淋巴结，然后触摸两侧肺叶，剖开其中每一硬结的部分，必要时剖开支气管。重点检查有无结核、实变、寄生虫及各种炎症变化。结核病时可见淋巴结和肺实质中有小结节、化脓、干酪化等病变；猪肺疫以纤维素性坏死性肺炎（大叶性肺炎）为特征；肺丝虫病以凸出表面白色局灶性气肿病变为特征；猪丹毒以卡他性肺炎和充血、水肿为特征；猪气喘病以对称性肺的炎性水肿肉样变（小叶性肺炎）为特征；此外，猪肺还可见到细颈囊尾蚴、棘球蚴等。

必要时，还可进行直肠、膀胱、子宫及睾丸的检验。肾脏检验在胴体检验时一并进行。

（四）胴体检验

胴体检验最好在劈半后进行，因为此时淋巴结及体腔组织暴露明显，便于视检和剖检。

1. 体表检查

主要检查内外体表有无各种病变的存在，同时判定胴体的放血程度。

（1）检查病变　观察皮肤、皮下组织、脂肪、肌肉、胸腹膜、骨骼、关节及腱鞘等组织有无出血、水肿、脓肿、蜂窝织炎、肿瘤等病变。当患有猪瘟、猪肺疫、猪丹毒、猪繁殖与呼吸综合征、猪弓形虫病等疫病时，在皮肤上常有特殊的出血点或出血斑、疹块。发生“珍珠病”时，胸腹膜上有珍珠样结核结节。黄疸病猪全身组织黄染。

（2）判定放血程度　胴体的放血程度是评价肉品卫生质量的重要指标之一，放血不良的肉对其质量和耐存性有重大影响。畜禽宰前衰弱、疲劳、患病或循环系统及生理功能遭到破坏或减弱时，均会导致放血不良。而致昏和放血方法的正确与否也决定了胴体放血程度的好坏。放血不良的肉颜色发暗，皮下静脉血液滞留，在穿行于背部结缔组织和脂肪沉积部位的微小血管以及沿肋两侧分布的血管内滞留的血液明显可见，肌肉切面上可见暗红色区域，挤压有少许残血流出。

2. 淋巴结检查

主要剖检腹股沟浅淋巴结和腹股沟深（或髂内）淋巴结，必要时剖检肩前淋巴结、髂下淋巴结和腘淋巴结。

剖检腹股沟浅淋巴结时，检验者左手用检验钩钩住最后乳头稍上方的皮下组织向外侧牵拉，右手持刀从脂肪组织层正中切开，即可发现被切开的腹股沟浅淋巴结。

腹股沟深淋巴结，位于髂深动脉起始部的后方，与髂内、髂外淋巴结相邻。

剖检淋巴结主要是看其是否有传染病的变化。如猪瘟的淋巴结大理石样出血；猪丹毒的淋巴结充血、肿大、多汁。

3. 腰肌检查

两侧腰肌是猪囊尾蚴常寄生的部位，必须剖检。剖检时，以检验钩固定胴体，用检验刀自荐椎与腰椎结合部起做一深的切口，使刀刃擦着脊柱向下滑行，将腰肌尽可能地与脊柱分离。然后将检验钩移至肾脏附近，将已游离的腰肌展开，并顺腰肌的肌纤维方向做2～3条平行的切口，检查有无囊尾蚴。

有时为保证出口大排肌肉的完整性，也可剖检后腿肌肉来代替。

4. 肾脏检查

肾脏是泌尿系统中最主要的器官，多种传染病均可侵害肾脏引起病变。如猪瘟病猪的肾脏贫血，有大小不一的出血点；猪肺疫病猪的肾脏淤血、肿大，有大小不一的出血小点；猪丹毒病猪的肾脏淤血、肿大，有出血斑点，有时呈紫色；肾还常有囊肿、肿瘤、结石；猪肾虫在肾门附近形成较大的结缔组织包囊，切开可发现成虫。检查时，首先剥离肾包膜，用检验钩钩住肾盂部，再用刀沿肾脏中间纵向轻轻一划，然后刀外倾以刀背将肾包膜挑开，用钩一拉肾脏即可外露。察看外表，触检其弹性和硬度。必要时再沿肾脏边缘纵向切开，对皮质、髓质、肾盂进行观察。

（五）旋毛虫检验

开膛取出内脏后，在左右两侧膈肌脚各取样一份，每份肉样不少于30～50g，编上与胴体同一号码，送实验室压片镜检。有条件的屠宰场（点），可采用集样消化法检查。如发现旋毛虫虫体或包囊，应根据编号进一步检查同一头猪的胴体、头部及心脏。

（六）复检

为了最大限度地控制病畜肉出场（厂），屠体经上述初步检验后，还须再进行一次全面复检（即终点检验）。复检的任务是查验所有各检验点的检验结果，对胴体的卫生质量作出综合判定，确定所检出的各种病害肉无害化处理的方法，并对检验结果进行登记。这项工作通常与胴体的分级、盖检印结合起来进行。

上述各环节的检验中，对感官检查不能确诊的头、内脏、胴体必须打上预定的标记，以便化验人员采取相应的病料，进一步进行实验室检验。

宰后检验员除对上述检验点实施检验外，还应对“三腺”的摘除情况进行检查。“三腺”是指甲状腺、肾上腺和病变淋巴结，甲状腺、肾上腺是内分泌器官，淋巴结是免疫器官，所以“三腺”中含有内分泌激素和病原微生物，人们一旦误食，会引起食物中毒。猪的甲状腺位于喉部甲状软骨的后方，气管的两侧，深红色，一般分左右两叶和中间的峡部，两叶连在一起，长4.0～4.5cm、宽2.0～2.5cm、厚1.0～1.5cm。猪的肾上腺是成对的红褐色腺体，位于肾的前内侧，长而窄，表面有沟。病变淋巴结是指受致病因子作用而产生病理变化的淋巴结。

二、牛羊宰后检验的程序及要点

（一）牛的宰后检验

牛的宰后检验一般分为头部检验、内脏检验和胴体检验三步。

1. 头部检验

屠牛的头部检验，是将割下的头立即编号，仰放在检验台上，沿下颌骨内侧切开两侧肌肉，随手掏出舌尖，并用力将舌拉出下颌间隙，此时剖检颌下淋巴结、腮淋巴结、咽后内侧淋巴结和扁桃体，并观察咽喉腔黏膜，注意有无结核、炭疽等病变。视检和触检唇、齿龈及舌面有无水泡、糜烂，以检出口蹄疫，然后沿舌系带纵向切开舌肌，沿下颌骨枝切开两侧咬肌，检查有无囊尾蚴寄生，水牛还应注意有无肉孢子虫，同时仔细检查舌和下颌骨的形状、硬度，以确定有无放线菌病。

2. 内脏检验

牛的内脏检验主要依照内脏摘出程序及各屠宰场（厂）的工艺流程设置安排，并根据各自的实际情况进行。由于牛的内脏体积很大，一般只能单个摘出检查。

(1) 脾　牛开膛后，首先注意脾的形状、大小及色泽、质地的软硬程度，必要时切开脾髓检查。应特别注意脾脏有无急性肿大、被膜紧张、触之即破、质地酥软、脾髓焦黑色、流出暗红色似煤焦油样不凝固的血液等炭疽的特有病变。

发现脾异常肿大时，应立刻停止宰杀加工；同时送样进行化验，作细菌学检查；加工人员及检验人员不得任意走动；经细菌学检查为阴性者，则恢复屠宰加工，阳性者，即按炭疽处理。

（2）胃肠　在剖开胸腹腔时，检验员应先观察一下胸腹腔有无异常，然后再观察胃肠的外形，检查浆膜有无出血、充血、异常增生。再剖检肠系膜淋巴结看有否结核病灶。患白血病后期牛的真胃壁均显著增厚。如在检查口腔时发现口蹄疫病变或有可疑时，应特别注意检查胃，并剖检位于胃浆膜不同部位的淋巴结。此外还应检查食管，注意有无肉孢子虫。

（3）心　先观察心包是否正常，随后剖开心包膜看心包液性状、数量，心肌有无出血、寄生虫坏死结节或囊虫寄生。然后沿动脉弓切开心，检查房室瓣膜及心内膜、心实质，观察有无出血、炎症、疣状赘生物等。最后剖开主动脉，看主动脉管壁有无粥样硬化症。在剖检心室时，注意血液的色泽与凝固程度（牛心血一般色淡、稀薄，凝固程度低）。牛心有时可见异物创伤所致的纤维素性化脓性心包炎；水牛心的冠状沟、心耳处多见营养不良所致的脂肪水肿。

（4）肝　先观察肝外表的形状、大小、色泽有无异常，再用手触摸其弹性，剖检肝门淋巴结。切开肝门静脉检查有无血吸虫寄生。必要时检查胆囊，横切胆管及胆管纵支，并稍稍用力压出其内容物，检查有无肝片形吸虫。肝的主要病变有脂肪变性、肿大、硬化、坏死和肿瘤等。

（5）肺　观察外表有无充血、出血、溃疡、气肿等病变。用手触摸肺实质，必要时切开肺及气管检查。剖检支气管淋巴结、纵隔淋巴结，视其有无结核病灶。牛的结核病、传染性胸膜肺炎、出血性败血症，均于肺上呈特有的病变。

（6）乳房　重点检查奶牛。触检乳房的弹性，切开乳房淋巴结，视其有无结核病灶。剖开乳房实质，检查乳腺有无增粗变硬等异常现象。乳房常见病变主要有结核病灶、急慢性乳房炎、放线菌肿病灶等。乳房检验可与胴体检验一起或单独进行。

（7）子宫、膀胱　根据实际情况可并同于胃肠一起检查。观察宫体外形，视检浆膜有无充血现象。剖开子宫，看宫腔内膜壁子叶有无出血及恶褥等物（一般产后不久的母牛有此现象）。剖检卵巢黄体、膀胱黏膜，观察有无充血、出血等病变。

3. 胴体检验

（1）放血程度　首先视检确定放血程度。放血不良除与屠宰方法有关外，还会因屠畜过度疲劳或患病引起。放血不良的胴体，表面有较大的血珠附在皮静脉断端，透过胸腹部浆膜可隐约看到结缔组织中的血管，在脂肪组织内可看到毛细血管，没肋骨的小血管充满深色血液。切开肌肉按压切面时，从毛细血管里流出小的血滴，肌肉颜色发暗。

（2）视检胴体　检查外形，观察脂肪、肌肉、胸腹膜、盆腔等有无异常，注意有无“珍珠病”。

（3）剖检淋巴结　主要剖检肩前（颈浅）淋巴结、膝上（股前）淋巴结和腹股沟深淋巴结。当发现淋巴结有可疑病变时，或在头部、内脏发现有传染病可疑或疫病全身化时，除对同号胴体进行详细检查外，还须酌情增检某些淋巴结，如颈深淋巴结、腹股沟浅淋巴结、髂内淋巴结、腘淋巴结和腰淋巴结等。

用检验钩固定胴体，纵向切开髋结节和膝关节之间膝襞沟内的长圆形隆起部分，剖检膝上淋巴结。在骨盆横径线的稍下方，距骨盆边缘侧方 2～3cm 处切开，剖检腹股沟深淋巴结。再用钩钩住前肢肌肉并向下侧方拉拽以固定胴体，顺肌纤维切开肩胛关节前缘稍上方的椭圆形隆起部分，顺肌纤维方向切一长约 10cm 的切口，剖检肩前淋巴结。必要时，剖检位于股二头肌和半腱肌之间的腘淋巴结，并在阴囊上方或乳房乳区的后方剖检腹股沟浅淋巴结。

(4) 检查肾脏　牛屠宰时肾连在胴体上，因此，在检查胴体时，用刀沿着肾边缘轻轻一割，随后用手指钩住肾，轻巧向外一拉，使肾翻露被膜。观察其大小、色泽、表面有无病理变化。必要时剖检肾盂。肾脏检查完后，割除肾上腺。肾常见的病变主要有充血、出血、肿大、萎缩、先天性囊腔梗死、肾盂积液、间质性肾炎等。

(5) 寄生虫检验

① 囊尾蚴检查　剖检咬肌、腰肌和膈肌。当检查头部和心脏发现囊尾蚴时，应把颈肌、腹肌、股肌和肩肘肌肉切开，进行详细检查。在囊尾蚴病高发区，尤其要根据囊尾蚴所寄生的部位进行严格的检验。

② 肉孢子虫检查　在水牛肉孢子虫病发病率较高地区，应剖检食管、舌肌、两侧咬肌、四肢肌肉等，并取样镜检。检验时，取膈肌 30g，剪 24 个肉粒，压片镜检。

4. 复检

为防止初检的偏差，提高肉品的安全性，应再进行一次胴体复检，如发现偏差及时予以纠正，最后在左右臀部各盖一相应的验讫印章。

(二) 羊的宰后检验

羊的宰后检验程序和牛的基本相同，但比牛的检验简单。

1. 头部检验

视检头部皮肤、唇、口腔黏膜和齿龈，检查有无羊痘、口蹄疫、羊口疮等传染病出现的痘疮或溃疡。观察眼结膜、咽喉黏膜及血液凝固状态，检查有无炭疽和其他传染病。山羊头部刮毛后要观察有无山羊蠕形螨等寄生虫形成的坏死结节。

2. 内脏检验

开膛后重点检查脾脏有无异常，肝脏有无寄生虫和肝硬变等。检验胃肠时应特别注意肠系膜和肠系膜淋巴结上有无伪结核病和细颈囊尾蚴。心、肝、肺应和胴体挂在一起检验，检验方法主要为视检和触检，必要时剖检支气管和纵隔淋巴结，检查胆管。

3. 胴体检验

由于羊胴体不劈半，故胴体检查一般不剖检各部位淋巴结，主要视检胴体表面及胸、腹腔，其检查内容与牛的基本相同。当发现可疑病变时再进行详细剖检。

三、禽宰后检验的程序及要点

家禽的宰后检验与家畜的宰后检验相比有其独具的特点。一方面，由于家禽淋巴系统的组织结构特殊，鸭鹅仅在颈胸部和腰部有少量淋巴结，鸡无淋巴结，因而家禽不论是内脏检验还是胴体检验，均不剖检淋巴结。另一方面，家禽的加工方法与家畜不同，有全净膛、半净膛与不净膛之分。对全净膛者检查内脏和体腔，对半净膛者一般只能检查胴体表面和肠管，对不净膛者只能检查胴体表面。因此，检验人员必须予以仔细的检查，善于发现病理征象。

(一) 胴体检验

1. 判定放血程度

褪毛后视检皮肤的色泽和皮下血管（特别是翅下血管、胸部及鼠蹊部血管）的充盈程度，以判定胴体放血程度是否良好。放血良好的光禽，皮肤为白色或淡黄色，富有光泽，无蓝斑，看不清皮下血管，肌肉切面颜色均匀，无血液渗出。放血不良的光禽，皮肤呈暗红色或红紫色，常见表层血管充盈，皮下血管显露，肌肉颜色不均匀，切面有血液流出。放血不良的光禽应及时剔出，并查明原因。

2. 检查体表和体腔

首先观察体表的完整度和清洁度，皮肤和天然孔有无可见的病理变化。注意观察皮肤上有无结节、结痂、疤痕（鸡痘、马立克病），胴体表面有无外伤、水肿、化脓及关节肿大，特别注意观察头部、爪、关节和口腔、眼、鼻、泄殖腔等天然孔的状态，有无粪便和污物污染，尤其要对肛门及其周围做详细检查。其次进行体腔的检查。对于全净堂的光禽，须检查体腔内部有无肿瘤、畸形、寄生虫及传染病的病变；对于半净膛的光禽，可由特制的扩张器由肛门插入腹腔内，张开后用手电筒或窥探灯照明，检查体腔和内脏有无病变及血、粪、胆汁污染。发现异常者，应剖开检查。

3. 检查头部和颈部

注意检查鸡冠和肉髯的色泽，有无肿胀、结痂（鸡痘）和变色（若鸡冠和肉髯呈蓝紫色或黑色，应注意是否为新城疫或禽流感）；眼球有无下陷，注意虹膜的色泽、瞳孔的形状、大小以及有无锯齿状白膜或白环（眼型马立克病）；眼睛和眼眶周围有无肿胀，眼睑内有无干酪样物质（鸡传染性鼻炎、眼型鸡痘）；鼻孔和口腔是否清洁，注意有无黏性分泌物或干酪性假膜（鸡传染性鼻炎、鸡痘）；咽喉、气管和食管有无充血和出血，有无纤维蛋白性分泌物或干酪性渗出物（鸡传染性喉气管炎、鸡痘）；嗉囊有无积食、积气和积液。

（二）内脏检验

（1）心脏　观察心包有无炎症，心肌、冠状沟脂肪部有无出血点、出血斑等病变（新城疫），必要时可剖开心腔仔细检查。

（2）肝脏　在观察肝外表色泽、大小、形状的同时应检查边缘是否肿胀，特别注意有无灰白或淡黄色点状坏死灶和结节（鸡马立克病、鸡白血病），有无坏死小斑点（禽霍乱），胆囊是否完整，有无病变。

（3）脾脏　观察脾有无充血、肿大，色泽深浅程度，有无肿瘤、结节等。

（4）肠道　观察整个肠浆膜面有无变化，特别注意十二指肠和盲肠有无充血、出血斑点和溃疡，必要时剖开肠腔进行检查。

（5）卵巢　观察卵子是否完整、变形、变色、发硬等，特别注意大小不等的结节病灶。

（6）胃　剖检肌胃，剥去角质层，观察有无出血、溃疡；剪开腺胃，轻轻刮去腺胃内容物，观察腺胃黏膜乳头是否肿大，有无出血和溃疡（鸡新城疫、禽流感）。

全净膛的光禽，内脏全部自体腔取出后，可按上述顺序检查。半净膛的光禽，借助扩张器和电光，检查肝、脾、心、卵巢、睾丸、肌胃、胸腹膜等有无胆污、粪污和血块等情况，检出的病禽可先单独放置，最后再逐只剪开腹腔观察。不净膛的光禽一般不作内脏检查，只有在检查胴体怀疑有传染病时，再开膛检查。

（三）复检

宰杀的光禽在自动流水线上检查时，因流速快，宰杀量大，故对初检出的可疑禽尸，一律连同脏器送复检台。最后再逐只剖开体腔，进行复检。重点检查口腔、咽喉、气管、坐骨神经丛、气囊、腔上囊、腺胃和肌胃等。复检后应综合分析，做出最后诊断。

四、兔宰后检验的程序及要点

家兔的体形小，淋巴结也小，故宰后检验主要以视检为主，必要时剖检淋巴结和有病变的组织、器官。为了不使手直接接触肉体而造成污染，检验员常用的检验工具为长鼠齿镊子和尖头剪刀（或小刀）。

（一）内脏检验

先用剪刀和镊子检查出腔后被游离的肠、胃、肝、脾、子宫、膀胱，然后观察摘出的心和肺，最后检查留在腹腔的肾。注意观察各脏器的大小、形态、色泽与硬度，有无充血、出血、肿大、化脓、坏死、硬化、肿瘤、结节等病变。如发现疫病应做好标记，及时剔出另行处理。

1. 胃肠

在开膛、出腔后，挂在肉体上进行。先仔细观察胃肠是否被划破而沾有粪污，若有，立即从传送线上剔除。然后观察胃肠的浆膜上有无充血、出血及炎症（注意巴氏杆菌病）；观察位于盲肠末端的蚓状突和回肠、盲肠交界处的圆小囊上有无散发性或弥漫性灰白色小结节或肿大（伪结核病）；肠道尤其是小肠黏膜是否有许多灰白色小结节（肠球虫）；盲肠、回肠后段和结肠前段浆膜、黏膜有无充血、水肿或黏膜坏死、纤维化（泰泽病）；注意胸腹膜上有无豆状囊尾蚴。

2. 脾脏

视检脾脏的大小、色泽、形态，注意有无充血、出血、肿大、结节、硬化等病变。脾脏肿大，有大小不一、数量不等的灰白色结节，若其切面呈脓样或干酪样，是伪结核病的特征；若其切面有淡黄色或灰白色较硬的干酪样坏死并有钙化灶，则为结核病。

3. 肝脏

检查肝脏的外表、大小、色泽，触检弹性，观察有无脓肿和坏死病灶，注意胆囊、胆管有无病变或寄生虫寄生。如发现肝脏表面有针尖大小的灰白色小结节，应考虑沙门菌病、泰泽病、野兔热、李氏杆菌病、巴氏杆菌病、伪结核病；如有脓肿，则可能感染巴氏杆菌、葡萄球菌、支气管败血波氏杆菌等；肝患球虫病时，肝脏表面有数量不等、淡黄色、大小不一、形态不规则的脓性结节（必要时剖开胆管，取胆管内容物制备压片，镜检查找卵囊）。

4. 肺脏

检查肺的形态、色泽、硬度等有无变化，注意肺和气管有无炎症、水肿、出血、化脓、变性和结节等病变。

5. 心脏

视检心包和心外膜，注意心脏表面有无充血、出血、变性等病变，心包膜有无积液。剖检心肌，观察心肌有无充血、出血、变性。

6. 肾脏

观察肾脏有无充血、出血、变性及结节，触检弹性。如果肾脏一端或两端有突出于表面的灰白色或暗红色、质地较硬、大小不一的肿块，或在皮质部有粟粒大至黄豆大的囊泡，内含透明液体，则是肿瘤或先天性囊肿的特征。

7. 子宫

注意子宫有无积脓，表面有无纤维蛋白性附着物（巴氏杆菌病、葡萄球菌病）。

（二）胴体检验

家兔的胴体检验放在整个检验的最后一个环节，为保证兔肉的产品质量，在胴体检验过程中，必须做到细心观察，逐个检验。一般分为初检和复检。

1. 初检

主要检查胴体的体表和胸、腹腔有无炎症，对淋巴结、肾脏主要检验有无肿瘤、黄疸、出血和脓疱等。

2. 复检

主要对初检后的胴体进行复查工作，这一环节，是卫生检验的最后一关。在操作过程中，要特别注意检验工作的消毒，严防污染。

胴体检查时，用检验钩进行固定，打开腹腔，检查胸、腹有无炎症、出血及化脓等病变，并注意有无寄生虫。同时检查肾脏有无充血、出血、炎症、变性、脓肿及结节等病变（正常的肾脏呈棕红色）。检查前肢和后肢内侧有无创伤、脓肿，然后将胴体转向背面，观察各部位有无出血、炎症、创伤及脓肿。同时也必须注意观察肌肉颜色，正常的肌肉为淡粉红色，深红色或暗红色则属放血不完全或者是老龄兔。

检验后，应按食用、不适合食用、高温处理等分别放置，在检验过程中，除胴体上小的伤斑应进行必要的修整外，一般不应划破肌肉，以保持兔肉的完整和美观。

第三节　宰后检验后的处理

屠畜禽经宰后检验后，检验员应对检验结果及时予以登记，并根据检验结果提出处理意见。处理的基本原则是，既要保证食用者安全，避免造成环境污染，又要尽量减少经济损失。

（一）检验结果的登记

在宰后各道检验过程中，经常会发现各种疾病和病变材料，这些资料对动物卫生防疫有一定的参考价值。将典型病变组织和器官制作成各种各样的病理标本则又是动物性食品卫生研究与教学的实物资料，也是宰前、宰后对照检验、综合分析所必需的。所以，对宰后检验所发现的传染病、寄生虫病必须进行翔实的登记，作为专业档案资料备查。

每天检验工作完成后，必须准确统计被检屠畜禽的数量，并将检验中发现的各种传染病、寄生虫病和病变进行详细登记。登记工作应坚持经常，并指定专人负责。登记的项目包括：屠宰日期、屠畜禽种类、胴体编号、产地、畜主姓名、疾病或病变名称、病变组织器官及病理变化、检验员的结论、处理意见等。

当宰后发现某种严重的畜禽传染病或寄生虫病时，应及时通知畜禽产地的动物卫生监督机构，并根据传播情况和危害范围的大小，及早采取有效的动物卫生防制措施，必要时停止畜禽调运。

（二）胴体内脏的处理

根据我国有关法规，对宰后检验后的胴体和内脏有如下处理方法。

1. 适于食用

经检验无各种法定疫病的存在，品质良好，符合国家卫生标准，可不受任何限制新鲜出厂（场）或进行分割、冷却和贮存。检验合格的胴体上应加盖验讫印章：剥皮肉类（如马肉、牛肉、骡肉、驴肉、羊肉、猪肉等），在其胴体或分割体上加盖方形针码验讫印章；带皮肉类加盖滚筒式验讫印章；白条鸡、鸭、鹅和剥皮兔等，在后腿上部加盖圆形针码验讫印章。检验合格的内脏（已包装）应加封“检疫合格”标志。同时，对准备运输和交易的合格胴体和内脏应出具全国统一的动物产品检疫合格证明：县内运输和交易的出具《动物产品检疫合格证明》；运出县境的出具《出县境动物产品检疫合格证明》。

2. 有条件食用

凡患有一般性传染病、轻症寄生虫病或病理损伤的胴体和内脏，根据病损性质和程度，经过无害化处理后，使其传染性、毒性消失或寄生虫全部死亡者，可以安全食用。常用的方法有高温处理和炼制食用油。

（1）高温处理　是指按照一定的技术条件，以100℃及100℃以上温度对某些危害人畜健康的传染病、寄生虫病及其他可利用可食用产品进行的一种无害化处理方法。

① 适用对象　猪肺疫、猪溶血性链球菌病、猪副伤寒、结核病、副结核病、禽霍乱、传染性法氏囊病、鸡传染性支气管炎、鸡传染性喉气管炎、羊痘、山羊关节炎-脑炎、绵羊

梅迪-维斯纳病、弓形虫病、梨形虫病、锥虫病等病畜禽的胴体和内脏；确认为必须销毁的传染病病畜禽的同群畜禽以及怀疑被其污染的胴体和内脏。

② 处理方法　可分为高压蒸煮法和一般煮沸法。高压蒸煮法是把胴体切成重不超过2kg、厚不超过8cm的肉块，放在密闭的高压锅内，在112kPa压力下蒸煮1.5～2h。一般煮沸法是把胴体切成前法规定大小的肉块，放在普通锅内煮沸2～2.5h（从水沸腾时算起）。

以上处理应在24h内完成，否则胴体应延长30min高温处理，内脏及其副产品应改为化制或销毁处理。

（2）炼制食用油　系指利用高温将不含病原体的脂肪炼制成食用油的处理方法。炼制时要求温度在100℃以上，历时20min。

判定为有条件食用的，应在胴体上加盖相应处理方法的印章。

3. 销毁

销毁是对患有危害特别严重的恶性传染病以及恶性肿瘤、多发性肿瘤的胴体和内脏及其他具严重危害性的废弃物所采取的完全消灭其形体的处理方法。

（1）适用对象　确认为炭疽、鼻疽、牛瘟、牛肺疫、恶性水肿、气肿疽、狂犬病、羊快疫、羊肠毒血症、肉毒梭菌中毒症、羊猝狙、马流行性淋巴管炎、马传染性贫血病、马鼻肺炎、马鼻气管炎、蓝舌病、非洲猪瘟、猪瘟、口蹄疫、猪传染性水疱病、猪密螺旋体痢疾、急性猪丹毒、牛鼻气管炎、黏膜病、钩端螺旋体病（已黄染胴体）、李氏杆菌病、布鲁菌病、鸡新城疫、马立克病、禽流感、小鹅瘟、鸭瘟、兔病毒性出血症、野兔热、兔产气荚膜梭菌病等传染病和恶性肿瘤或两个器官发现肿瘤的病畜禽整个尸体；从其他患病畜禽各部分割除下来的病变部分和内脏。

（2）处理方法　应用密闭的容器运送拟销毁的胴体和内脏到指定的地点进行下列操作。

① 湿法化制　利用湿化机，将整个胴体不经解体投入化制（熬制工业用油）。

② 焚毁　将整个胴体或割除下来的病变部分和内脏投入焚化炉中烧毁炭化。

4. 化制

化制是指在一定的技术设备条件下，将屠畜禽及其产品炼制成骨肉粉和工业油等可利用产品的无害化处理方法。

（1）适用对象　凡病变严重、肌肉发生退行性变化的，除按规定必须销毁的传染病以外的其他传染病、中毒性疾病、囊虫病、旋毛虫病及自行死亡或不明原因死亡的畜禽整个尸体或胴体和内脏。

（2）处理方法　利用干化机，将原料分类，分别投入化制。亦可使用湿法化制。

干化机是一个带搅拌器的大型卧式真空锅，热蒸汽不直接接触原料。其原理是使原料在锅内受干热和高压作用而达到化制和灭菌的目的。这种处理方法只能加工切碎的原料，不适用于处理整个胴体。

湿化机是大型立式真空锅。其原理是利用高压饱和蒸汽直接与胴体、内脏接触，借助高温与高压，达到化制和灭菌的目的。

判定为销毁或化制的胴体亦应在其上多处加盖相应印章。

以上各种检验处理章印模（根据GB/T 17996—1999《生猪屠宰产品品质检验规程》规定）见图7-6。

（三）病畜禽副产品的无害化处理

1. 血液

（1）漂白粉消毒法　用于患有确认为销毁的传染病以及血液寄生虫病病畜禽血液的处理。

处理方法是将1份漂白粉加入4份血液中充分搅匀，放置24h后于专设掩埋废弃物的地

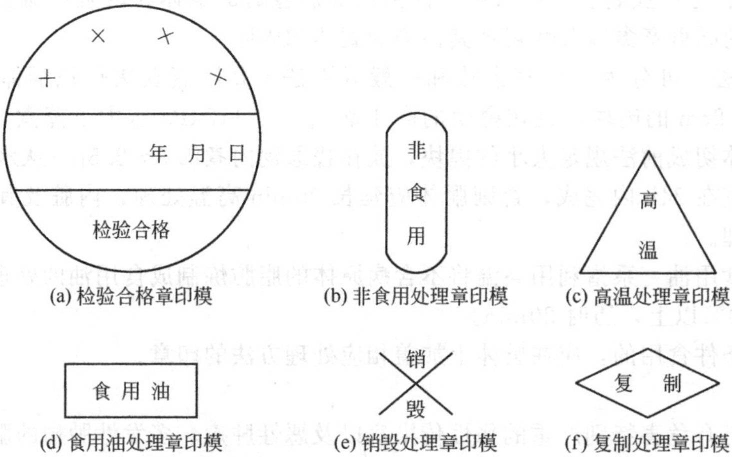

(a) 检验合格章印模 (b) 非食用处理章印模 (c) 高温处理章印模

(d) 食用油处理章印模 (e) 销毁处理章印模 (f) 复制处理章印模

图 7-6 宰后检验处理章印模

点深埋。

(2) 高温处理法 用于患有猪肺疫、猪溶血性链球菌病、猪副伤寒、结核病、副结核病、禽霍乱、传染性法氏囊病、鸡传染性支气管炎、鸡传染性喉气管炎、山羊关节炎脑炎、绵羊梅迪-维斯纳病、弓形虫病、梨形虫病、锥虫病等病畜禽血液的处理。

处理方法是将已凝固的血液切划成豆腐方块，放入沸水中烧煮，至血块深部呈黑红色并成蜂窝状时为止。

2. 皮毛

(1) 福尔马林熏蒸消毒法 本法适用于被炭疽芽孢污染的皮毛及各种病畜的皮毛和被污染的干皮张、毛、羽和绒。一般在密闭的房间里进行。消毒室总容积不超过 $10m^3$，消毒室温度应在50℃左右，湿度调节在70%～90%，按加热蒸发甲醛溶液 80～300mL/m^3 的量通入甲醛气体，用药封闭 24h。本法的缺点是对皮毛组织有一定的损伤。

(2) 环氧乙烷气体熏蒸消毒法 此法是近些年国内外普遍使用的消毒法，适用于怀疑被炭疽杆菌、口蹄疫病毒、沙门菌、布氏杆菌污染的干皮张、毛、羽和绒。此方法简便易行，可用于大批量消毒生产皮张，省时、省力，适用于病皮、健皮。环氧乙烷穿透力和扩散力很强，可杀灭细菌及芽孢、真菌、病毒等病原体。消毒方法是将皮毛放置在密闭的消毒库或特制的聚氯乙烯密闭篷幕内，码成垛形，但高度不超过 2m，各行之间保持适当距离，以利于气体穿透和人员操作，然后按 400～700g/m^3 的用量导入环氧乙烷。对炭疽芽孢污染的物品用药量为 0.8～1.7 kg/m^3，篷内湿度为 30%～50%，温度为 25～40℃，熏蒸 24～48h。消毒结束后打开封口，通风 1h。

此法消毒对皮毛的质量无影响，故一般较大的屠宰厂或皮毛加工厂多采用此法消毒皮毛。本法只用于生干皮的消毒。

(3) 盐酸食盐溶液消毒法 本法是一种操作简便、成本低廉、效果较好的消毒方法，用于被确认为须销毁的疫病污染的和一般病畜的皮毛消毒。

具体方法是：用 2.5%盐酸溶液和 15%食盐水溶液等量混合，将皮张浸泡在此溶液中，并使液温保持在 30℃左右，浸泡 40h，皮张与消毒液之比为 1∶10（质量/体积）。浸泡后捞出沥干，放入 2%氢氧化钠溶液中，以中和皮张上的酸，再用水冲洗后晾干。也可按 100mL 25%食盐水溶液中加入盐酸 1mL 配制消毒液，在室温 15℃条件下浸泡 48h，皮张与消毒液之比为 1∶4。浸泡后捞出沥干，再放入 1%氢氧化钠溶液中浸泡，以中和皮张上的酸，再用水冲洗后晾干。

此消毒法的缺点是浓度不易掌握，浓度高时易损伤皮张。

(4) ^{60}Co辐射消毒法　适用于可疑污染任何病原微生物的珍贵皮毛的消毒，剂量为250rad[1]（拉德）。

(5) 过氧乙酸浸泡消毒法　适用于怀疑污染任何病原微生物的畜禽的新鲜皮、盐湿皮、毛、羽和绒。方法是将待消毒的皮、毛、羽和绒浸入新鲜配制的2%过氧乙酸溶液中，溶液须高于物品表面10cm。浸泡30min后捞出，用水冲洗后晾干。

(6) 碱盐液浸泡消毒　用于确认为被销毁的疫病污染的皮毛消毒。消毒时将病皮浸入5%碱盐液（饱和盐水内加烧碱），室温（17～20℃）浸泡24h，并随时加以搅拌，然后取出挂起，待碱盐液流净，放入5%盐酸液内浸泡，使皮上的酸碱中和，捞出，用水冲洗后晾干即可。

(7) 石灰乳浸泡消毒　该法用于口蹄疫和螨病病畜皮的消毒。配制消毒液时将1份生石灰加1份水制成熟石灰，再用水配成10%或5%混悬液，即石灰乳。消毒口蹄疫病皮时，石灰乳的浓度为10%，浸泡2h后取出晾干；螨病病皮的消毒所需石灰乳的浓度为5%，浸泡12h后取出晾干。

(8) 盐腌消毒　该法用于布鲁菌病病皮的消毒。消毒时将皮重15%的食盐均匀撒于皮的表面。一般毛皮腌制2个月，胎儿毛皮腌制3个月。

3. 骨、蹄、角的消毒

(1) 过氧乙酸浸泡消毒法　本法适用于怀疑污染任何病原微生物畜禽的骨、蹄、角。方法是将待消毒的骨、蹄、角浸入0.3%溶液中，溶液须高于物品表面10cm，浸泡30min后捞出，用水冲洗后晾干。

(2) 高压蒸煮消毒法　本法适用于怀疑被炭疽杆菌、口蹄疫病毒、沙门菌、布氏杆菌污染的骨、蹄和角。方法是将骨、蹄和角放入高压锅内，蒸煮至骨脱胶或脱脂时止。

(3) 甲醛水溶液浸泡消毒法　本法适用于可疑污染一般病原微生物的骨、蹄和角。方法是将待消毒的骨、蹄、角浸入新鲜配制的1%甲醛溶液中30h捞出，用水冲洗后晾干。

(4) 喷洒消毒法　本法用于未消毒的骨、蹄和角的外包装。消毒时，先将骨、蹄和角堆积20～30cm厚，用含有效氯3%～5%的漂白粉溶液或3%～5%的来苏儿溶液或4%克辽林溶液进行喷雾消毒，也可用新鲜配制的0.3%过氧乙酸溶液。夏季可在消毒液中加0.3%～0.5%的敌敌畏，以杀灭其内的蝇蛆害虫。消毒后待药液干后即可包装调运。

【复习思考题】

1. 动物宰后检验在操作方法上有何独特之处？
2. 猪、牛宰后必检淋巴结有哪些？检查目的是什么？
3. 猪宰后检验有哪些检验工序？各工序的主要内容是什么？
4. 牛羊宰后检验有哪些检验工序？各工序的主要内容是什么？
5. 禽宰后检验有哪些检验工序？各工序的主要内容是什么？
6. 兔宰后检验有哪些检验工序？各工序的主要内容是什么？
7. 各种动物宰后检验后，根据检验结果，胴体和内脏有哪几种处理方法？

（吴桂银）

[1] 1rad=10mGy。

第八章　屠宰动物常见疫病的检验与处理

【主要内容】 屠宰动物常见传染病和寄生虫病的检验与处理，禽及兔常见疾病的鉴定及处理。

【重点】 常见人畜共患疫病的检验与处理，如口蹄疫、布鲁菌病、结核病、猪丹毒、炭疽、猪瘟、囊尾蚴病、旋毛虫病等。

【难点】 根据屠畜疫病的宰前症状和宰后病变对其疫病性质做出正确判断。

动物疫病是肉类及其制品的主要卫生问题之一。染疫动物产品一旦进入流通环节会引起动物疫病流行，对养殖业造成严重危害。同时，动物疫病中有好多是人畜共患病，可以在屠宰、运输、烹饪、食用等环节感染人，对人的身体健康威胁很大。因此，必须加强对屠宰动物疫病的检验，以防止人畜共患病和其他动物疫病的传播和流行，保障动物性食品的外贸出口和消费者的健康。

第一节　屠宰动物常见传染病的检验与处理

一、炭疽

炭疽是由炭疽杆菌引起的人畜共患的一种急性、热性、败血性传染病。其特征是天然孔出血、血液凝固不良、脾脏显著肿大以及皮下和浆膜下结缔组织出血性浸润。人往往由于直接接触病畜尸体或食用病畜肉而感染。

1. 宰前鉴定

(1) 最急性型　常见于绵羊和山羊，表现突然倒地，昏迷，全身痉挛，呼吸困难，可视黏膜发绀，天然孔流出带泡沫的暗红色血液，黏稠如煤焦油样，常于数小时内死亡。

(2) 急性型　多见于牛，病畜表现体温升高至42℃，兴奋不安，吼叫，虚弱，呼吸困难，食欲废绝，反刍、泌乳减少或停止，初便秘后腹泻，粪尿中带血，一般1～2d死亡。

(3) 亚急性型　多见于牛、马，常在颈、喉、肩胛、胸腹或乳房等部皮肤以及直肠或口腔黏膜等处出现炭疽痈，初期硬且有热痛，不久变冷无痛，中心发生坏死或溃疡，病程可长达1周。

(4) 慢性型　主要发生于猪，临床症状不明显，有的表现咽型炭疽和肠炭疽。咽型炭疽出现咽喉部淋巴结肿胀，吞咽、呼吸困难；肠炭疽多伴有便秘或腹泻等症状。

2. 宰后鉴定

(1) 牛羊急性型者表现全身多发性出血，皮下、肌间、浆膜下结缔组织水肿，呈黄色胶样浸润。全身淋巴结充血、出血和肿大，呈暗红色。脾脏淤血、出血，肿大3～5倍，脾髓呈暗红色，粥样软化。此外，还可在胃、肠和皮肤出现炭疽痈，其大小不一，呈一种富含浆液的扁圆形肿胀，并有波动感。

(2) 猪多表现为咽型炭疽和肠炭疽，以颌下淋巴结和肠系膜淋巴结出血、肿胀、坏死及其邻近组织呈出血性胶样浸润为特征，还可见扁桃体肿胀、出血、坏死，并有黄色痂皮覆盖。

3. 卫生处理

(1) 宰前检验发现炭疽病畜，应采取不放血方式扑杀，尸体销毁。可疑病畜在放血前，必须进行血片检查。

(2) 宰后检验发现炭疽病畜，应立即停止生产，封锁现场。各型炭疽患畜的胴体、内脏、皮毛及血液（包括被污染的血液），分别装入不漏水的容器，加盖后于当天运至指定地点全部作工业用或销毁。被炭疽污染或可疑被污染的胴体、内脏，应在6h内高温处理后出场，不能在6h内高温处理者应作工业用或销毁。血、骨和毛等只要有污染的可能，均作工业用或销毁。确实未被污染的胴体、内脏及其副产品，不受限制出场。

(3) 发现炭疽后，对现场要进行彻底消毒，用清水冲刷干净，再恢复生产。与炭疽患畜或病畜肉接触过的人员，必须接受卫生防护。

二、结核病

结核病是由结核分枝杆菌引起的人和畜禽共患的一种慢性传染病，其特点是在多种组织器官形成干酪样坏死或钙化结核结节。人感染主要是通过饮用生牛乳而引起。

1. 宰前鉴定

牛的结核主要表现在以下几个方面。①肺结核：表现干咳，并咳出脓性分泌物；呼吸困难，严重时气喘；食欲减退，日渐消瘦，被毛粗乱；恶化时，病牛体温升高至40℃，稽留热型，呼吸极度困难，最后心衰而死。②乳房结核：于乳房内可摸到局限性或弥漫性硬结，无热无痛；病牛产乳量下降，乳汁稀薄如水，夹有白色絮片，乳房淋巴结肿大。③肠结核：病牛出现食欲不振，顽固性下痢，迅速消瘦。

猪的结核很少出现临诊症状，当肠道有病灶时则表现下痢、消瘦。

2. 宰后鉴定

(1) 牛的结核病变可发生在任何部位，尤其是乳房、肺、胸膜、纵膈淋巴结和乳房淋巴结等，典型病变是形成结核性结节。结核结节如针头至鸡蛋大，呈灰白色或淡黄色，切开后见干酪样坏死，有的坏死组织发生溶解和液化，排出后形成空洞，有的常发生钙化。

(2) 猪全身性结核不常见，多在颌下、咽、肠系膜淋巴结及扁桃体等处发生结核病灶。在肝、肺、肾等出现一些小的病灶，有的出现干酪样变化，但钙化不明显。

3. 卫生处理

(1) 患全身性结核病且胴体瘠瘦者，胴体及内脏作工业用或销毁。

(2) 患全身性结核病而胴体不瘠瘦者，病变部分作工业用或销毁，其余部分高温处理后出场。

(3) 胴体局部淋巴结有结核病变时，将病变淋巴结割除作工业用或销毁，淋巴结周围的肌肉高温处理，其余部分不受限制出场。

(4) 腹膜或肋膜局部有结核病变时，将病变部分割下作工业用或销毁，其余部分不受限制出场。

(5) 内脏或内脏淋巴结有结核病变时，整个内脏作工业用或销毁，胴体不受限制出场。

(6) 确认为骨结核病的家畜，将病变的骨剔除作工业用或销毁，胴体和内脏高温处理后出场。

三、鼻疽

鼻疽是由鼻疽杆菌引起的马属动物的一种传染病。该病的特征是在鼻腔和皮肤形成特异性鼻疽结节、溃疡和瘢痕，在肺脏、淋巴结和其他脏器内发生鼻疽性结节。人感染鼻疽主要通过损伤的皮肤或黏膜，在入侵处形成结节或溃疡。

1. 宰前鉴定

（1）肺鼻疽　表现呼吸促迫，肺部有啰音，干咳或无力短咳，咳出带血的黏液。

（2）皮肤鼻疽　多发生于胸、腹及四肢。局部发生炎性肿胀，形成坚硬的结节，结节破溃后形成喷火口状溃疡，流出黄色混有血液的脓样液体。附近淋巴管串珠状肿大。病畜四肢出现浮肿，跛行。

（3）鼻腔鼻疽　初期鼻黏膜潮红肿胀，流出浆液性鼻液，不久即出现米粒大的黄白色隆起的小结节，结节周围有红晕，坏死后形成溃疡，排出混有血液的脓性分泌物。颌下淋巴结肿大，初期有痛感而能移动，以后无痛且不能移动。

2. 宰后鉴定

鼻疽结节主要分布在肺脏，新生结节为淡灰色，透明，米粒大至豆粒大，中央灰黄色，周围有红晕。陈旧结节为灰白色，中央干酪性坏死或钙化，周围形成包膜。其次，病马上呼吸道黏膜，特别是鼻中膈有粟粒大的淡黄色或灰白色小结节，溃疡愈合形成放射状冰花样瘢痕，严重时可见鼻中膈穿孔。

3. 卫生处理

（1）宰前检验发现鼻疽病畜时，应采取不放血的方式扑杀销毁。

（2）宰后检验发现鼻疽病畜时，胴体、内脏、血液和皮张全部作工业用或销毁。可疑被污染的胴体及内脏高温处理后出场，皮张及骨骼消毒后利用。

四、布鲁菌病

布鲁菌病是由布鲁菌引起的以牛、羊和猪最易感的一种慢性传染病，以胎膜和生殖器发炎，引起流产及不育为特征。人接触布鲁菌病病畜或饮用病畜生乳及乳制品均可感染。

1. 宰前鉴定

以怀孕母畜流产为主要特征，产出死胎或弱胎儿，流产前表现阴唇和乳房肿胀，阴道内继续排出褐色恶臭液体，流产时胎衣滞留。公牛常见睾丸炎及附睾炎。此外，还可出现关节炎、腱鞘炎和乳房炎等。

2. 宰后鉴定

当发现屠畜有下列病变之一时，要考虑患有布鲁菌病的可能。

（1）牛、羊患子宫炎、阴道炎、睾丸炎或附睾炎；猪患阴道炎、睾丸炎或附睾炎、关节炎、骨髓炎。

（2）肾皮质部出现麦粒大灰白色结节。

（3）椎骨或管状骨中积脓或形成外生骨疣，致使骨膜出现高低不平的现象。

3. 卫生处理

（1）确认为患有布鲁菌病的屠畜，其胴体、内脏作工业用或销毁，毛皮盐渍 60d，胎儿毛皮盐渍 3 个月后出场。

（2）宰前经凝集反应或细菌学检查为阳性而无症状，宰后检验无病变的家畜，其生殖器官及乳房作工业用或销毁，胴体和内脏高温处理后出场。

五、口蹄疫

口蹄疫是由口蹄疫病毒所致的偶蹄动物的一种急性、热性、高度接触性的传染病。其特征是在口腔、舌、唇、鼻镜、乳房、蹄和阴囊等部位发生水疱和溃烂。人感染多是由未经充分消毒的病畜乳及乳制品引起，与病畜直接接触感染者较少。

1. 宰前鉴定

牛患口蹄疫后，表现体温升高至 40～41℃，精神委顿，食欲减退。继而在唇内面、齿龈、舌面和鼻镜等处出现水疱。水疱圆而突起，内含清亮液体，约经一昼夜破裂形成浅平的边缘整齐的红色糜烂。病牛流涎增多，呈白色泡沫状，采食反刍完全停止。同时，趾间及蹄冠的皮肤上表现红、肿、疼痛，并迅速发生水疱，破溃后形成糜烂。如继发感染细菌，可出现化脓和坏死，甚至蹄匣脱落，病畜站立不稳，运步艰难。此外，有的病牛乳头皮肤也可出现水疱，破裂后形成烂斑。

羊感染后，病状与牛大致相同，但不见流涎。山羊多见于口腔，呈弥漫性口炎，水疱发生于硬腭和舌面。羔羊多发生出血性肠炎，并因心肌炎而死亡。

猪感染口蹄疫后，多在蹄冠、蹄叉和蹄踵等部出现米粒大至蚕豆大的水疱，破裂后形成糜烂，如继发感染，表现蹄壳脱落，患肢不能着地，常卧地不起。病猪在口腔黏膜、鼻盘和乳房等处也可见烂斑。新生仔猪感染口蹄疫，常因心肌变性引起心脏麻痹而死亡。

2. 宰后鉴定

除在口腔、蹄部有水疱和烂斑外，在咽喉、气管、支气管和前胃黏膜也可出现圆形烂斑和溃疡。胃肠黏膜上可见出血性炎症。心肌变性，心包膜有弥散性点状出血，心肌切面有灰白色或黄色斑纹，一般称为“虎斑心”。

3. 卫生处理

（1）发现口蹄疫病畜时，患畜整个胴体、内脏及其副产品作工业用或销毁。

（2）同群家畜及怀疑被污染的胴体、内脏等可进行高温处理，毛皮消毒后出场。

六、猪丹毒

猪丹毒是由猪丹毒杆菌引起的猪的一种急性或慢性传染病。该病以败血症症状、皮肤出现疹块及心内膜炎和关节炎为特征。人患本病主要是经皮肤或黏膜损伤感染，称“类丹毒。

1. 宰前鉴定

（1）急性败血型　病猪体温升高，稽留热，食欲下降，眼结膜潮红，两眼清亮有神，很少有分泌物，呕吐，便秘或腹泻。皮肤出现大小不等红斑，指压褪色。

（2）亚急性疹块型　典型症状为在肩、颈、胸、腹、背和四肢外侧等部皮肤出现大小不等、形状不一的疹块。疹块呈暗红色或边缘灰紫色而中央苍白，方形、圆形或菱形，稍高出于皮肤，表面有浆液渗出，逐渐坏死形成结痂（见图8-1）。

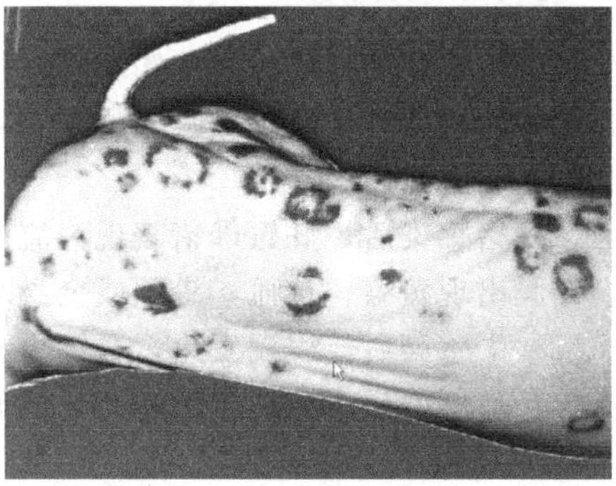

图 8-1　猪丹毒病畜皮肤疹块

（3）慢性型　表现消瘦，运动时见心率加快，呼吸迫促，听诊有心杂音。肘、髋、跗、膝、腕关节变形，运动障碍。有的病猪皮肤大片坏死脱落，甚至耳或尾全部脱落。

2. 宰后鉴定

（1）急性型　为败血症的变化，全身淋巴结肿胀充血，紫红色，切面多汁，有点状出血。脾脏明显肿大，呈樱桃红色，被膜紧张，边缘钝圆，质软，脾髓易于刮下。肾肿大，颜色暗红，皮质部可见大小不等点状出血。肺淤血、水肿。胃或十二指肠有卡他性或出血性炎症。

（2）亚急性型　皮肤上出现疹块，疹块部皮肤和皮下组织充血并有浆液浸润。内脏变化与急性型相同。

（3）慢性型　患心内膜炎的病猪，在心脏二尖瓣上形成各种灰白色的菜花状赘生物。关节炎病例可见关节肿大或变形，关节囊内充满多量浆液，混有白色纤维素性渗出物。

3. 卫生处理

（1）急性猪丹毒的胴体、内脏和血液作工业用或销毁。

（2）其他型的猪丹毒，且病变较轻的，其胴体和内脏高温处理，血液作工业用或销毁，皮张消毒后利用，脂肪可炼制后食用。

（3）皮肤仅有灰黑色痕迹且皮下无病变者，可将患部割除后，其余不受限制出场。

七、狂犬病

狂犬病是由狂犬病病毒引起的一种急性接触性传染病，各种家畜和人均可感染发病。其临诊特征是患病动物出现神经兴奋、意识障碍及局部或全身麻痹。

1. 宰前鉴定

有被咬伤史。患病后，病畜举动反常，表现异嗜，流涎，情绪不安，异常狂暴，常攻击其他动物或人，咬伤处奇痒。后躯、四肢麻痹，最后因呼吸中枢麻痹、衰竭而死亡。

2. 宰后鉴定

（1）剖检无特征性变化。多表现尸体消瘦，口腔、咽喉及胃黏膜充血或糜烂，牙齿折损，胃内有异物，脑膜肿胀、充血或出血。

（2）组织病理学检查可见非化脓性脑炎变化，血管周围淋巴细胞浸润。特征性变化是大脑海马角、小脑和延脑的神经细胞胞浆内出现内基氏小体。

3. 卫生处理

（1）屠畜被咬伤后8d内未出现明显症状者，胴体、内脏经高温处理。超过8d者不准屠宰，采取不放血方式扑杀销毁。

（2）如不能确定咬伤日期的，一般不作食用。

（3）狂犬病患畜应销毁。

八、钩端螺旋体病

钩端螺旋体病是由致病性钩端螺旋体引起的一种自然疫源性传染病。其特征为发热、黄疸、血红蛋白尿、皮肤及黏膜坏死等。人亦可经皮肤、黏膜或被污染的食物感染。

1. 宰前鉴定

（1）猪感染后，妊娠母猪表现为流产，产死胎、弱胎和木乃伊胎。哺乳猪发生腹泻，皮肤、结膜出现黄染、贫血，头颈或全身水肿，排深黄色尿液，耳、尾尖皮肤坏死。

（2）牛感染后，表现发热，鼻镜干燥，皮肤和黏膜黄染、贫血，出现血红蛋白尿。

（3）马感染后，出现体温升高，黄疸，皮肤干裂、坏死，排血红蛋白尿。

2. 宰后鉴定

病畜宰后剖检，主要表现皮肤、皮下、浆膜和黏膜出血、黄疸。肝肿大，黄褐色，胆囊充盈。脾轻度肿大，肺水肿，肾肿大、贫血，表面散布灰白色坏死灶。胸腔积液，膀胱积有血红蛋白尿。

3. 卫生处理

（1）处于急性期和高度衰弱的病畜，不准屠宰。

（2）宰后发现有明显病变且胴体呈黄色并在一昼夜内不能消失的家畜，其胴体及内脏作工业用或销毁。

（3）宰后未见黄疸或黄疸较轻且胴体放置一昼夜后基本消失或仅留痕迹者，胴体及内脏高温处理后出场，肝脏销毁。

（4）皮张可用浸渍法加工或盐腌或使其保持干燥状态，经 2 个月后出场。

九、猪传染性水疱病

猪传染性水疱病是由猪水泡病病毒引起的一种急性、热性、接触性传染病。以蹄部、口腔皮肤发生水疱和烂斑为特征。在自然流行中，仅有猪发生。人也可感染。

1. 宰前鉴定

猪群感染此病后，初期会出现跛行，突然拒食。接着体温升高到 40～41℃，蹄部肿胀、充血。不久在蹄冠、蹄叉、蹄踵、口和鼻端等部出现水疱，水疱内充满透明液体，破裂后形成溃疡，蹄壳脱落。哺乳猪的乳头及四周有时也可出现水疱。

2. 宰后鉴定

猪传染性水疱病特征性病变主要在蹄部、鼻盘、唇、舌面和乳房出现水疱。应与口蹄疫相区别。鉴别诊断可采用中和试验和动物试验。

3. 卫生处理

患畜整个胴体、内脏及其他副产品作工业用或销毁。

十、猪地方流行性肺炎

猪地方流行性肺炎又称为猪气喘病，是由猪肺炎支原体引起的在猪群中可造成地方性流行的一种慢性、接触性传染病。主要症状为咳嗽和气喘，病变的特征是融合性支气管肺炎。

1. 宰前鉴定

（1）急性型　常见于仔猪和妊娠、哺乳母猪。表现为喘气，呼吸次数增多，咳嗽，体温一般正常。

（2）慢性型　在老疫区常见，以架子猪、肥育猪多见。主要表现持续性咳嗽，特别在清晨进食或活动时最为明显。呼吸困难，腹式呼吸。体温和食欲正常，发育缓慢。

2. 宰后鉴定

病理变化主要在肺脏，呈不同程度的水肿和气肿，在肺的尖叶、心叶、中间叶和膈叶前部有对称性、融合性支气管肺炎病变，肉样红色或浅紫色。逐渐发生实变，实变区与正常肺组织界限很清楚。支气管淋巴结肿大、多汁，灰白色。

3. 卫生处理

（1）无病变的内脏高温处理，有病变的内脏作工业用或销毁。

（2）胴体不受限制出场。

十一、猪瘟

猪瘟是由猪瘟病毒引起的猪的一种高度接触性、败血性传染病，其特征为高热稽留、广泛出血、梗塞和坏死。在发病过程中，常继发感染沙门杆菌。因此，当人们食用了未经适当处理的病猪肉及其产品，易引起沙门菌食物中毒。

1. 宰前鉴定

（1）最急性型　突然发病，高热稽留，皮肤和黏膜发绀、有出血点。

（2）急性型　体温升高，呈稽留热型。两眼无神，眼有多量黏性、脓性分泌物。畏寒，喜卧。先便秘后腹泻。鼻端、耳、腹下、四肢、臀部和会阴等处皮肤充血、出血。公猪包皮积尿。

(3) 亚急性型　较缓和，仅表现体温升高，皮肤有出血点。

(4) 慢性型　消瘦，贫血，轻热，咳嗽，便秘与腹泻交替。有时皮肤出现紫斑或出血点。

(5) 温和型　皮肤无出血，体温升高，口渴，食欲减退，尿黄。四肢及腹下有淤血斑。耳、尾坏死脱落。口腔、咽喉、软腭和扁桃体出现坏死点或溃疡。长期便秘，粪便混有血液、黏液或伪膜。

2. 宰后鉴定

(1) 急性、亚急性型　以全身性出血为特征。皮肤有出血斑，喉头、胆囊、膀胱黏膜和心内外膜出血。淋巴结水肿、出血，黑红色，切面呈大理石样。脾不肿大或肿大不明显，边缘有出血性梗死。肺切面暗红色，间质水肿、出血。肾贫血色淡，有针尖大小出血点。

(2) 慢性型　在回肠末端、盲肠和结肠处呈坏死性肠炎。炎症从淋巴滤泡开始，向外发展，形成中央低、突出黏膜表面、呈同心轮层状的纽扣状溃疡（见图 8-2）。

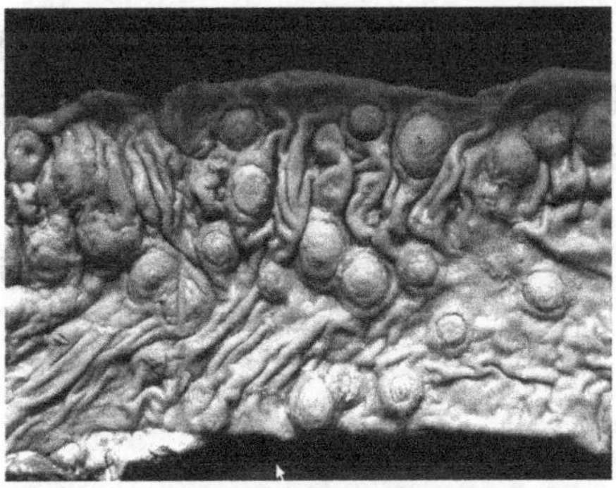

图 8-2　慢性型猪瘟病畜肠黏膜纽扣状溃疡

(3) 温和型　扁桃体充血、水肿、化脓性坏死、溃疡。胃底有片状充血、出血，大肠有纽扣状溃疡。脾周边梗死，胆囊肿胀、出血。

3. 卫生处理

(1) 患猪瘟病猪的整个胴体、内脏和血液作工业用或销毁。

(2) 同群猪及怀疑被污染的胴体和内脏高温处理，皮张消毒后出场。

十二、猪蓝耳病

猪蓝耳病又称猪繁殖与呼吸综合征，是由猪繁殖与呼吸综合征病毒引起猪的一种繁殖障碍和呼吸道的高度接触性传染病。其特征为厌食、发热、怀孕后期发生流产、死胎、木乃伊胎和弱仔；幼龄仔猪发生呼吸道症状。

1. 宰前鉴定

(1) 母猪　病初精神不振、厌食、发热。妊娠后期发生早产、流产、死胎、木乃伊胎及弱仔。少数猪耳部发紫，皮下出现一过性血斑。有的母猪出现肢体麻痹性神经症状。

(2) 仔猪　早产仔猪在出生后当时或几天内死亡，大多数出生仔猪表现呼吸困难、肌肉震颤、后肢麻痹、共济失调、打喷嚏、嗜睡，有的仔猪耳部和躯体末端皮肤发绀。

(3) 育成猪　双眼肿胀、结膜炎和腹泻，并出现肺炎。

(4) 公猪　表现精神沉郁、食欲不振、咳嗽、喷嚏、呼吸急促和运动障碍、性欲减弱、精液质量下降、射精量少。

2. 宰后鉴定

主要病变见肺弥漫性间质性肺炎，表现暗红色、肿大。

3. 卫生处理

(1) 病变明显的，胴体和内脏化制或销毁。

(2) 病变轻微的，胴体和内脏高温处理后出场。

第二节　屠宰动物常见寄生虫病的检验与处理

动物的寄生虫病，有些可经过肉品传染给人，有些可经过其他途径感染人，还有的虽不感染人，但可感染其他动物，因而造成重大的经济损失。所以有必要对其进行检验并作适当处理。

一、囊尾蚴病

囊尾蚴病又称囊虫病，是由绦虫的中绦期幼虫所引起的一种人畜共患的寄生虫病。多种动物均可感染此病，人感染囊尾蚴时，在四肢、颈背部皮下可出现半球形结节，重症病人有肌肉酸痛、全身无力、痉挛等表现。虫体寄生于脑、眼、声带等部位时，常出现神经症状、头昏眼花、视力模糊和声音嘶哑等。人吃进生的囊尾蚴病肉，即可在肠道中发育成有钩绦虫（猪肉绦虫）或无钩绦虫（牛肉绦虫）。人患绦虫病时，身体虚弱，消化不良，经常下痢和腹痛，有时恶心和呕吐。所以本病在公共卫生上十分重要，是肉品卫生检验的重点项目之一。

1. 宰前鉴定

（1）猪囊尾蚴病　猪囊尾蚴病是由寄生于人体小肠内的有钩绦虫的幼虫——猪囊尾蚴在猪体内寄生所引起的疾病。轻症病猪，无特殊表现。重症病猪可见走路前肢僵硬，后肢不灵活，左右摇摆，似醉酒状，不爱活动，反应迟钝；若寄生在舌部，则咀嚼、吞咽困难；若寄生在咽喉，则声音嘶哑；若寄生在眼球，则视力模糊；若寄生在大脑，则出现痉挛等。

（2）牛囊尾蚴病　牛囊尾蚴病是由寄生于人体小肠内的无钩绦虫的幼虫——牛囊尾蚴在牛体内寄生所引起的疾病，一般不表现临床症状。

（3）绵羊囊尾蚴病　绵羊囊尾蚴病是由绵羊带绦虫的幼虫——绵羊囊尾蚴在体内寄生引起的绵羊的一种疾病。人不感染此病。绵羊囊尾蚴病对羔羊有一定的危害，严重者可引起死亡，但成年羊感染后无明显症状。

2. 宰后鉴定

（1）猪囊尾蚴　多寄生于肩胛外侧肌、臀肌、咬肌、深腰肌、心肌、脑部、眼球等部位，所以我国规定猪囊尾蚴主要检验部位为咬肌、深腰肌和膈肌，其他可检部位为心肌、肩胛外侧肌和股内侧肌等。肌肉中可见多少不等的椭圆形的白色半透明的囊泡，囊内充满液体，囊壁上有一个圆形、粟粒大的乳白色头节，显微镜检查可见头节的四周有4个圆形吸盘和2圈角质小钩。

（2）牛囊尾蚴　主要寄生在牛的咬肌、舌肌、颈部肌肉、肋间肌、心肌和膈肌等部位。我国规定牛囊尾蚴主要检验部位为咬肌、舌肌、深腰肌和膈肌。与猪囊尾蚴的外形相似，囊泡为白色的椭圆形，大小为8mm×4mm，囊内充满液体，囊壁上也附着有乳白色的头节，头节上有4个吸盘，但无顶突和小钩，这正是与猪囊尾蚴的区别。

（3）绵羊囊尾蚴　主要寄生于心肌、膈肌，还可见于咬肌、舌肌和其他骨骼肌等部位。我国规定羊囊尾蚴主要检验部位为膈肌、心肌。绵羊囊尾蚴囊泡呈圆形或卵圆形，较猪囊尾蚴小。

3. 卫生处理

（1）患畜的整个胴体和内脏作化制处理。

（2）皮张不受限制出场。

二、旋毛虫病

旋毛虫病是由旋毛形线虫所引起的一种人畜共患寄生虫病。多种动物均可感染，屠畜中

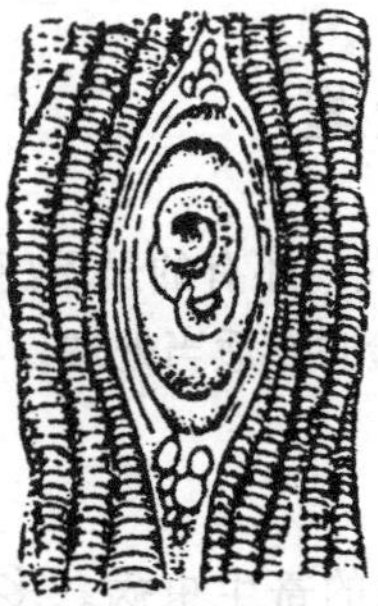

图 8-3　显微镜下形成包囊的旋毛虫幼虫

主要感染猪和狗。本病对人危害较大，可致人死亡。人感染旋毛虫病多与吃生的或未煮熟的猪肉、狗肉，或食用腌制与烧烤不当的含旋毛虫包囊的肉类有关。

1. 宰前鉴定

动物感染后大都有一定的耐受力，往往症状不明显。而感染严重者，则表现为食欲减退、呕吐、腹泻，以后因虫体移行而引起肌炎，病畜出现肌肉疼痛、麻痹、运动障碍、声音嘶哑、发热等症状，有的表现眼睑和四肢水肿。

我国规定采用酶联免疫吸附测定法（ELISA）进行旋毛虫病的宰前检疫。

2. 宰后鉴定

猪体内肌肉旋毛虫常寄生于膈肌、舌肌、喉肌、颈肌、咬肌、肋间肌及腰肌等处，其中膈肌部位感染率最高，且多聚集于筋头。旋毛虫个体很小，肉眼很少发现，我国规定旋毛虫的宰后检验方法如下。

（1）肌肉压片镜检法　①在每头猪的左右横膈膜肌脚各采取一小块肉样，先撕去肌膜，然后用两手顺肌纤维方向拉紧拉平，肉眼观察表面有无针尖大小的灰白色亮点。②顺肌纤维方向剪取麦粒大肉粒 24 粒，进行压片镜检，可见肌肉旋毛虫包囊与周围肌纤维间界限明显，包囊内的虫体呈螺旋状（见图 8-3），被旋毛虫侵害的肌肉发生变性，肌纤维肿胀，横纹消失，甚至发生蜡样坏死。

（2）集样消化检查法　详见实训九。

3. 鉴别诊断

旋毛虫包囊特别是钙化和机化的包囊，镜检时易与囊尾蚴、住肉孢子虫及其他肌肉内含物相混淆，应加以区别。见表 8-1。

表 8-1　猪囊尾蚴、旋毛虫、住肉孢子虫眼观及镜下区别

虫体名称		猪囊尾蚴	旋毛虫	住肉孢子虫
虫体形态		黄豆大包囊，囊内充满无色液体，白色头节如米粒大；镜检，头节有 4 个吸盘和角质小钩	呈灰白色半透明小点，包囊呈纺锤形，椭圆形，虫体常蜷曲成“S”形或“8”字形	呈灰白色或黄白色毛根状小体，镜下，囊内充满香蕉形滋养体和卵圆形孢子
虫体部位		咬肌、肩胛外侧肌、股内侧肌、心肌、腰肌等	多见于舌肌、喉肌、肋间肌、肩胛肌、膈肌、腰肌等	骨骼肌、心肌，尤以食道、腹部、股部等部位最多
虫体钙化灶	肉眼观察	椭圆或圆形，粟粒至黄豆大，呈灰白、淡黄色或黄色，触摸有坚硬感	针尖或针头大，灰白或灰黄色；与钙化的住肉孢子虫不易区别	虫体钙化灶略小于囊尾蚴钙化灶，呈灰白或灰黄色，触摸有坚实感
	压片镜检	不透明的黑色块状物	包囊内有大小不等的黑色钙盐颗粒，有的在包囊周围形成厚的组织膜	数量不等，浓淡不均的灰黑色钙化点，有时隐约可见虫体
	脱钙处理	可见角质小钩	可见虫体或残骸	可见虫体或残骸

4. 卫生处理

同囊尾蚴病的卫生处理。

三、孟氏双槽蚴病

孟氏双槽蚴病是由假叶目双槽科绦虫的幼虫——裂头蚴寄生于猪、鸡、鸭、泥鳅、蛙、鲨和蛇的肌肉中所引起的一种人畜共患的寄生虫病。我国发现的裂头蚴主要为曼氏裂头蚴，成虫寄生于犬、猫和肉食动物的小肠中，人偶尔能感染；幼虫寄生于哺乳动物包括人的肌肉、胸腹腔等处。猪主要是由于吞食了含有裂头蚴的蛙和鱼类而感染，人的感染主要是吃进了生的或半生不熟的含有裂头蚴的肌肉所致，也有因用蛙皮贴敷治疗而感染的。

1. 宰前鉴定

猪轻度感染时无症状，严重感染时表现营养不良，食欲不振，嗜睡等。曼氏裂头蚴为乳白色，长带状，长 3～300mm，宽 0.7mm，头节与成虫头节相似。体不分节，但具有横皱纹。

2. 宰后鉴定

曼氏裂头蚴主要寄生在猪的腹肌、膈肌、肋间肌等肌膜下或肠系膜的浆膜下和肾周围等处，宰后检验中常于腹斜肌、体腔内脂肪和膈肌浆膜下发现，盘曲成团，如脂肪结节状，展开后如棉线样，如寄生于腹膜下，虫体则较为舒展，寄生数目不等。

3. 卫生处理

在现行规程中尚无规定。虫体较少时可经高温处理后出场，虫体数量较多时则应化制或销毁。

四、弓形虫病

弓形虫病又名弓形体病或弓浆虫病，是由龚地弓形虫所引起的一种人畜共患的原虫病。猪、羊、牛、禽、兔等多种动物均可感染，但以猪最为常见。人可因接触和生食患有本病的肉类而感染。

1. 宰前鉴定

感染病猪体温升高达 41～42℃，呈稽留热，精神沉郁，食欲减退或废绝，便秘。呼吸困难，流鼻涕，咳嗽甚至呕吐。耳翼、鼻端、下肢、股内侧、下腹部等处出现紫红斑或小点状出血。

确诊必须进行病原学检查、动物接种和免疫学诊断。

2. 宰后鉴定

病理变化主要有肠系膜淋巴结、胃淋巴结、颌下淋巴结及腹股沟淋巴结肿大、硬结，质地较脆，切面呈砖红色或灰红色，有浆液渗出。急性型的全身淋巴结髓样肿胀，切面多汁，呈灰白色；肺脏水肿，有出血斑和白色坏死点，切面间质增宽，有多量浆液流出；肝脏变硬、浊肿、有坏死点；肾表面和切面有少量出血点。

3. 卫生处理

（1）病变脏器及淋巴结割除后作工业用或销毁。

（2）胴体和内脏高温处理后出场，皮张不受限制出场。

五、棘球蚴病

棘球蚴病又名包虫病，是由细粒棘球绦虫和多房棘球绦虫的幼虫——棘球蚴所引起的一种人畜共患的寄生虫病。家畜中牛、羊、马、猪和骆驼均可感染，以羊和牛受害最重。人感染棘球蚴后常寄生于肝脏、肺脏及脑组织，对人体健康危害很大。

1. 宰前鉴定

轻度感染时无症状，严重感染时，病畜表现消瘦、咳嗽，右侧腹部膨大。

2. 宰后鉴定

棘球蚴主要寄生于肝脏，其次是肺脏。受害脏器体积显著增大，表面凹凸不平，可在该处找到棘球蚴，有时也可在其他脏器如脾、肾、脑、皮下、肌肉、骨、脊椎管等处发现。虫体包囊大小不等，小的如豌豆粒，大的有排球样大小。切开棘球蚴可见有液体流出，将液体沉淀，用肉眼或在解剖镜下可看到许多生发囊与原头蚴（即包囊砂）；有时肉眼也能见到液体中的子囊甚至孙囊。偶尔还可见到钙化的棘球蚴或化脓灶。

3. 卫生处理

(1) 患棘球蚴的器官，整个化制或销毁。

(2) 在肌肉组织中发现有棘球蚴时，患部化制或销毁，其余部分不受限制出场。

六、住肉孢子虫病

住肉孢子虫病是由住肉孢子虫寄生于骨骼肌和心肌所引起的一种人畜共患的寄生虫病。猪、牛、羊等多种动物均可感染，人也可患此病。

1. 宰前鉴定

(1) 猪住肉孢子虫病　患猪表现不安，腰无力，肌肉僵硬等症状。

(2) 牛住肉孢子虫病　患牛表现厌食、贫血、发热、消瘦、水肿、淋巴结肿大等症状。

(3) 羊住肉孢子虫病　症状与牛相似。

2. 宰后鉴定

(1) 猪住肉孢子虫病　猪住肉孢子虫体形较小，主要寄生在腹斜肌、膈肌、肋间肌、咽喉肌和舌肌等处。肉眼观察可在肌肉中看到与肌纤维平行的白色毛根状小体，显微镜检查虫体呈灰色纺锤形，内含无数半月形孢子。若虫体发生钙化，则呈黑色小团块。严重感染的肌肉，虫体密集部位的肌肉发生变性，颜色变淡似煮肉样，有时可见胴体消瘦，心肌脂肪呈胶样浸润等变化。

(2) 牛住肉孢子虫病　牛住肉孢子虫主要寄生于食管壁、膈肌、心肌及骨骼肌，呈白色纺锤形，虫体大小不一，长3～20mm。

(3) 羊住肉孢子虫病　羊住肉孢子虫主要寄生于食道、膈肌和心肌等处，呈卵圆或椭圆形的半球状突起。自小米粒至大米粒大，最大的虫体长达2cm，宽1cm。

3. 卫生处理

(1) 虫体发现于全身肌肉，但数量较少时，不受限制出场。

(2) 若较多虫体发现于全身肌肉，且肌肉有病变时，整个胴体化制或销毁；肌肉无病变时，则高温处理后出场。

(3) 若较多的虫体发现于局部肌肉，该部高温处理后出场，其余部位不受限制出场。

(4) 水牛食管有较多的虫体者，将食管化制或销毁。

七、肺线虫病

肺线虫病是由各种肺线虫所引起的一种慢性支气管肺炎。牛、羊、猪均可感染，尤以羊和猪较为严重。

1. 宰前鉴定

(1) 羊肺线虫病　是由丝状网尾线虫（大型肺线虫）和原圆线虫（小型肺线虫）寄生在羊的气管和支气管内引起。病羊主要表现为咳嗽，严重感染时呼吸急促，流涕。病羊逐渐消瘦、贫血、浮肿，呼吸困难等症状。

(2) 猪肺线虫病　又名猪后圆线虫病或猪肺丝虫病。是由长刺后圆线虫和复阴后圆线虫寄生在猪的支气管、细支气管和肺泡内所引起。轻度感染者，症状不明显，但影响生长发育。严重感染时，患猪表现为咳嗽、呼吸困难、贫血、食欲废绝，即使痊愈，生长仍缓慢。

（3）牛肺线虫病　又名牛网尾线虫病。是由胎生网尾线虫寄生于牛的气管和支气管引起。病牛最初出现的症状为咳嗽，初为干咳，后变为湿咳，流鼻涕、消瘦、贫血，严重者发生肺气肿而致呼吸困难。

2. 宰后鉴定

（1）羊肺线虫病　支气管内含有黏性至黏脓性甚至混有血液的分泌物团块，其中含有大量的成虫、幼虫和虫卵。支气管黏膜肿胀、充血，并有小点状出血；支气管周围发炎，并有不同程度的肺膨胀不全和肺气肿。虫体寄生部位的肺表面隆起，呈灰白色，触诊有坚硬感，切开常见有虫体。

（2）猪肺线虫病　虫体呈丝线状，肉眼病变一般不明显。在肺膈叶腹面边缘有楔状肺气肿区，支气管壁增厚、管腔扩张，靠近气肿区还有坚实的灰色小结，小支气管周围呈淋巴样组织增生和肌纤维肿大。支气管内有虫体和黏液。

（3）牛肺线虫病　虫体呈乳白色，细长，形如粗棉线，长达 40～80mm 不等。病理变化为肺脏气肿，肺门淋巴结肿大，有时胸腔积液。肺体积肿大，有大小不一的块状肝变区，切开大小支气管内可见虫体堵塞。

3. 卫生处理

（1）轻度感染的，割除患部，其余部分不受限制出场。

（2）严重感染的，且肺部病变明显，可将整个肺脏化制或销毁。

八、细颈囊尾蚴病

细颈囊尾蚴病是由泡状带绦虫的幼虫——细颈囊尾蚴所引起的多种动物的一种常见寄生虫病。成虫寄生在犬、狼等肉食兽的小肠内，幼虫寄生在猪、黄牛、绵羊、山羊等多种动物的大网膜、肠系膜、肝、肺等部位。

1. 宰前鉴定

成年动物感染后一般无临床症状。但对羔羊、仔猪危害较大。幼虫在肝脏移行时，患畜表现不安、流涎、不食、腹泻和腹痛等症状，甚至死亡。幼虫到达腹腔和胸腔后，则可引起腹膜炎和胸膜炎。

2. 宰后鉴定

细颈囊尾蚴，俗称水铃铛。呈囊泡状，自黄豆至鸡蛋大，大小不等，囊壁乳白色，囊泡内含透明液体。眼观可看到囊壁上有一个不透明的乳白色结节，即其颈部及内凹的头节所在，翻转结节的内凹部，能见到一个相当细长的颈部与其游离端的头节，头节上有 4 个吸盘和由 36 个角质钩组成的一个双排齿冠。虫体寄生部位，形成较厚的包膜，包膜内虫体死亡、钙化。严重者可形成一片球形硬壳，破开后可见到许多黄褐色的钙化碎片，以及淡黄色或灰白色头颈残骸。

3. 卫生处理

（1）感染轻微者，可将患部割除，集中处理，不得随意丢弃或喂犬，其余部分不受限制出场。

（2）感染严重者，整个器官化制或销毁。

第三节　禽常见疾病的鉴定及处理

一、高致病性禽流感

高致病性禽流感，又称欧洲鸡瘟、真性鸡瘟，是由 A 型禽流感病毒的某些高致病性亚型引起的一种急性、高度致死性传染病，鸡和火鸡易感性高，临床患禽有急性败血性坏死，或无症状带毒等特点。

1. 宰前鉴定

依感染的禽类品种、年龄、性别、感染程度、病毒毒力及环境因素等表现各异：呼吸道、消化道、生殖系统和神经系统等异常的其中一组或多组症状。主要有病鸡体温急剧上升、精神沉郁、拒食、处昏睡状态，头颜面浮肿，肉冠和肉髯出血、发绀，边缘有紫色坏死斑点，腿和跖部鳞片出现紫黑色出血斑。有的出现神经症状，排黄白色、黄绿色或绿色粪便，有的伴有呼吸道症状，病禽羽毛粗松，产蛋停止。通常高发病率和死亡率。

2. 宰后鉴定

在鸡和火鸡病例中，轻微病变在呼吸道以鼻窦卡他性、纤维素、浆液纤维素、黏液性或干酪性炎症为特征。高致病力毒株可引起内脏器官和皮肤有各种充血、出血和渐进性坏死等病变。

患鸡的眼周围、耳与肉髯水肿，头部皮下有黄色胶样液体。心包积水、心冠脂肪点状出血、心外膜有出血点或有纹状坏死。腺胃乳头出血、溃疡，脾脏、肝脏肿或出血，肾脏肿大，有尿酸盐沉积。肝、脾、肾常有灰黄色坏死灶。成年禽主要表现为卵黄性腹膜炎，多有卵泡膜出血和卵泡变黑、变形、破裂或萎缩。

3. 卫生处理

（1）宰前发现时病鸡采用不放血的形式扑杀，然后销毁。

（2）宰后发现时整个胴体、内脏及副产品均销毁。

二、新城疫

新城疫，也称亚洲鸡瘟，假性鸡瘟，是鸡新城疫病毒引起的主要侵害鸡、火鸡的一种急性热性和败血性传染病。该病表现特征为呼吸困难、下痢、神经机能紊乱，消化道黏膜和浆膜出血等，具有很高的发病率和死亡率。

1. 宰前鉴定

病鸡体温升高至43℃左右，精神委顿或昏睡，食欲减退，咳嗽、气喘，表现呼吸困难，鸡冠、肉髯呈青紫色或黑色。口鼻腔和嗉囊积液，常做吞咽和摇头动作而发出咯咯声。若倒提病鸡，常从口角流有酸臭的暗灰色液体。排出黄绿色或灰白色恶臭稀便，有时混血。有的病鸡出现神经症状，如翅、腿麻痹、头颈后仰、转圈等。

2. 宰后鉴定

可见全身黏膜、浆膜和内脏出血，以消化道、呼吸道病变为显著。腺胃黏膜水肿，且出血溃疡最为常见。肌胃角质层下可见出血点，小肠、盲肠为出血性坏死性炎症，有的形成假膜，脱落后形成溃疡灶。盲肠扁桃体常见肿胀、出血和坏死灶。鼻腔、喉头、气管及支气管中存积有多量污黄色黏液。喉头和气管黏膜充血或有出血小点。肺也充血，气囊增厚。心尖和心冠脂肪有出血点。

3. 卫生处理

与高致病性禽流感的卫生处理相同。

三、禽沙门菌病

禽沙门菌病包括鸡白痢、禽伤寒和禽副伤寒 3 种疾病。

1. 宰前鉴定

（1）鸡白痢　是由鸡白痢沙门菌引起的一种各种年龄鸡均可发生的传染病，以 1～3 周龄雏鸡最易感，成年鸡呈慢性或隐性感染。

病雏主要表现畏寒，沉郁，呼吸困难，尖叫，减食或废食。排乳白色稀粥样或黏性粪便，肛门周围污秽。成鸡白痢多取慢性或隐性经过，无明显症状，而蛋鸡产蛋少，产软蛋或停产。

(2) 禽伤寒　是由鸡伤寒沙门菌引起的一种主要发生于鸡和火鸡的禽类败血性传染病。2～3月龄小鸡和成鸡多易感。

表现为突然停食，体温升高，精神委顿，羽毛蓬乱，两翅下垂，冠和肉髯苍白，排出黄绿色稀粪，呼吸困难。

(3) 禽副伤寒　是由鼠伤寒沙门菌、肠炎沙门菌、鸭沙门菌等引起的一种传染病。各种类家禽野禽均易感。

急性型病禽，主要表现精神沉郁，食欲减退，昏睡，怕冷，口渴，呼吸困难，两翅下垂。初便秘，后腹泻，粪便为粥状或黑色液状，肛门周围羽毛常被粪便污染。抽搐，头向后仰。

慢性型病禽，多见于成年鸡，表现消瘦，排出带血粪便，有时出现抽搐、转圈和麻痹。

2. 宰后鉴定

(1) 鸡白痢　肝脏肿大，质脆易破，有条纹状出血，卵黄吸收不全，心脏、脾脏、胃和后段肠道有出血和坏死结节。常伴有心包炎，心包液增多、浑浊等。成年母鸡卵子变形，皱缩不整，有时滤泡膜充血，卵泡破裂引起腹膜炎及脏器的粘连。

(2) 禽伤寒　常见肝、脾、肾明显地充血肿大，肝脏外观为铜色，肝、心肌上有灰白色粟米粒状小坏死灶。胆囊淤积，卵泡出血变形。

(3) 禽副伤寒　成年禽急性感染可出现出血坏死性肠炎，肝、脾、肾充血肿大，慢性病禽可见肠道溃疡、坏死，肝、脾肿大，心脏有结节，卵子变形。

3. 卫生处理

(1) 宰前发现病禽应急宰。

(2) 宰后发现胴体无病变或病变轻微者，胴体作高温处理，其内脏及血液工业用或销毁。胴体病变明显的，胴体及内脏全部作工业用或销毁。

四、禽巴氏杆菌

又称禽霍乱、禽出血性败血症，是由多杀性巴氏杆菌引起禽的一种急性传染病，以广泛性出血炎症和剧烈下痢为主要特征。发病率和死亡率都很高。

1. 宰前鉴定

本病按病程分为最急性、急性和慢性型，临床以急性和慢性型居多。

(1) 最急性型　为肥壮、高产蛋鸡多发，发病急，突然摇头倒地死亡，无明显症状。

(2) 急性型　最常见，发病急、死亡快。表现为精神委顿，离群呆立或嗜睡，羽毛松乱，缩颈闭目，翅下垂，头常藏于翅内，体温升高到43～44℃，口渴，呼吸困难，口腔、鼻腔分泌物增多，呈淡黄色泡沫状黏液，而冠与肉髯变成青紫或有肿胀。病鸡食欲减退至废绝，多发生剧烈腹泻，排黄白或黄绿稀粪，有时混血液。病鸭还可表现不愿下水，呼吸困难，并常有张口、伸颈和摇头状。

(3) 慢性型　病鸡常以慢性肺炎、慢性呼吸道病及慢性胃肠炎症状为主，消瘦，冠髯变紫、水肿，翅及关节肿大，跛行。重者呼吸困难，鼻腔流出黏液。

2. 宰后鉴定

(1) 最急性型　死亡病鸡无特殊病变，有见心外膜有少数出血点。

（2）急性型　表现败血症变化，全身浆膜、皮下组织、腹部脂肪和腹膜小点状出血。心外膜、心冠脂肪处出血明显，心包扩张，积有多量混有纤维素淡黄色的液体。肺亦充血或出血，肝稍肿大，实质变性变脆，呈黄棕色，于表面散布大量针尖状黄白色或灰白色坏死点。十二指肠严重的卡他性出血性炎症，以点条状出血为主，肌胃也有小点出血。

（3）慢性型　内脏器官特征病变是纤维素性坏死性肺炎、胸膜炎和心包炎变化。肉髯水肿坏死，鼻腔和鼻窦有多量黏性分泌物。关节肿大变形，有炎性渗出物或干酶样坏死。母禽卵泡出血明显，且变形、质软易破。

3. 卫生处理

（1）血液与内脏作工业用或销毁，胴体高温处理后出厂。

（2）羽毛消毒后出厂。

五、鸡马立克病

由马立克病毒所致鸡的一种淋巴样细胞增生的肿瘤性疾病。主要发生于 18 周龄以下近性成熟的小鸡。几周龄的幼鸡病程表现极为明显。

1. 宰前鉴定

按临床症状可分为以下 4 个类型。

（1）内脏型　主要危害幼雏，以 3～4 周和 8～9 周龄的鸡发病较多，病死率高达 60％以上。因内脏瘤变而表现患鸡腹部增大，站立如企鹅，病发突然，病程较短。

（2）神经型　表现以周围神经的淋巴细胞浸润引起的一翅或一腿的进行性麻痹，如患翅或患腿拖拉于地，或两腿前后分开呈劈叉状姿势；重者两腿同时受损的，则倒地不起。一些病例头颈歪斜，呼吸困难，嗉囊扩张、松弛。

（3）眼型　虹膜正常色素消失，变成灰白色，呈白色环形、“珍珠眼”或完全“白眼”，则瞳孔收缩或变形，甚至失明。

（4）皮肤型　于颈、翅、大腿背侧和尾部皮肤上可见大小不等灰白色肿块或结节，有时形成以毛囊为中心的疥癣样小结节，并成结痂。

2. 宰后鉴定

受损害的神经肿大，常表现为坐骨神经丛和臂神经丛等单侧肿大，较正常肿大 2～3 倍，失去原有横纹而变为灰白色或黄色。内脏病变主要为弥漫性肿大或形成淋巴性肿瘤，常于生殖腺、特别是卵巢，以及肝、脾、肾、心、肺、肠系膜、骨骼肌和皮肤等的组织内发生损伤。法氏囊一般呈萎缩状，有的也弥漫性肿大。

3. 卫生处理

确诊为马立克病的病禽或整个胴体及副产品，均作销毁处理。

六、鸡传染性法氏囊

鸡传染性法氏囊病又称腔上囊炎，是由传染性法氏囊病病毒所引起的一种急性、高度接触性传染病。其特征为法氏囊炎，严重拉稀和极度虚脱。本病常发生于 3 周龄至开产前的鸡，3～7 周龄的鸡为发病高峰期，但 3 周龄以下的雏鸡能引起严重的免疫抑制，不表现临床症状。

1. 宰前鉴定

病鸡突然发病，高热，精神沉郁，废食，渴欲增强。伏卧地不起，排黄白色水样稀粪。极度虚弱，脱水严重，衰竭后死亡。

2. 宰后鉴定

一般法氏囊多见出血及萎缩，有的水肿和被膜下渗出黄色或白色陶土胶状物，剖检法氏囊见油样或干酪样的黄色渗出。或见胸肌和腿肌出血，肾脏肿大，细尿管内充满灰白色尿酸盐，且明显扩张。少数病鸡的脾肿大，有灰白色斑点。肝常肿、变色。于腺胃、盲肠、扁桃体及胸腺均出血。

3. 卫生处理

与禽沙门菌病相同。

七、鸡传染性支气管炎

鸡传染性支气管炎是由传染性支气管炎病毒所致的一种急性、高度接触性呼吸道传染病。临床特征为咳嗽、喷嚏和气管啰音。

1. 宰前鉴定

以3～4周龄前的雏鸡最易感，发病鸡表现呼吸症状，沉郁、怕冷，喘气，打喷嚏，咳嗽，气管有啰音，厌食，呼吸困难。产蛋鸡蛋量下降，且产软壳蛋、畸形蛋或粗壳蛋。蛋的品质差，蛋清稀薄水样。肾型病鸡急剧下痢，泻米汤状白色粪便，鸡爪干瘪。

2. 宰后鉴定

主要病变为气管、支气管、鼻腔和鼻窦内有浆液性、黏液性或干酪性渗出物。产蛋母鸡卵泡充血、出血或变形，腹腔内常可见有卵黄物质。未成年母鸡感染后，输卵管有持久性的损害。肾型病变呈“花斑肾”样，多量尿酸盐沉积。

3. 卫生处理

病变部分作工业用或销毁，胴体高温处理后方可出厂。

八、鸡传染性喉气管炎

鸡传染性喉气管炎是由传染性喉气管炎病毒所引起鸡的一种急性接触性呼吸道传染病，该病传播快，病死率较高。特征表现为呼吸困难，咳嗽，咳有血性渗出物。

1. 宰前鉴定

急性病例见喘气和咳嗽，缩头俯卧，精神委顿。重者张嘴呼吸，头颈高伸，伴有喘鸣和啰音。痉挛性咳嗽时，可咳出血块或带血的黏液。喉黏液堵有黄色或带血的干酪样物。慢性病鸡产蛋减少或停止，流泪，呈结膜炎、鼻炎。

2. 宰后鉴定

主要病变见于喉部和气管黏膜肿胀、出血和糜烂。大部分病鸡在喉头处形成黄白色干酪样栓塞，将喉头空隙一部分或全部阻塞。

3. 卫生处理

同鸡传染性支气管炎。

九、禽痘

禽痘是禽痘病毒所致的禽的一种高度接触性传染病。雏禽最为易染。其特征为广泛出血性炎症，呼吸困难和腹泻现象。

1. 宰前鉴定

临床上可划分为皮肤型、白喉型、混合型。

(1) 皮肤型　在冠、肉髯、面部、眼睑和泄殖腔等处，生成灰白色小结节，结节干燥形成痂皮，多个痂皮融合成疣状痂，突出皮肤表面，即为痘。痘皮可留存3～4周而后脱落，留下灰白色的疤痕。一般无明显的全身症状。

(2) 白喉型 主要在口腔和咽喉处先形成黄色斑，后融合成黄白色隆起的斑块，其上覆有假膜。病鸡呼吸与吞咽困难，发出嘎嘎声。

(3) 混合型 于冠、肉髯、眼睑及皮肤上出现痘疹，同时患鸡口腔也发生白喉样病变。

2. 宰后鉴定

体表可见到病禽皮肤和黏膜上有痘样病变，一般病禽消瘦，内脏无肉眼可见的变化，但白喉型禽痘可出现严重的呼吸道卡他性出血性炎症。

3. 卫生处理

(1) 病变仅限头部的病禽，头部作工业用或销毁，其余部分不受限制出厂。

(2) 内脏有病变者，内脏作工业用或销毁，胴体不受限制。

(3) 胴体局部皮肤有病变，肌肉无变化的禽，病变部销毁，其余部位经高温处理后出厂。

(4) 全身痘疹较多，且内脏又有病变者应全部销毁。

第四节 兔常见疾病的鉴定及处理

一、兔病毒性出血症

兔病毒性出血症，俗称为兔瘟，由出血热病毒引起的兔的急性，高度接触性传染病。本病特征为突然发病，呼吸急促，猝死，出血性败血病变。发病率、死亡率均高达95%以上。

1. 宰前鉴定

最急性型无任何症状，患兔突发抽搐，惊厥惨叫，痉挛倒地死亡。急性型表现高热稽留，达41℃以上，呼吸促迫。濒死期体温下降，病兔瘫软不起，高声尖叫，鼻孔流有白色或淡红色黏液。亚急性型较缓和，多因衰竭死亡。慢性型多见抗体出现前带毒的3月龄以下幼兔，精神不振，食欲减弱，呼吸加快，及轻度发热，或少有神经症状，多数可逐渐自行康复。

2. 宰后鉴定

上呼吸道弥散性出血（俗称“红气管”），有血色泡沫状分泌物，全身败血病变明显，肺、肾淤血、水肿，肝、淋巴结出血，肿大，肺、肾、肝表面散布鲜红色出血点。此肾脏又称“大红肾”。心肌淤血，心腔扩张、松弛，且心包水肿有出血。脾脏呈紫黑色，肿胀，小肠黏膜充血。

3. 卫生处理

屠宰中发现病兔应全部不放血方式扑杀后销毁，无症状的同群兔全部急宰，内脏销毁，胴体高温处理后利用；宰后发现病兔应胴体、内脏和皮张全部化制或销毁。

二、兔密螺旋体病

兔密螺旋体病，又称兔梅毒病，亦称蛇状螺旋体病，是由兔梅毒密螺旋体（又称蛇状螺旋体）引起的成年兔的慢性外生殖器官传染病。特征为外生殖器的皮肤及黏膜发生炎症结节和溃疡。发病率高，很少死亡。其他动物和人不感染。

1. 宰前鉴定

于成兔多见，龟头、包皮红肿。阴囊阴茎肿胀，皮肤上有结节，坏死易出血。睾丸肿大，有黄色坏死灶。

2. 宰后鉴定

病变仅限于外生殖器及其他患部的皮肤和黏膜炎症结节和溃疡，内脏无肉眼可见病变。

3. 卫生处理

宰前发现患兔实施急宰，剔除的病变部分化制或销毁，皮张消毒处理，其余的胴体和内脏进行高温处理；宰后检查发现病兔处理同宰前。

三、兔魏氏梭菌病

兔魏氏梭菌病是由 A 型魏氏梭菌所致的兔急性胃肠道传染病。表现特征为急剧腹泻，病死率高。故此病又称为兔的梭菌性下痢。

1. 宰前鉴定

除少数病例突发死亡外，表现特征性的症状为急性剧烈腹泻。初见病兔沉郁，拒食，蹲伏，很快排软的稀粪，黄色水样变为带血胶冻样黑色、褐色稀粪，恶腥臭味。肛门周边、后肢和尾部被毛污秽。机体迅速变衰竭，脱水严重，卧地不起，无体温反应，多病后几小时至一天内死亡。

2. 宰后鉴定

可见病死兔脱水消瘦病变严重，剖检见胃内积食积气，有恶腥臭味。胃底黏膜脱落，胃浆膜面出血，大小不一的黑色溃疡，小肠臌气、充血、出血、积液，肠壁变薄，尤其是盲肠浆膜呈横行条带形出血的特征性病变。

3. 卫生处理

与兔密螺旋体病同。

四、兔葡萄球菌病

兔葡萄球菌病是由金黄色葡萄球菌所引起的家兔的一种传染病。本病主要特征是呈脓毒败血症，或在不同组织器官形成化脓性炎症。

1. 宰前鉴定

在兔体头、颈、背、腿等部皮下及肌肉形成一个或数个大小不均的脓肿。病初脓肿较硬，后逐渐变得柔软，有波动感，坏死后形成溃疡，可流出脓汁。乳房局部红肿，逐渐蔓延整个乳房，初色呈紫红，后转为青紫色。乳房局部变硬、皮温升高，进而形成脓肿。母兔感染可引起流产。发病公兔的包皮有小脓肿、溃烂。仔兔多因吸吮患母兔乳房炎乳的乳汁，引发急性肠炎，肛门附近和后肢被黄色腥臭稀粪污染，尿赤黄，体况瘦弱。

2. 宰后鉴定

主要见于皮下、肌肉、乳房、睾丸、附睾、子宫、关节及内脏等各处的化脓性病灶。大多数化脓灶均被结缔组织包裹，脓汁黏稠，呈乳白色。胸腹腔积脓汁，浆膜有纤维蛋白附着。小肠黏膜充血、出血，肠腔内充满了黏液。膀胱也扩张，充满黄色尿液。

3. 卫生处理

患脓毒败血症的家兔胴体和内脏化制或销毁，患有局部病灶的胴体，将病灶割除作化制或销毁，其余部分高温处理。

五、兔出血性败血症

兔出血性败血症，又称兔巴氏杆菌病、兔出败，由多杀性巴氏杆菌所引起的兔的传染病。本病传染快，死亡率高。

1. 宰前鉴定

依临床症状常分急性、亚急性和慢性 3 种类型。

(1) 急性型　表现为出血性败血症，病兔突变精神委顿，不采食，伴有下痢，体温升高达41℃，后期温度下降，四肢抽搐而死。

（2）亚急性型　主要为鼻炎和结膜炎，在患处见脓性分泌物。兔出现呼噜声、咳嗽、喷嚏，伴搔鼻动作。或有的表现为关节炎。多数患兔1周多因衰弱死亡，少部分可自愈。

（3）慢性型　多表现出传染性鼻炎。初为浆液性鼻漏，后转为脓性，打喷嚏，前爪搔鼻，致鼻孔周干涸，形成痂皮而呼吸困难。常因搔抓多继发化脓性结膜炎、角膜炎、中耳炎或皮下脓肿等，导致病兔极度衰弱而死。

2. 宰后鉴定

（1）急性型　鼻、气管黏膜充血、出血，鼻腔流有脓性分泌物。于喉、气管、肺、心、脾、膀胱和肠等均有出血点和充血，尤小肠出血严重。肝脏肿胀，表面有多量白色、灰白色针尖大小的坏死点，肺炎且水肿，多伴有胸腔积液。

（2）亚急性型　一般还可见浆液性纤维素胸膜炎、心包炎、腹膜炎和大叶性肺炎病变。

（3）慢性型　常见上呼吸道、肺、胸膜与心包膜的慢性炎症。

3. 卫生处理

有病变的内脏及消瘦的胴体作化制或销毁，无病变的内脏、营养良好的胴体高温处理后出厂，病兔皮毛消毒后利用。

六、兔结核病

兔结核病，由结核分枝杆菌引起的一种慢性传染病。

1. 宰前鉴定

病兔主要为厌食、衰弱、消瘦，已患肺结核时，还伴有咳嗽、气喘和呼吸困难表现；患肠结核时，则表现为腹泻。

2. 宰后鉴定

可见全身组织器官出现大小不均的结节，特别在肝、肺、肾、胸膜、心包、支气管淋巴结或肠系膜淋巴结处，为灰白色坚实结节，其中含有干酪样坏死物，外被一层纤维性包膜。若肠结核时，肠系膜淋巴结肿大、小肠与大肠的浆膜有稍突起、坚实和大小不等的病变灶。

3. 卫生处理

患局限性结核时废弃病变器官，或割除局部病灶，余部分高温处理后出厂，患全身性结核或胴体消瘦的，胴体、内脏全部应化制或销毁。

七、兔泰泽病

兔泰泽病是由毛样芽孢杆菌引起的仔兔的一种传染病。主要发生在6～12周龄的仔兔，其特征为腹泻等。

1. 宰前鉴定

病兔出现水样腹泻和脱水，病变严重，后肢有粪汁污染，且精神沉郁，食欲减退。而兔死前水泻症状消失。

2. 宰后鉴定

主要病兔的盲肠、回肠后段、结肠前段的浆膜下见出血点。盲肠壁发生水肿、增厚，盲肠黏膜充血、粗糙，外观呈颗粒状。肝肿大，实质有弥漫性针尖或块状灰白色坏死灶。心肌间可有灰白色条纹。慢性病例，于坏死部肠段的肠腔因纤维化，变得狭窄。

3. 卫生处理

胴体营养良好的，将病变的器官化制或销毁，胴体不受限制出厂，若胴体消瘦者经高温处理。

八、野兔热

野兔热又名土拉杆菌病，是由土拉弗朗希杆菌所致的多种动物的热性传染病，感染的啮齿动物、皮毛兽、家畜、家禽和人特征表现为体温升高、淋巴结肿大及脾、其他内脏的点状坏死病变。常见于野兔，但家兔较少感染。

1. 宰前鉴定

病兔表现体温升高、衰弱、鼻炎、麻痹，体表的淋巴结肿胀，如颌下、颈、腋下淋巴结脓肿等变化。

2. 宰后鉴定

可见病死兔颌下、颈部、腋下淋巴结肿胀、或化脓，有坏死结节，周围组织充血水肿，肝脾等实质器官弥漫有白色小坏死灶，有的肺呈局部性纤维素炎。

3. 卫生处理

宰前发现可疑病兔时，应急宰，病兔采用不放血的形式扑杀，然后销毁；宰后发现时整个胴体、内脏、副产品及皮张均销毁，可疑病兔的皮消毒后使用。

九、兔疥癣

兔疥癣是由兔的疥癣和痒螨寄生引起的一种接触性外寄生虫病。疥螨寄生在皮肤内层，痒螨寄生于皮肤表面，病兔以患部剧痒、皮肤炎症、脱毛为特征。幼兔较成年兔感染率高，病发严重。

1. 宰前鉴定

螨虫体主要侵害兔被毛较为稀少处，如唇、鼻、耳根、腋间、掌等处。病初嘴、鼻患部出现红疹，后变为水泡、脓疱，破溃后结黄色痂皮，如卷纸样，逐渐漫延到眼、耳、脚爪。患部异常发痒，被毛脱落，多因感染而发炎，患兔体消瘦、贫血，有的因衰竭而死亡。

2. 宰后鉴定

病变主要在皮肤被毛稀少处，患处皮肤增厚、结痂、脱毛，粗糙不平，有的可见龟裂。或继发耳炎、癫痫发作。

3. 卫生处理

屠宰发现本病，切除皮肤病变部分，胴体及内脏无限制出厂，皮张消毒灭螨后出厂。

十、兔球虫病

兔球虫病主要是兔艾美耳球虫、穿孔艾美耳球虫引起的兔的一种寄生虫病，通常分为肝球虫病、肠球虫病、混合型球虫病 3 种。幼兔感染多为急性型，死亡率一般在 50%～60%，有的可达 80%以上，而成年兔病发轻微。

1. 宰前鉴定

(1) 肝型　多发于 1～3 月龄幼兔，触患兔肝区痛感明显，且肝肿大，腹胀存有腹水，眼结膜或黄染或苍白，后期多出现腹泻，有的出现神经症状，最终多为衰竭致死亡。

(2) 肠型　病发急性，多为 20～60 日龄幼兔突然倒下、惨叫、后肢抽搐、死亡。耐过患兔呈顽固性腹泻，粪便中有血液。肠管臌气，膀胱积尿，腹腔积液，在外观腹部胀满状。机体消瘦、贫血，被毛粗乱无光，多数由衰竭而死。成年兔多为带虫者，症状轻微，生长缓慢、贫血、消瘦。

(3) 混合型　兼有上述两种症状表现。

2. 宰后鉴定

（1）肝型病例，病变主要在肝脏，表现为肝脏肿大，表面或切面有粟粒到豌豆大小的白色、淡黄色结节。小肠黏膜充血。有时可见腹腔积液。

（2）肠型病例，小肠黏膜发生卡他性炎症，有时可见充血、出血点，肠管充气或积液而特征性肿胀，肠系膜淋巴结也肿大。慢性病例的肠黏膜为淡黄色或淡灰色，可见许多粟粒状灰白色小结节。

3. 卫生处理

宰前检验发现本病的家兔应急宰；患兔的肝肠作工业用或销毁，其余部分不受限制出厂。

【复习思考题】

1. 炭疽患畜的宰前、宰后检验要点及卫生处理方法是什么？
2. 宰后发现结核病患畜如何进行卫生处理？
3. 宰后发现布鲁菌病患畜如何进行卫生处理？
4. 宰后发现口蹄疫患畜如何进行卫生处理？
5. 猪瘟病猪的宰前、宰后检验要点及卫生处理措施是什么？
6. 猪、牛囊尾蚴病的剖检部位和卫生处理方法是什么？
7. 猪旋毛虫病的肌肉压片镜检方法和卫生处理措施是什么？
8. 对弓形体病和棘球蚴病患畜产品如何进行卫生处理？
9. 高致病性禽流感的鉴定要点是什么？如何进行宰后卫生处理？
10. 如何进行鸡的禽霍乱疾病鉴定？
11. 兔瘟的疾病鉴定要点和其宰后卫生处理方式有哪些？

（李汝春　唐雨顺）

第九章　屠宰动物常见病变的检验与处理

【主要内容】 组织病变、皮肤及器官病变、肿瘤的检验与处理，性状异常的检验与处理。

【重点】 组织和器官的出血性病变、败血症、脓肿、心肝肺常见病变、肿瘤、色泽异常肉的检验与处理。

【难点】 通过感觉器官能快速准确判定是疫病引起的病变还是非病原性原因引起的病变。

在屠宰动物的宰后检验中，除了有因疫病引起组织器官发生的病变外，还有许多非疫病引起的组织器官的病理变化，如能正确进行检验与处理，不但具有卫生意义，而且具有经济意义。

第一节　组织病变的检验与处理

一、出血性病变的检验与处理

1. 组织和器官的出血性病变

肌肉和器官的出血是畜禽宰后检验中常见到的病理变化。对出血进行判定时，应尽可能搞清是病原性还是非病原性的，鉴定的重点是出血的颜色、性质和部位，并注意是否伴发水肿、炎症、组织坏死、化脓等变化。另外，还应检查出血部位邻近的淋巴结变化和未发生出血的组织器官的状态。

(1) 机械性出血　为机械作用所致。多发生于体腔、肌肉、皮下和肾旁，常呈局限性的血管破裂性出血，流出的血液蓄积在组织间隙，甚至形成血肿。此种出血在屠畜被猛烈撞击、骨折、外伤（刀伤、挫伤、刺伤等）时最易发生。如在关节、耻骨联合部肌肉、大腿部、腰部肌肉和膈肌处有细小点状出血，常常是由于急速驱赶和吊宰肥猪时引起肌纤维撕裂所致。

(2) 电麻性出血　为电麻不当所致，如电麻时电压过大、持续时间过长。出血多表现为多量的新鲜的放射状出血，以肺出血为多见，尤其是在肺膈叶背缘的肺胸膜下有散在的或密集成片的出血变化，其次是头颈部淋巴结、唾液腺、脾被膜、肾、心外膜、椎骨和颈部结缔组织。淋巴结的出血以边缘出血多见，但淋巴结不肿大。肝也可能出血，只是在肝的暗色背景下不容易被发现而已。

(3) 窒息性出血　为缺氧所引起。主要见于颈部皮下、胸腺和支气管黏膜。表现静脉怒张，血液呈黑红色，有数量不等的暗红色淤点和淤斑。

(4) 病原性出血　为传染病和中毒所引起。多发生在皮肤、皮下组织、浆膜、黏膜和淋巴结以及肌肉等处，常表现为渗出性出血。出血呈散在点状、斑块状或弥散性，且有该病原引起的相应组织、器官的病理变化。病原性出血的时间，可根据鲜红→暗红→紫红→微绿→浅黄的颜色变化顺序来判断出血时间。肌肉内微小的斑点状出血可因机械损伤、中毒或感染引起。

(5) 呛血 采用切颈法（气管、食管、血管齐断）屠宰动物时，动物死前可将血液吸入气管，引起肺呛血。多见于肺膈叶的背缘，向下逐渐减少。呛血区外观呈鲜红色，范围不规则，由弥散性放射状小红点组成，触之有弹性。切开肺呛血区，呈弥漫性鲜红色，其深部较暗。支气管和细支气管内有游离的凝血块。

2. 卫生处理

(1) 由外伤、骨折及肌纤维撕裂引起的新鲜出血，若淋巴结没有炎症变化，则切除出血部位和水肿的组织作工业用或销毁，胴体不受限制出场。

(2) 呛血和电麻引起的出血，如变化轻微，胴体和内脏不受限制出场；如变化严重，将出血部分和呛血肺废弃，其余部分不受限制出场。

(3) 当出血、水肿变化较广泛，淋巴结有炎症时，对胴体、内脏必须进行细菌学检查，其中包括沙门菌的检查，检查结果为阴性时，切除病变部分后尽快出场（厂）；阳性者，经有效高温处理后出场（厂）。若由病理性原因引起的出血，应结合具体疾病处理。

二、组织水肿的检验与处理

1. 组织水肿的病变

组织水肿是指组织内组织液含量增加。在胴体任何部位如有水肿，其边缘呈胶样浸润时，应首先排除炭疽、恶性水肿，然后判定水肿的性质，即判定水肿是炎性水肿还是非炎性水肿。

2. 卫生处理

(1) 单纯性创伤性水肿时，割去病变组织作工业用或销毁，其他部分不受限制。

(2) 当发现皮下水肿，肾周围、网膜、肠系膜及心内外膜等的脂肪组织发生淡黄色或黄红色胶样萎缩时，要检查肌肉有无病变并作细菌学检查。阴性的，切除病变部分，迅速发出利用；阳性者，经高温处理后出场（厂）；同时伴有淋巴结肿大、水肿、放血不良、肌肉松软等，呈恶病质状态者，整个胴体全部化制或销毁。

(3) 后肢和腹部发生水肿时，应仔细检查心、肝、肾等器官，如有病变，则需进行沙门菌检查。阴性的，切除病变器官，胴体迅速发出利用；阳性的，经高温处理后出厂（场）。

三、败血症的检验与处理

1. 败血症的病变

败血症是在动物机体的抵抗力降低时，病原微生物通过创伤或感染灶侵入血液，生长繁殖，产生毒素，引起全身中毒和毒害的病理过程。败血症可以是某些炎症发展的一种结局，也可以是某些传染病的败血型表现。败血症在通常情况下无特异性的病原，许多病原微生物都可引起。败血症一般无特殊病理变化，常表现为各实质器官变性、坏死及炎症变化。胴体放血不良，皮肤、黏膜、浆膜和各种脏器充血、出血、水肿。脾和全身淋巴结充血、炎症细胞浸润及网状内皮细胞增生，从而导致体积增大。当由化脓性细菌感染引起的败血症时，常在器官、组织内发现脓肿或多发性、转移性化脓灶，即脓毒败血症。

2. 卫生处理

(1) 由传染病引起的，按传染病的性质处理。

(2) 非传染病引起的，若病变轻微，肌肉未见变化的，可高温处理后出厂（场）；如果病变严重，肌肉、脂肪有明显病变的，化制或销毁。脓毒败血症的胴体、内脏全部作工业用或销毁。

四、蜂窝织炎的检验与处理

1. 蜂窝织炎的病变

蜂窝织炎是指在皮下或肌间疏松结缔组织发生的一种弥漫性化脓性炎症。发生部位常见于皮下、黏膜下、筋膜下、软骨周围、腹膜下及食道和气管周围的疏松结缔组织。严重时，能引起脓毒败血症。检验时可根据淋巴结、心、肝、肾等器官的充血、出血和变性变化，以及胴体放血程度、肌肉变化等进行判断。

2. 卫生处理

（1）若为局限性病灶，全身肌肉正常，则需进行细菌学检查。结果阴性的，切除病变部分化制，其余部分迅速出场（厂）利用；阳性的，经高温处理后出场（厂）。

（2）若病变已发展为全身性，淋巴结、肝、肾变性，胴体放血不良，则胴体、内脏全部化制或销毁。

五、脂肪组织坏死的检验与处理

1. 脂肪组织坏死的病变

脂肪组织坏死是指屠畜体内某些部位的脂肪组织细胞发生坏死和崩解，局部形态结构有明显的改变。可按原因分为三种类型。

（1）胰性脂肪坏死　主要见于猪。是由于胰腺发炎、导管阻塞、寄生虫寄生在胰腺或胰腺遭受机械性损伤，胰脂肪酶游离出来分解胰腺间质及其附近肠系膜的脂肪组织，有时波及网膜和肾周围的脂肪组织。病灶外观呈细小而致密的无光泽的浊白色颗粒状，有时呈不规则的油灰状，质地变硬，失去正常的弹性和油腻感。

（2）营养性脂肪坏死　最常见于牛和绵羊，偶见于猪。其发生一般与慢性消耗性疾病（结核病、副结核病等）有关，但也见于肥胖牲畜的急性饥饿、消化障碍（肠炎、创伤性胃炎、肠胃阻塞）或其他疾病（肺炎、子宫炎）。不论何种原因引起，变化的本质是体脂利用不全，即脂肪分解的速度超过了脂肪酸转变的速度，导致部分脂肪酸沉积在脂肪组织中。病变可发生于全身各部位的脂肪，但以肠系膜、网膜和肾周围的脂肪最常见。病变脂肪暗淡无光，呈白垩色，质地明显变硬；病变初期，脂肪组织内有许多散在的淡黄色坏死点，如撒上的粉笔灰，以后这些坏死点逐渐扩大、融合，形成坚实的坏死团块或结节。

（3）外伤性脂肪坏死　常见于猪的背部皮下脂肪组织，由于机械性损伤使组织释放出脂肪酶，将局部脂肪分解所引起。坏死脂肪呈白垩质样团块，坚实无光，有时呈油灰状。这种变化的脂肪对周围组织有刺激作用，常引起周围组织发炎，有时积聚了炎性渗出物，会误认为脓肿或创伤性感染。切开病变部位，可见有黄色或白色的油灰状渗出物，或者渗出物很少，主要是慢性炎症引起的结缔组织增生。如有外伤存在，渗出物可从坏死的局部流出体外。

2. 卫生处理

（1）脂肪坏死轻微，无损商品外观，不受限制出厂（场）。

（2）如果脂肪坏死病变明显，可将病变部分切除化制，胴体不受限制出厂（场）。

六、脓肿的检验与处理

1. 脓肿的病变

脓肿是宰后常见的一种病变，容易识别。当在任何组织器官发现脓肿时，首先应该考虑是否发生脓毒败血症。对无包囊，而周围炎性反应明显的新脓肿，一旦查明是转移性的，即肯定是脓毒败血症。肺、脾、肾的脓肿，其原发病灶可能存在于四肢、子宫、乳房等部位。

肝脓肿多见于牛，主要发生于肝实质，以膈面为多见，其大小不一。脓肿可能是单个存在的，有时也可能数目很多，致使肝只存留些实质的残余，且肿得很大。脓肿大小由豌豆大到排球大。多数情况下，脓肿的脓液是浓稠的，无气味。但是由于网胃创伤引起的脓肿的脓液，往往带有强烈的难闻气味。这种脓肿通常有较厚的结缔组织包囊。肝脓肿的起源多种多样，可发生于一般的脓毒血症、肠道微生物的侵入、犊牛脐炎、各种蠕虫的死亡等。此外肝脓肿的发生还可能常与原发性或继发性副伤寒沙门菌的感染有关。肝脓肿还可发生于脓毒败血症转移性脓肿。脓肿的原因仍然是不明的。据调查，肝脓肿往往发生于酒糟和油渣、糖渣饲喂的牛。

颌下区域脓肿多见于猪、牛，多由创伤感染引起，检查时注意与颌下淋巴结核及继发链球菌等感染相鉴别。

2. 卫生处理

（1）局部形成有包囊的脓肿，采取不割破脓包情况下，切除脓肿区及其相邻组织，其余部分不受利用。

（2）如果脓肿不可能切除或数量多，将整个器官化制。

（3）多发性新鲜脓肿或脓肿具有不良气味的，整个器官或胴体化制。被脓液污染或吸附有脓液难闻气味的胴体部分，割除化制。

七、擦伤和淤伤

1. 擦伤

擦伤是伴有某种程度的局部性炎症变化，多见于屠畜的舌、颊肉和带皮猪体表。本病变一般位于体表，处理时切除患部组织后，胴体、内脏不受限制出场。如擦伤继发感染，引起全身性病变，表明有败血症可疑时，应将屠体化制或销毁。

2. 淤伤

淤伤是由于皮下或肌内注射、骨折、创伤等引起，一般位置较深，并伴有明显的出血现象。一般而言，淤伤不引起全身病变，切除局部淤伤即可，如伴有全身性病变，表明继发感染已进入全身化。有毒血症或败血症之疑者，应将屠体化制或销毁。

第二节　皮肤及器官病变的检验与处理

一、皮肤病变的检验与处理

1. 皮肤的病变

（1）外伤性出血　皮肤表面常出现不规则粗条或细条状出血带，斑块状出血较少见。此种出血，多由于宰前粗暴鞭打、棒击所致。

（2）电麻所致出血　在皮肤上表现为新鲜不规则的点状或斑点出血，有时呈放射状，与患传染病时皮肤的规则出血点或斑不同。

（3）弥漫性红染　屠宰致昏时，心脏没有停止跳动，即进行泡烫，常有皮肤大面积发红的现象。此外，处于应激状态的猪只，迅速屠宰加工后也易出现这种变化。

（4）梅花斑　一种中央暗红色、周围有红晕的斑块，见于猪臀部皮肤，常两侧对称出现，可能是过敏性反应所致。

（5）荨麻疹　发病初期于胸下部和胸部两侧出现扁豆大小的淡红色疹块，有的遍布全身。随后疹块扩大且突出于表面，中心苍白，周边发红，呈圆形或非正方形，有时为四边形，易与猪丹毒相混淆。这种疹块与喂马铃薯和荞麦等饲料有关，是一种过敏性反应。

(6) 棘皮症　皮肤表面弥散无数小突起，病变面积较大，有时波及全身。与维生素、含硫氨基酸缺乏等因素有关。

(7) 皮肤脱屑症　皮肤粗糙，颇似撒上一层麸皮，是营养缺乏、螨或真菌侵袭所致。

(8) 黑痣　黑色小米粒至扁豆大的疣状增生物，突出或不突出于皮肤表面，是黑色素细胞疣状增殖所致。

(9) 癣　多呈圆形，大小不等，病部皮肤粗糙，少毛或无毛，由毛癣菌和小孢子菌等寄生所引起。

猪的上述皮肤变化，相关淋巴结即使充血，但不肿大，且不伴有胴体和内脏的变化，据此可与传染病相区别。

2. 卫生处理

(1) 病变轻微的，胴体不受限制出厂（场）。

(2) 病变严重的，将病变部分割除化制，其余部分不受限制出厂（场）。

二、肺脏病变的检验与处理

1. 肺脏的病变

肺脏是发病较多的器官，除多种传染病和寄生虫病可在肺上引起特定的病变外，在肺上还可见到各种形式的病变，如肺呛血、肺呛水、各种肺炎等。

(1) 肺电麻出血　电麻不当所致屠体出血以肺脏最为显著。一般常出现在膈叶背缘的肺胸膜下，呈散在性，有时密集成片，如喷血状，鲜红色，边缘不整。

(2) 肺呛水　屠宰时，将未死透的猪放入汤池，烫池水被猪吸入肺内引起。呛水区多见于肺的尖叶和心叶，有时波及膈叶。其特征是肺极度膨胀，外观呈浅灰色或淡黄色，肺胸膜紧张而有弹性，剖开后见有温热、浑浊的水样液体溢出。支气管淋巴结无任何变化。

(3) 肺呛血　屠宰时三管齐断法（食管、气管、血管），血和胃内容物流入肺内引起。多局限肺膈叶背缘。

(4) 支气管肺炎　其病变多发生于肺的尖叶、心叶和膈叶的前下部。发炎的肺组织坚实，病灶部表面因充血而呈暗红色，散在或密集发生有多量粟米大、米粒大或黄豆大的灰黄色病灶。切面也呈暗红色，在小叶范围内密布灰黄色粟米大、米粒大或黄豆大的岛屿状炎性病灶。

(5) 纤维素性肺炎　病变特征为肺内有红色肝变期、灰色肝病期的肝变病灶，肺胸膜和肋胸膜表面有纤维附着并形成粘连。

(6) 坏疽性肺炎　肺组织肿大，触摸坚硬，切开病变部可见污灰色、灰绿色甚至黑色的膏状和粥状坏疽物，有恶臭味。有时病变部因腐败、液化而形成空洞，流出污灰色恶臭液体。坏疽性肺多由肺内进入异物引起。

(7) 化脓性肺炎　病变特点是在支气管肺炎的基础上。出现大小不等的脓肿。

2. 卫生处理

(1) 电麻出血肺，利用不受限制。肺呛血、肺呛水，局部割除化制，其余可利用。

(2) 其他病变肺，作工业用或销毁。

三、心脏病变的检验与处理

1. 心脏的病变

(1) 心肌炎　心肌呈灰黄色或灰白色似煮肉状，质地松软，心脏扩张。炎症若为局灶性，在心内膜和心外膜下可见灰黄色或灰白色斑块或条纹。化脓性心肌炎时，在心肌内有散在的大小不等的化脓灶。

(2) 心内膜炎　最常见的是疣状心内膜炎，以心瓣膜发生疣状血栓为特征；其次是溃疡性心内膜炎，其特征是在病变部瓣膜上出现溃疡。

(3) 心包炎　最常见的是牛创伤性心包炎，心包囊极度扩张，其中沉积有淡黄色纤维蛋白或脓性渗出物，具有恶臭。慢性病例，心包极度增厚，与周围器官发生粘连，形成“绒毛心”。而非创伤性心包炎，常为单一发生或并发于其他疾病，如结核性心包炎。而猪肺疫、猪瘟常发生浆液性、纤维素性心包炎。

(4) 心内、外膜出血　常见于各种急性传染病和某些中毒病。麻电引起的心脏出血，常见心外膜有散在、新鲜出血小点。

(5) 心冠脂肪胶样萎缩　是由于长期营养不良，慢性胃肠炎或寄生虫性贫血引起。表现为冠状沟脂肪呈淡土粉色，半透明胶状。

除以上变化外，心脏的变化还有脂肪浸润（肥胖病）、心肌肥大、肿瘤等。

2. 卫生处理

(1) 心肌肥大、脂肪浸润、慢性心肌炎而不伴有其他器官的变化，心脏可食用。

(2) 心内膜炎、非创伤性心包炎、急性心肌炎以及心肌松弛和色泽改变时，心脏作工业用。

(3) 创伤性心包炎时，心脏化制；对肉的处理进行沙门菌检验，阴性的，胴体不受限制出场；阳性的，胴体高温处理。

四、肝脏病变的检验与处理

1. 肝脏的病变

除疫病的特定病变外，肝脏的主要病理变化如下。

(1) 肝脂肪变性　常由传染、中毒等因素引起，多见于败血性疾病。表现肝脏肿大，被膜紧张，边缘钝厚，呈不同程度的浅黄色或土黄色，质地松软而脆，切面有油腻感，此称为“脂肪肝”。病程长时，肝体积缩小。如肝脂肪变性合并黄疸时，色泽呈柠檬黄色或藏红花色；若肝脂肪变性同时又有淤血时，肝脏切面由暗红色的淤血部和黄褐色的脂变部交织掺杂形成类似槟榔切面的花纹，此称为“槟榔肝”。

(2) 饥饿肝　由饥饿、长途运输、惊恐奔跑、挣扎和疼痛等因素引起的，不伴有胴体和其他脏器异常变化。特征是肝呈黄褐色或土黄色，但体积不肿大，结构质地无变化。

(3) 肝淤血　轻度淤血，肝脏实质正常。淤血严重的，体积增大，被膜紧张，边缘钝圆，呈蓝紫色，切开时有暗红色血液流出。

(4) 肝坏死　多见于牛肝。大多数是感染坏死杆菌的缘故，见肝表面和实质散在榛实大或更大一些的凝固性坏死灶，呈灰色或灰黄色，质地脆弱，切面景象模糊，周围常有红晕。

(5) 肝硬变　见于传染病、寄生虫病或非传染性肝炎。其特点是肝脏内结缔组织增生，使肝脏变硬和变形。萎缩性肝硬变时，一般肝体积缩小，被膜增厚，质地变硬，色灰红或暗黄，肝表面呈颗粒状或结节状，称为“石板肝”。肥大性肝硬变时，肝体积增大2～3倍，质地坚实、表面平滑或略呈颗粒状，称为“大肝”。

(6) 肝中毒性营养不良　为全身性中毒或感染的结果，各种家畜都可发生，但以猪多见。病变初期似脂肪肝，随后在黄色背景上出现散在红色岛屿状或槟榔样斑纹，肝脏体积缩小，质地柔软。如病程延长，因结缔组织增生和肝实质再生，质地变硬，导致肝硬变。

(7) 寄生虫性病肝　以牛、羊、猪多见。如有棘球蚴和细颈囊尾蚴寄生时，肝脏表面散发绿豆大至黄豆大黄白色结节，或散在黄豆大至鸡蛋大的圆形半透明的棘球蚴和细颈囊尾蚴囊泡嵌入肝组织，有的形成花纹斑以及肝包膜炎。肝脏如有蛔虫移行时，可形成乳白色斑纹，即“乳斑肝”。

2. 卫生处理

（1）脂肪肝、饥饿肝以及轻度的肝淤血和肝硬变，利用不受限制。

（2）“槟榔肝”、“大肝”、“石板肝”、中毒性营养不良肝及脓肿、坏死肝，一律化制或销毁。

（3）寄生虫性病变，如病变轻微，修割病变部分后鲜销；如病变严重者，整个肝脏予以化制或销毁。

五、脾脏病变的检验与处理

1. 脾脏的病变

（1）急性脾炎　脾较正常增大2～3倍，有时达4～16倍，质软，切开后白髓和红髓分辨不清，脾髓呈黑红色，如煤焦油样，常见于一些败血性传染病。

（2）坏死性脾炎　脾脏部肿大或轻度肿大，主要变化在脾小体和红髓内均可见到散在性的小坏死灶和嗜中心粒细胞浸润。见于出血性败血病，如鸡新城疫、禽霍乱。

（3）脾脏脓肿　常见于马腺疫、犊牛脐炎、牛创伤性网胃炎等。

（4）脾脏梗死　常发生于脾脏边缘，约扁豆大，常见于猪瘟。

（5）慢性脾炎　脾体积稍大或较正常较小，质地较坚硬，切面平整或稍隆突，在深红色的背景上可见或白色或灰黄色增大的脾小体，呈颗粒状向外突出，此称为细胞增生性脾炎。主要见于慢性猪丹毒、猪副伤寒、布鲁菌病等。在结核和鼻疽病时，尚可见到结核结节和鼻疽结节。

2. 卫生处理

无论起因如何，凡具有病理变化的脾脏，一律销毁。

六、肾脏病变的检验与处理

1. 肾脏的病变

除特定传染病和寄生虫病引起的肾脏病理变化外，在屠宰检验中还可常见到肾囊肿、肾结石、肾梗死、肾盂积水、肾脓肿、各种肾炎及肿瘤等。

2. 卫生处理

除轻度的肾结石、肾囊肿、肾梗死，可修割局部病变后食用外，其他各种病变的肾一律化制。

七、胃肠病变的检验与处理

1. 胃肠的病变

畜禽疾病有很多是经消化道感染的，胃肠是感染的重要门户，可发生各种病理变化，如各种炎症、糜烂、溃疡、坏疽、结核、肿瘤、粘连性腹膜炎等。

猪宰后检验常发现肠壁和淋巴结含气泡，称“肠气肿”。如果气体串入黏膜下层，可在肠壁上见到多发性大小不等的气泡。

2. 卫生处理

处理时除将肠气肿的肠道放气后可供食用外，其他病变胃肠一律化制。

第三节　性状异常肉的检验与处理

一、气味和滋味异常肉的检验与处理

气味和滋味异常肉，在动物屠宰后和保藏期间均可发现。其种类主要有饲料气味、性气味、病理性气味、特殊气味（如汽油味、油漆味、烂鱼虾味、消毒药物味）等。

1. 气味和滋味异常肉的检验

目前，检验气味异常肉仍然依靠人的嗅觉，必要时可切取小块肉煮沸嗅闻来判定。

(1) 饲料气味　动物宰前长期饲喂带有浓厚气味的饲料，如苦艾、萝卜、甜菜、油饼渣、鱼粉、蚕蛹粕及剩菜、剩饭的泔水等。使肉和脂肪产生令人厌恶的废水气味及其他各种异味。将肉切成小块，放置 2～3d，可使气味减轻或消失。

(2) 性气味　未去势或晚去势的家畜肉，特别是老公猪肉、老母猪肉、公山羊肉，常散发出难闻的性臭气味。一般认为肉的性气味在去势后 2～3 周消失，脂肪的性气味在去势后 2～5 个月消失，实际上要晚得多，唾液腺的性气味则消失更慢。因此，检验上述腺体对发现性气味肉有特殊意义。

(3) 药物气味　屠畜禽在屠宰前注射或服用具有芳香或其他有特殊气味的药物，如乙醚、樟脑、氯仿、松节油、克辽林等。可以使肌肉带有药物的气味，这种情况在动物急宰后最为常见。

(4) 病理性气味　指当畜禽患某种疾病时，肉和脂肪带有特殊气味。如患气肿疽和恶性水肿时，肉有陈腐油脂气味；患创伤性脓性心包炎和腹膜炎时，肉有腐尸臭味；患蜂窝织炎、瘤胃臌气时，肉有腥臭味；患酮血病时，肉有烂苹果味；砷中毒时，肉有大蒜味；患尿毒症时，肉有尿臊臭味；禽患卵黄性腹膜炎时，肉有恶臭气味。

(5) 附加气味　指将肉在贮运时置于具有特殊气味（如消毒药、漏氨冷库、鱼、虾、烂水果、塑料、蔬菜、葱、蒜、油漆、煤油等）的环境中，因吸附作用而使肉具有异常的附加气味。

(6) 发酵性酸臭　新鲜胴体冷凉时，由于吊挂过密或堆放，胴体间空气不流通，使其深部余热不能及时散失，引起自身产酸发酵，使肉质软化，色泽深暗，带有酸臭味。

2. 卫生处理

气味和滋味异常肉的卫生处理可依据不同情况分别对待。在排除禁忌证（如病理性因素、毒物中毒）的情况下，将有异常气味的肉放于通风处，经 24h 切块煮沸后嗅闻，如果仍然保持原有气味者，不得上市销售，胴体化制或销毁；如果仅有个别部分有气味，则将该部分割除，其余部分出售、食用不受限制。

二、色泽异常肉的检验与处理

1. 色泽异常肉的检验

屠畜宰后检验中常见的色泽异常肉有：黄脂肉、黄疸肉、红膘肉、白肌肉、白肌病肉、黑色素沉着肉等。

(1) 黄脂肉　又称为黄膘肉，是指皮下或腹腔脂肪发黄，质地较硬，稍呈浑浊，而其他组织器官不发黄的一种色泽异常肉。一般认为，黄脂肉是饲料中黄色素沉积于脂肪组织所发生的一种非正常黄染现象，发生的原因是长期饲喂黄玉米、芜菁、棉籽饼、南瓜、胡萝卜等饲料，或饲喂鱼粉、蚕蛹、鱼肝油下脚料等所致。有人认为，某些品种的猪易发生是与遗传

因素有关。它们都仅仅是脂肪有黄色素沉着，而呈黄色甚至黄褐色，尤以背部和腹部皮下脂肪最为明显。黄脂肉随放置时间延长，颜色会逐渐减退或消失。

（2）黄疸肉　由于体内胆红素生成过多或排泄障碍所引起。大量溶血或胆汁排除受阻，导致大量胆红素进入血液、组织液，把全身各组织染成黄色，除脂肪组织发黄外，全身皮肤（白皮猪）、巩膜、结膜、黏膜、浆膜、关节囊液、腱鞘及内脏器官均染成不同程度的黄色，以关节囊液、组织液、皮肤和肌腱黄染对黄疸和黄脂的鉴别具有重要的意义。此外，绝大多数黄疸病例（80%以上）的肝脏和胆道都呈现明显的病变，与传染病并发的黄疸，肝、肾等器官有病理变化。黄疸肉存放时间愈长，其颜色愈深，这也是区别黄脂肉的重要特征（见表9-1）。

表 9-1　黄脂肉和黄疸肉的鉴别

项　目	黄　脂　肉	黄　疸　肉
着色部位	皮下、腹腔脂肪	全身各部位皮肤、脂肪、可视黏膜、巩膜、关节液、肌腱、实质器官等
发生原因	与饲料及猪的品种有关	溶血或胆汁排泄受阻
放置后变化	放置时间稍长，颜色变淡或消退	放置时间愈长，颜色愈黄愈深
氢氧化钠鉴别法	上层乙醚为黄色，下层液无色	上层乙醚为无色，下层液黄色或黄绿色
硫酸鉴别法	滤液呈阴性反应	滤液呈绿色，加入硫酸，适当加热变成淡蓝色

（3）红膘肉　指皮下脂肪由于充血、出血或血红素浸润而呈现粉红色。除某些传染病（如急性猪丹毒、猪肺疫）外，还可由于背部受到冷、热等机械性刺激而引起，特别在烫猪水温超过68℃时，常可见到皮下和皮肤发红。在此情况下，应仔细检查内脏和主要淋巴结有无病理变化。

（4）白肌肉　白肌肉又叫“PSE”肉，也称“水煮样肉”。主要特征是肉的颜色苍白，质地柔软，有液体渗出，病理变化多发生于半腱肌、半膜肌和背最长肌。发生的原因多是因为猪在宰前应激所致，即宰前机体受到强烈刺激（如驱赶、恐吓、冲淋、电击）后，肾上腺分泌增多，导致肌肉中肌糖原的磷酸化酶活性增强，在缺氧状态下糖的无氧酵解过程加速，产生大量乳酸，使肉的pH下降（pH降至5.70以下，健康动物新鲜肉的pH为5.80～6.20），再加上宰前高温和僵直热使肌纤维膜变性，肌浆蛋白凝固收缩，肌肉游离水增多而渗出，从而使肌肉色泽变淡，质地变脆，切面多汁。

（5）白肌病肉　主要发生于幼龄动物，特征是骨骼肌和心肌发生变性和坏死，病变常发生于负重较大的肌肉群，主要是后腿的半腱肌、半膜肌和股二头肌，其次是背最长肌。发生病变的骨骼肌呈白色条纹或斑块，严重的整个肌肉呈弥漫性黄色，切面干燥，似鱼肉样外观，左右两侧肌肉常呈对称性发生。一般认为，白肌病肉是缺乏维生素E和微量元素硒，或维生素E利用障碍而引起的一种营养代谢病。

（6）黑色素沉着　又名黑变病，黑色素正常是由位于皮肤基底层的成黑色素细胞将酪氨酸转化而成的，存在于动物的皮肤、被毛、视网膜、脉络膜和虹膜，赋予其相应的颜色和防御阳光的辐射，而起保护动物机体的作用。如果在其他组织或器官里，有黑色素沉着，使组织或器官呈黑斑者叫黑色素沉着或叫黑变病。常见于犊牛等幼畜或深色皮肤动物及牛、羊的肝脏、肺脏、胸膜和淋巴结。黑色素沉着的组织或器官由于色素沉着的数量及分布状态不同，而呈现棕褐色或黑色，分布由斑点到整个器官不等。

2. 卫生处理

（1）黄脂肉胴体放置24h颜色变淡或消失时，肉可食用，可上市销售。放置24h色素消退不快或有异味不允许上市，其胴体、内脏可经高温处理后销售。

（2）黄疸肉确认后一律不得上市，其胴体如膘情良好，肌肉无异味，可进行腌制或熬油。若胴体消瘦，放置24h黄色退化不显著，肉尸内脏一律销毁。怀疑是传染病引起的黄疸应进一步送检，胴体和内脏按动物防疫法规定处理。

（3）红膘肉如系传染病引起，应结合该传染病处理规定处理，如内脏淋巴结没有明显病理变化的红膘肉，将胴体及内脏高温处理后出场。

（4）白肌肉味道不佳，加热烹调时营养损失很大，口感粗硬，不宜鲜售。如果感官上变化轻微，在切除病变部位后，胴体和内脏可不受限制出场。病变严重，有全身变化时，在切除病变部位后，胴体和内脏可做复制品出售，但不宜做腌腊制品的原料。

（5）白肌病肉全身肌肉有变化时，胴体作工业用或销毁；病变轻微而局部的，经修割后可食用。

（6）黑色素沉着轻度的组织和器官可以食用，重度者将局部修割或废弃病变器官，其余部分可供食用，也可用来制作复制品或化制。

第四节　肿瘤的检验与处理

肿瘤是机体在某些内外致瘤因素的作用下，一些组织、细胞发生质的改变，表现出细胞生长迅速，代谢异常，新生细胞幼稚化，其结构和功能不同于正常细胞，表现异常增生的细胞群。

良性肿瘤一般生长较慢，不发生转移，常不危及生命。恶性肿瘤一般发生转移，可发生转移，对机体危害较大。

目前对肿瘤的本质还没有完全认识清楚。对动物肿瘤与人类肿瘤的关系还未弄清。因而无法澄清患肿瘤动物的肉品与人类健康上的关系。但人们从某些现象上观察到人类肿瘤与动物肿瘤在病因和流行病学上有一定的相关性。

人类某种肿瘤高发区也是动物同类肿瘤的高发区。这一现象说明人畜肿瘤有相同的致瘤（癌）因素，如在人原发性肝癌高发区中，猪、鸭和鹅的肝癌发生率也高，人食管癌高发区中，鸡的咽癌、食管癌和山羊的食管癌比人的发生率还高。

临床观察表明，动物的乳头状瘤、牛白血病可以互相感染。患白血病的犬和直接接触患儿的正常犬的血浆中都检出了C型致瘤病毒。这些研究证明动物的白血病或恶性淋巴瘤与人白血病可能有关系。研究还发现，某些动物的致癌病毒可使体外培养的人体细胞发生癌变，人的致癌病毒也可使动物的细胞发生癌变。以上研究说明某些肿瘤病人与肿瘤动物之间的联系，或动物肿瘤之间的联系。

近年来，肿瘤的检出率有逐年上升的趋势，给畜牧业造成了严重的损失，也给肉品加工业造成了重大失误经济损失。同时，漏检的畜禽肿瘤肉品还可对人体健康造成一定的威胁。

1. 畜禽常见肿瘤的检验

由于畜禽肿瘤种类繁多，生长方式和生长部位不同，其外观形态、大小、色泽差异很大，最终鉴定必须通过组织学检查，以判断是何种肿瘤和它的良恶性质。然而宰后检验是在高速度的流水生产线上进行，不可能对发现的病理变化都做组织切片检查，只能就眼观变化做出判断，提出处理意见。

大多数肿瘤呈现出肿块，也有少数不形成肿块的肿瘤。有的瘤体内形成有囊腔并含有液状内容物。一般生长在身体或器官表面的良性肿瘤多呈结节状、息肉状或乳头状，瘤体表面光滑；发生于深层组织的良性肿瘤一般为近于圆形的结节状。良性肿瘤通常有较厚的包膜，切面呈灰白色或乳白色，质地较硬，与周围正常组织有明显的分界。一般恶性肿瘤呈蟹足浸润生长，多呈菜花样或形状不规则的结节状，无明显的包膜或包膜不完整，较薄，瘤体表面凹凸不平，有的瘤体表面有出血、坏死、溃疡及裂隙等现象，切面实质呈灰白色或鱼肉样，质地较嫩，均匀一致或呈分叶状。良性肿瘤瘤体可能长得很大，恶性肿瘤一般体积不大。有些弥漫型肿瘤不形成明显的肿块，肿瘤细胞仅在组织器官内呈浸润性生长，使病变组织器官变硬，体积增大。较常见的畜禽肿瘤如下。

猪：肝癌、淋巴肉瘤、纤维瘤、肾母细胞瘤、平滑肌瘤。

牛：淋巴肉瘤、肝癌、腺癌、纤维肉瘤、纤维瘤。

羊：肺腺瘤样瘤。

兔：肾胚瘤、间皮细胞瘤。

鸡：马立克病、白血病、肾母细胞瘤、卵巢腺癌、肝癌。

鸭：肝癌、腺癌。

鹅：淋巴肉瘤。

下面介绍畜禽常见肿瘤的眼观变化，供肉品卫生检验时参考。

(1) 乳头状瘤　属良性肿瘤，各种动物均可发生，反刍动物多发。好发部位为皮肤、黏膜等。根据间质成分的多少可分为硬性乳头状瘤和软性乳头状瘤。前者多发于皮肤、口腔、舌、膀胱及食道管等处，含纤维成分较多，质地坚硬。后者多发生于胃、肠、子宫、膀胱等处的黏膜，含纤维成分较少，细胞成分较多，质地柔软，易出血。

乳头状瘤因外形呈乳头状而得名。大小不一致，一般与基底部正常组织有较宽的联系，也有的肿瘤与基底组织只有一短而细的柄相连，表面粗糙，有时还有刺样突出。生长于牛皮肤或外生殖器（阴茎、阴道）的纤维乳头状瘤，常呈乳头状或结节状，有时呈菜花样突起于皮肤或阴道黏膜，表面因外伤而发生出血。

(2) 腺瘤　发生于腺上皮的良性肿瘤。腺上皮细胞占主要成分的，称为单纯性腺瘤，间质占主要成分的，称为纤维腺瘤；腺上皮的分泌物大量蓄积，使腺腔高度扩张而成囊状的，则称囊瘤或囊腺瘤。腺瘤眼观呈结节状，但在黏膜面可呈息肉状或乳头状，多发生于猪、牛、马、鸡的卵巢肾、肝、甲状腺、肺脏等器官。

(3) 纤维瘤　发生于结缔组织的良性肿瘤，由结缔组织纤维和成纤维细胞构成。常发生于皮肤、皮下、肌膜、腱、骨膜以及子宫、阴道等处，根据细胞和纤维成分的比例，可分为硬性纤维瘤和软性纤维瘤。

硬性纤维瘤含胶质纤维多，细胞成分较少，故质地坚硬。多呈圆形结节状或分叶状，有完整的包膜，切面干燥，灰白色，有丝绢样光泽，并可见纤维呈编织状交错分布。软性纤维瘤含细胞成分多，胶质纤维较少，质地柔软，有完整的包膜，切面淡红色，湿润，发生于黏膜上的软性纤维瘤，常有较强的带与基底组织连接，称为息肉。

(4) 纤维肉瘤　是发生于结缔组织的恶性肿瘤。各种动物均可发生，最常发生于皮下结缔组织、骨膜、肌膜、腱，其次是口腔黏膜、心内膜、肾、肝、淋巴结和脾脏等处。外观呈不规则的结节状，质地柔软，切面灰白，鱼肉样，常见出血和坏死。

(5) 猪鼻咽癌　我国华南地区多发，患猪生前经常流浓稠鼻涕，有时发生衄血，鼻塞，面颊肿胀，逐渐消瘦。剖检见鼻咽顶部黏膜增厚粗糙，呈微细突起或结节状肿块，苍白、质脆、无光泽，有时散布小的坏死灶。结节表面和切面有新的疤痕。患鼻咽癌的猪往往同时伴发鼻旁窦癌。

(6) 鸡食管癌　多发生于6月龄以上鸡的咽部和食管上段，食管中、下段很少发生。外观呈菜花样或结节状，有时呈浸润性生长，使局部黏膜增厚。肿瘤表面易发生坏死，呈黄色或粉红色。坏死周围黏膜隆起、外翻、增厚，切面灰白，质硬，颗粒状。

(7) 鳞状上皮癌　是发生于复层扁平上皮或变形上皮组织的一种恶性肿瘤，主要见于皮肤、口腔、食道、胃、阴道及子宫等部分。这种肿瘤多半是长期慢性刺激或在慢性炎症基础上发展而成的。此时，复层扁平上皮细胞异常增生，并突出基底膜而向深层生长，与原有组织失去联系，形成许多大小不等、形状不一的细胞团块，称为癌巢。其中心在眼观时，呈灰白、半透明细小颗粒，此称为癌珠。凡有癌珠的鳞状上皮癌称为角化型鳞状上皮癌（或称角化癌）。这种癌瘤，外形多呈结节状，生长比较缓慢，切面呈泡状构造，挤压时可脱出灰白色小颗粒（即癌珠）。有的鳞状上皮癌由于生长迅速，缺乏癌珠，则称为非角化型鳞状上皮癌，这种癌生长迅速，恶性程度高，外形多呈菜花样或不规则的形态。

鳞状上皮癌除因呈浸润性生长而破坏局部组织外，并常经淋巴或血液转移到远隔部位的淋巴结或全身各组织器官内，从而形成新的转移癌。

(8) 鸡卵巢腺癌　多发生于成年母鸡，两岁以上的鸡发病率最高。病鸡呈进行性消瘦，贫血，食欲减退，产蛋减少或不产蛋，腹部膨大，下垂，行走时状如企鹅。剖检时可见腹腔有大量淡黄色混有血液的腹水，卵巢中有灰白色、无包膜、坚实的肿瘤结节，外观呈菜花样，有些呈半透明的囊泡状，大小不等，灰白或灰红色，有些发生坏死。也可见残存的变性的坏死卵泡。卵巢癌可在腹腔其他器官（胃、肠、肠系膜、输卵管等）浆膜面形成转移癌瘤，外观呈灰白色、坚实的结节状或菜花样。

(9) 原发性肝癌　原发性肝癌可见于牛、猪、鸡和鸭，往往呈地区性高发。主要是由于黄曲霉毒素慢性中毒所致。由肝细胞形成的称肝细胞性肝癌，由胆管上皮细胞形成的称胆管上皮细胞性肝癌。

猪的原发性肝癌，可分为巨块型、结节型和弥漫型。巨块型肝癌较少见，在肝脏中形成巨大的癌块，癌块周围常有若干个卫星性结节。结节型最常见，特征是在肝组织形成大小不等的类圆形结节，小的仅有几毫米，大的可达数厘米，通常在肝脏各叶中同时存在多个结节，切面呈乳白色、灰白色、灰红色、淡绿色或黄绿色，与周围组织分界明显。弥漫型是不形成明显的结节，癌细胞弥漫地浸润于肝实质，形成不规则的灰白色或灰黄色斑点或斑块。

(10) 肾母细胞瘤　肾母细胞瘤又称肾胚胎瘤，是幼龄动物常见的一种肿瘤，最多见于兔、猪和鸡，也见于牛和羊。

兔和猪的肾母细胞瘤多数为一侧肾脏发生，少数为两侧性。常在肾脏的一端形成肿瘤，大小不等，小的如小米或绿豆大，一般呈圆形或分叶状，白色或黄白色，有薄层完整的包膜，肾实质受压迫而使肾脏萎缩变形。切面结构均匀，灰白色，肉瘤样，有时有出血和坏死。偶见肺和肝脏有转移瘤形成。

剖检可见肿瘤的外形和大小出入很大，小的呈淡红色结节状，或呈淡黄色分叶状，大的可取大部分肾脏，或呈巨大的肿块，仅以细的纤维柄蒂与肾脏相连。肿瘤切面呈灰红色，其中散在灰黄色的坏死斑点，偶见钙化灶。有时大的肿瘤形成囊状，囊泡大小不等，含有澄清的液体，切面呈蜂窝状。

(11) 黑色素瘤　动物多发的黑色素瘤大多为恶性瘤——恶性黑色素瘤，是由成黑色素细胞形成的肿瘤。各种动物均可发生，但老龄的淡毛色的马属动物最多见，其次是牛、羊、猪和犬。原发部位主要是肛门和尾根部的皮下组织，呈圆形的肿块，大小不等，切面呈分叶状，深黑色的肿瘤块被灰白色的结缔组织分割成大小不等的圆形小结节，此瘤生长迅速，瘤细胞可经淋巴和血液转移，在盆腔淋巴结、肺、心、肝、脾、胸膜、脑、眼、肌肉、阴囊、骨髓等全身组织器官形成转移瘤。

2. 患肿瘤畜禽的卫生评价

宰后检验对肿瘤病畜禽的卫生评价，一般是根据胴体的肉质状况、肿瘤的良恶性质、是否扩散转移、单发或多发，来进行评价。

（1）一个脏器上发现有肿瘤时，如果胴体不瘠瘦，且无其他明显病变的，患病脏器化制或销毁，其他脏器和胴体经高温处理；胴体瘠瘦或肌肉有变化的，胴体和脏器化制或销毁。

（2）两个或两个以上脏器被检出有肿瘤病变，其胴体、内脏全部作工业用或销毁。

（3）经确诊为淋巴肉瘤或白血病者，不论肿瘤病变如何，其胴体和内脏等一律销毁。

【复习思考题】

1. 宰后检验肌肉和器官的出血性病变是病原性原因还是非病原性原因引起的感官鉴别要点是什么？如何进行卫生处理？
2. 宰后检验败血症的病变特征与卫生处理措施是什么？
3. 宰后检验原发性脓肿与转移性脓肿的感官鉴别要点及卫生处理措施是什么？
4. 宰后检验心、肝、肺常见的病变有哪些？如何进行卫生处理？
5. 常见的气味和滋味异常肉有哪些？如何进行鉴定及卫生处理？
6. 黄脂肉与黄疸肉如何进行鉴别与处理？
7. 白肌肉和白肌病肉如何进行鉴别与处理？
8. 良性肿瘤与恶性肿瘤的感官鉴别要点及卫生处理措施是什么？

（李汝春）

第三单元

屠宰动物产品的卫生检验

第十章 肉及肉制品的加工卫生与检验

【主要内容】 肉的概念、食用意义；肉在保藏过程中的变化及其影响因素；肉及肉制品的加工卫生要求及检验鉴定方法和标准。

【重点】 鲜肉在保藏中的变化及新鲜度的检验；肉制品的检验鉴定方法和标准。

【难点】 肉在保藏过程中发生变化的原因和发生各种变化的机理。

第一节 肉的概述

一、肉的概念

对于肉的概念，要根据其在不同的行业、不同的加工利用场合来理解其含义，才能了解肉的食用价值。从广义上说，凡是适合人类作为食品的动物机体的所有构成部分都可称为肉。在肉品工业和商品学中，肉则专指去毛或皮、头、蹄、尾和内脏的家畜胴体，或称白条肉；把去掉羽毛、内脏及爪的家禽胴体称为光禽；而把头、尾、蹄、爪、内脏统称为副产品或下水。因此，这里所说的肉包括肌肉、脂肪、骨、软骨、筋膜、神经、脉管和淋巴结等多种成分。而在肉制品中所说的肉，仅指肌肉以及其中的各种软组织，不包括骨及软骨组织。精肉则是指不带骨，且去掉可见的脂肪、筋膜、血管、神经的骨骼肌。

在加工分割肉时，根据不同部位而将肉冠以不同的名称，如分割猪肉中的颈背肌肉、前腿肌肉、大排肌肉、后腿肌肉；分割牛肉中的股部肌肉、臀部肌肉、里脊肉等；分割鸡中的翅膀、全腿、带骨胸肉、去骨胸肉等。在屠宰加工和肉的冷冻加工过程中，根据肉的温度又将肉分为热鲜肉、冷却肉、冷冻肉等。

从生物学角度来看，肉是由肌肉组织、脂肪组织、结缔组织及骨组织等组成的，其中肌肉组织占50%～60%，脂肪组织占20%～30%，结缔组织占9%～14%，骨组织占15%～22%。其组成的比例依家畜的种类、品种、年龄、性别、营养状况、肥育程度而有所差异，见表10-1。

表10-1 胴体各组织的比例 %

动物种类	肌肉组织	脂肪组织	骨组织	结缔组织
膘情差的牛	60.0	3.5	21.6	14.3
肥育牛	52.1	23	14.1	9.8
中等肥度羊	57.4	4.5	21.9	16.2
肥育羊	—	31.2	—	—
5月龄猪	50.3	31.0	10.4	—
6月龄猪	47.8	35.0	9.5	—
7月龄猪	43.5	41.4	8.3	—
瘦肉猪	53～60	20～30	15～20	9～11

从生物化学的角度看，肉是由水、含氮有机化合物、脂肪酸的甘油酯、碳水化合物、有机盐、无机盐、多种金属及各种酶组成的复杂构成物。肉的化学性质属于胶体，但其本身并

不同质。同一动物的不同部位以及不同种类动物体的同名部位的肌肉群，在构造上是各不相同的，所以肉在质和量上是多种多样的，决定着不同的食用价值和不同的加工过程。

二、肉的形态结构

1. 肌肉组织

肌肉组织是构成肉的主要组成部分，不仅所占的比例大，而且是最有食用价值的部分。各种畜禽的肌肉平均占活体重的27%～44%，或胴体重的50%～60%。肉用品种的畜禽肌肉组织所占比例高，而肥育过的较未肥育过的比例低，幼年与老年、公畜与母畜之间也有差异。肌肉组织在畜禽体内分布很不均匀，通常家畜在臀部、颈部、肩部和腰部的肌肉较丰满，而禽类则以胸肌和腿肌最为发达。

从商品角度来说，肌肉组织主要是指在生物学中称之为横纹肌的部分，也叫骨骼肌。完整的肌肉是由多量的肌纤维（即肌细胞）和较少量的结缔组织及脂肪细胞、腱、血管、淋巴管、神经等构成的。

肌肉组织的基本单元是肌纤维，每50～100根肌纤维束由一结缔组织膜包被起来，称为初级肌束，数十根初级肌束再由较厚的结缔组织包被起来，成一个较大的肌束，称为次级肌束。包被初级肌束和次级肌束的结缔组织膜称为肌束膜。我们肉眼能够看到肌肉横断面上的大理石样外观，就是由肌束和位于肌间的结缔组织与脂肪组织构成的。次级肌束再次集合，周围包以较厚而坚固的肌外膜，即构成完整的肌肉。肌纤维因动物种类与性别不同而有粗细之别，水牛的肌纤维最粗，黄牛肉、猪肉次之，绵羊肉最细，公畜肉粗，母畜肉细。故检验时常借助于这种特性来鉴别各种动物肉。

2. 脂肪组织

脂肪组织主要分布在皮下、肠系膜、网膜、肾周围等，有时也贮积于肌肉间和肌束间。肌间脂肪的贮积，使肉的断面呈所谓的大理石样外观，能改善肉的滋味和品质。不同动物体内脂肪含量差异很大，少的仅占胴体的2%，多的可达40%。一般来说，母畜比公畜的脂肪含量多，鸭和鹅比鸡的脂肪含量多，肥育的比不肥育的畜禽脂肪含量多。从胴体部位看，脂肪组织在胸、腹、腰部较多，臀部较少。

脂肪组织是由大量的脂肪细胞填充于少量疏松的结缔组织中构成的。脂肪细胞内除脂肪内含物外，尚有少量的细胞质分布于脂肪内含物的表面。脂肪的气味、颜色、熔点、硬度与动物的种类、品种、饲料、个体肥育状况及脂肪在体内的位置不同而有不同。猪的脂肪呈白色，质地较软；牛的脂肪呈淡黄色，羊的脂肪呈白色，质地较硬；鸡、鸭、鹅等家禽的脂肪均为不同程度的黄色，其质地均较软。

3. 结缔组织

结缔组织广泛分布于畜禽机体各部，是构成肌腱、筋膜、韧带及肌肉外膜、脂肪组织中的网状基架、血管、淋巴管等的主要成分，主要起支持和连接作用，并赋予肌肉以韧性、伸缩性和一定的外形。结缔组织除了细胞成分和基质外，主要是胶原纤维、弹性纤维和网状纤维。胶原纤维在肌腱、软骨和皮肤等组织中分布较多，有较强的韧性，不能溶解和消化，在特定温度下，便发生收缩，70～100℃湿热处理能发生水解，硬度减退形成明胶。弹性纤维在血管、韧带组织中分布较多，不受煮沸、稀酸和碱的破坏，通常水煮不能产生明胶。网状纤维主要分布于内脏的结缔组织和脂肪组织中。富含结缔组织的肉，不仅适口性差，营养价值也不高。

4. 骨组织

骨组织包括骨和软骨，动物体内骨的含量影响肉的食用价值，骨的含量越高，肉的可食用部分就越少。随着动物年龄的增长和脂肪的增加，骨组织所占的比例相对减少。不同种类的动物，骨骼含量也不同，骨骼所占百分比分别为：牛肉为15%～20%，犊牛肉为25%～50%，猪肉为12%～20%，羔羊肉为17%～35%，鸡肉为8%～17%，兔肉为12%～15%。

骨骼是由外部的骨密质和内部的骨松质构成。前者致密、坚实，后者疏松如海绵状，两者的比例依骨骼的机能而异。因为骨骼内腔和松质骨里充满骨髓，所以骨松质越多，食用价值越高。骨骼中一般含5%～27%的脂肪和10%～32%骨胶原，其他成分为矿物质和水。故骨骼煮熬时出现大量的骨油和骨胶，可增加肉汤的滋味和香味，并使之具有凝固性。

上述四种组织中，肌肉组织和脂肪组织是肉的营养价值之所在，其比例越大，肉的商品价值和食用价值越高，质量越好。结缔组织和骨组织所占比例越大，肉的质量越差。

三、肉的化学组成

无论是何种动物的肉，其化学组成都包括水分、蛋白质、脂肪、矿物质、少量的碳水化合物及某些种类的维生素。这些物质的含量，因动物的种类、品种、性别、年龄、个体、机体部位及营养状况而异。各种畜禽肉类化学成分见表10-2。

表10-2 畜禽肉类化学成分（100g）

品种	水分/g	蛋白质/g	脂肪/g	碳水化合物/g	灰分/g	可食部分/%
猪肉(肥瘦)	46.8	13.2	37.0	2.4	0.6	100
猪肉(肥)	8.8	2.4	90.4	0	0.2	100
猪肉(瘦)	71.0	20.3	6.2	1.5	1.0	100
牛肉(肥瘦)	68.1	18.1	13.4	0	1.1	100
牛肉(瘦)	75.2	20.2	2.3	1.2	1.1	100
羊肉(肥瘦)	66.9	19.0	14.1	0	1.2	90
羊肉(瘦)	74.2	20.5	3.9	0.2	1.2	90
马肉	74.1	20.1	4.6	0.1	1.1	100
驴肉(瘦)	73.8	21.5	3.2	0.4	1.1	100
兔肉	76.2	19.7	2.2	0.9	1.0	100
狗肉	76.0	16.8	4.6	1.8	0.8	100
鸡	69.0	19.3	9.4	1.3	1.0	66
鸡(肉鸡、肥)	46.1	16.7	35.4	0.9	0.9	74
鸭	63.9	15.5	19.7	0.2	0.7	68
鹅	62.9	17.9	19.9	0	0.8	63
鸽	66.6	16.5	14.2	1.7	1.0	42
鹌鹑	75.1	20.2	3.1	0.2	1.4	58

（一）蛋白质

肉的化学成分中除水分外，固体部分约有4/5是蛋白质。一般根据蛋白质存在的位置和盐溶液中的溶解度不同，分为三种主要蛋白质：肌原纤维蛋白、肌浆蛋白和基质蛋白。这些蛋白质在肉品中的含量依动物种类、解剖部位等不同而差异很大，见表10-3。

表10-3 动物的蛋白质种类及含量 %

项目	哺乳动物肉	禽肉	鱼肉
肌原纤维蛋白	49～55	50～60	67～75
肌浆蛋白	30～34	30～34	20～30
基质蛋白	10～17	5～7	1～3

1. 肌原纤维中的蛋白质

这种蛋白质是肌原纤维的结构蛋白质，是肌肉收缩的物质基础，负责将化学能转变为机械能，在肌肉中约占11.5%，占总蛋白的40%～60%，哺乳动物约占骨骼肌总蛋白的1/2，鱼类约占骨骼肌总蛋白质的2/3。肌原纤维蛋白质中50%为肌凝蛋白，23%为肌纤蛋白，6%为结合蛋白，5%为原肌凝蛋白，5%为肌钙蛋白。

(1) 肌凝蛋白　肌凝蛋白与球蛋白相似，故又称肌球蛋白，是肌节中暗带粗丝组成成分。在肌肉中约占5.5%，是构成肌原纤维的主要结构蛋白质，并具有ATP酶活性，能分解腺苷三磷酸为腺苷二磷酸和无机磷酸，并释放出能量，供肌肉收缩时消耗。肌凝蛋白易与肌纤蛋白结合，形成肌纤凝蛋白复合物后，具有弹性和收缩性，与肌肉收缩有关，结合时肌凝蛋白与肌纤蛋白的比例为（2.5～3）∶1。

肌凝蛋白是肌肉中极其重要的蛋白质，它关系到宰后肉的僵硬和成熟过程以及肉加工中的嫩度变化，与肌肉的生物化学性质有关。

(2) 肌纤蛋白　肌纤蛋白又称肌动蛋白，是构成肌原纤维细丝的主要成分，在肌肉中约占2.5%，它不具有ATP酶的性质。肌纤蛋白有两种不同的存在形式，即球形肌纤蛋白（G-actin）和纤维形肌纤蛋白（F-actin）。肌肉收缩时以球形肌纤蛋白出现，肌肉松弛时以纤维形肌纤蛋白出现。

2. 肌浆中的蛋白质

由新鲜的肌肉中压榨出含有可溶性蛋白质的液体，称为肌浆。肌浆中的蛋白质包括肌溶蛋白、肌红蛋白、肌球蛋白X及肌粒中的蛋白质等，一般约占肌肉中蛋白质总量的20%～30%。这些蛋白质溶于水或低离子强度的中性盐溶液中，是肉中最容易提取的蛋白质，又因为这些蛋白质提取时黏度很低，常称为肌肉的可溶性蛋白质。肌浆蛋白的主要功能是参与肌纤维中的物质代谢，大部分与肌肉收缩时的能量供应有关。

(1) 肌溶蛋白　肌溶蛋白即肌清蛋白（肌清是肌浆凝固后剩下的液体部分），占肌浆蛋白质的大部分，在肌肉中约占4%。肌溶蛋白质属于简单蛋白，是完全营养蛋白质。可溶于水，不稳定，在其等电点（pH约6.3）时极易变性，加热至52℃即凝固，很容易从肌肉中分离出来。具有酶的性质，大多数是与糖代谢有关的酶。

(2) 肌红蛋白　肌红蛋白与血红蛋白相似，系血红素与珠蛋白构成的一种含铁的结合色蛋白，是肌肉呈现红色的主要成分。肌肉中的肌红蛋白的含量因动物种类不同而有所差异，猪肉为0.06%～0.4%，羔羊肉为0.20%～0.60%，牛肉为0.30%～1.00%，家禽肉为0.02%～0.18%，公畜比母畜含量高，成年动物比幼年动物含量高，经常运动的肌肉比运动少的肌肉含量高。其与氧的结合能力较血红蛋白为强，它与血红蛋白的不同之处在于肌红蛋白分子中只有1个铁原子，而血红蛋白则含有4个铁原子。

肌红蛋白在加热时遭受破坏，从而导致熟肉和肉制品变为灰褐色。这是由于肌红蛋白有多种衍生物，即正常状态下呈鲜红色的氧合肌红蛋白［$Mb(Fe^{2+})$］，加工成腌腊制品时呈鲜亮红色的一氧化氮肌红蛋白［$NO\text{-}Mb(Fe^{2+})$］，加热后呈灰褐色的高铁肌红蛋白［$Mb(Fe^{3+})$］等，这些衍生物与肉及肉制品的颜色有直接关系。

(3) 肌粒中的蛋白质　肌粒包括肌核、肌粒体及微粒体等，存在于肌浆中。肌粒体蛋白质中包括三羧酸循环的酶系统、脂肪β-氧化酶体系以及产生能量的电子传递体系和氧化磷酸化酶体系。微粒中含有对肌肉收缩起抑制作用的弛张因子。

3. 基质蛋白质

基质蛋白质也称间质蛋白质，是指肌肉磨碎之后在高浓度的中性盐溶液中充分抽出之后残渣部分，包括肌束膜、肌膜、毛细血管壁等结缔组织，其成分主要是硬性蛋白的胶原蛋白、弹性蛋白和网状硬蛋白等，在肉中约占2%。

(1) 胶原蛋白　胶原蛋白属于硬蛋白类，其分子在正常情况下，只能轻度延长。胶原蛋白不溶于一般的蛋白质溶剂，将湿胶原蛋白热至60℃，即骤然收缩至原来长度的1/4～1/3；在碱或盐的影响下，即吸水膨胀，与水共煮（70～100℃）可变成明胶，此种变化在胃内也能进行；胶原可被胃蛋白酶水解，但胰蛋白酶对它则没有作用，而明胶可被各种非特异性蛋白酶水解。明胶在干燥状态下很稳定，潮湿状态下易被细菌分解。明胶不溶于冷水，但加水后逐渐吸水膨胀软化。明胶在加热后熔化，冷却后即凝成胶块，熔点25～30℃。

(2) 弹性蛋白　弹性蛋白是呈黄色的弹性纤维，在很多组织中与胶原蛋白共存，在韧带、血管组织中数量多，而在皮肤、腱、肌肉膜、脂肪组织等分布较少，约占弹性组织总固体重量的25%。弹性蛋白的弹性很强，但强度不如胶原蛋白，其抗断力只为胶原蛋白的1/10。其化学性质很稳定，一般不溶于水，即使在热水中煮沸也不能变为明胶，不易被胃蛋白酶或胰蛋白酶水解，只能在加热至160℃时才开始水解。

(3) 网状蛋白　网状蛋白对酸、碱、蛋白酶较稳定，在湿热时也不能变为明胶。

此外，在肌基质中还有存在于肌束和肌纤维间使肌肉易于滑动的粘蛋白和类粘蛋白，以及作为神经纤维组成成分的神经角蛋白等。

（二）脂肪

脂肪是各种脂肪酸的甘油三酯（如硬脂、软脂等）。广义的脂肪包括中性脂肪和类脂，狭义的脂肪仅指中性脂肪。类脂包括磷脂、糖脂、脂蛋白、胆固醇、游离脂肪酸等。脂肪和类脂统称为脂类，中性脂肪是脂类的主要成分。肌肉组织中的脂肪含量和品质因动物种类、肥度、性别、年龄、使役和饲养的不同而有所差异，阉割的动物和幼小动物脂肪均匀地分布在各个肌群之间，使肉柔软而有香味。

脂肪的性质主要受各种脂肪酸含量的影响。动物脂肪的熔点差不多接近体温，但经常接触寒冷部位的脂肪熔点较低。脂肪熔点越接近人的体温，其消化率越高，熔点在50℃以上者则不易消化。动物脂肪以饱和脂肪酸为主。当脂肪中含有大量高级饱和脂肪酸（如硬脂酸）时，脂肪熔点较高，常温时多呈凝固较硬状态（如牛脂、羊脂）；脂肪中含有大量的油酸（不饱合脂肪酸）或低级脂肪酸时，脂肪呈软膏状（如猪和禽类脂肪）。动物肉品中的脂肪根据存在的部位不同又可分为沉积脂肪（如皮下脂肪、大网膜脂肪及肌间脂肪等）和组织脂肪（肌肉组织及脏器组织内的脂肪）。动物脂肪组织中一般中性脂肪占90%左右，水分占7%～8%，蛋白质占3%～4%。脂肪的沉积量及组成、性质也因动物种类、品种、性别、年龄、饲料营养、环境以及沉积部位不同而差异很大。

（三）碳水化合物

畜禽肉中的碳水化合物是以糖原（动物淀粉）形式存在的，其含量一般为1%左右。动物宰前休息越好，屠宰放血时挣扎越少，则肉中糖原消耗越少而积累越多。肌糖原的含量对宰后肉的成熟具有非常重要的作用。畜禽在宰前经过长途运输、过度疲劳而休息不好，或患有疾病，以及强烈的应激和在宰杀放血时过度挣扎等，都会引起肌糖原过多地消耗，使肌肉中糖原量减少，则宰后的肉在成熟过程中产酸少，致使肉不能发生正常的成熟过程，肉的pH偏高，这样的肉不耐保藏，品质低，口感差。

（四）矿物质

畜禽肉中的矿物质含量约占肉重的1%，主要有钾、钠、钙、镁、硫、磷、氯、铁、锌、铜、锰等，其中以钾、磷、硫、钠含量较多，见表10-4。

（五）维生素

畜禽肉中含有各种维生素，但在不同的肉品或脏器中含量差异较大。肉品中脂溶性维生素含量很少，但除维生素C外其他水溶性维生素的含量比较丰富（见表10-5）。动物脏器中

表 10-4　常见动物肉品中的矿物质含量　%

种类	K	Na	Ca	Mg	P	S	Cl	Fe
牛肉	0.338	0.084	0.012	0.024	0.495	0.575	0.076	0.0043
猪肉	0.169	0.042	0.006	0.012	0.247	0.288	0.038	0.0021
兔肉	0.479	0.067	0.026	0.048	0.579	0.498	0.051	0.008
鸡肉	0.560	0.128	0.015	0.061	0.580	0.292	0.060	0.013

表 10-5　常见动物肉和脏器的维生素含量（每 100g 鲜样）

种类	维生素 A /IU	维生素 B_1 /mg	维生素 B_2 /mg	维生素 PP /mg	泛酸 /mg	生物素 /μg	叶酸 /μg	维生素 B_6 /μg	维生素 B_{12} /μg	维生素 C /mg	维生素 D
牛肉	微量	0.07	0.20	5.0	0.4	3.0	10.0	0.3	2.0	0	微量
犊牛肉	微量	0.10	0.20	7.0	0.6	5.0	5.0	0.3	0	0	微量
猪肉	微量	1.0	0.20	5.0	0.6	4.0	3.0	0.5	2.0	0	微量
羊肉	微量	0.15	0.25	5.0	0.5	3.0	3.0	0.4	2.0	0	微量
猪肝	2610	0.40	2.11	16.2	—	—	—	—	—	18.0	—
牛肝	5490	0.39	2.30	16.2	—	—	—	—	—	18.0	—
猪肾	微量	0.38	1.12	4.5	—	—	—	—	—	5.0	—
牛肾	102	0.34	1.75	5.1	—	—	—	—	—	6.0	—

维生素含量较多，尤其是肝脏中各种维生素的含量都很丰富。

（六）含氮浸出物和无氮浸出物

肌肉的组成成分中，除蛋白质等成分外，还有一些能用沸水从磨碎肌肉中提取的物质，包括很多种有机物和无机物，这些统称为浸出物。其中含氮的有机物在肌肉中约占 1.5%，主要有各种游离氨基酸、肌酸、磷酸肌酸、核苷酸类物质（ATP、ADP、AMP、IMP）、肌肽、鹅肌肽、组胺等。这些物质可溶于盐水，而不被三氯乙酸沉淀，这表明它们不是蛋白质，而是含氮物组成的复合物。肉中含氮浸出物越多，味道越浓。

除含氮浸出物外，尚有约占 0.5%的无氮浸出物，属于这类物质的有动物淀粉、糊精、麦芽糖、葡萄糖、琥珀酸、乳酸等。

（七）水分

水分是肌肉中含量最多的组成成分，约占 70%。水在肌肉中以结合水和自由水的形式存在，结合水以氢键结合力与蛋白质多糖类化合物牢固地结合，构成胶粒周围水膜的水，在冰点以下或更低的温度不结冰，不具有溶剂作用，不能被微生物利用。结合水越多，肌肉的保水性越大。自由水被蛋白质、纤维网状结构机械地吸着，能自由运动，具有溶剂作用，可被微生物利用。因此，影响肉品保藏的水分主要是自由水。肉品中的自由水不仅作为纯水存在，而且还溶解了肉品中的可溶性物质。肉品中的水分含量及其保水性能直接关系到肉及肉制品的组织状态、品质和风味。

四、肉的食用意义

肉中含有人体生长、发育和保健所需要的蛋白质、脂肪、碳水化合物、矿物质和维生素等全部的营养物质，对人类具有很高的食用价值。

蛋白质是肌肉中重要的部分，一般含量高达 18%，尤其重要的是，构成肉类蛋白质的氨基酸中含有丰富的人体不能合成的必需氨基酸，而且各种氨基酸的比例适合人类营养的需要，因此蛋白质的生理价值很高。

家畜脂肪除羊脂消化率低（88.0%）外，猪脂、牛脂的消化率分别为 97%与 93%。畜禽脂肪的基本食用价值是供应能量，在改善肉的适口性和味道方面也起着重要的作用。当吃肉时，由于咀嚼，肌膜被破坏，液化的油脂就会顺势流出，在咀嚼和吞咽时成了一种润滑剂，提高了肉的细腻感；同时肉内脂肪还含有许多成味物质，也增加了肉的风味。

肉中含有较丰富的矿物质，如骨及软骨中含有较多的磷和钙，血液中含有较丰富的铁，肌肉中含有丰富的锌。更为重要的是，肉类食品中矿物质的利用率优于植物性食品，是人体获取钙、磷和某些微量元素的重要来源。

肉中含有多种维生素，是B族维生素的良好来源，维生素 B_1、维生素 B_2、维生素 PP、泛酸、维生素 B_{12} 等都有一定含量，尤其以维生素 B_1 含量最多，肉类几乎是人类维生素 B_{12} 的唯一来源。动物肝脏中含有丰富的维生素 A、维生素 D。这些都是动物性食品的营养价值所在。

总之，肉是营养价值很高的食品，它不仅供给人类大量的全价蛋白、脂肪、矿物质和维生素，还具有吸收率高、耐饥、适口性好等特点。另外，肉类产品易于加工，几乎适合于各种方法的烹饪，适合制作多种佳肴，这更增加了肉类食品的食用价值。

第二节　肉在保藏时的变化与新鲜度的检验

动物在屠宰后，一般并不立即供人们食用，而是经过一定的加工、贮藏后，才供人们食用。在这加工贮藏过程中肉内发生着一系列的变化，经过四个食用价值完全不同的四个期。刚屠宰后的动物肉很快进入僵直期，此时肉虽新鲜，但不适合食用，因为这时的肉吃起来口感粗糙，缺乏风味。但在一定温度下放置一定的时间，肉就进入了成熟期，此时肉的适口性和风味都得到了改善，这时的肉是最适于食用的。成熟的肉如果保藏不当，则会发生肉的自溶，使肉的质量有所下降，如不及时的处理和食用，还会在微生物的作用下发生腐败变质，以至不能食用。所以不同时期的肉食用价值不同，我们必须了解肉所处的状态，才能既提高肉的食用价值，又保证肉品的卫生质量。

一、肉在保藏时的变化

（一）肉的僵直

屠宰后的动物肉，随着肌糖原酵解和各种生化反应的进行，肌纤维发生强直性收缩，使肌肉失去弹性，变得僵硬，这种肉称为僵直肉，这个过程，称为肉的僵直。

1. 肉僵直机理

动物死亡后，呼吸停止，肌糖原不能完全氧化生成 CO_2 和 H_2O，而是进行无氧酵解生成乳酸，使肉的 pH 下降，经过 24h 后，肉的 pH 从 7.0～7.2 下降至 5.6～6.0。当乳酸生成达一定界限时，分解肌糖原的酶类活性逐渐消失，而另一酶类—无机磷酸化酶的活性大大增强，开始促使 ATP 迅速分解，形成磷酸，使肉的 pH 继续下降至 5.4 左右。由于肌肉中 ATP 的减少，肌纤维的肌质网体崩裂，其内部保存的 Ca^{2+} 释放出来，使肌浆中的 Ca^{2+} 的浓度增高，促使粗丝中的肌球蛋白 ATP 酶活化，更加快了 ATP 的减少，因而促使 Mg-ATP 复合体的解离。这与动物活体肌肉受神经支配时的过程相同，此时，肌球蛋白纤维粗丝和肌动蛋白纤维细丝结合成肌动－球蛋白复合体，但在这种情况下，由于 ATP 的不断减少，这种反应为不可逆性，则引起肌纤维永久性的收缩，因而肌肉表现为僵直。

2. 影响肉僵直的因素

肌肉僵直出现的早晚和持续时间的长短与动物种类、年龄、环境温度、生前状态和屠宰方法有关。不同种类动物从死后到开始僵直的速度，一般来说，鱼类最快，依次为禽类、马、猪、牛。一般动物死后1～6h开始僵直，到10～20h达到最高峰，至20～48h僵直过程结束，肉开始缓解变软进入成熟阶段。

肌肉僵直所需时间，受多种条件和因素的影响，如糖原含量、ATP含量、环境温度、pH等。肌肉中ATP减少的速度越快，发生僵直的速度亦越快。而糖原含量直接影响ATP生成量，对于生前处于患病、饥饿、过度疲劳的动物，宰后肌肉中糖原的含量明显减少，则ATP生成量更少，可大大缩短僵直期。环境温度越高，酶的活性越强，肉僵直期出现越早，且维持时间短；反之，僵直越慢，持续时间也越长。

3. 僵直肉的特点

处于僵直期的肉，pH下降呈酸性，保水性降低、适口性差。这种肉在加热炖煮时不易转化成明胶，不易咀嚼和消化，肉汤也较浑浊，缺乏风味，食用价值及滋味都较差，因此，处于僵直期的肉不宜烹调食用。

但由于僵直期的肉保水性差，pH低，不适合微生物生长繁殖，所以僵直期的肉是新鲜的，僵直期维持时间越长，肉保持新鲜的时间也越长。

（二）肉的成熟

屠宰后的动物肉在一定的温度下贮存一定的时间，继僵直之后肌肉组织变得柔嫩而有弹性，切面富有水分，易于煮烂，肉汤澄清透明，肉质鲜嫩可口，具有愉快的香气和滋味，这种食用性质得到改善的肉称为成熟肉，其变化过程称为肉的成熟。肉在食用之前，原则上都要经过成熟过程来改善其品质，特别是牛肉和羊肉，成熟对提高其风味是非常必要的，但必须严格控制成熟过程，才能获得满意的结果。肉的成熟过程，实际上在解僵期已经开始了，所以从过程来讲，解僵期与成熟期不一定能够严格区分开来。

1. 肉成熟机理

肉成熟的全过程目前还不十分清楚，但经过成熟之后的肉，游离氨基酸、10个以下氨基酸的缩合物都增加，游离的低分子多肽形成，使肉的风味提高。这些非蛋白含氮物的增加是由于肌肉中水解蛋白酶的作用引起的。

肉中水解蛋白酶种类很多，它们必须在中性或酸性条件下才能表现出活性，肉在成熟过程中，蛋白质的水解作用主要与三种酶有关，即中性多肽酶（CAF）、组织蛋白酶D和组织蛋白酶L。这3种酶的活性各有不同的适宜pH，所以，肉成熟过程中pH的变化是决定酶的活性和作用程度的主要因素。当肉的pH为7左右时，主要是CAF发挥作用；当肉的pH在5.5～6时，主要是组织蛋白酶L发挥作用；当肉的pH降至5.5以下时，主要由组织蛋白酶D发挥作用。由于这些酶的作用，使蛋白质发生部分分解，产生游离氨基酸，如谷氨酸、精氨酸、亮氨酸、缬氨酸、甘氨酸的含量明显增多，这些氨基酸都能增强肉的滋味与香气。同时，ATP分解为次黄嘌呤核苷，再进一步脱去核苷而成为次黄嘌呤，使肉赋予一种特殊的香味和鲜味。

肉在成熟过程中，pH发生变化，从僵硬期开始慢慢地上升，但仍保持在5.6左右。在此过程中，由于蛋白质分解生成一些较小的单位，使肌纤维的渗透性增高；此外，蛋白质的电荷发生变化，不同电荷的阳离子（Na^{+}、K^{+}、Ca^{2+}、Mg^{2+}等）出入肌肉蛋白质，造成肌肉蛋白质净电荷的增加，使结构疏松并有助于蛋白质水合离子的形成。因而肉的保水力增加。

肉在成熟过程中，肌原纤维由原来的数十个至数百个肌节沿长轴方向构成的纤维，由于相邻肌节变得脆弱，使Z线部分受外界机械力冲击或在持续的张力作用下发生断裂，肌原纤维变短，形成1～4个肌节的小片段，随着肉保藏时间的延长，原来处于强直性收缩的肌动蛋白和肌球蛋白之间结合力减弱了，使肌动球蛋白的僵直复合体解离；此外酸性介质可增大肌细胞和肌肉间结缔组织的渗透性，使肌间粗硬的结缔组织吸水膨胀软化，促使溶酶体酶对胶原蛋白的末端肽链非螺旋部的横向交链水解和β-葡萄糖苷酸酶对基质的黏多糖分解，使肌肉中结缔组织结构松散。经过这些过程，肌肉由硬变得柔软鲜嫩，易煮熟，适口性也有所改善。

肉在成熟过程中，Ca^{2+}在酸性介质下从蛋白质中脱出，使部分肌凝蛋白凝结析出，肌浆的液体部分分离出来，故成熟的肉切面水分较多、煮熟的肉汤也较透明。

2. 影响肉成熟的因素

主要是肉中肌糖原的含量和环境因素两个方面。

肌糖原含量与肉成熟过程有着密切的关系。动物在宰前休息好、健康，宰杀时电麻深度适当，体内的肌糖原消耗得少，则宰后肌糖原含量就多，有利于肉的成熟。相反，动物经过长途运输而疲劳，未经适当的宰前休息管理，或患有疾病，或电麻过浅，在宰杀时剧烈挣扎，都会使肌糖原消耗过多，使肉的成熟过程延缓或不出现成熟变化，从而影响肉的品质。

在环境因素中，温度对肉成熟的速度影响最大。在25℃以下，温度越高，肉成熟过程越快。但在较高温度下促进肉的成熟是危险的，因为温度高微生物会大量繁殖，不利于肉的保藏，甚至会发生腐败变质。因此，一般采用低温成熟的方法，即在0～2℃温度下，相对湿度86%～92%，空气流速为0.1～0.5m/s，到10d左右约90%的肉成熟，10d后的肉商品价值高。在3℃的条件下，小牛肉和羊肉的成熟分别为3d和7d。

实际中，为了加快肉的成熟，可将动物肉放在10～15℃条件下，2～3d即能大部分成熟。在这样温度下，为了防止肉的表面有微生物生长繁殖，可用紫外线灯照射肉的表面，杀灭肉表面的微生物。成熟好的肉应立即冷却到0℃冷藏，以保证其商品质量。

3. 成熟肉的特点

(1) 胴体或大块肉表面形成一层干燥薄膜，有羊皮纸样感觉，既可防止其下层水分蒸发，减少干耗，又可防止微生物的侵入。

(2) 肉的横断面有肉汁渗出，切面湿润多汁。

(3) 肌肉具有一定的弹性，并不完全弛软。

(4) 肉汤澄清透明，脂肪团聚于表面，具特有香味。

(5) 肉呈酸性反应。

4. 成熟肉的卫生评价

成熟肉食用价值高，是最适于食用的肉，故肉在供食用之前原则上都需要经过成熟过程来改进其品质，特别是牛羊肉，成熟对提高其风味是非常必要的。

（三）肉的自溶

肉的自溶是指肉在不合理保藏条件下保藏，肉里的组织蛋白酶活性增强而发生的组织蛋白强烈分解。除产生氨基酸外，还放出硫化氢和硫醇等不良气味的挥发性物质的过程。

1. 肉自溶原因

动物屠宰后，由于保藏方法不当，如肉未经冷却即行冷藏，或相互堆叠，肉中热量散发不出去，使肉较长时间保持高温，此时，肉中的组织蛋白酶活性增强，肉里的自体蛋白开始分解，产生多种氨基酸，一般没有氨或含量极微。其含硫的氨基酸释放出硫化氢和硫醇等有不良气味的挥发性物质。硫化氢与血红蛋白结合，形成含硫血红蛋白（H_2S-Hb）时，甚至使肌肉和肥膘出现不同程度的暗绿色斑，故肉的自溶亦称变黑。

2. 自溶肉的特征

肉在自溶过程中，主要是蛋白质发生分解，自溶阶段的肉质地松软，缺乏弹性，暗淡无光泽。呈褐红色、灰红色或灰绿色，带有酸气味，并呈强烈的酸性反应，硫化氢反应阳性，氨反应阴性。

3. 自溶肉的卫生评价

当自溶肉轻度变色、变味时，应将肉切成小块，置于通风处，驱散其不良气味，割掉变色的部分后食用；如果具有明显异味，并变色严重时，则不宜食用。

（四）肉的腐败

肉的腐败是指成熟和自溶阶段的肉，在温度和湿度适宜的情况下，微生物大量繁殖，使肉里的组织蛋白酶活性增强，肉中的蛋白质发生强烈旺盛分解，不仅分解成氨基酸，而且继续分解成更低级产物的过程。因成熟和自溶阶段的肉中含有较多的蛋白质和非蛋白质的含氮物质，为腐败微生物的生长繁殖提供了良好的营养物质，随着时间的推移，微生物大量生长繁殖，蛋白质不仅被分解成氨基酸，而且在微生物各种酶的作用下，将氨基酸脱氨、脱羧和进一步分解成更低的产物，生成吲哚、甲基吲哚、腐胺、尸胺、酪胺、组胺、色胺及各种含氮的酸和脂肪酸类，最后生成甲烷、硫化氢、硫醇、氨及二氧化碳等最低产物，使肉完全失去了食用价值。

在实际工作中所说的肉类腐败变质，还包括脂类和糖类也同时受到微生物酶的分解作用，生成各种类型的低级产物。肉腐败后，除了散发厌恶的气味，而且脂肪呈灰绿色，肉表层带有绿色污秽物，腐败肉由表层向深层逐渐扩展。

1. 肉腐败的原因

肉类腐败的原因，虽然是多方面的，但主要是微生物的作用。只有被微生物污染，并且具有微生物繁殖的条件，如含水量、湿度、一定的 pH 以及细菌污染程度等，腐败过程才能发生和发展。

微生物污染的方式主要有外源性污染和内源性污染两种。引起肉腐败的细菌主要有假单胞菌属、小球菌属、梭菌属、变形属、芽孢杆菌属等，还有可能伴有沙门菌和条件致病菌的大量繁殖。入侵的细菌种类常随着腐败过程的发展而更替。温度较高时杆菌容易发育，温度较低时球菌容易发育。

2. 腐败肉的特征

（1）胴体表面非常干燥或腻滑发黏。

（2）表面呈灰绿色、污灰色，甚至黑色，新切面发黏、发湿，呈暗红色、暗绿色或灰色。

（3）肉质松弛或软糜，指压后凹陷不能恢复。

（4）肉的表面和深层都有显著的腐败气味。

（5）呈碱性反应。

（6）氨反应呈阳性。

3. 腐败肉的卫生评价

肉在任何腐败阶段对人体都是有害的。不论是参与腐败的某些细菌及其毒素，还是腐败形成的有毒分解产物，都能危害消费者的健康。因此，腐败肉一律禁止食用，应化制或销毁。

二、肉新鲜度的检验

肉新鲜度的检验，一般是从感官性状、腐败分解产物的特征和数量、细菌的污染程度等三方面来进行。肉的腐败变质是一个渐进性的过程，其变化是非常复杂的，采用单一的检验方法很难获得正确的结果，只有采用包括感官检验和实验室检验在内的综合方法，才能比较客观地对肉的新鲜程度做出正确的判断。

（一）感官检验

肉新鲜度的感官检验，主要借助人的嗅觉、视觉、触觉、味觉，通过检验肉的色泽、组织状态、黏度、气味、煮沸后肉汤等来鉴定肉的卫生质量。肉在腐败变质过程中，由于组织成分的分解，使肉的感官性状发生改变，如强烈的酸味、臭味、异常的色泽、黏液的形成、组织结构的崩解等，这些变化通过人的感觉器官就能鉴定。因为人的感觉器官是相当灵敏的，肉开始变质时产生的极微量的硫醇和胺类等异臭物质，在一般设备条件下，用实验室方法常难于检出，但人们通过嗅觉就能明确地感到它们的存在，这在理论上是有依据的，而且简便易行，具有一定的实用意义。

我国食品卫生标准中已规定了各种动物肉的感官指标。

1. 鲜、冻禽产品感官指标

见表 10-6。

表 10-6 鲜、冻禽产品感官指标（GB 16869—2005）

项目	鲜禽产品	冻禽产品(解冻后)
组织状态	肌肉富有弹性，指压后凹陷部位立即恢复原状	肌肉指压后凹陷部位恢复较慢，不易完全恢复原状
色泽	表皮和肌肉切面有光泽，具有禽类品种应有的色泽	
气味	具有禽类品种应有的气味，无异味	
加热后肉汤	澄清透明，脂肪团聚于液面，具有禽类品种应有的滋味	
淤血[以淤血面积(S)计]/cm²		
$S>1$	不得检出	
$0.5<S\leqslant1$	片数不得超过抽样量的 2%	
$S\leqslant0.5$	忽略不计	
硬杆毛(长度超过 12mm 的羽毛，或直径超过 2mm 的羽毛)/(根/10kg)	≤1	
异物	不得检出	

注：淤血面积指单一整禽，或单一分割禽的一片淤血面积。

2. 鲜（冻）畜肉参考感官指标

本教材提供 GB 2707—1994、GB 2708—1994 标准规定，鲜（冻）畜肉感官指标见表 10-7、表 10-8，此指标仅供参考。

表 10-7 猪肉感官指标（GB 2707—1994）

项目	鲜猪肉	冻猪肉
色泽	肌肉有光泽，红色均匀，脂乳白色	肌肉有光泽，红色或稍暗，脂肪白色
组织状态	纤维清晰，有坚韧性，指压后凹陷立即恢复	肉质紧密，有坚韧性，解冻后指压凹陷立即恢复
黏度	外表湿润，不黏手	外表湿润，有渗出液
气味	具有鲜猪肉固有的气味，无异味	解冻后具有鲜猪肉固有的气味，无异味
煮沸后肉汤	澄清透明，脂肪团聚于表面	澄清透明或稍有浑浊，脂肪团聚于表面

表 10-8　牛、羊、兔肉感官指标（GB 2708—1994）

项　目	鲜牛肉、羊肉、兔肉	冻牛肉、羊肉、兔肉
色泽	肌肉有光泽，红色均匀，脂肪洁白或淡黄色	肌肉有光泽，红色或稍暗，脂肪洁白或微黄色
组织状态	纤维清晰，有坚韧性	肉质紧密，坚实
黏度	外表微干或湿润，不黏手，切面湿润	解冻后指压凹陷恢复较慢
气味	具有鲜牛肉、羊肉、兔肉固有的气味，无异味	解冻后具有牛肉、羊肉、兔肉固有的气味，无臭味
煮沸后肉汤	澄清透明，脂肪团聚于表面，具特有香味	澄清透明或稍有浑浊，脂肪团聚于表面，具特有香味

（二）理化检验

肉新鲜度的感官检验虽然简便易行，也相当灵敏准确，但有一定的局限性。如眼睛只能分辨 1/10mm 以上的物体。嗅觉也有一定的限度，如硫化氢的产生只有达到一定浓度人的嗅觉才能闻到。故在许多情况下，除感官检查外尚需进行实验室检验，并且尽可能综合分析才能做出准确判定。

理化检验是根据肉中蛋白质等物质的分解产物，用物理学和化学检验方法对肉的新鲜程度进行判定。物理学检验是根据肉中蛋白质分解，低分子物质增多，肉的导电率、黏度、保水量的变化来衡量肉的品质；化学检验是用定性或定量方法测定分解产物，如氨、胺类、挥发性盐基氮、硫化氢、三甲胺、吲哚等来评定肉的新鲜度。

肉类腐败变质的分解产物极其繁杂。其检测方法很多，但测定肉中挥发性盐基氮含量，能较准确地反映肉品质量，是评定肉新鲜度的客观指标，是国家现行食品卫生标准中唯一的理化指标。其他方法，如 pH 的测定、氨的检测、球蛋白沉淀试验、硫化氢试验和过氧化物酶反应等只能作为综合判定方法或作为参考指标。

1. 挥发性盐基氮的测定

挥发性盐基氮（简称 TVB-N），是指动物性食品由于酶和细菌的作用而发生腐败，使蛋白质分解产生氨以及胺类等碱性含氮物质，这些含氮物质能与腐败过程中同时产生的有机酸结合，形成盐基态的氮，因其具有挥发性，固称为挥发性盐基氮。蛋白质分解过程中产生多种胺类物质，如氨、伯胺、仲胺、叔胺等，故也可称为总挥发性盐基氮。肉在腐败变质过程中，挥发性盐基氮的含量随腐败变质的进程而逐渐增加，与肉腐败程度成正比。因此可通过测定挥发性盐基氮的含量来鉴定肉品的新鲜度。

挥发性盐基氮的检测方法常用的有半微量凯氏定氮法和康维微量扩散法两种方法，其原理及操作步骤详见实训十一，其判定标准有各类新鲜肉的挥发性盐基氮国家标准（GB 2707—1994、GB 2708—1994），见表 10-9。还可参见鲜（冻）畜肉理化指标（GB 2707—2005）及鲜（冻）禽肉理化指标（GB 16869—2005），分别见表 10-10 和表 10-11。

表 10-9　各类新鲜肉的挥发性盐基氮国家标准

	猪肉(GB 2707—1994)	牛肉、羊肉、兔肉(GB 2708—1994)
挥发性盐基氮/(mg/100g)	≤20	≤20

表 10-10　鲜（冻）畜肉理化指标（GB 2707—2005）

项　目	指　标	项　目	指　标
挥发性盐基氮/(mg/100g)	≤15	镉(Cd)/(mg/kg)	≤0.1
铅(Pb)/(mg/kg)	≤0.2	总汞(以 Hg 计)/(mg/kg)	≤0.05
无机砷/(mg/kg)	≤0.05		

表 10-11 鲜（冻）禽肉理化指标（GB 16869—2005）

项 目		标 准
挥发性盐基氮/(mg/100g)		≤15
汞(Hg)/(mg/kg)		≤0.05
铅(Pb)/(mg/kg)		≤0.2
砷(As)		≤0.5
四环素/(mg/kg)	肌肉	≤0.25
	肝脏	≤0.3
	肾脏	≤0.6
金霉素/(mg/kg)		≤1
磺胺二甲嘧啶/(mg/kg)		≤0.1
二氯二甲吡啶粉(克球粉)/(mg/kg)		≤0.01
己烯雌酚/(mg/kg)		不得检出
冻禽产品解冻失水率/%		≤6

2. pH 的测定

畜禽生前肉的 pH 为 7.0～7.2。屠宰后由于肉中肌糖原无氧酵解产生乳酸，ATP 分解产生磷酸，使肉的 pH 下降。如宰后在 20℃放置 24h，肉的 pH 值可降至 5.6～6.0，此 pH 在肉品工业中叫做“排酸”。肉腐败变质过程中，由于蛋白质被分解为氨和胺类等碱性物质，使肉的 pH 上升，可达到 6.7 以上。但由于宰前过度疲劳、患病等因素，肉中肌糖原含量少，分解生成的乳酸量少，这种情况下，即使肉是新鲜的，pH 也较高。因此，pH 可以反应肉的新鲜程度，但不能作为绝对指标。测定方法有比色法和酸度计法。其判定标准为，新鲜肉 pH 为 5.8～6.2；次鲜肉 pH 为 6.3～6.6；变质肉 pH 为 6.7 以上。

3. 氨的检验

肉类腐败变质时，蛋白质分解生成氨和胺类等物质，称为粗氨。粗氨含量随着腐败变质的严重程度而增多，因此，可用来鉴定肉的新鲜程度。由于动物机体在正常状态下含有少量氨，并以谷氨酰胺形式贮存于组织中，另外，过度疲劳的动物肌肉中氨的含量比平时多 1 倍，其宰前疲劳程度也影响测定结果。所以，检测氨的阳性结果不能作为肉腐败变质的绝对指标。肉中粗氨的测定采用纳斯勒试剂法，根据溶液颜色的深浅和沉淀物的多少来鉴定肉的新鲜程度。其判定标准见表 10-12。

表 10-12 纳斯勒试剂反应结果判定

试剂滴数	浸出液的变化	评定符号	氨含量/(mg/100g)	肉的鲜度评价
10	淡黄色,透明	－	≤16	新鲜
10	透明,黄色	±	16～20	次鲜
10	淡黄色,轻度浑浊,稍有沉淀	±	21～30	次鲜
6～9	明显的黄色、有沉淀	＋＋	31～45	变质
1～5	大量黄色或橙黄色沉淀	＋＋＋	＞45	变质

4. 硫化氢检验

肉在腐败变质时，含硫氨基酸进一步分解，释放出硫化氢，其含量能反映出蛋白质的分解程度，因此，可用来鉴定肉的新鲜程度。肉中硫化氢检测采用醋酸铅试纸法。根据醋酸铅试纸颜色的变化进行判定，其判定标准为：新鲜肉，滤纸条无变化；次鲜肉，滤纸条边缘呈淡褐色；变质肉，滤纸条下部呈褐色或黑褐色。

5. 球蛋白沉淀试验

肌肉中的球蛋白在碱性环境中呈溶解状态，而在酸性条件下则不溶解。新鲜肉呈酸性反应，肉浸液中没有球蛋白存在。肉在腐败过程中，由于肉的 pH 值升高，肉浸液中的球蛋白随之增多。因此，根据肉浸液中有无球蛋白和球蛋白的多少来检验肉的新鲜程度。但是，宰前过度疲劳或患病的动物，宰后肉在新鲜状态下，亦呈碱性反应，可使球蛋白试验呈阳性结果。根据蛋白质在碱性溶液中与重金属离子结合成沉淀的性质，采用重金属离子沉淀法测定肉浸液中的球蛋白，常用 Cu^{2+} 作蛋白质沉淀剂。其判定标准为：新鲜肉，溶液呈淡蓝色，完全透明，以“－”表示；次鲜肉，溶液轻度浑浊，有时有少量絮状物，以“＋”表示；变质肉，溶液浑浊并有白色沉淀，以“＋＋”表示。

6. 过氧化物酶反应

健康动物的新鲜肉中，含有过氧化物酶。不新鲜肉，严重病理状态的肉或过度疲劳的动物肉中，过氧化物酶显著减少，甚至完全缺乏。肉中的过氧化物酶能分解过氧化氢，释放出新生态氧，新生态氧使联苯胺指示剂氧化为二酰亚胺代对苯醌，后者与未氧化的联苯胺形成淡蓝色或青绿色化合物，经过一段时间后变为褐色。其判定标准为：健康动物的新鲜肉，肉浸液立即或在数秒内呈蓝色或蓝绿色；次鲜肉，过度疲劳、衰弱、患病、濒死期或病死动物肉，肉浸液无颜色变化，或在稍长时间后呈淡青色并迅速转变为褐色；变质肉，肉浸液无变化，或呈浅蓝色、褐色。

（三）微生物学检验

肉的腐败主要是由于细菌大量繁殖，导致蛋白质复杂分解的结果。故检验肉的细菌污染情况，不仅是判断肉新鲜度的依据之一，也能反映肉在生产、运输、贮藏、销售过程中的卫生状况。常用的检验方法有细菌菌落总数测定、大肠菌群最近似数（MPN）、致病菌检验及触片镜检法。

1. 一般检验法

（1）检样的采取和送检　按我国《食品卫生微生物检验方法　肉与肉制品检验》（GB 4789.17—1994）规定：如系屠宰场屠宰后的畜肉，可于开膛后，用无菌刀采取两腿内侧肌肉 50g（或劈半后采取背最长肌 50g）；如系冷藏或售卖之生肉，可用无菌刀取腿肉或其他部位的肌肉 100g。检样采取后，放入灭菌容器内，立即送检，最好不超过 3h，送检时应注意冷藏，不得加入任何防腐剂。检样送往化验室后，应立即检验或放置冰箱内暂存。

（2）检样的处理　先将样品放入沸水中烫 3～5s（或烧灼消毒）进行表面灭菌，再用无菌剪刀取检样深层肌肉 25g，放入灭菌乳钵内用灭菌剪刀剪碎后，加入灭菌海砂或玻璃砂少许研磨，磨碎后加入灭菌水 225mL，混匀后为 1∶10 稀释液。

（3）检验方法　菌落总数按 GB/T 4789.2—2003、大肠菌群按 GB/T 4789.3—2003、沙门菌按 GB/T 4789.4—2003 规定的方法进行检验。

2. 表面检验法

（1）检样的采取　检验畜禽肉及其制品受污染的程度，一般可用板孔 $5cm^2$ 的金属制规板压在受检物上，将灭菌棉拭稍沾湿，在板孔 $5cm^2$ 的范围内揩抹多次，然后将板孔规板移压另一点，用另一棉拭揩抹，如此共移揩抹 10 次。总面积为 $50cm^2$，共用 10 支棉拭，每支棉拭在揩抹后立即剪断或烧断，均投入盛有 50mL 灭菌水的锥形瓶或大试管中，立即送检。检验致病菌时，不必用模板，可疑部位用棉拭揩抹即可。

（2）检样的处理　检验时先充分振摇，吸取瓶（管）中的液体作为原液，再按要求作

10 倍递增稀释。

(3) 检验方法　按上述一般检验方法中国家标准检验方法进行检验。

3. 鲜肉压印片镜检

(1) 采样。

① 如为半片或 1/4 胴体，可从胴体前后覆盖有筋膜的肌肉中割取不小于 8cm×6cm×6cm 的瘦肉。

② 取颈浅背侧或髂下淋巴结及其周围组织。

③ 病变淋巴结、浮肿组织、可疑脏器（肝、脾、肾）的一部分。

④ 大块肉则从瘦肉深部采样 300g。

(2) 触片制备　从样品中切取 $3cm^3$ 左右的肉块，浸入酒精中并立即取出点燃烧灼，如此处理 2～3 次，从表层下 0.1cm 处及深层各剪取 $0.5cm^3$ 大小的肉块。分别进行触片和抹片。

(3) 染色镜检　将干燥的触片用甲醇固定 1min，进行革兰染色后用油镜观察 5 个视野，同时分别计出每个视野的球菌和杆菌数，然后求出一个视野中细菌的平均数。

4. 卫生评价与处理

(1) 我国现行的食品卫生标准中尚没有制定鲜畜肉的细菌指标。根据某些实验数据分析，初步提出以下标准作为参考。细菌总数，新鲜肉为 10000/g 以下；次鲜肉为 10000～10^6/g，变质肉为 10^6/g 以上。

(2) 新鲜肉看不到细菌，或一个视野中只有几个细菌；变质肉一个视野中的细菌数在 30 个以上，且以杆菌占多数。

(3) 在胴体或淋巴结中，如果发现鼠伤寒或肠炎沙门菌，全部胴体和内脏化制或销毁；仅在内脏发现此类细菌时，废弃全部内脏，胴体切块后进行高温处理。胴体或淋巴结中发现沙门菌属的其他细菌，内脏化制或销毁，胴体高温处理。

第三节　肉的冷冻加工卫生与检验

畜禽肉是一种易于腐败的动物性食品，其变质的原因，主要是腐败微生物在肉上生长繁殖的结果。微生物的生长繁殖需要有一定的温度、水分和营养物质。若能切断水分的供应，造成不适于微生物生长的温度，便能阻止微生物在肉上繁殖，而通过冷冻恰恰就能做到这两点。低温保藏方法，不仅能在较长时间内保持肉类及其制品的新鲜度，而且在冷冻加工中不会引起肉的组织结构和性质发生明显变化，基本上能保持原有的组织结构和风味。所以，肉的冷冻加工与冷藏被世界各国广泛采用，是现代保藏肉品的最完善的方法之一。

一、肉的冷冻加工及卫生要求

（一）肉的冷却

肉的冷却是指将刚刚屠宰解体后的胴体（热鲜肉），用人工制冷的方法，使其深层温度降到 0～4℃的过程，这种肉称为冷却肉。

1. 肉冷却的意义

(1) 冷却可以降低肉中酶的活性，延长肉的僵直期、成熟期，降低微生物的生长繁殖速度。

(2) 在冷却环境中肉的内层与表面温差较大，表面水分蒸汽压很高而且蒸发的水分仅限于表层，使冷却肉表面形成干膜，从而阻止微生物的生长繁殖，并减少了干耗。

(3) 冷却延缓了肉的理化和生化变化过程，阻止了肉的颜色变化，使肉保持鲜红色泽，有效地保持其新鲜度，而且香味、外观和营养价值都很少变化。

(4) 肉的冷却也是肉成熟和冻结前的预处理，以符合加工某些肉类制品的原料要求。因此，胴体在修整后都应立即进行冷却处理。

2. 肉冷却的卫生要求

(1) 冷却室在入货前应保持清洁，必要时进行消毒。

(2) 吊轨上的胴体互相不接触，并保持3～5cm的间距。轨道上每米的负载定额为：牛的胴体2～3片约200kg，猪为3～4片，羊为10片（双轨10～20片）。

(3) 不同等级肥度、不同种类的肉类要分别冷却，确保在相近时间内及时冷却完毕。如同一等级而体重又有显著差异的，应将大的吊挂在靠近风口处，以加快冷却。

(4) 在平等轨道上，按“品”字形排列，以保证空气流通。

(5) 在整个冷却过程中，应尽量减少开门和人员出入，以维持稳定的冷却条件和减少微生物的污染。

(6) 在冷却室内安装紫外线灯，紫外线灯功率平均$1W/m^2$，每昼夜连续或间隔照射5h。

(7) 控制温度、湿度和空气流速。冷却室未进货之前温度保持－3℃左右，进货结束之后，库内温度应维持0℃左右进行冷却。空气的相对湿度大致可分为两个阶段，总时间的前1/4维持在95%以上为宜，后期3/4时间维持在90%～95%，临近结束时约90%左右。空气流速一般不超过2m/s，或每小时换10～15个冷库容积为宜。

当以整个劈半胴体进行冷却时，必须注意按胴体的重量和肥度调配，在同一库房中应先把最重的和最肥的胴体送去冷却，并放在温度最低和空气流通的地方。

在空气温度为0℃左右的自然条件下，畜禽肉及其副产品的冷却持续时间如下：牛肉半胴体24h，猪肉半胴体24h，羊肉胴体18h，副产品24h，禽体12h。

3. 肉冷却的方法

目前国内外采取的冷却方法主要有一段冷却法、两段冷却法、超高速冷却法和液体冷却法四种。

(1) 一段冷却法　在进行中只有0℃（或略低）一种空气温度。国内的冷却方法是，进肉前冷却库温度先降到－3～－1℃，肉进库后开动冷风机，使库温保持在0～3℃，10h后稳定在0℃左右。开始时期相对湿度为95%～98%，随着肉温下降和肉中水分蒸发强度的减弱，相对湿度降至90%～92%，空气流速为0.5～1.5m/s。猪胴体和四分体牛胴体约经20h，羊胴体约12h，大腿最厚部中心温度达到0～4℃。

(2) 两段冷却法　第一阶段，空气的温度相当低，冷却库温度多在－15～－10℃，空气流速为1.5～3m/s，经2～4h后，肉表面温度降至－2～0℃，大腿深部温度在16～20℃。第二阶段空气的温度升高，库温为－2～0℃，空气流速在0.5m/s，10～16h后，胴体内外温度达到平衡，约4℃左右。两段冷却法的优点是干耗小，周转快，质量好，切割时肉流汁少。缺点是易引起冷缩，影响肉的嫩度，但猪肉皮下脂肪较丰富，冷缩现象不如牛、羊肉严重。

(3) 超高速冷却法　库温在－30℃，空气流速为1m/s，或库温在－25～－20℃，空气流速5～8m/s，大约4h即可完成冷却。此法能缩短冷却时间，减少干耗，缩减传送带的长度和冷却面积。国外常用本法。

(4) 液体冷却法　以冷水或冷盐水（氯化钠、氯化钙溶液）为介质采用浸泡或喷洒的方法进行冷却。本法冷却速度快，但肉必须包装，否则会造成肉中可溶液性营养物质的流失，因此应用受到限制。禽类冷却多采用此法。

冷却肉不能及时销售时，应移入贮存间进行冷藏，根据国际制冷学会易腐食品冷藏的推荐条件规定，冷却动物肉保藏温度和贮存期限见表10-13。

表10-13 冷却动物肉保藏温度和贮存期限

品　　种	温度/℃	相对湿度/%	预计贮存期/d
牛肉	−1.5～0	90	28～35
羊肉	−1～0	85～90	7～14
猪肉	−1.5～0	85～90	7～14
腊肉	−3～−1	80～90	30
腌猪肉	−1～0	80～90	120～180
去内脏鸡	0	85～90	7～11

冷却肉的保藏指经过冷却后的肉类在0℃左右的条件下进行保藏。冷却肉保藏的目的，一方面可以完成肉的成熟过程，另一方面可短期保藏。如能短期内加工处理的肉类，不应冻结冷藏，因为经冻结后再解冻的肉类，即使条件非常好，由于干耗、解冻后肉汁的流失等都比冷却肉损失大，因此，在一定条件下冷却肉的保藏仍是一种重要的保藏手段。

4. 冷却肉在贮藏期的变化

在低温冷却条件下保藏的肉类，由于组织酶及微生物的作用，会发生变软、变色、发霉、发黏等变化，并有令人不愉快的气味产生。

(1) 变软　由于冷却时的僵硬和成熟，使肉的坚实度发生变化。随着保存时间的延长，出现胶原纤维的软化和膨胀现象。

(2) 变色　开始时，肉中肌红蛋白和血红蛋白与空气中的氧作用形成氧合肌红蛋白和氧合血红蛋白，而使肉的颜色变成鲜红色，随后继续氧化形成高铁肌红蛋白，加之肉表面水分的蒸发，色素的相对浓度增大使肉色变暗，略带棕褐色。

(3) 干耗　即屠宰后，由于水分蒸发而导致的胴体重量的损失。

(4) 形成干膜　由于冷却时的空气流动和胴体表面水分蒸发，造成胴体表面蛋白质浓缩和凝固，而形成一层干燥的覆盖物。

(二) 肉的冻结

肉的冻结，即肉中的水分大部分或全部变成冰，肉深层温度降至−15℃以下的过程，这种肉称为冻结肉或冷冻肉。

冷冻的作用就在于减少肉中的游离水，并造成不适合细菌生长的温度，因此这种方法能有效地阻止细菌的生长繁殖。经过冻结的肉，其色泽、香味都不如鲜肉或冷却肉，但是，它能较长期保存，调节市场需要，并适于长途运输。

1. 肉的冻结方法

有两步冻结法、一次冻结法和超低温一次冻结法。

(1) 两步冻结法　鲜肉先行冷却，而后冻结。冻结时，肉应吊挂，库温保持−23℃，如果按照规定容量装肉，不到24h，便可使肉深部的温度降至−15℃。这种方法能保证肉的冷冻质量，鲜肉经过产酸，肉质鲜嫩而味道鲜美，但需冷库空间较大，结冻时间较长。

(2) 一次冻结法　肉在冻结时无需经过冷却，只需经过4h风凉，使肉内热量略有散发，沥去肉表面的水分，即可直接将肉放进冻结间，吊挂在−23℃下，冻结24h即可。这种方法可以减少水分的蒸发和升华，减少干耗1.45%，结冻时间缩短40%，但牛肉和羊肉会产生冷缩现象。该法所需制冷量比两步冻结法约高25%。

(3) 超低温一次冻结法　将肉放入－40℃冷库中，很快使肉温达到－18℃。冻结后的肉色泽好，冰晶小，解冻后，肉的组织与鲜肉相似。由于设备条件关系，我国尚未广泛采用此法。

2. 肉的冻结过程

(1) 第一阶段　从肉类的初温冷却到冰点。肉内的液体，包括组织液和肌细胞的细胞质，都呈胶体状态，由于其冰点较水低，当温度达到－1.5～－1℃时，才开始形成冰晶。

(2) 第二阶段　温度从冰点降至－5℃，约有60%～80%的水分形成冰晶，肉在－4℃以下进行缓慢结冻，则肌细胞内的水分因周围渗透压的变化而渗入到细胞周围的结缔组织中，使结缔组织中的冰晶越来越大，肌细胞脱水变形。肉中冰晶大，往往造成肌细胞膜被损，解冻后会使肉汁大量流失。冻结时，肉的局部还会发生盐类浓缩吸水现象，破坏蛋白质水化状态，而使水分、养分减少。因此，缓慢冻结不但会改变肉的组织学结构，也会降低营养价值。在－23℃下进行快速冻结，组织液和肌细胞的细胞质同时结冻，形成的冰晶小而均匀，许多超微冰晶都位于肌细胞内。肉解冻后，大部分水分都能被再吸收而不致流失。所以快速冻结较理想。

(3) 第三阶段　温度从－5℃继续下降，结冰很少，快速降到冷藏温度。

(三) 肉的冷冻贮藏

冻结后的肉要放入冷藏库内冻藏，才能长期保存。

1. 冷冻肉的保存期

取决于温度、入库前的质量、种类、肥度等因素，其中主要取决于温度。在同一条件下，各类肉保存期的长短，依次为牛肉、羊肉、猪肉、禽肉。国际制冷学会规定的冻结肉类的保藏期见表10-14。

表10-14　冻结肉类的保藏期

品　种	保藏温度/℃	保藏期/个月	品　种	保藏温度/℃	保藏期/个月
牛肉	－12	5～8	猪肉	－29	12～14
牛肉	－15	8～12	猪肉片(烤肉片)	－18	6～8
牛肉	－24	18	碎猪肉	－18	3～4
包装肉片	－18	12	猪大腿(生)	－23～－18	4～6
小牛肉	－18	8～10	内脏(包装)	－18	3～4
羊肉	－12	3～6	猪腹肉(生)	－23～－18	4～6
羊肉	－18～－12	6～10	猪油	－18	4～12
羊肉	－23～－18	8～10	兔肉	－23～－20	<6
羊肉片	－18	12	禽肉(去内脏)	－12	3
猪肉	－12	2	禽肉(去内脏)	－18	3～8
猪肉	－18	1～6	油炸品	－18	3～4
猪肉	－23	8～10			

2. 冷藏冻肉的卫生要求

(1) 对冻结肉类应注意掌握安全贮藏期，执行先进先出的原则，并经常进行质量检查(一般3个月检查1次)

(2) 冻藏时，一般采用堆垛的方式，节省库房容积。堆垛时，肉垛与墙壁之间应有一定距离，垛间要留有1.2～1.5m的通道。堆码的方法应本着安全、合理的原则安排货位和堆码的高度，提高单位容积的堆码数量，并保证堆码牢固、整齐，便于盘点，进出库方便。堆垛时，不论有无包装，垛底应使用垫料，不得与地面直接接触，便于通风，保证肉品质量。冻结肉类堆放时应越紧越好，对猪肉的堆放密度应不低于450kg/m^3，牛肉420kg/m^3，羊的胴体 350kg/m^3。堆码时要注意卫生，不得污染产品。

(3) 保藏条件。主要是指冷藏室的温度、湿度、空气流速。要求肉的中心温度达到 −15℃左右，库温低于−18℃并保持恒温，一般情况下温度升降幅度不得超过 1℃，在大批进货、出库时一昼夜升温不得超过 4℃。库温远远低于冰点，所以湿度的意义不大，通常均为 95%以上。空气的流速以自然循环为好，因为目前我国包装肉类较少，大多数为裸露的胴体，如风速太大会增加干耗。

(4) 外地调运的冻结肉，肉中心温度如低于−8℃可直接入库，高于−8℃的须经过复冻结后再入库。经复冻结的肉，在色泽和质量方面都有变化，不宜久存。

3. 冻结肉冷藏中的变化

(1) 干耗　肉类在冻结保藏中也会因水分的蒸发或升华而使肉重量减轻，这是冷藏中最主要的变化。

(2) 脂肪氧化　脂肪组织易被氧化。不饱和脂肪酸含量越高，熔点越低，越易被氧化。脂肪氧化后气味和滋味不良，外观出现黄点至脂肪组织整体变黄，严重时出现强烈的酸味，如猪肉−8℃保藏时，经 6 个月后其表面就变黄并有酸味，经 12 个月后变黄部分可达 2.5～4mm 厚。

(3) 颜色变化　冻结肉类在保藏中颜色变化从表面开始，逐渐向深层发展，颜色由鲜红（氧合肌红蛋白）变成褐色（氧化肌红蛋白）。这种变化受温度的影响，温度越高变化越明显。牛肉在不同温度下形成褐变的时间如下：−5℃ 7d，−10℃ 14d，−20℃ 56d。因此，为了保持肉的颜色鲜艳，应降低保藏温度。一般在−20℃下保持的肉色还不够，为使肉色更佳，可以更低的温度保藏。

（四）冻结肉的解冻

解冻是冻结的逆过程。冻结肉类在加工或食用前必须经过解冻。解冻过程中流失的汁液越少，肉品的质量越佳。根据解冻媒介不同可分为空气解冻、流水解冻、真空解冻和微波解冻等。

1. 空气解冻

是利用空气和水蒸气的流动使冻肉解冻。

(1) 缓慢解冻为合理的解冻方法。开始时空气解冻间的温度为 0℃左右，相对湿度为 90%～92%，随后温度升高，10h 后，温度升至 6～8℃，并降低其相对湿度，使肉表面很快干燥。经过 3～5 昼夜，肉的内部温度达到 2～3℃。解冻后的肉，再吸收水分，能基本恢复鲜肉的性状，但需要较多的场地、设备和较长的时间。

(2) 通常情况下，空气解冻在室温下进行，如在 20℃下用风机送风使空气循环，一般一昼夜即可完成解冻。过快的解冻，会使部分水分及可溶性营养物质流失，影响解冻肉的品质。

2. 流水解冻

利用流水浸泡的方法使冻肉解冻。这种方法造成冻肉中可溶性营养物质流失，又容易被微生物污染，肉的色泽和质量都受到影响。这种方法虽有许多弊病，但由于条件所限，仍有许多单位采用。

3. 真空解冻

利用低温蒸汽的冷凝潜热进行解冻的方法。将冻肉挂在密封的钢板箱中，用真空泵抽气，当箱内真空度达到 94kPa 时，密封箱内 40℃的温水就产生大量低温水蒸气，使冻肉解冻，一般−7℃的冻肉在 2h 内即可完成解冻，而且营养成分流失少，解冻肉色泽鲜艳，没有过热部位。是一种较好的解冻方法，但这种方法需要大量的设备和能量，不适合用于大批量冻肉的解冻。

4. 微波解冻

利用微波射向被解冻的肉品，造成肉内分子震动或转动，而产生热量使肉解冻。一般频率 915MHz 的微波穿透力较理想，解冻速度也快。但微波解冻耗电量大，费用高，易出现局部过热现象，且不能应用于大批量的解冻。

二、冷冻肉的卫生检验

为了保证冻肉的卫生质量，无论是在冷却、冻结、冻藏过程中，还是解冻及解冻后，都必须进行卫生监督与管理。因此，无论是生产性冷库性还是周转性冷库，都必须配备一定的卫生检验人员，健全检验制度，做好各种检验记录，并对冷库进行卫生管理。

1. 肉的接收与检验

生产性冷库是肉类联合加工厂的一个组成部分。畜禽肉类除了当日上市鲜销和卫生检验不合格者外，其余部分都要经过生产性冷库进行冷冻加工。由于鲜肉的质量直接关系到冷冻加工后冻肉的质量，故生产性冷库的兽医卫生检验是非常重要的一环。

鲜肉在入库前，卫生检验人员要事先检查冷却间、结冻间的温度和湿度，查看库内工具，如挂钩、撑挡、冷藏盘、吊轨滑轮和库内小车的卫生情况，防止有尘污、铁锈和滴油的现象。库壁和管道上的结霜要清扫，冷却间内不应有霉菌生长。入库的鲜肉应盖有清晰的检验印章。凡是因有传染病可疑而被扣留的肉尸，应存放在可以加锁的隔离冷库内。肉在冷却间和结冻间要吊挂，肉之间要保持一定距离。内脏必须在清洗后平摊在冷藏盘内，不得堆积在大容器内作冷加工，以免压在下层的脏器变质。禁止有气味的商品和肉混装，以防吸附异味。冷库内的温度要按规定保持稳定，冷加工持续的时间也要根据畜禽的不同按规定进行。

2. 冻肉调出和接收时的检验

从生产性冷库在调出冻肉时，卫生检验人员要进行监督，检查冻肉的冷冻质量和卫生状况，检查车辆的清洁卫生状况，待装好车辆关好车门后加以铅封，然后开具检验证明书放行。

周转性冷库的卫生检验人员在冻肉到达时，要检查铅封和检验证明书，并进行质量检验。在敲击试验中凡发音清脆、肉温低于－8℃的为冷冻良好；发声低哑钝浊、肉温高于－8℃的为冷冻不良。检验人员还应查看印章是否清晰，冻肉中有无干枯、氧化、异物异味污染、加工不良、腐败变质和疫病漏检等情况，并按检查结果填写入库检验原始记录表和商品处理通知单。前表应记明车船号、到埠时间、卸货时间、发货单位、品名、级别、数量、吨位、肉温、质量情况及存放冷库的库号和货位号。冻肉堆码完毕后应填写货位卡，注明品名、等级、数量、产地、生产日期、到货日期等，挂在货位上。对于冷冻不良的冻肉要立即进行复冻，并填写进库商品给冷通知单，通知机房给冷。复冻的产品要尽快出库，不得久存。对于不卫生的冻肉要提出处理意见，分别处理，并做好记录，发出处理通知单，不准进入冷库。

3. 冻肉在冷藏期间的检验

（1）在冷藏期间，卫生检验人员要经常检查库内温度、湿度、卫生情况和冻肉质量情况。发现库内温、湿度有变化时，要记录好库号和温、湿度，同时抽检肉温，查看有无软化、变形等现象。已经存有冻肉的冷藏间，不再装鲜肉或软化肉，以免原有冻肉发生软化或结霜。

（2）冷藏间内要严格执行先进先出的原则，以免因贮藏过久而发生干枯和氧化，靠近库门的冻肉易氧化变质，要注意经常更换。

（3）注意各种冷藏肉的安全期，对临近安全期的冻肉要采样化验，分析产品质量，防止冻肉干枯、氧化或腐败变质。根据我国商业系统的冷库管理试行办法，各种肉的冷藏安全期见表10-15。

表10-15 各种肉的冷藏安全期

品名	库房温度/℃	安全期/月
冻猪肉	－15～－18	7～10
冻牛、羊肉	－15～－18	8～11
冻禽、冻兔肉	－15～－18	6～8
冻鱼肉	－15～－18	6～9

卫生检验人员在检查后，要按月填报冻肉质量情况月报表，反映冻肉质量情况。表内应包括库号、货位号、品名、生产日期、入库日期、数量、吨数、产地、质量情况等项内容。

4. 解冻肉的检验

解冻肉的检验可分为感官检验、微生物检验和理化检验三方面，其检验方法同新鲜肉的检验。

三、冷冻肉常见的异常现象及处理

1. 发黏

发黏多发于冷却肉。原因是在冷却过程中胴体互相接触，降温较慢，通风不良，导致细菌在接触处生长繁殖，并在肉表面形成黏液样的物质，手触有黏滑感，甚至起黏丝，并发出一种陈腐气味。发黏肉若处于早期阶段，尚无腐败现象时，经洗净风吹后发黏消失，可以食用，或修割去表面发黏部分后食用；但若有腐败现象则不能食用。

2. 异味

异味是指腐败以外的污染气味，如鱼腥味、氨味、汽油等。若异味较轻，修割后做煮沸试验，无异常气味者，可供作熟肉制品原料。

3. 脂肪氧化

凡畜禽生前体况不佳，加工卫生不良，冻肉存放过久或日光照射等影响，脂肪变为淡黄色、有酸败味者称为脂肪氧化。若氧化仅限于表层，可将表层修割供炼制工业用油，深层经煮沸试验无酸败味者，可供加工食用。

4. 盐卤浸渍

冻肉在运输过程中被盐卤浸渍，肉色发暗，尝之有苦味，可将浸渍部分割去，其余部分高温后食用。

5. 发霉

霉菌在肉表面生长，经常形成白点或黑点，白点多在表面，很像石灰水点，抹去后不留痕迹，可供食用。黑点一般不易抹去，有时侵入深部，如黑点不多，可修去黑点部分供食用。有时也可在肉表面形成不同色泽的霉斑。若发霉同时具有明显的霉败味或腐败现象，则不能供食用。

6. 深层腐败

深层腐败常见于股骨附近的肌肉，因冷却时散热不好，在缓慢散热过程中深部肌肉受大量繁殖的腐败菌作用而变质。这种变质的肉也见于冷却肉存放过久。深层腐败不易发现，检验时应注意抽检深部肌肉，一旦发现深层腐败的肉，不能作为食用。

7. 干枯

冻肉存放过久，特别是反复融冻，使肉中水分丧失过多而造成。外观肌肉色泽深暗，肉表层形成脱水的海绵状。轻度干枯者，应割去表层干枯部分后食用；干枯严重者味同嚼蜡，形如木渣，营养价值低，不能供食用。

8. 发光

在冷库中常见肉上有磷光，这是由一些发光杆菌引起的。肉有发光现象时，一般没有腐败菌生长；有腐败菌生长时，磷光便消失。发光的冻肉经卫生处理后可供食用。

9. 变色

冻肉色泽的变化，除自身由于氧化作用使肌肉由红色变成褐色外，常常是某些细菌所分泌的水溶性或脂溶性色素的结果，使肉呈黄、红、紫、绿、蓝、褐、黑等各种颜色，变色的肉若无腐败现象，可在进行卫生清除和修割后加工食用，一旦有腐败现象，禁止食用。

10. 氨水浸湿

冷库跑氨后，肉被氨水浸湿，解冻后肉的组织如有松弛或酥软等变化则应作工业用或销毁。如程度较轻，经流水浸泡，用纳氏法测定，反应较轻的可供加工复制品。

四、冷库的卫生管理

冻肉的卫生检验与冷库卫生管理是相辅相成的两项工作。做好冷藏库的卫生管理工作，不仅能保证冷冻肉品的卫生质量，而且能降低干耗，减少霉变和鼠害，延长冷库的使用期限。

1. 冷库建筑设备的卫生

冷库是冷冻加工肉品和保藏冻肉的场所，其建筑设备的卫生与肉品污染有很大关系，在选择冷库地址时要远离污染源，在修建冷库时应当考虑防霉、防鼠、设备卫生及安全问题。

（1）防鼠　冷藏库地基要打深，并用石头和混凝土铸成。库内墙内应有1m高的护墙铁丝网，每个冷冻间的门口要准备好挡板，便于防鼠灭鼠。

（2）防霉　冷却肉冷藏库的内墙最好用防霉涂料涂布，以防霉菌生长和繁殖。

（3）设备卫生　库内照明应加防护罩。吊轨应刷油漆，以防生锈落屑，滑轮加油要适量，以免油污滴在肉上。冷藏库内所用架子、钩子、冷藏盘、小车等要用不锈钢材料或镀锌防锈材料制作。

（4）安全措施　冷库的安全措施要齐全，应有防火、防漏电、防跑氨和报警等设施。

2. 保持冷库的卫生

保持冷库的卫生，防止肉品落地，不得穿着脏鞋踩踏冻肉。坚持先进先出，冷库中的过道要经常清扫，地面上的碎肉、碎油等随时要收拾干净。

3. 冷库的消毒与除霉

冷库经常进出食品，极易被微生物污染。卫生不良的冷库会发生不愉快的气味。因此，定期进行消毒、除霉非常重要。每年应彻底消毒1～2次。消毒除霉之前应首先要做好准备工作，将库房内肉品全部搬空，升高温度至－2℃，用机械方法清除地面、墙壁、顶板上的污物和排管上的冰霜，有霉菌生长的地方应用刮刀或刷子认真清除，然后取出用火烧掉。精心选择好冷库内除霉的药物，禁用剧毒药。常用的消毒药有以下几种。

（1）烧碱（氢氧化钠）　用2%～3%的水溶液喷洒、洗刷地面、垫板和金属用具，用热火碱水则效果更好。

（2）漂白粉　取含有效氯量25%～30%的漂白粉，配成10%水溶液，澄清后，取上清液，按40mL/m^3喷雾消毒，或与石灰混合后粉刷墙壁。

（3）次氯酸钠　可用2%～4%的次氯酸钠溶液，加入2%的碳酸钠，在库内喷洒。

（4）乳酸　优点是比较方便安全，缺点是对霉菌杀灭力差。用量按每10mL/m^3，并加入等量热水，置蒸汽炉或搪瓷盘内煮沸蒸发气体消毒。

（5）福尔马林　是一种强消毒剂，能杀灭细菌、霉菌、芽孢和病毒，使用时要注意安全。用量按15～25mL/m^3 加入等量的热水，置蒸汽炉或搪瓷盆中煮沸蒸发气体消毒，也可以加入与福尔马林等量的高锰酸钾，使其自行蒸发消毒。消毒时必须密闭库门，经12～24h后打开库门通风排气，以排出福尔马林的臭味。

（6）过氧乙酸　用5%～10%的水溶液，或超低容量喷雾器喷雾，按0.25～0.5mL/m^3，除霉杀菌均有一定的效果。

4. 冷库的灭鼠

消灭老鼠对冷库卫生具有重要意义。老鼠不仅能破坏冷库隔热结构与沾污食品，还能传播疾病。目前冷库内灭鼠的方法主要有机械灭鼠、化学药物及CO_2气体灭鼠。机械灭鼠一般效率不高。化学药物效果较好，但所用药物均有毒，故使用时应特别谨慎。化学药物中以敌鼠钠效果较好，配法是先将药物用开水溶化成5%溶液，然后按0.025%～0.05%浓度与食饵混匀即成。CO_2气体灭鼠的方法是将CO_2通入密闭的冷库内，浓度为25%的CO_2的用量为700g/m^3 库容，24h即可达到灭鼠目的，同时也具有杀菌的功能。CO_2无毒且效果显著，无需将肉品取出或作特殊的堆放，也不需改变保藏的温度，是一种理想的灭鼠方法。

第四节　腌腊肉制品的卫生检验

腌腊肉制品，如腌肉、火腿、风肉、腊肉、熏肉、香肠、香肚等，都是以鲜猪肉为原料，利用食盐腌渍或再加入适当佐料，再经风晒后加工而成。这既是肉类保藏的形式，也是改善肉制品风味的一种手段。腌腊制品中加入一定量的盐对微生物有一定的抑制作用，但有一些耐盐菌和嗜盐菌在高浓度甚至饱和盐水中也能繁殖，因此，必须加强对腌腊肉品加工和保存中的卫生监督和卫生管理。

一、腌腊肉制品的加工卫生

1. 原料肉必须卫生合格

原料肉必须是来自健康动物，并经兽医卫生检验合格的新鲜肉或冻肉，凡患有传染病、寄生虫病、放血不良、黄脂、红膘等病畜肉或性状异常肉，均不得作腌腊制品的原料。在原料整理时，应仔细割除残留的甲状腺、肾上腺等有害腺体。使用鲜肉原料时必须充分风凉，以免在盐渍作用之前自溶或变质。

2. 确保辅佐料的卫生质量

（1）选用优质肠衣、膀胱皮子，应有弹性，无孔洞、污垢，色泽透明，凡有灰色、褐斑、严重污染及腐败变质的，禁止使用。人造纤维素肠衣，成本低，使用方便，加热过程中不受温度限制，生产规格化，是很好的肠衣替代品。

（2）使用洁白干燥、无杂质的食用盐，不得使用低质量盐和工业盐。

（3）使用硝酸盐和亚硝酸盐时要严格用量。虽然使用硝酸盐能使腌腊制品保持鲜红的颜色，还能抑制肉毒梭菌的生长繁殖，但是也能产生亚硝酸胺类化合物。腌腊制品中硝酸盐或亚硝酸盐的最大使用量要求不超过500mg/kg，我国规定肉制品中的残留量（以$NaNO_2$计）不超过20mg/kg。近年来研究证明，使用一氧化氮结合抗坏血酸，或者使用葡萄糖代替硝酸盐作为发色剂取得了良好效果。但这两种发色剂均无抑菌作用，特别是不能抑制肉毒梭菌的生长。

(4) 各种辅佐料要清洁，无尘土、小虫和杂物等。

3. 保持腌制室和制品保藏室的适宜温度和清洁卫生

室内温度常应保持在0～5℃。温度增高固然能使食盐的渗透加快，但细菌在腌肉中也会迅速繁殖，不待食盐全部渗入就已腐败。所有设备、机械、用具以及工人的工作服和手套均应保持清洁。每天工作完毕，要用热水清洗整个车间及各种用具，每5d全面消毒一次。仓库力求清洁、干燥、通风，并采取有效的防蝇、防鼠、防虫、防潮、防霉措施。

4. 注意个人卫生

工作人员应定期检查身体，肠道疾病患者或带菌者及手上有肿胀化脓者，不准参加制造腌腊制品的工作。

二、腌腊肉制品的卫生检验

(一) 感官检验

感官检验常用看、刺、切、煮、查的方法进行。

1. 看

从表面和切面观察腌腊制品的色泽和硬度。方法是从腌肉桶（或池）内取出上、中、下三层有代表性的肉，察看其表面和切面的色泽和组织状态，是否发霉、破裂、虫蚀，有无异物或黏液附着。

2. 刺

检测腌肉深部的气味，用特制竹签刺入制品的深部，一般多选择在骨骼、关节附近插入，拔出后立即嗅闻气味，评定是否有异味或臭味。在第二次插签前，擦去签上前一次沾染的气味或另行换签。当连续多次嗅检后，嗅觉可能麻痹失灵，故经一定操作后要有一定的间隙，以免误判。

整片腌肉常用五签法。第一签，从后腿肌肉（臀部）插入髋关节及肌肉深处。第二签，从股内侧透过膝关节后方的肌肉插向膝关节。第三签，从胸部脊椎骨上方朝下斜向插入肌肉。第四签，从胸腔肌肉斜向前肘关节后方插入。第五签，从颈椎骨上方斜向插入肩关节。

火腿通常用三签法。第一签在蹄膀部分膝盖骨附近，插入膝关节处。第二签，在商品规格中所谓中方段，髋骨部分、髋关节附近插入。第三签，在中方与油头交界处，髋骨与荐骨间插入。

风肉、咸腿等可参考上述方法进行。咸猪头可在耳根部分和额骨之间颞肌部以及咬肌肉外面插签。

当插签发现某处有腐败气味时，应立即换签，插签后用油脂封闭签孔以利保存。使用过的竹签应用碱水煮沸消毒。

3. 切

当看、刺初检发现有质量可疑时，用刀切开进一步检查内部状况，或选肉层最厚的部位切开，检查断面肌肉与肥膘的状况。

4. 煮

必要时还可以把腌腊肉切成块状放入水中煮沸，以嗅闻和品评腌腊肉，以及其他制品的气味和滋味。

5. 查

对腌腊制品进行生产场地和原料性状的追踪检查。

(1) 腌制卤水检查　良好的腌肉，其卤水应当透明而带红色，无泡沫，不含絮状物，没有发酵、霉臭和腐败的气味，pH 为 5.0～6.2。已腐败的腌肉，其卤水呈血红色或污秽的褐红色，浑浊不清，有泡沫及絮状物，有腐败及酸臭气味，pH 多在 6.8 以上。卤水 pH 的测定方法与新鲜肉 pH 测定方法相同，但在测定前应先经水浴加热（70℃）至卤水中蛋白质凝结，待沉淀后用滤纸滤过，然后进行测定。

(2) 制品虫害检查　各种腌腊肉品在保藏期间，由于回潮而容易出现各种虫害，如酪蝇、火腿甲虫、红带皮蠹、白腹皮蠹、火腿螨、火腿蝇等。

为了发现上述害虫，可于黎明前在火腿、腊肉等堆放处静听和观察，有虫存在时常发出沙沙声，则可发现成虫或可能有幼虫存在。对于蝇蛆的检查，主要是利用白天注意有无飞蝇逐臭现象，若有则表示制品可能有蛆存在，此时可翻堆进一步查明。对于上述甲虫除敲打驱逐外，可用植物油封闭虫眼，对有蝇蛆者可将制品再次投入卤池，全部浸没于卤水之中，蝇蛆则很快致死漂浮。此外，也可以使用除虫菊酯喷洒仓库墙壁以灭虫。

目前已制定国家感官检验卫生标准的常见腌腊肉品有：广式腊肉（表 10-16），火腿（表 10-17），板鸭（咸鸭）（表 10-18），咸猪肉（表 10-19），香肠（腊肠）、香肚（表 10-20），西式蒸煮、烟熏火腿（表 10-21）。

表 10-16　广式腊肉感官指标（GB 2730—81）

项　目	一　级　鲜　度	二　级　鲜　度
色泽	色泽鲜明，肌肉呈鲜红色或暗红色，脂肪透明呈乳白色	色泽稍淡，肌肉呈暗红色或咖啡色，脂肪呈乳白色，表面可以有霉点，但抹后无痕迹
组织状态	肉身干爽、结实	肉身松软
气味	具有广式腊肉固有的风味	风味略减，脂肪有轻度酸败味

表 10-17　火腿感官指标（GB 2731—88）

项　目	一　级　鲜　度	二　级　鲜　度
色泽	肌肉切面呈深玫瑰色或桃红色，脂肪切面呈白色或微红色，有光泽	肌肉切面呈暗红色或深玫瑰色，脂肪切面呈白色或淡黄色，光泽较差
组织状态	致密而坚实，切面平整	较致密而稍软，切面平整
气味	具有火腿特有香味，或香味平淡；尝味时盐味适度，无其他异味	稍有酱味或豆豉味；尝味时允许有轻度酸味

表 10-18　板鸭（咸鸭）感官指标（GB 2732—88）

项　目	一　级　鲜　度	二　级　鲜　度
外观	体表光洁，黄白色或乳白色，咸鸭有的呈灰白色，腹腔内壁干燥有盐霜，肌肉切面成玫瑰红色	体表呈淡红色或淡黄色，有少量油脂渗出，腹腔潮湿稍有霉点，肌肉切面呈暗红色
组织状态	肌肉切面致密，有光泽	切面稀松，无光泽
气味	具有板鸭固有的气味	皮下及腹腔内脂肪有哈喇味腹腔有腥味或轻度的霉味
煮沸后肉汤及肉味	芳香，液面有一大片团聚的脂肪，肉嫩味鲜	鲜味较差，有轻度哈喇味

表 10-19　咸猪肉感官指标

项　目	一　级　鲜　度	二　级　鲜　度
外观	外表干燥清洁	外表稍湿润、发黏，有时有霉点
组织状态及色泽	质紧密而结实，切面平整，有光泽，肌肉红色或暗红色，脂肪切面白色或微红色	质稍软，切面尚平整，光泽较差，肌肉呈咖啡色或暗红色，脂肪微带黄色
气味	具有咸肉固有的气味	脂肪有轻度酸败味，骨组织周围稍有酸味

表 10-20　香肠（腊肠）、香肚感官指标（GB 10147—88）

项　目	一 级 鲜 度	二 级 鲜 度
外观	肠衣(或肚皮)干燥且紧贴肉馅,无黏液及霉点,坚实而有弹性	肠衣(或肚皮)稍有湿润或发黏,易与肉馅分离,但不易撕裂,表面稍有霉点,但抹后无痕迹,发软而无韧性
组织状态	切面坚实	切面齐,有裂痕,周缘部分有软化现象
色泽	切面肉馅有光泽,肌肉灰红色至玫瑰红色,脂肪白色或微带红色	部分肉馅有光泽,肌肉深灰或咖啡色,脂肪发黄
气味	具有香肠固有的气味	脂肪有轻微酸味,有时肉馅带有酸味

表 10-21　西式煮蒸、烟熏火腿感官指标（GB 13101—91）

项　目	指　示
外观	外表光洁、无黏液、无污垢、不破损
色泽	呈粉红色或玫瑰红色,色泽均匀一致
组织状态	组织致密,有弹性,无汁液流出,无异物
滋味和气味	咸淡适中,无异臭、无酸败味

（二）实验室检验

腌腊制品中的微生物不易生存繁殖，主要是进行理化检验。常测定项目有亚硝酸盐和硝酸盐的测定、盐分含量测定、水分含量测定等（表 10-22）。

表 10-22　腌腊制品理化指标

项　目	亚硝酸盐(以 $NaNO_2$ 计)/(mg/kg)	其 他 指 标
广式腊肉、腊肠	≤20	水分≤25%,食盐(以 NaCl 计)≤10%,酸价(以 KOH 计)≤4mg/g 脂肪
火腿	≤20	过氧化值(mg/kg):一级鲜度≤20,二级鲜度≤32;三甲胺氮(mg/100g):一级鲜度≤1.3,二级鲜度≤2.5
板鸭	—	过氧化值(mmol/kg):一级鲜度≤197,二级鲜度≤315;酸价:一级鲜度≤1.6,二级鲜度≤3.0
咸猪肉	≤30	挥发性盐基氮(mg/100g):一级鲜度≤20,二级鲜度≤45
香肠香肚	≤20	水分≤25%,食盐:9%,酸价≤4mg/g 脂肪
西式火腿	≤70	复合磷酸盐(以磷酸盐计)≤8.0g/kg,铅≤1mg/kg

（三）卫生评价

（1）腌腊肉品感官指标应符合一级和二级鲜度的要求，变质的不准出售，应予销毁。

（2）凡亚硝酸盐含量超过国家卫生标准的，不得销售食用，作工业用或销毁。

（3）腌腊肉品的各项理化指标均应符合国家标准。水分、食盐、酸价、挥发性盐基氮等超标者，可限期内部处理，但不得上市销售，如感官变化明显，则不得食用，应予销毁。

（4）凡表层有发光、变色、发霉等，如无腐败变质现象，可进行卫生清除或修割后食用。

（5）在香肠、香肚的肉馅中发现蝇蛆、鼠类，在火腿、板鸭等深部严重虫蚀成蜂窝状者，应作为工业用。

第五节　熟肉制品的卫生检验

熟肉制品是指经过选料、初加工、切配以及蒸煮、酱卤、烧烤等加工处理，食用时不必再经加热烹调的肉品。我国的熟肉制品种类繁多，滋味各异，如灌肠、酱汁肉、酱牛肉、肉松、肉干、烤羊肉串、烧鸡、火腿肠等。熟制品是直接入口的食品，制作和检验时的卫生要求和卫生标准要比其他非熟制品严格。

一、熟肉制品的加工卫生

1. 原料肉

肉类原料要进行严格的卫生检验，加工前要认真检查胴体上有无卫生检验印章，发现有漏摘或残留的甲状腺及病变组织应予摘除和修净，发现带有腐败征象的部分也必须剔除。

2. 加工场地、用具、容器及包装材料等要清洁卫生。

熟制过程中，要烧熟煮透严格执行生熟两案制，原料整理与熟制过程要分室进行，并要有专门的冷藏设备。地板上不准堆放肉块、半成品或制成品。凡接触或盛放熟肉制品的用具的容器，要求做到每使用一次消毒一次。

3. 严格检验

熟肉制品应经卫生检验人员感官检查，必要时抽样化验，质量合格后方可出厂。在熟制加工过程中，对原料、半成品及成品应定期采样化验。

4. 对车辆容器及包装用具等进行检查

熟肉制品在发送或提取时，须对车辆容器及包装用具等进行检查，运输过程中防止污染，须采用易于清洗消毒、没有缝隙的带盖容器装运，同时备有防晒、防雨设备。销售单位应严格要求，仔细验收，拒收不符合卫生要求的熟肉制品。销售时注意用具和个人卫生，减少污染的机会。

5. 销售前应进行检验

熟肉制品应及时销售，除肉松、肉干等脱水制品外，要以销定产，随产随销，做到当天售完，隔夜都须回锅加热，夏季存放不得超过12h。若必须保存，要在0℃以下冷藏，销售前应进行检验，以确保消费者安全。有些产品（西式火腿等）销售前必须包装的产品，应在加工单位包装后出厂。

6. 保持加工生产人员个人卫生

加工生产人员应经常保持个人卫生，定期进行健康检查，凡肠道传染病患者及带菌者不得参加熟肉制品的生产和销售工作。

二、熟肉制品的卫生检验

熟肉制品的卫生检验，以感官检查为主，定期或必要时采样做理化学检验和细菌学检验。

（一）感官检验

主要检查其外表和切面的色泽、组织状态、气味等，以判定有无变质、发霉、发黏以及污物沾染等。夏秋季节，应特别注意有无苍蝇停留的痕迹及蝇蛆，这对整鸡、整鸭更为重要，因为苍蝇常产卵于鸡、鸭的肛门、口、耳、眼等部位，孵化后的幼蛆很快钻入体腔。

（二）实验室检验

应定期进行细菌学和理化学方面的实验室检验。细菌学检验的项目主要包括细菌菌落总数的测定、大肠菌群最可能数（MPN）的测定和致病菌的检验，理化检验则主要检测亚硝酸盐的残留量和水分含量。

（三）各类熟肉制品的卫生标准

1. 烧烤类肉品

是指经兽医卫生检验合格的猪肉、禽肉类加入酱油、盐、糖、酒等调味料，经电或木炭等烘烤而成的熟肉制品。

（1）感官指标　见表 10-23。

表 10-23　烧烤肉类感官指标（GB 2727—1994）

品　种	色　泽	组织状态	气　味
烧烤猪、鸡鸭类	肌肉切面鲜艳有光泽，微红色，脂肪呈浅乳白色（鹅、鸭呈浅黄色）	肌肉压之无血水，皮脆	无异味、无异臭
叉烧类	肌肉切面微赤红色，脂肪白而有光泽	肌肉切面紧密，脂肪结实	无异味、无异臭

（2）细菌指标　见表 10-24。

表 10-24　烧烤肉类细菌指标（GB 2727—1994）

项　目	指标	
	出　厂	销　售
细菌总数/(cfu/cm²)　≤	5000	50000
大肠菌群/(MPN/100cm²)　≤	50	100
致病菌（指肠道致病菌和致病性球菌）	不得检出	不得检出

（3）理化指标　一切烧烤类和叉烧类制品中苯并（*a*）芘的含量均为≤5μg/kg。

2. 其他熟肉制品

灌肠类、酱卤肉类、肴肉、肉松等熟肉制品，均有相应的国家标准的感官指标、细菌指标，有的还有理化指标的规定。

（1）感官指标　要求具有符合本产品特征的外观、性状和组织结构，无异味、异臭、腐败及酸败味。

（2）细菌指标　见表 10-25。

表 10-25　酱卤及灌肠类等熟肉制品细菌指标

名称	细菌总数/(cfu/g)		大肠菌群/(MPN/100g)		致病菌
	出　厂	销　售	出　厂	销　售	
肉灌肠	≤20000	≤50000	≤30	≤30	不得检出
酱卤肉类	≤30000	≤80000	≤70	≤150	不得检出
肴肉	≤30000	≤50000	≤70	≤150	不得检出
肉松	≤30000	≤30000	≤40	≤40	不得检出

注：1. 致病菌指肠道病菌及致病球菌。
2. 表中所列指标引自 GB 2725.1—1994、GB 2726—1996、GB 2728—1981、GB 2729—1994。

进行熟肉制品的细菌学检验时样品的采集方法为：家禽，用灭菌棉拭子采胸、腹部各 10cm²，背部 20cm²，头、肛各 5cm²，共 50cm²；烧烤肉制品，用灭菌棉拭采正面（表面）20cm²，里面（背面）10cm²，四边各 5cm²，共 50cm²；其他熟肉制品（酱卤肉、肴肉）、灌肠、香肚及肉松等，一般可采取 200g，做重量法检验。

（3）理化指标　灌肠类、肴肉类的亚硝酸盐（以 $NaNO_2$ 计）≤30mg/kg；太仓式肉松的水分含量不得超过 20%，福建式肉松不得超过 8%。

（四）卫生评价

（1）熟肉制品中细菌菌落总数、大肠菌群数不得超标，不得有致病菌。

（2）对于细菌菌落总数、大肠菌群数超标，而无感官变化和感官变化轻微的熟肉制品，或无冷藏设备需要隔夜存放的熟肉制品，应回锅加热后及时销售。

（3）对亚硝酸盐含量超标的灌肠和肴肉、水分含量超标的肉松，不得上市销售。

（4）肉和肉制品中，包装破坏、外观受损者不得销售。凡有变质征象或检出致病菌者，均不得销售和食用。

第六节　肉类罐头的卫生检验

罐藏是一种特殊形式的肉品加工方法和保藏方法。罐头食品因其具有耐长期保存、容易运输、便于携带、食用方便等优点，是野外作业人员和旅游者最理想的食品。随着人民生活水平的不断提高，罐头食品已逐渐成为日常生活中餐桌上的菜肴，极大地丰富了广大群众的膳食。

罐头食品是经过杀菌并在一定真空条件下保藏的食品。如果在生产加工过程中原料受到微生物的严重污染，杀菌时又未将腐败菌和致病菌彻底杀灭，保藏过程中在适宜条件下，残存的腐败菌活致病菌可大量生长繁殖，导致罐头食品腐败变质，这种罐头食品对消费者的健康具有很大的威胁，食入后可能引起食物中毒。因此，对罐头食品的生产加工进行卫生检验，具有重要的卫生学意义。

一、肉类罐头的加工卫生

肉罐头最基本的生产工艺流程是：原料验收（冻肉解冻）→原料处理→预热处理→装罐（调味料）→排气→密封→灭菌→冷却→保温检验→包装→入库。

1. 原料验收与处理的卫生要求

（1）原料肉须来自非疫区的健康动物，并经卫生检验合格。凡是病畜肉、急宰的动物肉、放血不良和未经充分冷却的鲜肉以及质量不好或经过复冻的肉，均不能作为生产罐头的原料肉。

（2）原料肉应保持清洁卫生，不得随地乱放或接触地面。不同种类的原料肉应分别处理，以免沾污。原料进厂后要用流水清洗，清除尘土和杂质。冷冻原料肉的洗涤可与解冻同时进行。经过处理的原料肉不得带有淋巴结、较粗的血管、大片的组织膜、色素肉、奶脯肉、伤肉、血刀肉、鬃毛、爪甲及变质肉等。

（3）辅佐料也应符合有关部门规定标准，凡生霉、生虫及腐败变质者均不能用于制作罐头食品。

（4）原料肉经预煮漂烫处理后，须迅速冷却至规定的温度，并立即投入下一道工序，防止堆积，以免造成嗜热性细菌的繁殖。

2. 防止交叉污染

（1）在加工过程中，原料、半成品、成品等处理工序必须分开，防止互相污染。

（2）工作人员调换岗位有导致食品污染可能，必须更换工作服，洗手，消毒。

3. 罐头容器种类及卫生要求

罐头容器按材料的性质，大体分为金属罐、玻璃罐和软质材料三大类。共同要求是，要有良好的机械强度、抗腐蚀性、密封性和安全无害。

（1）金属罐　最常用材料为马口铁，其次为铝材及镀铬薄钢板罐。马口铁为镀锡薄钢板，其镀锡的质量直接关系到罐头产品的卫生质量。一般要求镀锡中含铅量不得超过0.04%。焊锡应为低铅高锡焊料。肉类食品往往能使马口铁罐内壁产生硫化斑而影响外观和风味，因此，肉类罐头用的金属罐内壁表面常涂一层涂料。所用涂料必须抗腐蚀性强，无毒性和异味，能耐灭菌时的高温，能形成均匀连续的薄膜以及与镀锡表面有紧密的黏合力。

(2) 玻璃罐　玻璃的化学性质稳定，能保持食品的原有风味，便于观察内容物，可以多次重复使用，比较经济，被广泛应用。但其机械性能较差，不能长期保持密封性。

(3) 软质材料　通常由3层或4层薄膜复合而成。具有柔韧和易开启，安全无毒，保存期较长，易传热，携带和食用方便等特点。

无论采用何种罐头容器，均应保持清洁。使用前，铁罐一般先用热水冲洗，然后用蒸汽消毒30～60min。玻璃的容器可先用2%～3%的热碱水浸泡5～10min，然后彻底冲洗。

4. 装罐与封罐

(1) 装罐　装罐时应随时剔出混入的杂物和不合格的肉块，并严格控制干物质的重量和顶隙。所谓顶隙是指罐头容器顶部未被内容物占有的空间。要注意保持密封口区的清洁，以保证密封质量，这对软罐头尤其重要。

(2) 封罐　一般的方法是利用真空封罐机，在抽出罐内空气的同时将罐口密封。罐头的真空度一般要求不低于26.67kPa。

5. 杀菌

杀菌即杀灭罐头食品中致病性微生物和常温下可繁殖的非致病性微生物的技术方法。肉类罐头多采用高温灭菌法。一般肉罐头的灭菌公式是：

$$\frac{15—60—20}{120}=\frac{\text{时间(min)}}{\text{温度(℃)}}$$

即由常温逐渐升温，在15min后达到120℃，保持此温度60min，然后在20min内降至常温。为了保证灭菌公式的正确执行，灭菌锅应装置自动记录压力、温度和时间的仪表，并定期检查其性能。

6. 保温试验

保温试验是在罐头生产结束时，对杀菌效果和产品质量的一种检查方法。即从杀菌锅中取出的罐头迅速冷却，在(37±2)℃条件下保温5～7d，逐个进行敲击和观察，以剔除膨听、漏汁及有鼓音的罐头。

所谓膨听就是罐头的体积增大、外形改变的一种现象。膨听一般由罐头内微生物繁殖产生大量气体所引起，称为生物性膨听。漏汁是内容物流出罐头以外的现象。鼓音多由排气不好或罐头漏气，以致真空度不够所造成。如出现漏汁，则为漏气的明显证据。以上情况应开罐检查处理。除生物性膨听外，还有物理因素和化学因素引起的膨听，但多发生在出厂之后。物理性膨听多因装罐时盛装内容物过多，筋肉纤维受热膨胀产生，或者因遇低温罐内食品冻结膨胀而形成。化学性膨听主要由于金属罐受到酸性食品的腐蚀产生了气体而引起。

在肉罐头加工中，还应加强生产车间的卫生管理，经常保持环境清洁。车间内不得积集残屑，不得有蚊、蝇和其他昆虫进入。工作人员要讲究个人卫生，定期进行健康检查。

二、肉类罐头的卫生检验

肉罐头的检验项目主要有物理检验、感官检查和细菌学检验等。

(一) 感官检验

1. 外观检验

首先检查商标纸及硬印是否完整和符合规定，确认生产日期和保质期。然后观察底和盖有无膨听现象，如有膨听现象，应确定是生物性膨听、化学性膨听还是物理性膨听。鉴别几种膨听的方法是进行37℃下保温试验和敲打试验。保温试验时若膨听程度增大，可能是生物性膨听；若膨听程度不变，则可能是化学性膨听；若膨听消失，则可能是物理性膨听。敲打试验是以木槌敲打罐头的盖面。良质罐头，盖面凹陷，发出清脆实音；不良质罐头，表面膨胀，发音不清脆，发出鼓音。最后，撕下商标纸，观察外表是否清洁，接缝及卷边有无漏水、透气、汤汁流出以及罐体有无锈斑及凹瘪变形等。

2. 密封性检查

主要是检查卷合槽及接缝处有无漏气的小孔。肉眼往往看不见，应将商标纸除去后，洗净，放入加热至85℃的热水中3～5min，水量应为罐头体积的4倍以上，水面应高出罐头5cm。放置期间，如罐筒的任何部位出现气泡，即证明该罐头密封性不良。

3. 真空度测定

常用真空表测定。测定时，右手的拇指和食指夹持真空表，以其下端对准罐盖中央，用力下压空心针刺穿罐盖，按表盘指针读取真空度。注意针尖周围的橡胶垫必须紧贴罐盖，以防空气进入罐内。各类罐头的室温下真空度应为24～50.66kPa。

4. 容器内壁检验

观察罐身及底盖内壁镀锡层有无腐蚀和露铁，涂膜有无脱落现象，有无铁锈或硫化铁斑点。罐内有无锡粒和内流胶现象。容器内壁应无可见的腐蚀现象，涂料不应变色、软化和脱落，可允许有少量硫化斑存在。

5. 内容物检查

（1）组织和形态检查　把罐头放入80～90℃热水中，加热到汤汁溶化后（午餐肉、凤尾鱼等不需加热），用开罐器打开罐盖，将内容物轻轻倒入搪瓷盘，观察其形态结构，并用玻璃棒轻轻拨动，检查其组织是否完整、块形大小和块数是否符合标准（鱼类罐头须检查脊骨有无外露现象，骨肉是否连接，鱼皮是否附着鱼体，有无黏罐现象）。

（2）色泽检查　在检查组织形态的同时，观察内容物中固形物的色泽是否符合标准要求，然后将被检罐头的汤汁收集于量筒中，静置数分后，观察其色泽和澄清程度。

（3）滋味和气味检查　先闻其气味，再品尝滋味，鉴定是否具应有的风味。

（4）杂质的检查　用玻璃棒仔细拨动内容物，注意观察有无毛根、碎骨、血管、血块、淋巴结、草、木、砂石及其他杂质等存在。

（二）理化检验

肉类罐头种类较多，所需原料和加工工艺差别很大，所以理化检验项目不尽相同，一般包括净重、氯化钠含量、重金属含量、亚硝酸钠残留量等检测项目。

（三）微生物检验

应按要求进行致病菌检验，检验方法按GB 4789.26—1994规定。主要检验沙门菌属、志贺菌属、葡萄球菌及链球菌、肉毒梭菌、魏氏梭菌等能引起食物中毒的病原菌。

（四）肉类罐头的卫生标准

我国食品卫生标准（GB 13100—91）规定，罐头的感官指标为：容器密封完好，无泄露、胖听现象存在；容器内外表面无锈蚀，内壁涂料完整；内容物具有该品种肉类罐头食品应有的色泽、气味和滋味，无杂质。

理化指标主要包括净重、固形物、亚硝酸钠残留量及重金属含量等（表10-26）。

微生物指标，应无致病菌及因微生物作用所引起的腐败征象，或应符合罐头食品商业无菌要求。

（五）卫生评价

（1）经检验符合感官指标、理化指标、微生物指标的保质期内的罐头可以食用。

表 10-26 肉类罐头理化指标

项目		指标
砷(以 As 计)/(mg/mL)	≤	0.5
铅(以 Pb 计)/(mg/mL)	≤	1.0
铜(以 Cu 计)/(mg/mL)	≤	5.0
锡(以 Sn 计)/(mg/mL)	≤	200
汞(以 Hg 计)/(mg/mL)	≤	0.1
亚硝酸盐(以 $NaNO_2$ 计)/(mg/kg)		
西式火腿罐头	≤	70
其他腌制类罐头	≤	50
复合磷酸盐(以 PO_4^{3-} 计)/(g/kg)		
西式火腿罐头	≤	8
其他腌制类罐头	≤	5

(2) 膨听、漏气、漏汁的罐头应予以废弃，如确系物理性膨听，则允许食用。

(3) 外观有缺陷，如锈蚀严重，卷边缝外生锈、碰撞造成瘪凹等，均应迅速食用。

(4) 开罐检查，罐内壁硫化斑色深且布满的，内容物有异物、异味等感官恶劣的，均不得食用，应予废弃。

(5) 理化指标超过标准的罐头，不得上市销售，超标严重的，则应予销毁。

(6) 微生物检验发现致病菌的，一律禁止食用，应予销毁。检出大肠杆菌或变形杆菌的，应进行再次杀菌后出售。

【复习思考题】

1. 解释下列名词：肉、肉的僵直、肉的成熟、肉的自溶、肉的腐败、TVB-N。
2. 肉有何食用意义？
3. 肉在保藏时会发生哪些变化，变化原因及不同阶段肉的主要性状是什么？
4. 肉的新鲜度检验主要包括哪几项内容？试述猪、牛、羊的感官检验指标及挥发性盐基氮的测定过程。
5. 冷冻各个阶段变化及卫生要求是什么？冷藏不合格肉如何处理？
6. 冷库的兽医卫生管理包括哪些内容？
7. 熟肉制品的加工卫生及卫生检验的主要内容是什么？
8. 腌腊制品的加工卫生及卫生检验的主要内容是什么？
9. 肉类罐头加工卫生要求及卫生检验和卫生评价的主要内容有哪些？

（刘秀萍）

第十一章　屠宰动物副产品的加工卫生与检验

【主要内容】 食用副产品、毛皮、肠衣的加工卫生要求及检验鉴定的方法；生化制药原料的固定、保存的方法及血液初步加工的卫生要求。

【重点】 各种动物肠衣的感官品质的加工要求、质量要求和肠衣的常见缺陷及卫生处理；皮张卫生检验鉴定的方法。

【难点】 健皮、死皮和有缺陷皮张的鉴定。

第一节　食用副产品的加工卫生与检验

一、食用副产品的加工卫生

食用副产品应采自健康无病的动物屠体。在肉类联合加工厂，食用副产品的初步加工在专门的车间内进行。动物屠宰后，副产品通过滑道分别落入副产品加工车间的相应地段，进行整理和初步加工。加工时应严格遵守卫生操作规程，防止污染。对头、蹄、尾等带毛的食用副产品，应除去血管、气管、胆囊及输尿管等，并用清水洗净血污。胃和大肠的初步加工，应先剥离浆膜上的脂肪组织，切断十二指肠，于胃小弯处纵切胃壁，翻转倒出胃内容物，用水清洗后套在圆顶木桩上，用刀剔下黏膜层，作生化制剂的原料，其余部分用水洗净。大肠翻倒内容物后用水洗净。

经上述初步加工的食用副产品，放置在4℃冷室中冷却，然后送熟肉加工车间或送往市场销售。在某些情况下，须将其冷冻或盐腌后保存。

二、食用副产品的卫生检验

食用副产品原料在屠宰车间虽经过兽医卫生检验，但在副产品加工车间加工时，仍须进行兽医卫生监督。因为在剖开肌肉和器官时，往往会在其深部发现一些初检时没有发现的病理变化。因此，在每个工作岗位点应设置检验台，以便检验员能及时检验。凡发现水肿、出血、脓肿、发炎、增生、坏死及寄生虫损害的组织和器官，均不得作为食用，全部化制处理。所用未经初步加工的或因加工质量差，产品受到毛、血、粪等污染的食用副产品，不得出场作为食用，以免沙门菌污染而引起人的食物中毒或食源性感染。

第二节　肠衣的加工卫生与检验

动物屠宰后的新鲜肠管，经加工除去内外的各种不需要的组织，剩下一层半透明的薄膜（猪肠和羊肠为黏膜下层），称为肠衣。猪牛羊小肠的肠衣，由于只保留了黏膜下层，所以非常薄。肠衣主要用于制作灌肠食品，还可用于制作医用外科缝合线等。因此，必须严格执行卫生检验与监督。

一、肠衣的加工卫生要求

1. 肠衣原料的卫生要求

肠原料必须来自健康动物的屠体，并于开膛后立即收集加工，以免肠管发生自溶或腐败。若肠管于屠体中留放2h以上，不但胴体有被沙门菌或其他肠道菌污染的可能，而且也会使肠管因自溶或腐败而变成废品。对所收集的肠原料，应仔细检查其颜色、质地及有无病理变化，尤其要剖检肠系膜淋巴结，发现炭疽、牛瘟、羊肠毒血症的恶性传染病或氢氰酸、有机磷、有机氯等中毒性疾病的全套肠管，包括食道和膀胱，应进行化制或销毁；发现有结核及副结核病变，猪瘟、猪副伤寒病变，以及有各种肠炎变化的肠管，均不得加工肠衣，可根据病变的性质和严重程度，分别进行适当的无害化处理。

2. 肠衣加工的卫生要求

肠衣的初步加工是从原料的收集开始的，包括清除肠内容物、剔除肠系膜、分离肠外脂肪、刮除肠黏膜、清水漂洗、分路扎把、盐腌或干燥。

加工肠衣时应先将肠管各部分开，清除肠内容物，然后剔除肠系膜和肠外脂肪，最后刮除肠黏膜，刮除时刀用力要适当，如果使用去膜机，则两轴的距离务必调整适当，否则将去不掉黏膜或撕裂肠管。所用的刮刀和机械，必须经常洗涤和消毒。刮除黏膜的肠管，放置凉水浸泡3～8h，浸泡后按口径大小和长短，分路、配码，即为成品。如果要保存或出口，则必须在配码后立即作防腐处理，其方法有盐腌法和干燥法。

(1) 盐腌法　用纯净的细盐，一次在配码后的肠衣上（通常100m为一把，每把需精制盐0.5g），腌制12～24h，待盐水沥干后缠把、装桶，保存于0～10℃温度下或外运。

(2) 干燥法　把配码后肠衣吹气后，挂在架子上，放置于通风处晒干，或在29～35℃的干燥室内烘干。干燥后的肠衣经排气、压扁、缠把后装箱外运或贮藏。保藏室的温度不得高于25℃，相对湿度为50%～60%，否则易产生虫害或生霉。

肠衣加工过程中，所产生的大量废物如黏膜、浆膜、肠碎屑等应及时清除，并送往化制车间进行无害化处理。车间地面、设备及工作人员的用具等，按屠宰车间的卫生要求进行清洗和消毒。

二、肠衣品质的感官检验

肠衣品质的感官检验，是根据其色泽、气味、质地和有无伤痕等进行判定的。下面介绍各种动物肠衣的感官品质要求。

（一）猪肠衣的感官品质要求

猪肠衣的感官品质按我国商业行业标准——猪原肠、半成品（SB/T 10041—92）的要求执行。

1. 原肠

(1) 加工要求

① 原肠取自兽医宰前宰后检验合格之后之猪的小肠。要及时去油倒粪，保持品质新鲜，两端完整无破损。

② 肠刮台需平滑洁净。

(2) 质量要求

① 品质　新鲜，色泽、气味正常，保持洁净，不得接触金属物品或沾染杂质。腐败变质、失去拉力或有腐败气味、异味、不透明的麻筋及仔猪肠衣不收购。

② 等级规格　一等：两端完整，不带破伤，以自然长度为一根；或两端不完整，但长度在 14m 以上不带破伤者，亦做一根计算。二等：两端不完整，长度在 14m 以上，允许带一个破洞或两节，短节不少于 3m。三等：长度在 14m 以上，允许带两个破洞或三节，最短节不少于 3m。

③ 等级比差　一等为 100%，二等为 80%，三等为 60%。

2. 半成品

除用肠衣专用盐腌渍外，不得用含有损坏肠质或妨碍食用卫生的化学物质，无杂质、并条、靛点、锈蚀、盐蚀、破洞割齐，不带毛头、弯头。

(1) 气味　无腐败及其他异味。

(2) 色泽　白色、乳白色、淡粉红色。

(3) 规格　打成折叠把，每把长度 100m，13 节；或每把 125m，16 节；最短节不得少于 3m。

(4) 短码　每把长度 100m 或 125m，允许最短节为 1m。

(5) 口径　24～34mm 为小口径；34mm 以上为大口径。

(二) 绵羊肠衣的感官品质要求

绵羊肠衣的感官品质按我国商业行业标准——绵羊原肠、半成品（SB/T 10042—1992）的要求执行。

1. 原肠

(1) 加工要求　同猪原肠。

(2) 质量要求

① 品质　色泽、气味正常，新鲜。保持洁净，不得接触金属物品或沾染杂质。腐败变质、失去拉力或有腐败气味及异味不收购。

② 等级规格　一等：两端完整，不带破伤，以自然长度为一根；或两端不完整，但长度在 25m 以上，不带破伤者，亦做一根计算。二等：两端不完整，无明显痘盘（痘盘即肠衣刮去肠结节的痕迹），长度在 25m 以上，允许带一个破洞或两节，短节不短于 4m。三等：无明显的痘盘，长度在 25m 以上，允许带两个破洞或三节，最短节不短于 4m。

③ 等级比差　同猪原肠。

2. 半成品

除用肠衣专用盐腌渍外，不得用含有损坏肠质或妨碍食用卫生的化学物质，无粪污、杂质、锈蚀、破洞割齐、不带毛头。干皮、盐蚀、次色、痘盘、软皮根据使用价值酌情收购。

(1) 气味　无腐败及其其他异味。

(2) 色泽　白色、青白色、黄白色、灰白色。

(3) 规格　打成折叠把，每把长度 100m，13 节；最短节不短于 3m。

(4) 短码　每把长度 100m 或 125m，允许最短节不短于 1m。

(5) 口径　24～34mm 为小口径；34mm 以上为大口径。

(三) 山羊肠衣的感官品质的要求

山羊肠衣的感官品质按我国商业行业标准——山羊原肠、半成品（SB/T 10043—92）的要求执行。

1. 原肠

(1) 加工要求　同猪原肠。

(2) 质量要求

① 品质　色泽、气味正常，新鲜。保持洁净，不得接触金属物品或沾染杂质。腐败变

质、失去拉力或有腐败气味及异味不收购。

② 等级规格　一等：两端完整，不带破伤，以自然长度为一根；或两端不完整，但长度在 18m 以上（南方 14m 以上）不带破伤者，亦做一根计算。二等：两端不完整，长度在 18m 以上（南方 14m 以上），可带一个洞或两节，短节不短于 4m（南方 3m）。三等：长度在 18m 以上（南方 14m 以上），可带两个破洞或三节，最短节不短于 4m（南方 3m）。

③ 等级比差　同猪原肠。

2. 半成品

除用肠衣专用盐腌渍外，不得用含有损坏肠质或妨碍食用卫生的化学物质，无粪蚀、杂质、锈蚀、破洞割齐、不带毛头。干皮、盐蚀、次色、软皮根据使用价值酌情收购。

(1) 气味　无腐败及其其他异味。

(2) 色泽　白色、青白色、黄白色、灰白色。

(3) 规格　打成折叠把，每把长度 100m，14 节；最短节不短于 3m。

(4) 短码　每把长度 100m，最短节不短于 1m。

(5) 口径　12mm（含 12mm）。

三、肠衣的常见缺陷及卫生处理

1. 污染

(1) 原因及特征　由于加工时被肠内容物污染，使粪屑黏附在肠壁上。

(2) 卫生处理　轻度污染的肠衣，经仔细清除污垢后，可以作为食用。污染严重，无法去净粪污碎屑的肠管，作工业用或化制。

2. 腐败

(1) 原因及特征　因肠原料不新鲜，盐腌不充分或在高温条件下保存使发生腐败变化。腐败的结果使肠管变黑、发臭、发黏、易撕裂。

(2) 卫生处理　轻度腐败的肠衣，可晾在通风处驱味，或用 0.01%～0.02%高锰酸钾溶液冲洗，以抑制腐败分解。轻微腐败肠衣经处理后可以食用，但不宜继续保存。呈明显腐败的肠衣，化制或销毁。

3. 褐斑

(1) 原因及特征　褐斑的发生是由于腌制时所用的食盐不纯净，混有铁盐（0.005%以上）和钙盐（微量），它们能与肠蛋白形成不溶于水的蛋白化合物。此外，某些嗜盐微生物也参与褐斑的形成过程。其特征是肠壁上出现粗糙的褐色斑块，使肠管窄缩。褐斑多见于贮存于 10℃以上的环境或温暖季节盐制的肠衣。

(2) 卫生处理　有轻度褐斑的肠衣，先用 2%的稀盐酸处理，再用苏打水溶液洗涤，除去褐斑后可以作为食用。有严重褐斑的肠衣，不能作为食用。

4. 红斑

(1) 原因及特征　红斑是由嗜卤素肉色球菌和一些色素杆菌引起的。当盐腌肠衣保存于 12～35℃的环境中经 10d 以后，常与未被盐水浸透的肠段上出现玫瑰红色的斑块，使肠衣具有大蒜气味。

(2) 卫生处理　通常形成红斑色素的微生物只在肠壁表面生长，不但容易除掉，而且这些产色素微生物对人无害，一般不影响食用。轻者不受限制食用，严重者化制。

5. 青痕

(1) 原因及特征　盐腌肠衣的表面出现青黑色斑痕，这是由于盐制肠衣时，木桶中鞣酸与盐酸尤其是肠衣上的铁盐发生化学反应，结果使靠近桶壁的肠衣出现青黑色。为了防止发生这种变化，必须用蒸汽或沸水彻底清洗木桶，新购置的木桶更应如此处理。

(2) 卫生处理　青痕较轻者不受限制食用，严重者化制。

6. 生霉

(1) 原因及特征　干制肠衣因贮存室的温度和相对湿度偏高，往往招致各种霉菌生长发育。在肠衣上可见霉斑。

(2) 卫生处理　轻度生霉的肠衣，如果没有明显的感官变化，而且易于除去霉层的可以食用。严重生霉的肠衣，作工业用或销毁。

7. 肠脂肪酸败

(1) 原因及特征　盐腌猪大肠的肠壁中含有15%～20%的脂肪，盐腌牛肠衣往往含有3%～5%的脂肪。当肠衣保存条件不良时，脂肪可在空气、光线、高温和微生物的作用下，迅速发生酸败，产生不愉快的气味。去脂不良的干制肠衣，其脂肪的氧化过程尤为剧烈。

(2) 卫生处理　肠脂肪酸败的肠衣，不能作为食用，应作工业用或销毁。

8. 昆虫

(1) 原因及特征　鲣节甲虫和蠹虫及其幼虫，在温暖季节常钻入干制肠衣，引起啮痕或其他损害。为了预防昆虫对干肠衣制品的损害，可用"灭害灵"（即拟除虫菊酯）处理仓库和干燥室的墙壁、地板、天花板及包装材料。

(2) 卫生处理　发现啮痕或被昆虫分泌物污染的肠段，不能作为食用，化制或销毁。

第三节　皮、毛的加工卫生与检验

一、皮张的加工卫生与检验

（一）皮张的加工卫生

由屠宰加工车间获得的各种动物皮张，在送往皮革加工厂之前，必须进行初步加工。首先除去皮张上的泥土、粪便、残留的肉屑、脂肪、耳软骨、蹄、尾骨、嘴唇等。其次是防腐，通常采用干燥法、盐腌法和冷冻法。

1. 干燥法

适用于北方干燥地区，通过自然干燥的方法除去皮中的水分。干燥时以皮肉面向外搭在木架上晾干为好，切忌在烈日下暴晒，以免皮张干燥不匀和分层。

2. 盐腌法

适用于南方潮湿地区，通过盐的高渗作用，使皮张脱水。盐腌时除注意正确执行技术操作外，还应注意盐的质量。不得用适于葡萄球菌、链球菌、八叠球菌等微生物繁殖的钙盐，最好加入占盐重3%的纯碱或2%的硅氟酸钠。后者效果显著，但有一定的毒性，用时要特别注意。此外，加工时盐水应清洁，不得用废盐和含卤的盐，最好用熬制盐。

3. 冷冻法

是鲜皮最简单的防腐法，适用于北方地区。但冷冻可使皮张脆硬易断，运输不便，容易风干，长期贮存或长途运输时不宜采用。

（二）皮张的卫生检验

从事皮张鉴定工作的动物检疫检验人员必须掌握健皮、死皮和有缺陷皮张的特征。此外尚须熟悉传染病动物和死亡动物皮张的特征，皮张的质量，以真皮的致密度，背皮的厚度、弹性、有无缺陷（生前的或是加工后的）等作为评定指标，皮张的质量决定于品种、年龄、性别和动物生前的役用种类及屠宰季节。

1. 健皮（正常皮张）**的特征**

健康动物的生皮，肉面呈淡黄色（上等肥度）、黄白色（中等肥度）或淡蓝色（瘦弱动物）。放血良好的生皮，肉面呈暗红色，盐腌法保存的生皮，颜色与鲜皮一致。皮面致密，弹性好。背皮厚度适中且均匀一致。无外伤、血管痕、虻眼、癣癞、腐烂、割破、虫蚀等缺陷。剥下数小时之内打卷的皮张，干燥后其肉面变暗，此种现象也见于用日光干燥皮张。

2. 死皮的特征

由动物尸体上剥下来的皮张叫“死皮”。死皮的特征是肉面呈暗红色，且往往带有较多的肉和脂肪。常因血液坠积而使皮张肉面的半部呈蓝紫色，皮下血管充血呈树枝状。

根据《中华人民共和国动物防疫法》，禁止从炭疽、鼻疽、牛瘟、气肿疽、狂犬病、恶性水肿、羊快疫、羊肠毒血症、马流行性淋巴管炎、马传染性贫血等恶性传染病的动物尸体上，以及国家标准 GB 16548—1996 中需要做销毁处理的患病动物尸体上剥取皮张。从患传染病死亡的动物尸体上剥取的皮张，也属于死皮，具有死皮的一般特征。与一般死皮不同之处在于其肉面被血液高度污染而呈深暗红色。例如，炭疽病尸体染成黑红色，干燥的则为深紫红色，最后判定有待于实验室检查。

3. 皮张的缺陷

可分生前、屠宰加工和保存时形成三种情况。

(1) 动物生前形成的缺陷　包括烙印伤，烙印标记留在皮上所致；针孔，治疗时由针头刺的孔洞所致；虻眼，系牛皮蝇幼虫寄居时形成的，皮面呈小孔，向内逐渐扩大成喇叭状，或伤口内有积脓；或虫体出来已久伤口封闭；虱疹，虫咬部分多发生湿疹状丘疹甚至小脓疱；癣癞，皮面粗糙，呈小节状态，有渗出物凝固，有时则形成裂孔和空洞；疮疤，外伤愈合后形成的瘢痕。

(2) 屠宰加工时形成的缺陷　常见的有剥皮时切割穿孔、削痕及肉脂残留。

(3) 皮张保存时形成的缺陷　包括有以下几种：腐烂（熟烂），系剥皮后日晒或干燥过急，皮的毛面和肉面已干燥，但其中层仍处于潮湿状态，在适宜的条件下便开始腐烂，或受较高温度而胶化变性；烫伤（塌晒），主要是夏季将鲜皮铺于已晒热之地面或其他过热的物体上干燥时，或在晒皮时将皮移动，致使皮的纤维组织受热变质，皮张表现硬脆，缺乏弹性；霉烂，皮张在贮存或运输过程中受潮时间过久，霉菌和其他细菌侵蚀所致；油烂，是皮上脂肪未尽，干燥后脂肪溶化，渗入纤维组织使之变质；虫伤，皮张遭受蛀皮虫（黑色小甲虫的幼虫）的蛀食形成的深沟纹的孔洞。

二、毛类的加工卫生与检验

1. 猪鬃

猪鬃由猪体上收集的毛，统称鬃毛。其位于背部的长达 5cm 以上的鬃毛，特称为猪鬃。猪鬃是我国的主要出口物资，多产于未改良的猪种，平均每头猪可产鬃 60g 左右。收集并整理按色分类，用铁质梳除去绒毛和杂质后，按其长度分级、扎捆成束。鬃毛的根部由于带有表皮组织，如不及时处理很容易变质、腐败、发霉，影响其品质。泡烫后刮下的湿鬃毛，为了除去毛根上的表皮组织，可将其堆放 2～3d，通过发热分解促使其表皮组织腐败脱落。然后加水梳洗，除去绒毛和碎皮屑，摊开晒干，送往加工。也可采用弱苛性钠溶液蒸煮浸泡法，使表皮组织溶解，效果也较好。好的猪鬃一般是色泽光亮，毛根粗壮，无杂毛、绒毛、霉毛、表皮等。

2. 毛

毛的来源可分为两种，一种是按季节从动物体剪下的毛，另一种是屠宰加工时从屠体和皮张上褪下的毛，如猪毛、马毛和牛毛等。从动物体上剪下的毛，应注意检疫和消毒，以免疫病的传染。同时也应注意毛的清洁和分级。在屠宰场所获得的毛，多是从宰后屠体浸烫褪毛时褪下的毛。这种毛经过加工、清洗和消毒，也可以作为良好的轻工业原料。

3. 羽毛

禽类的羽毛质轻松软，且富有弹性，是重要的轻工业原料，我国每年有大量出口。羽毛品质的好坏，主要决定于羽毛的收集方式和加工方法。工业用羽毛应采自健康的家禽。屠宰时为了防止羽毛被血液污染可采用口腔放血法。拔毛的方式分干拔和湿拔，以干拔的羽毛为佳。羽绒业收集羽毛多采用干拔法。屠宰加工时则多采用湿拔法。拔毛时要注意把禽体上的片毛和绒毛都拔下来，尤其是鸭、鹅的绒毛，更具有经济价值。拔下的羽毛应铺成薄层，经通风干燥后用除灰机清除泥土和灰尘，再用分毛机将绒毛、片毛、薄毛和硬梗分开，并分别贮存。

鉴定羽毛品质时，应注意是否混入血毛、食毛虫、杂毛、虱和其他杂质，亦要注意有无霉变、腐败和分解现象。

第四节　生化制药原料的采集与卫生要求

一、动物生化制药原料

生化制药原料是指从屠宰后的动物体采集的用于制造生化药物的脏器、腺体、体液、胎盘等组织器官。生化药物具有毒性低、副作用小和疗效可靠的特点，所以在现代医学中有重要地位。自古以来我国劳动人民就有用牛黄、马宝、胆汁、胎盘、鸡内金等动物原料防治疾病的实践经验，收入《本草纲目》的1892种药物中，动物来源药就占400多种。随着科学技术的发展，从动物体分离和提取的生化药物越来越多，动物生化制剂在整个医药工业中已占有相当比例。目前我国上市的生化药物达170多种（包括原料和各种制剂），其中载入药典的有37种。国外上市的生化药物约有140种，另有180种正在研究中。

动物屠宰后可收集的生化制剂原料有松果腺、脑垂体、甲状腺、胸腺、肾上腺、胰腺、卵巢、睾丸、胎盘、脊髓、胚胎、肝脏、胆囊、血液、脾脏、腮腺、颌下腺、舌下腺、猪胃、牛羊真胃、肠、脑和眼球等。

二、动物生化制剂原料采集的卫生要求

1. 迅速采集

在进行上述生化制药原料的采集时，首先应考虑其生物学性质，因为其中的有效成分，特别是内分泌所含的激素，在动物死后很快会丧失其活性，生化制药原料易变质腐败。所以，必须在动物屠宰后尽快采集，并迅速固定。一般来讲，内分泌腺体在采集地点的停留时间最长不超过1h。有些腺体如脑垂体、胰腺、肾上腺等，应在25～40min内采集为好。

2. 剔出病变组织器官

生化制药原料必须采自健康动物屠体，决不可从患传染病、寄生虫病（尤其是人畜共患病）的病畜屠体取得。凡有腐败分解、钙化、化脓、硬化、囊肿、坏死、出血、变性、异味或污染病变的脏器，都不得作为生化制药原料。采集时由专人用洁净的刀、剪及其他器械，从腺体所在的周围组织中分离腺体，做到不损伤腺体表面，并把取得的腺体放置在清洁的容器中，立即送往初步加工室。

三、生化制药原料的初加工卫生

生化制药原料的初步加工，主要是清除腺体周围的脂肪组织和结缔组织，清除时用力要适度，不得切碎腺体，更不能挤压和揉搓腺体。经初步加工的腺体，由卫检人员仔细检查，对有病变的腺体必须废弃。为了使激素的活力不受影响，应初步加工好的腺体，迅速固定保存。最好是在－20℃左右的温度下迅速结冻。脑垂体素、胰岛素、肾上腺皮质激素和松果腺激素，在动物屠宰后很快丧失其活性，所以，脑垂体的采集和固定不得迟于45min，胰腺的固定不得迟于20～50min，肾上腺和松果体不得迟于50～60min，其他腺体和脏器也得迟于宰后2h。初步加工时剔下的脂肪组织可作为加工油脂的原料，废弃的腺体、结缔组织和肌肉碎块，则应送往化制。生化制药原料的固定和保存目前采用以下几种方法。

1. 冷冻干燥法

冷冻干燥法师一种保存脏器和内分泌制剂原料最理想的方法，它是借助冰冻干燥机进行的。在－80～－40℃温度下，使原料中的水分很快结冰，并在很高的真空状态下直接升华，使原料达到很快干燥。由于是在很低的温度下排除了水分，所以能完全保存原料中的有效成分，此法多用于科学研究和保存有价值的内分泌腺体。

2. 冷冻法

冷冻法是保存脏器和内分泌制剂原料最常用的方法。其操作是将原料平铺在干净的金属盘中，层积厚度不超过10cm，及时在－20℃左右的温度下冷冻，然后转入－18℃的冷藏库中保存。如果在温度不高于－10℃的条件下保存腺体，其保存期一般不得超过3个月；在－7℃条件下保存时，腺体中的有效成分就开始失去作用。

3. 有机溶剂脱水法

由于生化制药原料中水分的含量大于60%，所以保存时必须先设法脱水，使原料中水分的含量降至10%以下。所采用的脱水剂应对原料的有效成分无破坏作用。生产上最常用丙酮脱水。当新鲜原料连续三次通过丙酮后，其中的水分可以将之10%以下。因丙酮的价格较贵，故此法只用于有较高价值和科研用内分泌腺体的保存。此外，盐酸和酒精也可用作脏器和内分泌腺体的脱水剂。

4. 盐腌保存法

对价值比较低的原料，如工业用的胰脏等，在缺乏冷冻设备时，可采用此方法保存。通常用食盐或硫酸铵腌制原料，阴干后保存。

5. 高温烘干法

高温烘干法可用于保存某些耐热的脏器和内分泌腺体，如甲状腺、睾丸、卵巢、胎盘等，但在加热过程中必须严格控制温度，以免有效成分遭到破坏。各种脏器和内分泌腺体适宜烘干温度见表11-1。

表11-1　各种脏器、内分泌腺体适宜烘干温度

脏器名称	抗热程度	适宜温度/℃	最高温度/℃	脏器名称	抗热程度	适宜温度/℃	最高温度/℃
甲状腺	尚可	60～65	75	脾	尚可	60～65	75
甲状旁腺	尚可	60～65	70	肾上腺	差	50以下	70
睾丸	尚可	60～65	75	胃	差	50	60
卵巢	尚可	60～65	75	胰腺	差	45	60
肝	尚可	60～65	75	脑下垂体	差	50以下	60

第五节　血液收集与加工卫生要求

血液占屠宰动物活重的5%，是富有营养价值和工业用途的副产品。其中含有大量营养价值完全的蛋白质，各种酶、维生素、激素及矿物质等。有人估计，1头牛血清的蛋白质含量相当于238个鸡蛋的蛋白量。但血液适应微生物的生长繁殖，极易腐败变质，所以，屠宰时收集的动物血液应尽快加工或作卫生处理。血液有广泛的用途，可作为食用、医药用和工业用。在食用方面除直接烹饪食用外，还可以制作灌肠、罐头及其食品。在医药卫生方面可提取水解蛋白、铁蛋白、鞣酸蛋白、补血剂、蛋白胨及制作外科用绷带等。工业上主要用于制胶、制塑料及作饲料用血粉。

一、血液收集的卫生要求

血液的收集因其用途不同，收集的方法也不同。用于医药和食用的血液，用空心刀从颈动、静脉或心脏穿刺放血，分别收集（容器上标以与胴体相同的编号）。收集的血液只有在宰后检验之后，根据检验结果决定取舍。有病的尤其是人畜共患病的动物血液，应化制或销毁。工业用途的血液不必分别收集，可直接收集到血槽或密封的容器里送往加工。

二、血液初步加工卫生要求

血液的初步加工主要是防止其凝固。防止血液凝固可用机械脱纤法和化学抗凝的方法。机械脱纤法是利用木棍或带有旋转桨叶的搅拌机，用力搅拌血液，在搅拌过程中把纤维缠结在木棍或桨叶上，使血液缺少纤维蛋白而保持液体状态，脱纤工序一般需要2～4min。医药用和工业用血液多采用此法脱纤维。化学抗凝法是利用化学药品抑制凝血酶的活性，使其中的钙失去作用而防止了血液的凝固。常用的抗凝剂有：草酸盐，用量为0.1%；柠檬酸钠，用量为0.1%～0.3%；氟化钠，用量为0.15%～0.3%；氯化钠，用量为10%。不能及时加工或准备外运的血液，则应在脱纤维或抗凝的血液中添加防腐剂。在血液的收集和初步加工过程中，必须按卫生要求进行操作。凡是血液接触的设备和用具，都必须保持清洁、卫生，工作完毕后应彻底清洗和消毒。

【复习思考题】

1. 食用副产品加工的卫生要求是什么？如何检验食用副产品。
2. 各种动物皮毛的加工的卫生要求是什么，如何鉴别健皮、死皮及有缺陷的皮张？
3. 肠衣的卫生指标及不良变化处理的要求是什么？
4. 如何采集动物生化制药的原料？
5. 血液初步加工卫生要求是什么？

（刘秀萍）

第十二章　市场肉类的兽医卫生监督与检验

第一节　市场肉类兽医卫生监督与检验概况

一、市场肉类兽医卫生监督与检验的意义

由于当前我国畜牧业的飞速发展，使大量的动物产品进入市场，在经济得到繁荣的同时，人民的生活水平也得到了改善。但是，屠宰加工企业和肉品销售方式的多元化，使得市场中肉类来源广泛，有些肉类已经过兽医卫生检验，也有些未做过任何的检验，同时不同的市场，环境和设备都不尽相同，这就给市场肉类的卫生监督和检验带来了一定的困难，因而使得一些病、死畜禽肉和一些注水肉等，进入了流通市场，这在给广大消费者的健康造成了极大的威胁的同时，也可能造成动物疫病的流行和传播，因此，为了保障广大消费者的食肉安全和促进畜牧业健康稳定的发展，一定要严格加强市场肉类的兽医卫生监督和检验。这在公共卫生学上也有着非常重要的意义。

二、市场肉品卫生监督检验现状

在我国大中城市的市场，一般都设有专门的市场肉品卫生监督检验站。在这些监督检验站中，设有病理学检验室、细菌学镜检实验室、旋毛虫检验室和理化检验实验室，有条件的还应设有肉品无害化处理室以及一些相关的处理设备，同时设有各种工作人员的办公室和休息室。在大城市，各区还设有市场肉品卫生监督检验站，并建有设备良好的中心实验室，当各区的市场肉品监督检验站在检疫中遇到疑难问题时，可以将肉品或采集的病料送中心实验室检验。一般在比较小的城市的市场，设有较为简易的肉品卫生监督检验站，可供病例解剖和简单的理化检验和细菌涂片镜检。

三、专职肉品卫生监督检验员的职责

(1) 查验相关证件，同时对市场交易的卫生环境进行监督，凡是没有相关证件或环境卫生不符合条件者，不得设摊点经营肉品。

(2) 按照《中华人民共和国动物防疫法》、《中华人民共和国食品安全法》以及当地人民政府的有关规定，对上市肉类进行卫生监督检验和处理，对病死、毒死、死因不明的肉类以及未经检验或者检验不合格的肉类，一律禁止上市销售。

(3) 对腐败变质、脂肪酸败、生虫、污秽不洁等性状一场的肉品和被农药以及化肥污染的肉品一律予以取缔。

(4) 以多种形式向肉品经营者和消费者，宣传兽医卫生要求和人畜共患病的相关知识，以及人畜共患病的危害性，提高消费者的卫生安全意识。

(5) 肉类的卫生检验要在统一地点进行集中检疫，一般在市场监督检验站内进行。不得直接在交易场所进行，以免造成交叉污染。

(6) 与当地畜牧兽医行政管理部门保持畅通的联系，并及时掌握产地畜禽疫病的动态和屠宰检疫的状况，防止不合格肉品上市销售。

第二节　市场肉类兽医卫生监督与检验的一般程序和方法

一、各种动物肉的监督检验要点

市场销售的肉类多种多样，上市销售的肉类有猪肉、牛肉、羊肉、禽肉、马属动物肉、兔肉、犬肉等，各种肉类的市场兽医卫生监督检验要点如下。

1. 猪肉

重点检验部位是剖检颌下淋巴结和咽喉部，以检验慢性或局限性炭疽；视检鼻盘、齿龈、舌面以检查是否患有口蹄疫和水疱病；剖检咬肌、腰肌、肩胛外侧肌、股内侧肌、心肌等以检验是否患有猪囊尾蚴病；采取横膈膜肌脚以检查有无旋毛虫病；在检查猪的胴体时，应注意猪瘟、猪丹毒、猪肺疫所表现出的皮肤、肌肉、淋巴结等的变化。

2. 牛肉

主要剖检颌下淋巴结和咽后内侧淋巴结以及咽后外侧淋巴结，视检唇、齿龈、舌面、咽喉黏膜和上下颌骨状态，以检验是否患有口蹄疫、结核病、巴氏杆菌病和放线菌病。

剖检腰肌、臀肌、横膈膜肌脚、颈肌、咬肌和舌肌以检验牛囊尾蚴病。检查胴体时，注意放血不良或皮下、肌间有无浆液性或出血性胶样浸润，以及淋巴结的病理变化等，以检验是否患有炭疽。

3. 羊肉

主要视检唇、齿龈、舌面、头部皮肤状态，以检验是否患有口蹄疫和羊痘，视检皮下、肌间组织、胸膜状态，以检验是否患有炭疽和各种性质的炎症等。

4. 禽肉

主要检查检查皮下组织、天然孔、体腔浆膜、体内残留脏器和腹部脂肪状态。着重检查病、死光禽。

5. 马属动物和骆驼肉

主要检查鼻中隔、鼻甲骨和颌下淋巴结，以检验是否患有鼻疽。骆驼肉还需检查咬肌、颈肌、腰肌等，以检验囊尾蚴病。

6. 兔肉

主要视检胸腹腔和脂肪，以检验各种性质的炎症或黄疸。

7. 犬肉

采取横膈膜肌脚，用来检查是否患有旋毛虫病。

肉品通过上述检验以后，仍然不能判断者，还需要进行进一步的实验室检验，如进行细菌学检验、理化检验及血清学检验等。

二、市场肉类兽医卫生检验的一般程序

1. 询问情况

在进行市场肉类的监督检验时，首先要以询问的方式向货主调查了解有关方面的情况。比如屠宰动物的来源、产地以及有无疫情及疫病流行情况等，畜禽宰前的健康状况，是否在定点屠宰场屠宰和检疫，屠宰动物运输方法等。对于这些情况的了解，有助于判断病情、分析病理变化。如屠猪购自旋毛虫疫区，监督检验时还要着重检查膈肌、腰肌；在夏季炎热中暑后急宰的猪，往往会出现放血不良，但淋巴结却无明显的病理变化；粗暴赶畜，在宰后体表上会出现一些伤痕和出血斑；宰前长期患病者，胴体消瘦，脂肪很少。根据这些情况都可

为兽医卫生监督检疫人员分析判断提供一定的依据。

2. 检查证件

(1) 检查经营者是否具有合法经营资格，即是否取得“营业执照”。

(2) 检查经营者是否有健康证明，即是否获得“健康检查合格证”。

(3) 检查动物防疫合格证，动物和动物产品检疫合格证。

(4) 检查经营单位卫生状况是否合格，即是否获得“食品卫生许可证”。

3. 检查验讫标志

(1) 查验动物胴体上是否加盖或加封验讫标志。

(2) 查验验讫标志与检疫证明是否相符。

4. 胴体和内脏的检查

(1) 观察胴体上兽医合格验讫印章，凡涂改、伪造检疫证明者，应进行补检或重检，对印戳不清或证物不符的应按未经检验肉进行处理。

(2) 对于来自定点屠宰场（站）并经过兽医卫生检验的肉类，首先应视检头、胴体和内脏的应检部位有无检验刀痕及切面状态，并检查甲状腺、肾上腺及病变的淋巴结是否被摘除，以判定其是否经过检疫和证实其检疫的准确性。

(3) 当发现漏检、误检及有病、死畜禽肉或传染病可疑的时候，应进行全面认真的检查。

(4) 对于牛羊以及马属动物，当发现放血不良，并在皮下、肌间有浆液性或出血性胶样浸润时，必须重点检查是否患有炭疽病。

(5) 对未经检验的肉，必须全面进行补检，检查的着重点是：胴体的杀口状态以及放血的程度，全部可检淋巴结的状态，胴体上皮肤、皮下组织、脂肪、肌肉、胸膜、腹膜、关节、骨、骨髓以及连带头蹄和内脏等有无异常病理变化，以禁止病、死畜禽肉上市流通或销售。

第三节　病、死畜禽肉的检验与处理

在对上市肉品进行监督检验的兽医卫生监督检疫人员，应当着重查明受监督检验的肉类是否来自于患病的、濒死期急宰的或死后冷宰的畜禽。因此，必须对上市肉类进行卫生监督，当怀疑为病、死畜禽肉时，应进行仔细的感官检查和剖检，不能确诊时，则需进行进一步的细菌学检验或理化检验等实验室检验。

一、感官检查和剖检

（一）病畜肉

通常指的是患病急宰的畜肉，在对其进行感官检查和剖检的时候，必须考虑到以下的特征。

1. 杀口状态出现异常

健康的动物放血部位由于组织血管的收缩，血液大量流出，宰杀口会出现外翻，切面粗糙，并且其周围组织有相当大的血液浸染区，有的可深达0.5～1.0cm。而病畜急宰以后，血液流出少，其宰杀刀口一般不外翻，并且切面平整，刀口周围组织稍有或无血液浸染现象。如宰杀前经过治疗者，可在颈部注射处见到出血和药物浸润的痕迹。

2. 明显放血不良

急宰牲畜的肉会出现明显的放血不良，肌肉呈黑红色或蓝紫色，肌肉切面可见到血液浸润区，并伴有血滴外溢。脂肪、结缔组织和胸膜下血管显露，有时会将脂肪染成淡红色。剥皮肉表面常有渗出血液形成的血珠。

3. 坠积性淤血

濒死期动物在急宰前通常较长时间侧卧，由于重力引起的体内血液的下沉，卧地侧的皮下组织和成对器官的卧地侧器官呈现紫红色血液坠积区，下沉的血液最初滞留于血管内，使血管呈树枝状淤血。

4. 淋巴结的病变

急宰动物的淋巴结，由于所患疫病的不同而可能出现肿大、充血、出血、坏死或其他一些病理变化。例如，猪患局部炭疽、咽型炭疽病时，可见颌下淋巴结肿大、出血，切面为均匀的深砖红色，质地粗糙并且无光泽，并且切面上会出现有暗红色或紫黑色的凹陷坏死病灶；患猪肺疫时，颌下淋巴结往往有明显的水肿，切面流出大量的液汁，并有出血；患猪瘟时，淋巴结切面则比较干燥，无淋巴液流出现象，出血程度一般比较严重，切面呈大理石样外观；患猪丹毒时，全身淋巴结充血肿胀，切面多汁，呈浆液性出血性炎症。

（二）死畜肉

屠畜病死以后冷宰所得到的肉，感官检查和病理剖检特征与病畜肉的检验是基本相同的，只是变化程度更为明显。

1. 杀口状态明显异常

屠畜病死后冷宰得到的肉，其宰杀刀口不外翻，切面平整光滑，刀口周围组织无血液浸染现象。

2. 极度放血不良

肌肉呈黑红色，且带有蓝紫色彩，切面有黑红色血液浸润，并流出血滴。血管中充满血液，分布走向明显露出。胸腹膜下血管充盈，胸腹膜表面呈现紫色，脂肪呈红色，剥皮肉的表面有较多的血珠。

3. 坠积性淤血明显

病死后冷宰的牲畜，在其肉尸一侧的皮下组织、肌肉及浆膜，呈明显的坠积性淤血，可见血管怒张，血液浸润的组织呈大片紫红色区。在侧卧部位的皮肤上有淤血斑，又称为尸斑。

4. 淋巴结病变显著

病死后冷宰的屠畜，其肉尸中淋巴结的病理变化非常明显，大多数的淋巴结肿大，切面呈紫玫瑰色。此外，应注意区分由于所患由于疫病的不同，淋巴结可表现出多种不尽相同的病理变化。

（三）病、死禽肉

病禽屠宰后由于放血不良，皮肤会呈红色、暗红色或淡蓝紫色，而鸡冠、肉髯呈紫黑色。颈部、翅下、胸部等的皮下血管淤血，肌肉切面呈暗红色或紫色，湿润多汁，有时有血滴流出。死禽肉放血极度不良，或根本没放血，肌肉切面呈紫黑色，且在皮肤表面可见到紫色斑点。

病禽宰杀刀口无血液浸染现象，死禽多数无宰杀刀口。

病死禽往往拔毛不净，毛孔突出，尸体消瘦，个体一般较小，肉尸一侧往往有坠积性淤血。

二、细菌学检验

畜禽在感官检查和剖检时，一旦发现有病、死畜禽肉的特征时，应立即采取病料，进行触片、染色、镜检，这在及时发现传染病病原、控制疫病扩大传播范围和保障消费者的食肉安全方面，都具有非常重要的意义。

1. 操作方法

(1) 在无菌操作的条件下，取有病理变化的淋巴结、实质器官和组织，进行触片。

(2) 将干燥并经火焰固定的触片，分别用革兰染色液和美蓝染色液进行染色（亦可将自然干燥的组织触片，经瑞特法进行染色）。当怀疑为结核病时，可采用抗酸染色法染色。用普通光学显微镜进行镜检。

2. 常见细菌的染色镜检特征

(1) 炭疽杆菌为革兰阳性大杆菌，菌体两端钝圆，呈单个或短链状排列，瑞特染色，可见有明显的荚膜。猪淋巴结触片中可见到菌体两端钝圆并有荚膜的炭疽杆菌时即可确诊。

(2) 红斑丹毒丝菌为革兰阳性的一种纤细的小杆菌，菌形细长，直形或稍弯曲，单个、成对或成小堆排列，无芽孢和荚膜。

(3) 巴氏杆菌为革兰阴性的两极浓染的卵圆形小杆菌。当检查猪的病料时，镜检可以得到比较满意的结果，而检查牛羊的组织触片及慢性病例或腐败材料的时候，往往不易发现典型巴氏杆菌，只作参考，确诊尚需进行细菌分离培养或动物实验。

(4) 气肿疽梭菌为革兰阳性菌，两端钝圆，多单个或成对存在，病变部肌肉涂片，菌体呈杆状或梭形，芽孢位于菌体中央或偏向一端，不形成荚膜，周身有鞭毛。

(5) 链球菌为革兰阳性有荚膜的球菌，大小不一，多呈双球状或短链状排列。

(6) 经抗酸染色法染色后，结核菌染成鲜红色，其他细菌呈蓝色。

三、理化检验

病、死畜肉的理化检验在鉴别上具有一定的辅助作用，方法较多，操作简单，易在市场肉类监督检验中应用，而且结果比较可靠的，主要有以下几种检验方法。

（一）放血程度检验

1. 滤纸浸润法

(1) 操作方法　取干滤纸条（宽 0.5cm，长 5cm），将其插入被检肉的新切口处 1～2cm 深，经 2～3min 后观察结果。

(2) 结果判定

① 放血不良　滤纸条被血样液浸润且超出插入部分 2～3mm。

② 严重放血不良　滤纸条被血样液严重浸润且超出插入部分 5mm 以上。

2. 愈创木脂酊反应法

(1) 操作方法　用镊子将肉固定后，用检验刀切取前肢或后肢瘦肉 1～2g，置于小瓷皿中；用吸管吸取愈创木脂酊（5g 愈创木脂溶于 75%乙醇 100mL 中）5～10mL，注入瓷皿中，此时肌肉不发生任何变化；加入 3%过氧化氢溶液数滴，此时肉片周围会产生泡沫。

(2) 结果判定

① 放血良好　肉片不变颜色，肉片周围溶液呈淡蓝色环，或无变化。

② 放血不全　数秒钟内肉片颜色呈深蓝色，全部溶液也呈深蓝色。

（二）过氧化物酶反应

健康动物的新鲜肉中存在有过氧化物酶，而患病动物肉一般无过氧化物酶或者含量极低，当肉浸液中有过氧化物酶存在时，可将过氧化氢分解，产生新生态氧，而将指示剂联苯胺氧化成为蓝绿色化合物，经过数分钟后则变成褐色。

1. 操作方法

(1) 称取样品精肉10g，剪碎，置于200mL烧杯内，加入蒸馏水100mL，浸泡15min，并不断振摇，然后过滤，制成肉浸液，待检。

(2) 取2支试管，1支加入2mL肉浸液，另1支加入2mL蒸馏水作空白对照。

(3) 向两试管中分别加入0.2%联苯胺乙醇溶液5滴，充分振荡。

(4) 分别向两试管中滴加1%过氧化氢溶液2滴，轻摇混匀，并立即观察在3min内颜色变化的速度与程度。

2. 结果判定

(1) 健康新鲜肉　肉浸液在0.5～1.5min内呈蓝绿色，而后变成褐色。

(2) 病死畜禽肉　颜色一般不发生变化，但有时较迟出现淡蓝绿色，却很快变为褐色。

四、病、死畜禽肉的处理

在对市场肉类进行监督检验中一旦发现病、死畜禽肉，应按以下方法进行处理。

(1) 病、死畜禽肉，一律不准上市销售。若检出烈性传染病（如炭疽、口蹄疫等）时，要在兽医卫检工作人员的监督下就近进行销毁。对污染的场地及所有被污染的车辆、工具、衣物等进行彻底消毒，并报告上一级畜牧兽医行政主管部门，严密监视疫情动态。

(2) 对一般疫病急宰后的畜禽肉，可按《畜禽病害肉尸及产品无害化处理规程》GB 16548—1996有关规定进行处理。

(3) 对销售病、死畜禽肉的固定摊点，除按规定对肉类进行相应处理外，还应按有关规定对相关人员进行相应的处理，并吊销其营业执照，若因此引起食源性感染或食物中毒的，还应追究法律责任。

第四节　劣质肉的检验与处理

一、注水肉的监督检验与处理

注水肉是指宰前向畜禽等动物活体内注水，或屠宰加工过程中向屠体及肌肉内注水后的肉。注水方式有多种，直接注水肉，即在宰后不久用注射器连续给肌肉丰厚部位注水；间接注水肉，即在宰前向活体动物的胃肠内连续灌水，或者切开股动脉、颈动脉放血后，通过血管注水或向尚未死亡的畜禽心脏内注入大量的水，使之通过血液循环进入组织中；有的是将胴体在水中长期浸泡，或往分割肉的肉卷中掺水，然后冷冻。注水肉不仅侵害了消费者的经济利益，而且还严重地影响了肉品的卫生安全，属于严重的不法行为。因此，注水肉的监督检验已成为市场肉类兽医卫生监督检验的一项重要任务。

(一) 注水肉的检验

1. 视检

(1) 肌肉　凡注过水的新鲜肉或冻肉，在放肉的场地上将肉移开，下面会显得特别潮湿，甚至出现积水，将肉吊挂起来后向下滴水。注水肉嫩而发胀，表面湿润，不具有正常猪肉的鲜红色和弹性，而呈淡红色，表面光亮。

(2) 皮下脂肪及板油　正常猪肉的皮下脂肪和板油质地洁白，而注水肉的皮下脂肪和板油呈现轻度充血、呈粉红色，新鲜切面的小血管有血水流出。

(3) 心脏　正常猪心冠脂肪洁白，而注水猪的心冠脂肪充血，心血管怒张，有时在心尖部可找到注水口，剖检心脏，于切面处可见心肌纤维肿胀，挤压时有水流出。

(4) 肝脏　严重淤血、肿胀，边缘增厚，呈暗褐色，切面有鲜红色血水流出。

(5) 肺脏　明显肿胀，表面光滑，呈浅红色，用手压之气管中有泡沫状液体流出，切开肺叶可见有大量淡红色液体流出。

(6) 肾脏　经心脏或大动脉注水后，肾肿胀，淤血，呈暗红色，切面可见肾乳头呈深紫红色。剖之可见肾盂部积液。

(7) 胃肠　经心脏或大动脉注水后，胃肠的黏膜充血，胃肠壁增厚。

2. 触检

用手触摸注水肉，缺乏弹性，有湿润感，指压后凹痕恢复很慢或不能完全恢复，常伴有多余水分流出。注水冻肉，通常有滑溜感。

3. 刀切检验法

将待检肉用手术刀将肌纤维横切一个深口，数分钟后即切口可见有水渗出，正常肉看不见切口渗水。而注水冻肉，刀切时往往有冰碴感。

4. 加压检验法

取长500～1000g的待检精肉块，用干净的塑料纸包盖起来，上面压5kg的哑铃或其他重物，待10min后观察，注水肉会有较多血水被挤压出来，而正常肉则无血水流出或仅有几滴血水流出。

5. 试纸检验法

将定量滤纸剪成1cm×10cm的长条，在待检肉的新切口处插入1～2cm深，停留2～3min，然后观察被肉汁浸润的情况（本法不宜检查冻肉）。正常肉只有插入部分的滤纸条湿润，不越出插入部分或越出不超过1mm；轻度注水肉，滤纸条被水分和肌汁湿透，且越出插入部分2～4mm，且纸条湿的速度快、均匀一致；严重注水肉，滤纸条被水分和肌汁浸湿，均匀一致，超过插入部分4～6mm以上。

（二）检验后处理

(1) 凡注水肉，不论注入的水质如何，不论掺入何种物质，均予以没收，作化制处理。

(2) 对经营者给予经济处罚，造成后果者，同时还要追究其相关的法律责任。

二、公、母猪肉的监督检验与处理

1. 公、母猪肉的检验

(1) 看皮肤　淘汰公、母猪的皮肤一般都比较粗糙，松弛而缺乏弹性，多皱襞，且较厚，毛孔粗。公猪上颈部和肩部皮肤特别厚且有黑色素及皱襞，母猪胴体在皮肉结合处较疏松。

(2) 看皮下脂肪　公、母猪胴体的皮下脂肪含量较少，且有较多的白色疏松结缔组织。肥膘较硬，公猪的背部脂肪特别硬。母猪皮下脂肪呈青白色，皮与脂肪之间常见有一薄层呈粉红色，俗称“红线”。

(3) 看乳房　公猪最后一对乳房大多并在一起；母猪的乳头长而硬，乳头皮肤粗糙，乳头孔很明显，而育肥猪的乳头短而软，乳头孔不明显。

(4) 看肌肉特征　一般来说，公、母猪的猪肉，色泽较深，一般呈深红色，肌纤维较粗，肌间脂肪比较少。而育肥猪的瘦肉呈鲜艳的红色，肌纤维粗细适中，肌间脂肪较多。

(5) 嗅性气味　老公、母猪肉一般有都有强烈臊气味，且以唾液腺、脂肪和臂部肌肉最明显。除直接嗅检外，亦可用加热方法来鉴定。

(6) 寻找生殖器官残迹和阉割疤　仔细检查时，可发现公猪肉有时还可见到阴囊被切的疤痕；母猪则可见子宫韧带的固着疤痕；如果是淘汰的公、母猪经阉割催肥后出售，公猪在阴囊部位可见较大而明显的阉割疤痕，阴茎萎缩不明显，若已预先摘除，则仍可见发达的阴茎退缩肌和球海绵肌；而母猪则可在腹侧发现较大的阉割疤。

（7）看腹部特征　母猪的腹围较育肥猪宽一些，并且其腹直肌往往筋膜化，而公猪的腹直肌则特别发达。

2. 检验后处理

（1）公、母猪肉挂牌标明，可上市销售。

（2）未生育的小母猪肉在割掉乳腺部分后，初产母猪育肥 4 个月后，其肉可鲜销。

（3）性气味轻或晚阉猪肉，在割除筋腱、脂肪、唾液腺后，可作灌肠等复制品原料。

（4）公、母猪肉脂肪可炼食用油。

第五节　肉种类的鉴别

在市场的肉类交易中，肉类品种相当多，而有些不法的经营者为了获取更多的经济利益，常常会出现以“挂羊头，卖狗肉”，或者以低价位的肉品充当高价位的肉品来出售的方式欺骗消费者，因为，经营中经常会出现一些因肉品种类而引发的纠纷问题，所以进行肉品种类的鉴别是十分必要的。而进行肉品种类的鉴别主要是根据肉的外部形态、各种不同动物骨解剖学结构不同的特点以及不同肉品的理化特性等进行鉴别。肉种类鉴别的重点是在牛肉和马肉，羊肉、猪肉和狗肉以及兔肉和禽肉之间，其中以牛肉和马肉，羊肉、猪肉和狗肉之间的鉴别为主。

一、外部形态学特征比较

不同动物肉品及脂肪的形态学特征受到动物品种、年龄、性别、育肥度、使役、饲料以及放血程度和屠畜应激反应等因素的影响，都不尽相同。所以只是作为肉类品种鉴别的参考。牛肉与马肉，羊肉、猪肉与狗肉，兔肉与禽肉的外部形态学比较见表 12-1、表 12-2、表 12-3。

表 12-1　牛肉与马肉外部形态学特征的比较

肉品种类	肌肉			脂肪		气味
	色泽	质地	肌纤维性状	色泽和硬度	肌间脂肪	
牛肉	淡红色、红色或深红色（老龄牛），切面有光泽	质地坚实，有韧性，嫩度较差	肌纤维较细，肌肉断面有颗粒感	黄色或白色（幼龄牛和水牛），硬而脆，揉搓时易碎	明显可见，横断面大理石样花纹	具有牛肉固有的气味
马肉	深红色、棕红色，老龄马颜色更深	质地坚实，韧性较差	肌纤维比牛肉粗，肌肉切面颗粒明显	浅黄色或黄色，软而黏稠	成年马少，营养好的马较多	具有马肉固有的气味

表 12-2　羊肉、猪肉与狗肉外部形态学特征的比较

肉品种类	肌肉			脂肪		气味
	色泽	质地	肌纤维性状	色泽和硬度	肌间脂肪	
绵羊肉	淡红色、红色或暗红色，肌肉丰满，肉黏手	质地坚实	肌纤维较细短	白色或微黄色，质硬而脆，油发黏	少	具有绵羊肉固有的膻味
山羊肉	红色、棕红色肌肉发散，肉不黏手	质地坚实	比绵羊粗长	除油不黏手外，其余同绵羊肉	少或无	膻味浓

续表

肉品种类	肌肉			脂肪		气味
	色泽	质地	肌纤维性状	色泽和硬度	肌间脂肪	
猪肉	鲜红色或淡红色，切面有光泽	嫩度高	肌纤维细软	纯白色，质硬而黏稠	富有脂肪，瘦肉切面呈大理石样花纹	具有猪肉固有的气味
狗肉	深红色或砖红色	质地坚实	比猪的粗	灰红色，柔软而黏腻	少	具有狗肉固有的气味

表 12-3　兔肉和禽肉外部形态学特征的比较

肉品种类	肌肉			脂肪		气味
	色泽	质地	肌纤维性状	色泽和硬度	肌间脂肪	
兔肉	淡红色或暗红色(放血不全或老龄兔)	质地松软	细嫩	黄白色、质软	沉积极少	具有兔肉固有的土腥味
禽肉	淡黄色、淡红灰白或暗红等色，急宰肉多呈淡青色	质地坚实，较细嫩	纤维细软，水禽的肌纤维比鸡的粗	黄色、质甚软	肌间无脂肪沉积	具有禽肉固有的气味

二、骨的解剖学特征比较

不同动物的骨骼都有着固定的种类特征，因此通过骨的解剖学特征来鉴别肉种类是准确而可靠的方法，几种动物骨骼的特征见表 12-4、表 12-5。

表 12-4　牛骨与马骨的比较

部位	牛	马
第一颈椎	无横突孔	有横突孔
胸骨	胸骨柄肥厚，呈三角形(水牛为卵圆柱形)，不突出于第一肋骨，胸骨体扁平形，向后逐渐变宽	胸骨柄两侧压扁，呈板状，且向前突出，胸骨体的腹嵴明显，整个胸骨呈舟状
肋骨	13 对，扁平，宽阔，肋间隙小。水牛更小	18 对，肋骨窄圆，肋间隙大
腰椎	6 个，横突长而宽扁，向两侧呈水平位伸出，以 2～5 最长。1～5 横突的前角处有钩突。黄牛钩突不明显	6 个，横突比牛短，3～4 最长，后 3 个向前弯，无钩突
肩胛骨	肩胛冈高，肩峰明显而发达	肩胛冈低，无肩峰
臂骨	大结节非常大，有一条臂二头肌沟。三角肌粗隆	大、小结节的体积相似，有 2 条臂二头肌沟，三角肌粗隆发达
前臂骨	尺骨比桡骨细，且比桡骨长。有 2 个前臂间隙，上间隙非常明显	尺骨短，近端粗，远端尖细，只有一个前间隙
坐骨结节	奶牛为等腰三角形，水牛为长三角形，有 2 个突起，内下方窄。延为坐骨弓	只有 1 个结节，为上宽下窄的长椭圆形
股骨	无中转子和第三转子，小转子圆形突出	有中转子和第三转子，小转子呈嵴状
小腿骨	腓骨近端退化，只有一个小突起，远端形成踝骨	腓骨大。呈细柱状，下端与胫骨远端的外踝愈合。有小腿间隙
指(趾)骨	有 2 趾，每趾有 3 节	有 1 趾，3 节

表 12-5 羊骨、猪骨和狗骨的比较

部位	羊	猪	狗
寰椎	无横突孔	横突孔在寰椎可见，向寰椎翼后缘突出	有横突孔。寰椎翼前方有翼切迹
胸骨	无胸骨柄，胸骨体扁平	胸骨柄向前钝突，两侧稍扁呈楔形，胸骨体扁平	胸骨柄为尖端向前的三角形，胸骨体两侧略呈圆柱状
肋骨	与胸骨相连处呈锐角，楔形。肋骨 13 对，真肋 8 对	肋扁圆，14～15 对，7 对真肋第 1 肋的下部很宽，封闭胸廓前口的下部	第 1 肋与胸骨相连处呈前弧形，肋 13 对，真肋 9 对，最后肋常为浮肋
腰椎	6 个，横突向前低，末端变宽，棘突低宽	5～7 个，一般为 6 个，横突稍向下弯曲，前倾，棘突稍前倾，上下等宽	7 个，横突较细，微伸向前下方，棘突上窄下宽
肩胛骨	肩峰明显	肩峰不明显，冈结节非常发达，向后弯曲	肩峰呈钩状，肩胛冈高，将肩胛骨外表面分成两等份
臂骨	大结节较直，且比小结节高出得多	大结节发达，臂二头肌沟深	骨干呈螺线形扭转，大小结节高度一致
前臂骨	微弯曲。尺骨比桡骨长且细	尺骨弯曲且比桡骨长，前臂间隙很小	较直，尺骨比桡骨长而稍细
坐骨结节	扁平且外翻，呈长三角形	明显向后尖突	与马的坐骨结节相似
股骨	大转子略低于股骨头，第三转子不明显，髁上窝浅	大转子与股骨头呈水平位，无第三转子，髁上窝不明显	大转子低于股骨头，无第三转子无髁上窝
小腿骨	腓骨近端退化成 1 个小隆突，远端变为踝骨	胫骨和腓骨长度相等。腓骨比胫骨细，上半部呈菱形	胫骨和腓骨长度相等，但尺骨很细
掌(跖)骨	2 个大掌骨愈合成 1 块，背面有血管沟，无小掌(跖)骨	大掌(跖)骨 1 对，小掌(跖)骨位于大掌(跖)骨后两侧	有 4 个大掌(跖)骨和一个很小的小掌(跖)骨
指(趾)骨	1 对主指(趾)骨。悬指骨退化变形	1 对全指(趾)骨和 1 对悬指(趾)骨	4 个主指(趾)，悬指(趾)非常小

三、淋巴结特征鉴别

对淋巴结特征的比较，主要用于牛肉与马肉的鉴别。牛淋巴结是单个完整的淋巴结，多呈椭圆形或长圆形，切面呈灰色或黄色，有时往往有灰褐色或黑色的色素沉着。马淋巴结是由多个大小不同的小淋巴结联结成的淋巴结团块，呈扭结状，比牛的淋巴结小，切面色泽灰白或黄白。

四、脂肪熔点的测定

由于各种动物脂肪中所含有的饱和脂肪酸和不饱和脂肪酸的种类和数量不同，其熔点也有所区别，因此，可作为鉴别肉种类的依据。

1. 直接加热测定法

从肉品检肉中取脂肪数克，剪碎，放入烧杯中加热，待熔化后，加适量冷水（10℃以下），使液态油脂迅速冷却凝固。插入一支水银温度计，使液面刚好淹没其水银球。将烧杯放在电热板上加热，并随时观察温度计水银柱上升和脂肪熔化情况。当脂肪刚开始熔化和完全熔化时，分别读取温度计所示读数，即为被检脂肪的熔点范围。

2. 毛细管测定法

将毛细管直立插入已熔化的油样中，当管柱内油样达 0.5～1.5cm 高时，小心移入冰箱内或冷水中冷却凝固，取出后，将毛细管固定于温度计上，并使油样与水银球在同一水平面上，然后将其插入盛有冷水的烧杯中，使温度计水银球浸没于液面下 3～4cm 处。文火加热，并不断轻轻搅拌，使水温传热均匀并保持水的升温速度为每分钟 0.5～1℃，直至接近预计的脂肪熔点时，分别记录毛细管内油样刚开始熔化和完全澄清透明时的温度。将毛细管取出，冷却。再按上述方法复检3次，取平均温度，即为该脂肪样品的熔点。

3. 结果判定

各种动物脂肪的熔点与凝固点温度见表12-6。

表12-6 各种动物脂肪的熔点与凝固点温度

脂肪名称	熔点温度/℃	凝固点温度/℃	脂肪名称	熔点温度/℃	凝固点温度/℃
猪脂肪	34～44	22～31	羊脂肪	44～55	32～41
马脂肪	15～39	15～30	狗脂肪	30～40	20～25
牛脂肪	45～52	27～38	鸡脂肪	30～40	—
水牛脂肪	52～57	40～49	兔脂肪	35～45	—

五、免疫学方法鉴别

使用免疫学鉴别的方法较多，用于市场上肉种类鉴别的方法，首推沉淀反应和琼脂扩散反应。前者是一种单相扩散法，即以相应动物的特异性蛋白作抗原接种家兔，以获得特异性抗体，再用这种已知的抗血清检测未知的肉样。后者是一种双相扩散法，不仅能检测单一肉样，还能同时与有关抗原作比较，分析混合肉样中的抗原成分。琼脂扩散反应在形成沉淀线之后不再扩散，并可保存。

第六节 肉类交易市场的兽医卫生监督

一、肉类批发交易市场的兽医卫生监督

肉类批发交易市场是随着我国市场经济的发展而形成的一种肉类交易模式，是流通的一个重要环节，量大而面广。但是，肉类产品又不同于其他任何商品，肉类的卫生情况与广大消费者的身体健康和食用安全有着密切的关系。为了保障人民的身体健康，必须加强对肉类交易市场以及肉类交易过程的兽医卫生监督。

1. 肉类交易市场的卫生要求

(1) 基本卫生条件

① 根据《中华人民共和国动物防疫法》的有关规定，从事肉类批发的市场，必须申报领取“动物防疫合格证”，市场批发的经销商需获有健康体检合格证。

② 具有便于交易、布局合理的交易大厅，大厅外要有足够的场地，以便于进出和停放交通车辆，需有两道门以上，便于进出流动。

③ 在交易大厅内要根据交易的内容划分不同的区域，如猪白条肉交易厅，小包装肉类交易厅，其他肉类交易厅等。

④ 地面要保持清洁，便于冲洗和消毒，每天交易完后地面要进行消毒、冲洗，为便于冲洗、消毒四周墙壁宜用不易腐蚀的白色瓷砖等材料贴壁。

⑤ 屋顶要留有一定的高度，便于空气流通。

⑥ 灯光用白色的光源，便于进行肉的检验。

⑦ 设有悬挂横梁，便于肉品悬挂，或有堆放的固定场所，堆放地点须有清洁的木垫，肉品不得落地，以免造成交叉污染。

⑧ 市场中须配有一支专门的兽医卫生监督检验队伍，并设有相应的检验室，具备常规

的实验室检验设备。

⑨ 交易大厅外面设有专用的存放病害肉的地方，便于隔离。

⑩ 设有专用的冷冻（藏）设备和场所，便于交易完后剩余肉品的存放。

（2）消毒方法

① 漂白粉消毒法。将漂白粉配成含有效氯0.3%～0.4%的水溶液进行喷洒消毒。

② 次氯酸钠消毒法用2%～4%的次氯酸钠溶液加入2%碳酸钠，喷洒消毒。

③ 其他有效的消毒方法。

2. 肉类批发市场的防疫工作要求

① 摊位光线充足、通风、避雨、整洁，并设有防尘、防蝇和防鼠设施，场地宽敞平整，有车辆冲洗消毒设施等。

② 配备经县级以上兽医行政管理部门考核合格的专职兽医卫生检疫人员。

③ 建立肉类兽医卫生检疫检验报告制度，按期向辖区兽医卫生监督部门报告。

④ 建立防疫消毒制度，每天清洗内外环境，定期消毒和消灭“四害”，保持内外环境的卫生。

3. 肉类经营者的法定要求

① 肉品经营人员应当持有“动物防疫合格证”、“食品卫生许可证”、“营业执照”以及本人健康体检合格证。

② 经营场所应当保持清洁卫生，容器清洁，肉品不落地，地面保持干净，有畅通的下水系统，经营者个人衣着整洁卫生，挂牌经营。

③ 进场肉品，必须有畜禽产品检疫检验证明；来自外省的肉品不可直接进入市场销售，须进行补检，凡无证、无章，来路不明的肉品，一律不得进场交易和上市销售。

④ 肉品进场后，应当有吊钩悬挂，做到头蹄、胴体和内脏不落地，货主主动向兽医卫生监督管理部门报检，经复检合格后，签发一猪一证，方可批发、销售。

⑤ 发现病害的肉类，在停止销售的同时，应及时向兽医卫生监督检验人员报告，并协助进行无害化处理。

⑥ 不得将病、死畜禽肉及变质的肉品带入市场销售。

⑦ 接受有关执法部门的监督和管理。

二、违章处理

1. 对批发市场违章经营者的处罚

① 责令停业整顿。

② 按照有关规定进行相应的处罚。

③ 情节严重的根据《中华人民共和国动物防疫法》的规定，吊销“动物防疫合格证”。

2. 对市场经营法人的处理

① 对于由于传染病、中毒死亡或死因不明的畜禽肉，检验证明不符合规定的，无检验证明的或伪造、涂改检验证明、无统一格式的“验讫印章”的，来自于封锁疫区的畜禽产品，一律不得上市销售；对上述违反规定的，根据《中国兽医卫生行政处罚办法》做出相应的处罚，吊销“动物防疫合格证”，并对病害肉以及死因不明的肉类进行无害化处理。

② 对于违反以上规定的，根据我国《兽医卫生行政处罚办法》做出相应的处罚，并吊销“动物防疫合格证”，同时对病害肉类及毒死或死亡原因不明的动物肉类，进行无害化处理。

【复习思考题】

1. 市场肉类的卫生监督是如何进行的？
2. 市场肉类监督的程序和检查的要点有哪些？
3. 如何鉴别肉的种类、老公猪肉、老母猪肉、病死畜禽肉？又如何进行处理？
4. 如何检验注水肉？对注水肉是如何进行处理的？

（王明利）

第四单元

其他动物产品的卫生检验

第十三章　乳及乳制品的卫生检验

【主要内容】 乳的概念、乳的物理性状与化学组成、影响乳品质的因素；乳初加工卫生；乳感官检验、理化指标检验、新鲜度检验及掺假乳的检验。

【重点】 乳的概念、乳的物理性状与化学组成；乳的新鲜度检查。

【难点】 各种掺杂作伪乳的检验。

第一节　乳的概述

一、乳的概念

乳是哺乳动物产仔后由乳腺分泌的一种白色或微黄色的不透明液体。含有幼龄动物生长发育所需要的全部营养成分，易于被人体消化吸收，是哺乳动物出生后最适于消化吸收的营养食品。随着我国奶牛业的发展及人民生活水平的提高，各种乳制品相继出现，乳及乳制品在人类膳食中所占比例越来越大，也成为老中幼各种人群皆宜的营养食品之一。

有商业价值的乳有奶牛乳、山羊乳、水牛乳和马乳等，但目前达到一定规模的是牛乳，并且其成分及理化性质在泌乳期的不同阶段会发生相应变化，所以一般根据不同泌乳期将乳分为初乳、常乳、末乳三种。此外，还通常将受到外界因素影响而发生了理化变化的乳称为异常乳。

(1) 初乳　是母牛（羊）等产犊后七天内所产的乳。色黄而浓，且有特殊气味。其特征是：蛋白质（尤其是白蛋白与球蛋白）和无机盐含量高。它有助于幼畜排出胎便，并能增强新生幼畜对疾病的抵抗能力，但因其较高的蛋白质含量，加热时易于凝固而不利于用做食品加工原料。

(2) 常乳　是母牛（羊）等产犊七天以后到下次产犊干奶期前所产的乳。因其成分比较稳定，是加工乳制品的主要原料。

(3) 末乳　是母牛（羊）等在干奶期所产的乳，也叫老乳。末乳的成分因干奶期的长短而有所不同。末乳除脂肪外其他成分的含量都比常乳高，而脂肪含量也随着产期的临近而逐渐增高，但个体差异较大。而且末乳因其中含有较多的解酯酶，所以带有油脂氧化气味。且不易贮藏，故在加工时不得与常乳混合，以免影响产品质量。

(4) 异常乳　从广义上讲不适于饮用和用作生产乳制品的乳都属于异常乳，如初乳、末乳、乳腺炎乳以及混合其他物质的乳等。异常乳种类繁多，但无论是哪种异常乳都不能用于乳制品生产。

二、乳的化学组成和物理性状

（一）乳的化学组成

乳中各种成分含量在正常情况下较为稳定。正常牛乳的平均成分见表13-1。

表 13-1　正常牛乳的平均成分

成分	含量	成分	含量
水分	87.5%	脂肪	3.8%
干物质	12.8%	蛋白质	3.3%
乳糖	4.7%	无机盐	0.7%

但由于各种因素影响，其含量也会有所变动。一般情况下，脂肪的变化最为明显，蛋白质次之，而乳糖的含量却很少变化。

除上述成分外，乳中尚含有少量的维生素、酸、酶、色素、气体等。

1. 水分

水是乳的主要组成部分，水中溶有有机物、矿物质、气体等。乳中的水大部分属于游离水，小部分是结合水以及极少的结晶水。由于有结合水的存在使得奶粉生产中，不能得到绝对脱水的产品，因此，无论哪种方法生产的奶粉都会存在约3%的水分。

2. 干物质

将乳干燥到恒重时所得的剩余物质即为乳的干物质，常乳中含11%～13%。干物质包含着除随着水蒸气挥发的物质外的全部营养成分，但干物质的量易受各种因素的影响，因此，差异较大，特别是乳脂肪对干物质含量数值影响很大。所以在实际工作中，常用无脂干物质（即除去脂肪后的干物质含量）作为其指标。

3. 乳糖

乳糖是一种双糖，属于还原糖类。乳糖为乳汁中特有，而在动物的其他器官中没有。乳糖的甜味比蔗糖差，牛乳中含量达4.5%，其他乳达6%。乳糖遇高温则氧化分解，使乳呈黄褐色。

在乳的处理和加工过程中，乳糖多转变为乳酸，例如乳糖在乳酸菌作用下，首先分解为两个六碳糖，其中一个六碳糖分解为两分子乳酸，而乳酸作用于干酪使乳生成凝块。这对加工起着巨大的作用，在乳品工业中就是利用乳糖的这个特性来生产各种乳制品。

4. 脂肪

乳脂肪是乳中最重要的成分之一，由于各种原因它在乳中的含量变动较大，一般在3%～5%。乳脂肪不仅与牛乳的风味有关，同时也是稀奶油、奶油、全脂奶粉及干酪等的主要成分。

微小的脂肪球分布在乳中，肉眼不能看见，其中溶有磷脂、固醇、色素及脂溶性维生素等。用低倍显微镜观察，它具有不透明和反射光线的性质。脂肪球的大小，随着泌乳期的长短、饲养条件、乳牛的个体特性及品种等有一定差异。同时对乳制品的产量也有一定影响，如脂肪球较大，则奶油的产量也较高。而且由于脂肪比水分和其他物质轻，当静置一定时间，脂肪球就逐渐上浮到乳的表面。所以，有的少数民族就利用乳的这一特性，土法生产奶油。

5. 蛋白质

牛乳中含有三种主要蛋白质，其中酪蛋白的含量最多，约占83%，乳蛋白占13%，乳球蛋白等约占4%。

（1）酪蛋白　不溶于水和酒精，在新鲜的乳中能与钙结合，形成酪蛋白酸钙和磷酸三钙的复合体，微粒直径为20～300nm，可以用弱酸或凝乳酶使其凝固。食品工业上利用酪蛋白的这种特性来生产干酪素或干酪及酸乳制品。

（2）乳白蛋白　乳白蛋白和酪蛋白不同，它不含磷，并能溶于水，在酸和凝乳酶的作用下不沉淀。

（3）乳球蛋白　在初乳中含量较高，占乳清蛋白质量的12%～15%，通常呈溶于水的状态。在酸性条件下加热至75℃，乳球蛋白即行沉淀。

此外，乳中还有免疫性球蛋白。它多存在于初乳和病牛乳中，有真性和假性两种。其不同点是前者不溶于中性水，而后者溶于中性水。免疫性乳球蛋白的组成部分是葡萄糖和氨基葡萄糖状态的碳水化合物。但乳中的免疫球蛋白与血清球蛋白并不是同一种蛋白。由于乳白蛋白、乳球蛋白即免疫性乳球蛋白都溶于乳清中，所以也叫乳清蛋白。

6. 无机盐

乳中所有的无机盐类都以与有机酸和无机酸结合的形式存在。例如磷酸钙、磷酸钠、柠檬酸钾等。

钙盐与磷酸盐对乳的加工工艺过程有着重要意义。乳中78%的钙盐是呈无机盐状态存在，其中33%是呈可溶状态，45%是呈胶体状态。约有22%的钙盐是同酪蛋白结合在存在的。

牛乳中的钙、镁与磷酸盐、柠檬酸盐之间保持适当的平衡，也是保持牛乳对热稳定性的必要条件。通常由于可溶性的钙、镁含量过剩，在比较低的温度下就发生凝固，这时如果加入磷酸钠盐和柠檬酸钠盐即可防止其凝固。

7. 气体

乳中含有气体，其含量常决定于挤乳方法和乳的加工处理方法，数值不固定。乳与空气接触面积越大，则乳中含空气越多，一般约占乳容积的7%，其中CO_2为55%～70%，氧为5%～10%，氮为20%～30%。由于乳在加热时，气体含量将减少，使得其中可溶性碳酸降低，乳的酸度降低，所以，通常加热过的乳，酸度要比生乳低1～2°T。

8. 维生素

乳中含有多种维生素，如脂溶性的维生素A、维生素D、维生素E，水溶性的维生素B_1、维生素B_2、维生素PP、维生素C等。

乳中维生素的变动随饲料和个体差异而变化。通常夏季放牧时含量较高，冬季舍饲时含量较低。

乳在进行巴氏杀菌时除维生素B_2和维生素PP不受杀菌的温度破坏外，其他各种维生素都会受到不同程度的破坏，在乳中加入苏打或双氧水等防腐剂也会使维生素B和维生素C遭到破坏。但在酸乳制品的生产条件下，由于细菌的作用，还能合成某些维生素。

9. 酶

乳中的酶主要是由乳腺分泌和微生物产生的。在乳中常见的酶有：还原酶、过氧化氢酶、磷酸酶、蛋白酶、脂肪酶、淀粉酶等，它们对评定乳的品质和测定乳及乳制品的巴氏杀菌程度具有一定意义。

10. 色素

乳中主要含有胡萝卜素和核黄素。放牧季节乳中的色素含量相对较高。

（二）乳的物理性状

乳的物理性状包括乳的色泽、气味、密度、黏度、冰点、沸点、比热容、表面张力、折射率、导电性等。这些性状对乳在加工中所产生的变化以及乳的品质检验等都是必要因素。以下几点尤为重要。

1. 乳的状态与色泽

乳是一个复杂的胶体系统，其分散剂是水，分散相是蛋白质、脂肪、乳糖与无机盐。由于各种分散相颗粒大小的不同，使乳成为一个由溶液、胶体、悬乳体组成的均匀且稳定的胶态系统。

新鲜牛乳是一种青白色、白色或稍带黄色的不透明液体，且与乳畜的品种、饲料及产乳季节等因素有关。乳白色是由乳中成分脂肪球酪蛋白-磷酸钙复合物对光的反射和折射所致。稍黄是由于乳中含有核黄素、乳黄素和胡萝卜素。而奶油的黄色则与季节、饲料以及牛的品种有很大关系。

2. 乳的气味与滋味

正常的乳具有特殊香味，特别是加热之后，香味更显著。这是由于乳中含有挥发性脂肪酸和其他挥发性物质所致。但是乳的气味极易受外界因素影响，所以，处理的每一个过程都应注意周围的环境卫生。

新鲜纯净的乳，稍带甜味。其实乳的滋味是由甜、酸、苦和咸融合而成的，甜味来自乳糖、酸味来自柠檬酸和磷酸，苦味来自镁和钙，咸味是氯化物所致。所以微生物污染的乳由于产酸多而有酸味，老乳无机盐多而有苦咸味，异常乳由于氯离子的含量增高而略带咸味。有时也可因饲料或疾病使乳产生其他异常滋味。

3. 乳密度与乳比重

乳的密度，是指乳在20℃时的质量与同容积水在4℃时的质量之比。正常乳的相对密度为1.028～1.032，平均为1.030。初乳的相对密度为1.038。乳密度的大小由乳中无脂干物质的含量决定。乳中无脂干物质比水重，所以无脂干物质愈多，则密度愈高；乳中脂肪比水轻，乳中脂肪增加时，密度变小。因此，在乳中掺水或脱脂，都会影响乳的密度；此外，乳的密度还随温度而变化，在10～25℃范围内，温度每变化1℃，乳的密度相差0.0002。

乳比重是指15℃的乳，与同温度同容积的水的重量之比。牛乳的比重通常为1.030～1.034，平均为1.032。根据试验，乳密度与乳比重之间有一定的差值，乳比重通常比乳密度大0.002。

4. 冰点和沸点

牛乳因含有乳糖、蛋白质和无机盐等，冰点较低，一般为－0.525～－0.565℃，平均为－0.54℃。乳中乳糖和可溶性盐类含量高时，则冰点降低，而加水对乳冰点的影响最为明显，通常每加水1%时，冰点约上升－0.0055℃。所以也可通过检测乳的冰点的变化来判定乳中掺水量。

乳的沸点在一个大气压下约为100.55℃，但常受乳中固体物质含量的影响。当牛乳浓缩50%时，沸点可上升0.5℃，将达到101.05℃。

5. pH和酸度

新鲜牛乳的pH为6.5～6.7，平均为6.6。羊乳的为6.7。酸败乳、初乳的酸度pH在6.4以下，乳房炎乳、低酸度乳的pH在6.8以上。

乳的酸度通常是指以酚酞作指示剂，中和100mL牛乳所需0.1mol/L氢氧化钠的体积(mL)，以°T（吉尔涅尔度）表示。这种酸度包括自然酸度和发酵酸度。刚挤出的牛乳的酸度通常为16～18°T，主要由乳中的蛋白质、柠檬酸盐、磷酸盐及二氧化碳等酸性物质所形成，也称为自然酸度。牛乳在存放过程中，由于微生物作用，分解乳糖产生乳酸而使酸度升高，称为发酵酸度。自然酸度与发酵酸度之和，称为总酸度。通常所说的牛乳酸度是指其总酸度。

乳的酸度对乳品的加工和乳的卫生检验，都具有一定意义。如果鲜乳在保存中酸度过高，除会显著降低乳对热的稳定性以外，还会降低乳粉的溶解度和保存性，同时对其他乳制品的品质也有一定影响。所以，为了防止酸度增高，挤出的鲜乳必须迅速冷却，低温保存。

三、影响乳品质的各种因素

（一）影响乳的化学组成和物理性状的主要因素

1. 品种

乳畜的种类和品种对乳的品质具有一定影响，特别是对乳中脂肪含量的影响较大。如羊乳的脂肪含量比其他动物高，而绵羊乳的脂肪和蛋白质含量又较山羊的高。一般情况下，泌乳量高的牛，乳中脂肪含量较低，改良品种的脂肪含量比本地品种低。如水牛乳的含脂率较茶兰牛、黑白花牛为高；牦牛乳的脂肪含量超过6%，适于加工奶油。马乳中乳糖含量高，有利于微生物发酵，可加工马奶酒。

2. 饲养管理条件

良好的饲养管理不仅能提高乳的产量而且能改善乳的品质。试验证明，饲料的品质对乳脂肪的色泽、风味、维生素的含量以及产乳量都有一定影响。如果喂给奶牛足够量的蛋白质饲料，即可提高乳中脂肪和蛋白质的含量；如给奶牛长期饲喂亚麻籽饼、大豆、玉米等饲料可使奶油软化；饲喂棉籽饼、豌豆、大麦等可使奶油硬化；饲喂富含糖类的饲料可以提高乳脂率；大量饲喂胡萝卜、青草、青贮玉米等可使乳中维生素的含量增加。

某些饲料对乳的滋味和气味也有很大破坏。如混在青草中的艾类、野葱、大蒜以及其他有刺激气味的饲料对乳汁都有直接的不良影响。

3. 泌乳期

泌乳期是指奶牛从分娩起到干乳期的一段时间，一般约为10个月。这期间乳的成分和性状都发生很大变化。分娩后一周的初乳一般色黄、浓厚并带有特异的气味和咸味，其中干物质的含量较常乳多一倍，蛋白质高4～6倍，维生素A多14～16倍，蛋白质和球蛋白高9～11倍，无机盐多0.5倍，但乳糖较少。最初两个月的乳中脂肪和干物质的含量变化较小，以后则逐渐增加，同时脂肪球的大小也随之由大逐渐变小。

干奶前几天的奶，稍带咸味和苦味，其中，脂肪、蛋白质、无机盐等含量增高，而乳糖含量则减少。

4. 健康状况

奶牛的健康状态对乳的产量和乳的成分、性状都有一定影响。当乳房发生肿胀、乳房炎、乳头撞伤等，都会造成乳中的脂肪、乳糖、干物质含量急剧下降，而无机盐和氯的数量则会增加。患乳房疾病后所产的奶不适于制造乳制品，尤其是生产干酪。其他如传染性流产、肺结核、口蹄疫、牛瘟、炭疽等都会使乳的成分发生变化。这些病牛所产的乳通常称为“异常乳”，不适于制作乳制品或作为鲜奶饮用。

5. 挤奶方法

正确的挤奶方法对乳的产量和成分都有良好的作用。适当的挤奶次数可以提高产乳量和乳脂率。试验证明，每天三次挤奶与两次挤奶比较，前者产乳量能提高20%～25%，并且脂肪含量也较高。一般晚间挤的奶比清早挤的奶含脂率要高。如果在挤乳前后按摩乳房，不仅可提高产乳量，还可提高脂肪含量。

6. 年龄

乳畜的泌乳量以及乳汁的化学成分都随着年龄不同而异。一般来说，初产奶牛乳脂肪和非脂乳固体含量最高，多数奶牛到7胎后乳脂肪含量下降。初产奶牛产奶量少，从第2胎起泌乳量逐渐增加，第7胎达到高峰。

（二）微生物污染因素

在挤乳、乳的初步加工和乳制品的生产过程中，如不注意卫生条件和及时处理就会导致乳中大量微生物的繁殖，轻者使牛乳酸败变质，重者造成严重疾病，甚至危害消费者健康，所以微生物污染对乳的影响也非常大。通常健康奶牛所产的乳中微生物极少，微生物主要可以通过以下途径造成对乳的污染：

1. 牛体

由于牛舍中的空气、垫草、尘土等以及牛本身的排泄物中沾染的微生物常附着在乳房的表面，挤奶时如不注意卫生则很容易混入奶中，造成污染，而且这类微生物多属于带有芽孢的杆菌和大肠杆菌。所以，在挤奶前，必须用温水将乳房及其周围洗净、擦干。

另外侵害动物的致病菌也可引起乳的内源性污染。如果乳畜患病，体内的病原微生物通过血液循环进入乳房，分泌的乳汁中则带有病原菌。奶牛常见疾病如结核病、布鲁菌病、炭疽、口蹄疫、李氏杆菌病、副伤寒和乳房炎等都会影响乳品卫生。所以养殖过程中应特别注意乳畜的健康。

2. 乳房

来源于乳房的污染，一方面是乳房内部的乳腺管及贮乳池染有微生物。另一方面是乳房的外部沾染着含有大量微生物的粪屑和杂质。其中部分微生物可通过乳管进入乳房，所以最初挤出的奶的含菌数就比最后挤出的多几倍。因此，在挤奶时最好将最初挤出的一小部分奶挤入另一容器内单独加以处理。

3. 容器和用具

挤奶时所用的奶桶、挤奶机、滤乳布和毛巾等也是污染乳的一个重要途径。特别是在夏季，往往由于洗刷不彻底和消毒不严，造成污染。

易污染挤奶容器和用具的细菌，多数是属于耐热性球菌属（平均占 70%）和杆菌，而此类细菌即使用高温在瞬间也不易杀死，因此，在夏季要特别注意卫生，否则很容易造成乳的变质甚至腐败。

因此，挤奶容器和用具在每次用完之后，应立即用温水或碱水洗净，再用蒸汽、沸水或漂白粉溶液消毒、干燥。

4. 空气

空气的卫生状态也对乳有很大的污染。因牛舍内空气中常含有许多微生物，通常每升空气中含有 50～100 个细菌，其中多数是带有芽孢的杆菌和球菌，此外也含有大量霉菌孢子。

5. 其他方面

挤乳人员的手臂和衣服不清洁、患有传染病或挤乳和加工乳品时不卫生操作，均会污染乳品。

第二节　鲜乳的生产加工卫生

一、鲜乳的生产卫生

为了获得良质和营养价值较高的鲜乳，在生产的各个环节，必须严格遵守卫生制度，最大限度地防止乳中混入细菌，保证乳牛有良好的饲养管理及护理条件，遵守在挤乳和乳的初步加工中的一切卫生要求。

保持牛舍的清洁、光亮、干燥和通风良好是获得良质牛乳的首要环节。每天应清除粪便和勤换垫草。注意饲槽清洁卫生。牛舍内每年至少要用生石灰消毒两次。为了保证乳牛的健康，及时发现疾病，健康检查也应经常进行，特别是结核病和布氏杆菌病的检疫更应制度化，每年至少进行两次。

乳的品质在一定程度上决定于饲料的质量。乳中的苦味及其他异味，多数来自带有不良气味的饲料。为了使乳不带有饲料和畜粪的味道，最好是在挤奶后或是在挤奶前1～1.5h之前清除厩舍内的粪便或饲喂带有芳香气味的饲料。

在舍饲管理时，必须安排和组织好乳牛每天的运动。这有利于提高产奶量和改善乳的品质。为防止皮肤所带微生物对乳的污染，最好每天刷洗牛体，保持皮肤清洁。同时应特别注意挤奶桶的清洁、消毒。

挤乳员在挤乳前应先将手洗干净，穿工作服，将牛尾系于牛的后肢，然后用温水将乳房洗净、擦干、按摩乳房。这一点在用机器挤乳时更为必要。最初挤下的乳应放在另外容器内，不要和其他乳混合。乳要挤净，不应残留在乳房内，以免引起乳房炎，影响产乳量。在使用机器挤乳时，挤乳机应彻底洗净、消毒，机器挤乳之后最好用手将乳挤净。

二、鲜乳的初加工卫生

（一）乳的接收和净化

为了提高乳的品质和防止污染，挤出的乳经称重、登记和过滤后，应立即送往专门房间进行初步加工。初步加工得越早，乳被污染的机会也就越少，也就越易保存。

初加工的第一步就是乳的净化，也就是除去乳中污染的杂质，如牛毛、饲料碎屑、垫草碎末、尘埃及其他杂物等。这些杂质存在于乳中的时间越长，对乳的影响就越大，尤其是在促进微生物的生长方面，容易使乳变酸，所以刚挤出的乳，必须迅速进行净化。净化分为人工净化和机械净化两种。前者是用多层纱布或滤布过滤。但所使用的纱布或滤布，必须经常清洗和更换，禁止一块滤布多次连续使用，否则易造成污染。

因乳中含有很多微小的污染杂质和细菌是难以用一般的过滤方法除去的，因此，目前有些牧场和乳品加工厂使用净乳机进行乳的净化，净乳机的工作原理类似奶油分离机，乳在分离钵内受强大离心力的作用，而使乳净化。乳温在32℃时净化效果最好。净化后的乳最好直接加工，如需短期贮藏时，则要及时进行冷却，以保持乳的新鲜度。

（二）乳的冷却

将乳迅速冷却是保证原料乳和鲜乳品质的必要条件。因为挤乳前和挤乳时的卫生处理即使很严格，也不可能保证完全无菌。而且刚挤出的乳，温度约为36℃，正是微生物发育最适宜的温度，如不及时冷却，则落入的微生物便大量繁殖，不仅降低了乳的品质，甚至会使乳凝固变质。所以，冷却及时与否，对乳中细菌数量的变化影响很大，而且冷却的温度越低，抑菌效果越好，乳的保存时间也越长。

由于乳中本身含有一种抑菌物质——溶菌酶，使乳本身具有抗菌特性。但这种抗菌特性延续时间的长短，随乳的温度高低和细菌污染情况而异（见表13-2）。通常新挤出的乳，如迅速冷却到0℃，可维持其抑菌作用48h，5℃可维持其作用36h，10℃可保持其作用24h，25℃可保持6h，而在37℃则仅维持2h。

表13-2 乳的抗菌特性与污染程度关系

乳温/℃	抗菌特性的作用时间/h	
	挤奶时严格遵守卫生制度	挤奶时未严格遵守卫生制度
37	3.0	2.0
30	5.0	2.3
16	12.7	7.6
13	36.0	19.0

乳冷却得越早、温度越低，乳酸度变化就越小（见表13-3)。所以，刚挤出的乳过滤后必须尽快冷却到4℃，并在此温度下保存，直至运送到乳品厂。经杀菌后的乳也应尽快冷却至4～6℃。尽可能降低残存于乳中的耐热性微生物的活动。使乳冷却的方法有水池冷却和排管冷却。

1. 水池冷却

将乳桶放在水池中，用冰水或冷水冷却。用这种方法可使乳冷却到比冷却用水的温度高3～4℃左右。在北方地区，由于地下水温度低，即使在夏天也可以达到冷却的目的。在南方为了使乳冷却到较低温度，可在水池中加入冰块。为了使乳冷却到较低温度和加速冷却，还应经常进行搅拌，并按水温进行排水和换水。一般水池的容水量应为冷却乳量的4倍。水池要保持清洁，每隔3～4d将水池彻底洗刷一次。

水池冷却的特点是冷却缓慢，且耗水量较多，但简便易行。

2. 排管冷却

即采用金属排管组成的冷却器冷却。乳被泵抽到排管的上部后，沿着排管的外壁形成薄层状，由上而下流到贮乳槽，而排管的内壁则由下而上通入冷却水或冷盐水，以降低沿冷却器表面流下的乳温。

表13-3 乳的冷却温度与酸度的关系

乳的贮存时间	乳的酸度/°T		
	未冷却乳	冷却到18℃的乳	冷却到13℃的乳
刚挤出的乳	17.5	17.5	17.5
挤出后3h	18.3	17.5	17.5
挤出后6h	20.9	18.0	17.5
挤出后9h	22.5	18.5	17.5
挤出后12h	变酸	19.0	17.5

（三）乳的消毒

乳中或多或少都含有一定量的微生物，为了避免乳的腐败变质，防止致病微生物的传播，维护公共卫生，最简单有效的办法就是利用加热进行乳的杀菌或灭菌处理。杀菌是利用物理和化学方法，使微生物失去生命力的操作。灭菌是杀死一切微生物的操作。乳品厂常用的杀菌和灭菌方法主要有以下几种。

1. 巴氏杀菌法

其优点是能够最大限度地保持鲜乳原有的理化特性和营养，但仅能破坏、钝化或除去致病菌、有害微生物，但仍有耐热菌残留。

(1) 低温长时间杀菌法（LTLT） 又称保温杀菌法，将乳加热至61～63℃，维持30min。这种方法虽然对乳的性质影响很小，但由于需要时间较长，而且杀菌的效果不够理想，所以目前生产市售鲜乳很少采用。

(2) 高温短时间杀菌法（HTST） 是利用管式杀菌器或板式热交换器进行杀菌，将乳加热到72～75℃，经10～20min，或80～85℃，维持10～15min。这种方法的优点是能连续消毒大量牛乳。目前，国内大都使用片式热交换杀菌器或管式杀菌器，乳汁杀菌温度及热水温度均由自动控制箱自动控制操作，并自动记录杀菌温度。

2. 超高温瞬时杀菌法（UHT）

GB/T 15091—1994《食品工业基本术语》将超高温瞬时灭菌法定义为：采用高温、短时间，使液体食品中的有害微生物致死的灭菌方法。该法不仅能保持食品风味，还能将病原菌和具有耐热芽孢的形成菌等有害微生物杀死。灭菌温度一般为130～150℃。灭菌时间一般为数秒。此方法可杀灭全部微生物，但对乳有一定影响，部分蛋白质被分解或变性，色、香、味不如巴氏杀菌乳，脱脂乳的亮度、浊度和黏度都会受到影响。

此外，在一些国家还采用放射线、紫外线、超声波等杀菌。但因其有损于牛乳的风味和品质，故目前还没有普遍采用。

（四）乳的保存和运输

生鲜乳应贮存于密闭、洁净、经消毒的容器中。贮藏温度为2～6℃。

乳的运输是乳品生产中的一个重要环节。运输不当会造成乳的损失。因此，在运输时必须注意以下几点。

① 必须使用密闭的、洁净的经消毒的保温奶槽车或奶桶，桶要盖紧。

② 途中应防止振荡，以防发生乳脂分离。

③ 途中避免乳温升高，特别是夏季，最好是早晚运输。

目前普遍采用的是乳槽车运乳，装卸利用的是乳泵，这种方法既方便又省时，且隔热性良好。

第三节　鲜乳的卫生检验

一、样品的采集

取样前应先用搅棒在乳中以螺旋式转动20次，将牛乳混匀。如要采取数桶乳的混合样品时，需预先估计每桶乳的重量，再按重量比例决定每桶乳中应采集的数量，然后用采样管采集在同一个样品瓶中，混合即可。一般取样量为0.02%～0.1%，每份检样应不少于250mL。为了确定牧场在一定时期内牛乳的成分，可逐日按重量采集一定量的样品（如0.5mL/kg)，必要时于每1000mL样品中加入1～2滴甲醛作为防腐剂。

牛乳样品需贮藏于8℃以下的冷藏设备内，以防变质。国际乳品联合会认为，牛乳在4.4℃低温下冷藏效果最佳，10℃以下稍差，超过15℃时乳的品质就会受到影响。

二、感官检验

首先将乳置于15～20℃水浴中保温10～15min，并充分摇匀，主要检查乳的色泽、气味、滋味和组织状态。鲜乳感官指标应符合表13-4。

表13-4　鲜乳感官指标

项　目	指　标
色泽	呈乳白色或微黄色
滋味、气味	具有乳固有的香味、无异味
组织状态	呈均匀一致的胶态液体，无凝块、无沉淀、无肉眼可见异物

(1) 色泽　新鲜牛乳为乳白色或稍带黄色。乳的色泽与季节、饲料、泌乳畜品种以及其他因素，与使用药物、微生物污染等有关。

(2) 气味　鲜乳应具有固有的微香味，但如果保存不当，可吸收环境中某些挥发性物质(如煤油、松节油等）或粪尿气味，使乳的气味异常，或因细菌污染引起微酸气味。

(3) 滋味　新鲜生乳应煮沸后，凉至室温时品尝。鲜热乳的味道可口而微甜。不应有咸味、酸味、苦味及腐败味。咸、酸、苦味见于乳房炎乳，酸味是因乳变质所致。

(4) 组织状态　鲜乳为不发黏、无絮状物、无凝块、无沉淀、均匀的胶体溶液。如果乳发生黏滑，出现凝块或絮状物，则可能是被细菌污染并引起乳变质的结果。

三、理化检验

鲜乳的理化检验主要包括密度、乳脂率及酸度等的测定，其理化指标见表 13-5。

表 13-5　鲜乳的理化指标

项　目	指　标	项　目	指　标
脂肪/%≥	3.10	杂质/(mg/kg) ≤	4
蛋白质/% ≥	2.95	汞/(mg/kg) ≤	0.01
密度(20℃/4℃)≥	1.028	六六六或滴滴涕/(mg/kg)≤	0.1
酸度(以乳酸表示)/% ≤	0.162		

(一) 鲜乳的密度和乳脂率的测定

1. 乳密度的测定

一般多采用 20℃/4℃乳稠计来测定牛乳的密度。测定方法及步骤见实训指导乳密度测定。

表 13-6　乳稠计读数转换为温度 20℃时的度数换算表

乳稠计读数	鲜乳温度															
	10℃	11℃	12℃	13℃	14℃	15℃	16℃	17℃	18℃	19℃	20℃	21℃	22℃	23℃	24℃	25℃
25	23.3	23.5	23.6	23.7	23.9	24.0	24.2	24.4	24.6	24.8	25.0	25.2	25.4	25.5	25.8	26.0
26	24.2	24.4	24.5	24.7	24.9	25.0	25.2	25.4	25.6	25.8	26.0	26.2	26.4	26.6	26.8	27.0
27	25.1	25.3	25.4	25.6	25.7	26.0	26.1	26.3	26.5	26.8	27.0	27.2	27.5	27.7	27.9	28.1
28	26.0	26.1	26.3	26.5	26.6	26.8	27.0	27.3	27.5	27.8	28.0	28.2	28.5	28.7	29.0	29.2
29	26.9	27.1	27.3	27.5	27.6	27.8	28.0	28.3	28.5	28.8	29.0	29.2	29.5	29.7	30.0	30.2
30	27.9	28.1	28.3	28.5	28.6	28.8	29.0	29.3	29.5	29.8	30.0	30.2	30.5	30.7	31.0	31.2
31	28.8	29.0	29.2	29.4	29.6	29.8	30.0	30.3	30.5	30.8	31.0	31.2	31.5	31.7	32.0	32.2
32	29.3	30.0	30.2	30.4	30.6	30.7	31.0	31.2	31.5	31.8	32.0	32.3	32.5	32.8	33.0	33.3
33	30.7	30.8	31.1	31.3	31.5	31.7	32.0	32.2	32.5	32.8	33.0	33.3	33.5	33.8	34.1	34.3
34	31.7	31.9	32.1	32.3	32.5	32.7	33.0	33.2	33.5	33.8	34.0	34.3	34.5	34.8	35.1	35.3
35	32.6	32.8	33.1	33.3	33.5	33.7	34.0	34.2	34.5	34.7	35.0	35.3	35.5	35.8	36.1	36.3
36	33.5	33.8	34.0	34.3	34.5	34.7	34.9	35.2	35.6	35.7	36.0	36.2	36.5	36.7	37.0	37.3

乳相对密度 d 与乳稠计刻度关系式如下：

$$X_1 = (d - 1.000) \times 1000$$

式中　X_1——乳稠计读数；

d——样品的相对密度。

也就是说，如乳温为 20℃时，乳稠计读数假定为 31，则代入上述公式后，得出该乳的相对密度为 1.031。

测定时应注意，当乳温不是 20℃时，则应根据乳稠计读数转换为温度 20℃时的度数换算表（见表 13-6）进行校正。例如，如样品温度为 18℃，使用 20℃/4℃乳稠计，读数 28，得相对密度为 1.028；换算成 20℃时相对密度，查表 13-6（18℃，读数 28）应为 27.5，20℃时的相对密度为 1.0275。

正常牛乳相对密度应为 1.028～1.032。

2. 乳脂率

即乳中脂肪的百分含量。乳脂率的测定方法较多，有盖勃法、哥特里-罗紫法、伊尼霍夫碱法等。盖勃法因其测定简便迅速，目前较为常用。对于牛乳含脂率的要求一般为 3.1% 以上。其测定方法及步骤可参见实训指导。

（二）乳新鲜度的检验

通过酸度、酒精试验和煮沸试验均可判定乳的新鲜度。

1. 酸度（°T）

是以酚酞为指示剂，中和 100mL 乳所需 0.1mol/氢氧化钠标准溶液的毫升数。检验方法按 GB/B 5009.46—1996 规定用中和滴定法。刚挤出的鲜牛乳的酸度，一般在 16～18°T，如果鲜乳存放时间过长，由于微生物的活动，使乳糖分解，则牛乳的酸度增高。如果乳牛健康状况不良，患急、慢性乳房炎等，则可使牛乳的酸度降低。有的国家，酸度用乳酸（%）表示，1°T 相当于 0.09%乳酸。酸度测定的具体操作方法及步骤见实训指导。

2. 酒精试验

于试管中加入等量的中性酒精溶液与牛乳，迅速充分混合（乳与酒精温度为 10～20℃）。如混合后有絮状物出现，即为酒精阳性乳，表示其酸度高于标准。在收购牛乳时，用 68°、70°、72°酒精测试，操作方法与步骤见实训指导。

3. 煮沸试验

将装有 10mL 乳样的试管置于沸水浴中 5min，取出观察管壁有无絮状物出现或发生凝固现象。若产生絮状物或发生凝固，表示牛乳已不新鲜，其酸度大于 26°T。

四、微生物检验

鲜乳的微生物检验包括细菌总数测定、大肠菌群 MPN 测定和鲜乳中病原菌的检验。细菌总数测定主要是了解鲜乳受微生物污染的程度；大肠菌群 MPN 测定主要是了解鲜乳被肠道细菌污染的情况；乳与乳制品绝不允许检出病原菌。

1. 样品的采集

（1）样品的采集一定要遵守无菌操作规程。

（2）检验一般细菌时，一般采取样品 100mL，检验致病菌时一般采样 200～300mL，倒入灭菌广口瓶至塞下部，立即盖上瓶塞，并迅速使之冷却至 6℃以下。

（3）检样应在采样后 4h 内送检。样品中不得添加任何防腐剂。

（4）瓶装鲜乳采取整瓶作样品，桶装的乳，先用灭菌搅拌器搅和均匀，然后用灭菌勺采取样品。

2. 样品的处理

以无菌程序去掉瓶塞，瓶口经火焰消毒，用无菌吸管吸取 25mL 检样，置于装有 225mL 灭菌生理盐水的三角烧瓶内，混匀备用。

3. 检验方法

乳中的微生物检验通常进行细菌总数测定、大肠菌群（MPN）测定和致病菌检验，这些微生物指标的测定可以参照有关的章节进行。还可以采用以下方法检验乳中的微生物。

（1）美蓝还原试验　存在于乳中的微生物在生长繁殖过程中能分泌出还原酶，可使美蓝还原而退色，还原反应的速度与乳中的细菌数量有关。根据美蓝退色时间，可估计乳中含菌数的多少，从而评价乳的品质。操作方法如下：

用量筒量取 20mL 乳样于试管中，在水浴上加热至 38～40℃，加入 1mL 美蓝溶液，混匀后将试管置于38～40℃恒温箱中，经过20min、2h和5.5h，观察3次退色情况，根据退色时间将牛乳分为4个等级，见表13-7。

表13-7 美蓝退色时间与乳中细菌数的关系

级别	乳的质量	乳的退色时间	相当每毫升牛乳中的细菌总数
1	良好	＞5.5h	$<5\times10^{5}$
2	合格	2～5.5h	$5\times10^{5}\sim4\times10^{6}$
3	差	20min～2h	$4\times10^{6}\sim2\times10^{7}$
4	劣	＜20min	$>2\times10^{7}$

（2）刃天青试验　刃天青是氧化还原反应的指示剂，加入到正常鲜乳中呈青蓝色或微带蓝紫色，如果乳中含有细菌并生长繁殖时，能使刃天青还原，并产生颜色改变。根据颜色从青蓝→红紫→粉红→白色的变化情况，可以判定鲜乳的品质优劣。

刃天青试验的反应速度比美蓝试验快，且为不可逆变色反应，适用于含菌数较高的乳类。具体方法如下。

① 用10mL无菌吸管取被检乳样10mL于灭菌试管中，如为多个被检样品，每个检样需用1支10mL吸管，并将乳样编号。

② 用1mL无菌吸管取0.005%刃天青水溶液1mL加于被检试管中，立即塞紧无菌胶塞，将试管上下倒转2～3次，使之混匀。

③ 迅速将试管置于37℃水浴箱内加热（松动胶塞，勿使过紧）。

④ 水浴20min时进行首次观察，同时记录各试管内的颜色变化，去除变为白色的试管，其余试管继续水浴至60min为止。记录各试管颜色变化结果。根据各试管检样的变色程度及变色时间判定乳品质量，也可放在光电比色计中检视。详见表13-8。

表13-8 刃天青试验颜色特征与乳品质量

编号	颜色特征		乳品质量	处理
	20min	60min		
6	青蓝色	青蓝色	优	可作鲜乳（消毒乳）或制作炼乳用
5	青蓝色	微带青蓝色	良好	
4	蓝紫色	红紫色	好	
3	红紫色	淡红紫色	合格	光电比色读数在3.5及1者，可考虑做适当加工
2	淡红紫色	淡粉红色或白色	差	
1	粉红色	—	劣	读数在0.5及0者，不得供食用
0	白色		很劣	

五、乳房炎乳检验

乳房炎是乳畜乳房组织产生炎症而引起的疾病，患乳房炎的乳牛所产的乳为乳房炎乳。临床性乳房炎使乳产量剧减且牛乳性状有显著变化，较容易鉴别，且不能作为加工用。非临床性或潜在性乳房炎在外观上无法区别，只在理化或细菌学上有差别。

乳房炎乳中，血清白蛋白、免疫球蛋白、细胞数、钠、氯、pH、电导率等均有增加的趋势；而乳量、脂肪、无脂乳固体、酪蛋白、β-乳球蛋白、α-乳白蛋白、乳糖、酸度、密度、磷、钙、钾、柠檬酸等均有减少的倾向。因此，凡是氯糖数（氯%/乳糖%）在4以上、氯含量在0.14%以上的乳，很可能是乳房炎乳。具体操作见实训指导。

乳房炎乳区所产的乳不可食用，一般予以废弃或经70℃加温30min后作饲料，其他乳房健康乳区所产的乳经70℃加热30min处理后可供食用。

六、掺假掺杂乳检验

人为地添加廉价而没有营养价值的物品，或抽去有营养价值的物质，或为了掩盖真实质量而加入防腐物质的乳，称为掺假、掺杂乳。常用的检验掺假掺杂乳的方法有以下几种。

(1) 掺水乳的检验 水是常见的一种掺假物质，加入量一般为5%～20%，有的高达30%。掺水乳的检验常采用测定密度的方法。如果密度偏低，即可怀疑为掺水乳。根据情况，如需要作进一步证实，可再进行乳脂率测定，若同时发现乳脂率偏低，即可认为掺水。

(2) 掺蔗糖乳的检验 通常采取牛乳中加入浓盐酸，混合、过滤后加入间苯二酚，并置于沸水浴锅中5min后观察。如出现红色，说明乳中掺有蔗糖。

(3) 掺淀粉乳的检验 淀粉也是常见的一种掺假物质，一般利用淀粉遇碘变蓝色的特点可以检验出掺淀粉的乳品。

(4) 掺豆浆乳的检验 通常采取加醇醚混合液（酒精和乙醚1∶1混合）后再用25%氢氧化钠溶液滴定的方法，若出现微黄色，则证明乳中掺有豆浆。

七、抗生素残留乳检验

在防治乳牛疾病时，经常使用抗生素，特别是治疗牛乳房炎。经抗生素治疗的乳牛所产的乳中在一段时期内会残存有抗生素，乳中抗生素的残留不仅会影响发酵乳品的生产，而且能引起人体过敏反应，同时还会使某些菌株产生耐药性等，所以鲜乳进行抗生素残留的检验，已十分必要。

现在常用TTC（2,3,5-氯化三苯四氮唑）试验来检验抗生素的残留。方法是：往检样中先后加入菌液和TTC指示剂，如检样中有抗生素存在，则会抑制细菌的繁殖，TTC指示剂不被还原、不显色；反之，则细菌大量繁殖，TTC指示剂被还原而显红色，从而可以判定有无抗生素残留。其检验方法及步骤见实训指导。

八、鲜乳的卫生评价

鲜乳的卫生评定，应以感官检验、理化检验和微生物检验进行综合评定，鲜乳必须符合相应国家标准或行业标准。

1. 合格鲜乳的卫生评定

(1) 感官指标 正常牛乳应为乳白色，不得含有肉眼可见的异物、异常色泽或异常滋味等，参见表13-4。

(2) 理化指标 乳的密度、含脂率不得低于标准规定，其酸度不得高于22°T。生鲜牛乳的理化指标可参考表13-5。

(3) 细菌指标 生鲜牛乳的细菌指标应符合“收购的生鲜牛乳细菌指标”（见表13-9）。

表13-9 收购的生鲜牛乳细菌指标

分级	平皿细菌总数分级指标/(万个/mL)	美蓝退色时间分级指标
Ⅰ	≤50	≥4h
Ⅱ	≤100	≥2.5h
Ⅲ	≤200	≥1.5h
Ⅳ	≤400	≥40min

2. 不合格鲜乳的评定

经过检验，乳有下列缺陷者，不得食用，应予以销毁。

（1）感官性状有异常　凡有异常色调或颜色、性状黏稠、外观污秽、有异味的乳不得销售或收购。

（2）理化指标异常　乳的脂肪、非脂乳固体、蛋白质含量低于国家或行业标准，或有害化学物质超标。

（3）微生物指标异常　乳中检出致病菌，细菌总数或大肠菌群数超标。

（4）掺假乳　乳中掺水或掺入其他任何物质。

（5）异常乳　开始挤出的一二把乳汁、产犊前 15d 的乳、产犊后 7d 的初乳、应用抗生素期间和停药后 5d 的乳汁、乳房炎乳及变质乳等。

（6）病畜乳　乳畜患有炭疽、鼻疽、口蹄疫、狂犬病、钩端螺旋体病、结核病、布鲁菌病、李氏杆菌病、乳房放线菌病等传染病时所产的乳。

第四节　乳制品的加工卫生与检验

为了便于贮存、运输，或为了提供特殊的营养和增加多种风味，常以鲜牛乳或羊乳为原料，采用不同的生产工艺将乳加工制作成奶粉、酸乳、炼乳、奶油、奶酪等乳制品。为了保障这些产品的卫生质量，我们必须加强乳制品的加工卫生和乳制品的卫生检验。

乳制品加工中，无论哪种乳制品都要求原料乳必须符合相应国家标准或行业标准；食品添加剂应选用国家标准中允许使用的品种和遵守允许添加量规定；发酵剂应定期纯化和复壮，防止杂菌或噬菌体生长；加工机械设备、用具及容器必须保持清洁；包装材料应卫生，产品标签必须符合规定；从业人员必须健康，无传染病，并保持个人、加工车间和环境卫生。

乳制品的检验项目很多，应根据不同产品的特点按照国家标准中规定的各项检验指标做好每一项检验。

一、奶粉的加工卫生与检验

奶粉是以新鲜乳为原料或以新鲜乳为主要原料，添加一定数量的植物或动物蛋白质、脂肪、维生素、矿物质等配料，经杀菌、浓缩和喷雾干燥而制成的粉末状乳制品。奶粉生产去除水分的目的是为了保持鲜乳的品质及营养成分，减轻重量便于携带运输，从而增加可保存性。乳粉的主要产品有全脂乳粉、全脂加糖乳粉、脱脂乳粉和调制乳粉等。

（一）乳粉的加工卫生

用于生产乳粉的原料乳必须符合国家标准规定的各项要求，严格地进行感官检验、理化性质检验和微生物检验；经常检查原料乳的含脂率，掌握其变化规律，便于适当调整，使乳标准化；如需增加其他辅料，则无论添加哪种成分，均应做到不影响乳粉的微生物指标和杂质度指标；加工乳粉前对乳进行均质，可使混合原料乳形成一个均匀的分散体系，这样制成的乳粉冲调后复原性更好；原料的杀菌应采用高温短时间杀菌法，即可破坏乳中的酶、杀灭微生物，又可防止或推迟脂肪的氧化；真空浓缩时因随着浓缩的进行，乳的浓度提高，比重增加，乳逐渐变得黏稠，提高温度，可以降低黏度，但要注意防止导致“焦管”，浓缩时的蒸汽压力也宜采用由低到高并逐渐降低的步骤，压力过高，加热器局部过热，不仅影响乳质量，而且焦化结垢，影响传热，反而降低蒸发速度；真空浓缩后立即进行喷雾干燥，形成乳粉后尽快排出干燥室，以免受热时间过长，引起蛋白质变性或大量游离脂肪酸生成，可提高乳粉溶解度和保藏性。为防止乳粉氧化变质，包将材料要求密封、避光、符合卫生要求，可采用真空包装或充氮包装。注意防止乳粉发生褐变、酸度偏高或微生物污染。

（二）奶粉的卫生检验

1. 感官检验

检验乳粉的色泽、组织状态、气味和滋味及冲调性。

（1）色泽　应呈浅黄色或稍带有添加剂颜色的粉状物。

（2）组织状态　应为干燥且颗粒均匀的粉末，不得带有杂质或集结成块。

（3）气味　应具有消毒牛乳的味道，不得有其他任何异味。

2. 理化检验

按国家卫生标准规定检验乳粉一般成分和有害物质。具体见表 13-10。

3. 微生物检验

按国家卫生标准规定检验乳粉的细菌总数、大肠菌群、致病菌、酵母菌和霉菌数。

表 13-10　全脂乳粉、脱脂乳粉、全脂加糖乳粉和调味乳粉卫生指标（GB 5410—1999）

项　目	全脂乳粉	脱脂乳粉	全脂加糖乳粉	调味乳粉
色泽	呈均匀一致的乳黄色			具有调味乳应有的色泽
滋味和气味	具有纯正的乳香味			具有调味乳应有的滋味和气味
组织状态	干燥、均匀的粉末			
复原乳酸度/°T	≤18.0	≤20.0	≤16.0	
冲调性	经搅拌可迅速溶解于水，不结块			
铅/(mg/kg)	≤0.5			
铜/(mg/kg)	≤10			
硝酸盐(以 $NaNO_3$ 计)/(mg/kg)	≤100			
亚硝酸盐(以 $NaNO_2$ 计)/(mg/kg)	≤2			
酵母和霉菌/(cfu/g)	≤50			
黄曲霉素 M_1/(μg/kg)	≤5.0			
菌落总数/(cfu/g)	≤50000			
大肠菌群/(MPN/100g)	≤90			
致病菌(指肠道致病菌和致病性球菌)	不得检出			

4. 卫生评价

（1）乳粉的卫生指标必须符合国家规定的各项指标要求。

（2）乳粉中出现哈味、苦味、腐败味、霉味、化学药品等其他异味，有严重吸潮结块、生虫、褐色变化等，均应作废品处理。

（3）对于超过保藏期限者，应根据检验结果分别处理，作工业或食品工业用或报废等。

（4）部分理化指标已超标，但无明显感官变化者，应作等外品处理。

（5）菌落总数、大肠菌群最可能数超过卫生标准，而无感官变化时，必须经过有效消毒加工食品工业用，且应在包装箱上标明。

（6）乳粉中不得含有致病菌及由微生物引起的缺陷。

二、炼乳的卫生检验

鲜乳经预热、浓缩、均质、装罐、灭菌而制得的产品称为炼乳。甜炼乳是在巴氏消毒牛乳中加16%左右的砂糖并浓缩至原体积的40%左右而成；淡炼乳是将牛乳浓缩至原容积的1/2.5后的制品。

（一）炼乳的加工卫生

加糖炼乳中加糖的目的之一是抑制微生物生长繁殖，延长炼乳的保存期；最好采用UHT杀菌法，然后真空浓缩，并迅速冷却；在生产和贮藏中应注意防止酸度偏高、出现异味、褐变、蛋白凝固、脂肪止浮或霉菌污染；运输产品时应避免日晒、雨淋；产品应贮于干燥、通风良好的场所，温度不得高于15℃；不得与有毒、有害、有异味或影响产品质量的物品混装运输或同处贮存。

（二）炼乳的卫生检验

1. 感官检验

开盖检验气味，然后将样品倒入烧杯检验其色泽和组织状态，并尝其滋味。

2. 理化检验与微生物检验

按规定检验脂肪、蛋白质、全乳固体物、蔗糖、水分、酸度、杂质度、有害金属硝酸盐和亚硝酸盐、黄曲霉毒素等理化指标，微生物检验项目和方法同乳粉。全脂无糖炼乳和全脂加糖炼乳检验标准参见中华人民共和国国家标准GB 5417—1999（见表13-11）。

表13-11 全脂无糖炼乳和全脂加糖炼乳卫生指标（GB 5417—1999）

项目			指标	
			全脂无糖炼乳	全脂加糖炼乳
感官指标	色泽		呈均匀一致的乳白色或乳黄色，有光泽	
	滋味和气味		具有牛乳的滋味和气味	具有牛乳的香味，甜味纯正
	组织状态		组织细腻、质地均匀，黏度适中	
理化指标	蛋白质/%	≥	6.0	6.8
	脂肪/%	≥	7.5	8.0
	全乳固体/%	≥	25.5	28.0
	蔗糖/%	≤	—	45.0
	水分/%	≤	—	47.0
	酸度/°T	≤	48.0	
	杂质/(mg/kg)	≤	4	8
	乳糖结晶糖颗粒/μm	≤	—	25
卫生指标	铅/(mg/kg)	≤	0.5	
	铜/(mg/kg)	≤	10.0	
	锡/(mg/kg)	≤	10.0	
	硝酸盐（以$NaNO_3$计）/(mg/kg)	≤	28.0	
	亚硝酸盐（以$NaNO_2$计）/(mg/kg)	≤	0.5	
	黄曲霉素M_1/(μg/kg)	≤	1.3	
	菌落总数/(cfu/g)	≤	—	50000
	大肠菌群/(MPN/100g)	≤	—	90
	致病菌（指肠道致病菌和致病性球菌）		—	不得检出
	微生物		商业无菌	—

3. 卫生评价

(1) 炼乳的卫生指标必须符合国家规定的各项指标要求。

(2) 在保藏期内若出现罐筒膨胀及感官指标异常的，如有异常色泽、苦味、腐臭味、金属味的，不得销售，须废弃。

(3) 因原料乳酸度高或预热加工时的灭菌温度不足，微生物作用致使炼乳凝结成块，应予废弃。

(4) 甜炼乳中除添加蔗糖外，不得添加任何防腐剂，检出者不得供直接食用。

三、酸牛乳的卫生检验

酸牛乳是以牛乳或复原乳为原料，添加或不添加辅料，使用含有保加利亚乳杆菌、嗜热链球菌的菌种发酵制成的产品。酸乳俗称酸奶，主要有纯酸奶、调味酸奶和果料酸奶。酸奶是发酵乳中最重要的一种，由于乳酸菌分解蛋白质、乳糖，微生物合成维生素，提高了其营养价值。酸奶容易被机体消化吸收、利用，以及降低血清胆固醇等作用，可避免某些人的"乳糖不适应症"，对患有糖尿病、胃病和便秘等疾病的患者有一定的辅助治疗作用。

(一) 酸牛乳的加工卫生

生产酸牛乳的原料要新鲜，不得含有有害物质，尤其是抗生素和防腐剂。原料乳经95℃ 30min，或90℃35min杀菌后立即冷却，然后加入纯化的发酵剂、装瓶、发酵。白砂糖应符合国家卫生标准规定。产品应贮存于2～6℃；用3～6℃冷藏车运输，避免强烈震动。

(二) 酸牛乳的卫生检验

1. 感官检验

取样50mL于烧杯中，检验样品的色泽、组织状态、气味和滋味。酸牛乳的感官特性见表13-12。

2. 理化检验

需检验山梨酸、苯甲酸、硝酸盐和亚硝酸盐、黄曲霉毒素 M_1、蛋白质、脂肪等。酸牛乳理化指标应符合国家标准GB 2746—1999，见表13-13。

3. 微生物检验

酸牛乳的微生物指标应符合国家标准，见表13-14。

表 13-12 酸牛乳的感官特性

项　目	纯酸牛乳	调味酸牛乳、果料酸牛乳
色　泽	呈均匀一致的乳白色或微黄色	呈均匀一致的乳白色，或调味乳、果料乳应有的色泽
滋味和气味	具有酸牛乳固有的滋味和气味	具有调味酸牛乳或果料酸牛乳应有的滋味和气味
组织状态	组织细腻、均匀，允许有少量乳清析出；果料酸牛乳有果块或果粒	

表 13-13 酸牛乳的理化指标

项　目	纯酸牛乳			调味酸牛乳、果料酸牛乳		
	全脂	部分脱脂	脱脂	全脂	部分脱脂	脱脂
脂肪/%	≥3.1	1.0～2.0	≤0.5	≥2.5	0.8～1.6	≤0.4
蛋白质/%	2.9			2.3		
非脂固体/%	8.1			6.5		
酸度/°T	70.0					

表 13-14 酸牛乳的卫生指标

项　　目		纯酸牛乳	调味酸牛乳	果料酸牛乳
苯甲酸/(g/kg)	≤	0.03		0.23
山梨酸/(g/kg)		不得检出		≤0.23
硝酸盐(以 $NaNO_3$ 计)/(mg/kg)	≤	11.0		
亚硝酸盐(以 $NaNO_2$ 计)/(mg/kg)	≤	0.2		
黄曲霉素 M_1/(μg/kg)	≤	0.5		
大肠菌群/(MPN/100mL)	≤	90		
致病菌(指肠道致病菌和致病性球菌)		不得检出		

4. 卫生评价

(1) 酸牛乳各项卫生指标均应符合国家规定的各项指标要求。

(2) 感官及微生物指标不合格或表面生霉的产品，不得出售，一律废弃。

(3) 每批样品至少有 1 瓶做细菌检验，其余做感官和理化检验。

(4) 检出致病菌者，应予以销毁处理。

四、奶油的卫生检验

奶油，也称黄油，是乳中离心分离出的新鲜稀奶油，经杀菌、成熟、搅拌、压炼等一系列加工处理，制成的含脂率 80%以上的产品。按加工工艺可分为鲜制奶油、酸制奶油和重制奶油。

(一) 奶油的加工卫生

原料乳应为来自健康动物的常乳，其酸度不超过 22°T，不得含有抗生素。分离后的稀奶油采用间歇式或连续式杀菌法，杀灭有害微生物，钝化解脂酶，除去不良气味，改善奶油的风味。杀菌后立即冷却至 2～10℃，使其达到物理成熟。生产酸性奶油时，原料经杀菌、冷却，加入纯化的乳酸菌，在低温下发酵，防止出现金属味和酒精味。加工中要防止微生物污染。运输产品时应使用冷藏车，产品的贮存温度不得超过－15℃。

(二) 奶油的卫生检验

1. 检验指标

奶油的感官指标、理化指标及卫生指标应符合 GB 5415—1999 规定（见表 13-15）。

表 13-15 奶油的感官、理化和卫生指标

项　目			指　标	
			奶　　油	无水奶油
感官指标	色泽		呈均匀一致的乳白色和乳黄色	
	滋味和气味		具有奶油的纯香味	
	组织状态		柔软、细嫩，无孔隙，无析水现象	
理化指标	水分/%	≤	16.0	1.0
	脂肪/%	≥	80.0	98.0
	酸度/°T	≤	20.0	—
卫生指标	菌落总数/(cfu/g)	≤	50000	
	大肠菌群/(MPN/100g)	≤	90	
	致病菌(指肠道致病菌和致病性球菌)		不得检出	

2. 卫生评价

（1）奶油的各项卫生指标应符合国家规定的各项指标要求。

（2）腐败、生霉或有其他各种异味的应作废弃处理。

（3）混有尘埃、杂质者不准销售。

（4）微生物超标的，应视其污染程度可加工制成重制奶油或作工业用或废弃。

【复习思考题】

1. 试述乳的概念，不同泌乳期所产乳的特点及其对乳制品加工的影响。
2. 试述乳的化学成分及理化特性。
3. 什么是乳酸度，乳酸度过高对乳有什么影响？
4. 影响乳品质的因素主要有哪些？
5. 试述鲜乳主要检验内容及卫生评价指标。
6. 如何检验是否为乳房炎乳和抗生素残留乳？

（张崇秀）

第十四章　蛋及蛋制品的卫生检验

【主要内容】 蛋的形态结构、化学组成及蛋在保藏时的变化特点，蛋新鲜度、蛋制品卫生质量检验的方法和卫生评定标准。

【重点】 蛋品的新鲜度检验；蛋制品的卫生质量检验。

【难点】 禽蛋保鲜方法、蛋的变化和蛋新鲜度检验指标的相互关系；蛋制品的卫生检验。

第一节　蛋的形态结构与化学组成

禽蛋作为人类重要的动物性食品之一，可供给人体所需要的优质蛋白质、脂肪、碳水化合物、矿物质和维生素等营养物质，且其消化吸收率达95%以上，绝大部分能被人体所利用。然而，在生产、经营和食用过程中，时常出现不符合卫生要求的蛋类，不仅能导致人类食物中毒，还可能成为禽类疾病流行的因素。因此对禽蛋类进行卫生检验，具有重要的意义。

一、蛋的形态结构

蛋的大小因家禽的种类、品种、年龄、产蛋季节及营养状况等因素而各有差异，通常鸡蛋重为40～70g，鸭蛋60～90g，鹅蛋为100～230g。禽蛋均呈卵圆形，由蛋壳、蛋白和蛋黄三部分组成（图14-1）。

（一）蛋壳

蛋壳是包裹在蛋内容物外面的壳内膜、硬蛋壳和壳外膜的总称，占全蛋重量的10%～15%。蛋壳的颜色与禽蛋的种类、品种等有关，鸡蛋因品种不同而呈白色或深浅不同的褐色，鸭蛋、鹅蛋一般均呈青灰色或白色。蛋壳的厚度与家禽的种类、品种及饲养条件有关。饲料中钙、磷含量适宜，蛋壳则较厚；当饲料不足，钙质缺乏，蛋壳则较薄，甚至产生软壳蛋。

1. 壳外膜

禽蛋硬壳的外表面有一层胶性干燥黏液，看上去似白色粉状物，称为壳外膜。是由蛋在产道排出时附着的黏液在蛋产出后干燥而成。可起到阻止微生物侵入蛋内，及防止蛋内水分、CO_2 逸散，避免蛋重减轻的作用。壳外膜是一种水溶性的胶质膜，若遇潮湿、雨淋、水洗或摩擦，将会溶解或脱落而消失，因而失去保护蛋的作用。所以蛋表面是否有白色粉状物可作为判定蛋是否新鲜的标准之一。

2. 硬蛋壳

又称石灰质硬蛋壳，是由石灰质形成并包裹在蛋内容物外表的一层硬壳，它使蛋保持固定的形状，并保护蛋内容物不受破坏。其主要成分是碳酸钙、碳酸镁、磷酸钙、磷酸镁等无机物和少量的有机物，但硬蛋壳质脆而不耐碰撞和挤压，所以禽蛋存放时应注意防震动和防挤压。

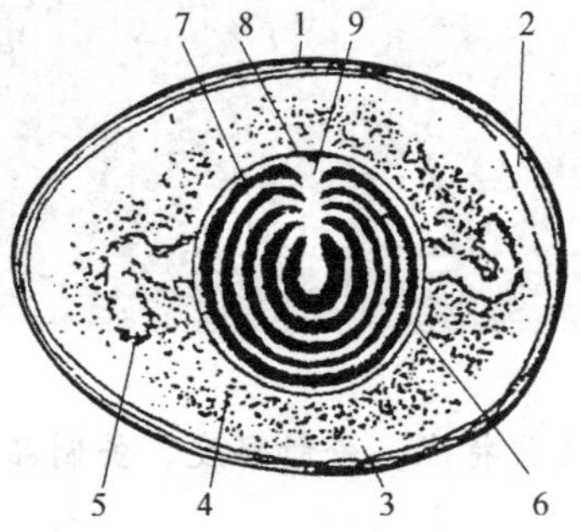

图 14-1 蛋的结构示意图
1—硬壳及壳内膜；2—气室；3—稀薄蛋白层；4—浓厚蛋白质；5—系带；6—系带蛋白层；7—蛋黄；8—胚胎；9—白蛋黄

但硬蛋壳并不是完全密闭的，在蛋壳上密布有许多微小气孔，分布不均匀，蛋的钝端气孔较多，锐端气孔较少。空气可通过气孔进入蛋内，蛋内水分和 CO_2 也可由此排出蛋外，进行内外的气体交换。也正因此，在温度适宜的情况下蛋内的胚胎才能正常发育，形成禽雏。在加工皮蛋和咸蛋时，气孔还能使食盐和氢氧化钠等物质渗入蛋内。

3. 壳内膜

在蛋壳的内层有由有机纤维质构成的白色、半透明的、有弹性的网状薄膜，称为壳内膜，也称壳下膜。壳内膜分为两层，外层紧贴硬蛋壳内壁叫蛋壳膜，结构疏松，细菌能自由通过。内层包裹蛋白，叫蛋白膜，结构致密，细菌不宜通过。壳内膜可起到阻止微生物侵入蛋内和防止蛋内容物流失的作用。

在蛋的钝端，由蛋白膜和蛋壳膜分离而形成一空隙，称之为气室，是因蛋产出后，由于外界温度比禽体温度低，蛋内容物遇冷发生收缩，空气由气孔和蛋壳膜孔进入蛋壳内，由于蛋的钝端气孔密度大，故进入的空气使钝端壳内膜的内外两层分离，形成了气室。新鲜蛋的气室很小，随着存放时间的延长，蛋内的水分蒸发也渐多，气室亦逐渐增大。因此，气室的大小是判断蛋新鲜程度的指标之一。

（二）蛋白

也称蛋清，占全蛋重量的55％～66％。蛋白位于蛋白膜的内层，系微黄色透明的胶体物质，并以不同浓度分层分布于蛋内。蛋白有浓蛋白和稀蛋白之分，由外向内依次排列为：外稀蛋白、外浓蛋白、内稀蛋白和内浓蛋白层。

在内浓蛋白层，位于蛋白纵轴、蛋黄两端各有一条浓厚蛋白与蛋黄相连，称为系带，他具有固定蛋黄的作用。当蛋存放时间延长，外界温度又较高的情况下，系带受蛋白酶的作用被溶解变稀，由于其韧性降低而失去固定卵黄的作用，因而卵黄偏离中心，当系带韧性完全消失，甚至断裂，则卵黄出现上浮，进而发生贴壳现象。

浓蛋白为浓稠胶状，含有溶菌酶，自身具有抑制或杀灭微生物的作用。一般随着蛋存放时间的延长，或受较高气温的影响，溶菌酶也会逐渐减少，以至完全消失，使蛋品失去抑菌和杀菌的能力。浓蛋白变稀的过程就是鲜蛋失去自身抵抗力及开始陈旧及变质的过程。因此，浓蛋白的含量多少也是衡量蛋的新鲜程度的标志之一。浓蛋白的含量可从其倒在平面上的高度判断。

（三）蛋黄

蛋黄呈圆球形，位于蛋的中心，由蛋黄膜、蛋黄液和胚胎所组成，占全蛋重量的32％～35％。

1. 蛋黄膜

为包在蛋黄外表面的一层透明薄膜，结构微细而紧密、有韧性，使蛋黄收紧缩成球形，保护蛋黄和胚胎。随着贮存时间的延长，蛋黄膜的韧性降低，弹性也减弱，蛋黄在平面上的高度也降低。当蛋黄膜的弹性和韧性降低到一定程度时，其通透性增加，蛋白中的水分就会不断向蛋黄内渗透，当蛋黄液水分增加到超过原来体积 19％时，会导致蛋黄膜破裂，使蛋黄与蛋白混杂，形成散黄蛋。如果因微生物侵入，在细菌酶的作用下使蛋白质分解和蛋黄膜破裂，蛋黄与蛋白混杂，则形成泻黄蛋。因此，蛋黄膜韧性的大小与完整与否，也是蛋新鲜程度的标志之一。

2. 蛋黄液

蛋黄液是一种黄色、浓稠、半透明的胶状液，其中央为淡黄色，周围由里向外，由深黄色和浅黄色两种蛋黄液彼此相间分层排列成非完全封闭式的球状。在蛋黄液的中心部为白蛋黄，形状似细颈瓶状，称为蛋黄心或蛋卵黄柱。蛋卵黄柱向外延伸至蛋黄膜下，其喇叭形的口部托着的是胚珠。

3. 胚胎或胚盘

即位于蛋黄表面、直径为 2～3mm 大小的乳白色小点，为次级卵母细胞。未受精或完全新鲜蛋的次级卵母细胞呈圆形，叫胚珠，直径约 2.5mm；受精卵经多次分裂后形成胚盘，直径 3～3.5mm。胚盘受贮存环境温度的影响很大，若室温在 25℃ 以上，胚盘就会逐渐发育变大形成胚胎，蛋的品质随之而下降。

二、蛋的化学组成

禽蛋的化学组成成分主要包括水分、蛋白质、脂肪、碳水化合物、类脂、矿物质及维生素等。这些成分的含量因家禽种类、品种、年龄、饲养管理、产蛋期及其他因素不同，而有较大的差异。几种禽蛋的主要化学组成见，表 14-1。

表 14-1　蛋的主要化学组成　　%

禽蛋种类	水分	蛋白质	脂肪	碳水化合物	灰分
鸡蛋(白皮)	75.8	12.7	9.0	1.5	1.0
鸡蛋(红皮)	73.8	12.8	11.1	1.3	1.0
鸭蛋	70.3	12.6	13.0	3.1	1.0
鹅蛋	69.3	11.1	15.6	2.8	1.2
鹌鹑蛋	73.0	12.8	11.1	2.1	1.0

1. 水分

主要存在于蛋白中，含量为 85%～88%，鸡蛋中水分的含量稍高于鸭蛋和鹅蛋。随着蛋品贮存时间的延长，稀蛋白所占水分的比例逐渐增加，浓蛋白逐渐减少，因而蛋白的水分含量也逐渐增高，使蛋白变得稀薄。

2. 蛋白质

鸡蛋在自然界中含有最优良的蛋白质，且含有多种蛋白质，其中蛋白中蛋白质的含量为总量的 11%～13%。蛋黄占 14%～16%，其中占比例最大的是卵白蛋白、卵黄磷蛋白及卵黄球蛋白，三者都属于全价蛋白，含有人体所必需的各种氨基酸。

3. 脂肪

主要存在于蛋黄中，占 30%～33%，除为人体提供大量热能的脂肪酸甘油酯外，最重要的是卵磷脂、脑磷脂和少量神经磷脂等，还含有少量的胆固醇。这些成分对脑和神经组织的发育具有重要意义。

4. 碳水化合物

蛋中碳水化合物的含量为 1%，分别以游离态和与蛋白质结合形式存在，如葡萄糖、乳糖或糖蛋白等。

5. 矿物质

蛋中含有多种矿物质，主要有钾、钙、镁、钠、磷、铁，还含有微量锌、铜、锰、碘等，其中以磷、钙、铁的含量较多，而且易被吸收。

6. 维生素

蛋中含有极其丰富的维生素，其中维生素A、维生素B_1、维生素B_2等的含量较高，还含有一定量的泛酸、维生素D、维生素E、维生素K、维生素C等，主要存在于蛋黄中。

7. 酶

蛋中含有蛋白分解酶、溶菌酶、淀粉酶、蛋白酶、脂解酶和过氧化氢酶等多种酶类。其中溶菌酶有一定的杀菌作用，但如果环境温度过高或蛋受到微生物污染，蛋内的溶菌酶就会分解、消失，以致失去抑菌作用。

8. 色素

蛋黄中含有丰富的色素，从而使蛋黄呈浅黄乃至橙黄色。其中主要为叶黄素，还有胡萝卜素、核黄素等。蛋黄色素的深浅与饲料有关，而与蛋的营养价值无关。

第二节　蛋的卫生检验

一、蛋在保藏时的变化

无论采用哪一种保藏方法贮藏鲜蛋，禽蛋都会受到蛋的品质、环境温度、湿度、包装材料和保存时间等诸多因素的影响，使其内容物发生不同程度的物理、化学和生物学三方面的变化。

1. 蛋重

影响蛋重变化的因素主要有环境的温度、湿度、蛋壳气孔大小、空气流速、时间和贮藏方法等。通常气温高、湿度小、气流快时蛋减重快；贮存时间越长，蛋减重越多，同时蛋的重量减轻越多，气室也变得越大，这是因为蛋内水分经由蛋壳上的气孔蒸发，内容物内缩所致；蛋壳愈薄，水分蒸发相对较快，蛋减重则较快；贮藏方法也影响蛋重的变化，水浸法几乎不减重，涂膜法减重小，而谷物干燥贮存法减重快。

2. 气室

气室大小是衡量蛋新鲜程度的标志之一。在蛋贮藏过程中由于水分的蒸发、CO_2的逸散、蛋内容物干缩，从而使其气室逐渐增大。在其他条件相同的情况下，贮存时间延长，蛋重减轻越多，气室越大。

3. 黏度

蛋液具有一定的黏度，新鲜蛋的蛋液黏度高，陈旧蛋的蛋液黏度差。这种变化与贮藏期间蛋白质的分解和表面张力的大小有关。因而贮存方法的选择、保存时间的长短，都对蛋液的黏度有一定影响。

4. 蛋黄系数

也称蛋黄指数，或卵黄指数，也是衡量蛋新鲜度的一个标准。新鲜蛋的蛋黄系数大小平均为0.36～0.44，陈旧蛋的蛋黄系数减小。如在25℃下贮藏8d，或者16℃下连续贮藏23d，蛋黄系数可降至0.3。但在37℃时只需3d蛋黄系数即可降至0.3。可见，除时间因素外，温度对蛋黄系数的降低影响直接明显。

5. 哈夫单位

哈夫单位值越高，表明蛋白越浓稠，品质越好。反之表示蛋白稀薄，品质较次。哈夫单位数值降低的过程实际上是蛋白在酶的作用下逐渐水化的过程，结果是浓蛋白变稀，与稀蛋白的界限变得不清晰。所以系带逐渐松弛，失去弹性，最终与蛋黄相脱离。

6. pH 值

贮存过程中，蛋的 pH 不断发生变化，且蛋白的变化比蛋黄大。最初新鲜蛋黄的 pH 值为 6.0～6.4，pH 会缓慢上升接近或达到中性。蛋白的 pH 值为 7.6～7.9，受 CO_2 的快速逸散影响，pH 值可升到 9.0 左右。但随保存期延长，蛋白质分解使 pH 值下降，可降到 7.0 左右，此蛋品尚可食用，若 pH 继续下降则蛋不宜食用。

7. 胚珠或胚盘

蛋在贮存期间，若温度较高，则使受精蛋的胚胎周围形成血丝，以至发育形成雏禽；若是未受精蛋，可使胚胎出现膨胀现象（热伤蛋）。

8. 腐败

当微生物侵入蛋内生长繁殖时，释出蛋白水解酶，使蛋白逐渐水解，导致蛋白黏度降低，蛋黄膜失去韧性而破裂，形成散黄蛋。而后蛋白质先被分解为氨基酸，继而形成酰胺、氨和硫化氢等，使蛋产生强烈的臭气，并形成某些有毒性的活性物质。由于氨和硫化氢不断积聚，最终引起蛋壳的爆裂。

9. 霉变

由于霉菌由气孔侵入蛋内，使蛋白发生溶解、黄白混合，蛋壳膜形成霉斑，蛋白颜色变黑，并使蛋具有霉味。

二、蛋的贮存保鲜方法

禽蛋的生产具有明显的季节性，在环境温度高、湿度高、通风不良的条件下，易发生腐败变质。因此，必须做好蛋的贮存保鲜。现在介绍几种常用的蛋品保鲜方法。

（一）冷藏法

利用普通冷库贮存，是目前我国应用最广的一种保存鲜蛋方法。本法是利用低温延缓蛋内的蛋白质分解和其他生化变化，抑制蛋内酶类的活性和微生物的生长繁殖，具体特点是操作简单，管理便利、贮藏效果好，可安全保藏半年以上，但由于冷库造价较高，距普遍应用还有差距。

鲜蛋冷藏最适温度为－2～－1℃，不能低于－3.5℃，昼夜温差不能超过±0.5℃，相对湿度以 80%～90%为好。切忌与蔬菜、水果、水产品等其他有浓烈气味的物品混放同一库内，以免造成异味或霉变。鲜蛋包装要清洁干燥、完整结实、无异味，如用篓装，要求每 1～2 个月翻篓一次；装于瓦楞箱内，应将蛋逐个竖立，排放整齐，一般每 2～3 个月翻蛋一次。在蛋存放的库位处应挂有标志牌，注明入库日期、批次、编号、数量、库温湿度以及抽查情况等。检查中发现变质的蛋要及时处理。

（二）液浸法

液浸法是选用适宜的溶液，将蛋浸泡其中，使蛋与空气隔离，蛋内水分就不易向外蒸发，外界微生物也无法侵入蛋内，以此达到保鲜保质的目的。目前主要有萘胺盐浸渍法、苯甲酸浸渍法、石灰水浸渍法和泡花碱溶液浸渍法 4 种，我国常用后两种方法。

1. 石灰水浸渍法

石灰水法是将鲜蛋浸在 3%的石灰水中，在室温 10～15℃下，一般蛋可贮存 5～6 个月。此方法的最大特点是经济、简便，适于养禽场和蛋经营者的大批量贮存，也可用于少量蛋的贮存。但注意由该法保存后的蛋品，口味稍差，色泽也欠佳。

2. 泡花碱溶液浸渍法

泡花碱（水玻璃，即硅酸钠）法，又称水玻璃法。保存时，预先将水玻璃（市售的水玻璃浓度有 40°Bé、45°Bé、50°Bé、52°Bé、56°Bé 5 种）用凉开水稀释成 4.0°Bé，经充分搅匀后，把洗净的良质鲜蛋轻轻放入溶液中，浸泡 10～20min 后可取出晾干，置于篓筐或蛋盘上，置于温度较低的环境中贮存。此法贮存后的蛋颜色较差，气孔堵塞。

（三）涂膜法

使用常温涂膜法保鲜蛋品，能较长时间保持蛋品质和营养价值，有较高的实用价值和经济价值。本法是在鲜蛋的表面均匀涂布一层可溶性的、易干燥或凝固的物质（涂膜剂），形成一层保护膜，堵塞蛋壳气孔，以阻止微生物侵入和减少蛋内水分、CO_2 的蒸发。一般涂膜剂有水溶性、乳化剂和油质性涂料等几种，多采用油质性涂膜剂，如液体石蜡、凡士林、植物油、矿物油等，也有采用两种以上的成分配制，如松脂石蜡合剂、蔗糖脂肪酸脂和蜂油合剂等。涂膜方法包括浸渍法、喷雾法及刷涂法，生产中以石蜡涂膜法较多应用。注意鲜蛋涂膜前要杀菌消毒，保存温度控制在 25℃以下，相对湿度 70%～80%，放置的吸潮剂若出现结块、潮湿应及时烘干或更换。初入库的要装箱或篓内、放平稳，不要轻易翻动蛋箱。通常 20d 检查 1 次。

（四）气调法

气调法指应用 CO_2 或 N_2 气体贮藏鲜蛋的方法。下面以 CO_2 法为例介绍其做法。

把鲜蛋贮存在浓度 20%～30%的 CO_2 气体中，使蛋内自身所含的 CO_2 不易挥发，并可渗入蛋内，最终使蛋内 CO_2 含量增加，减缓鲜蛋内酶的活性，生理代谢速度减弱，抑制微生物生长，有效保持蛋的新鲜度。应用聚乙烯塑料薄膜密闭蛋箱，经预冷、吸潮、抽真空后充入 CO_2 气体，使其浓度达到要求即可。注意每隔 2～6d 测一次浓度，不足时要及时补充。待 CO_2 保持稳定后，每星期测定一次，不足便补，直到蛋出库，始终保持在 20%～30%的浓度。

采用此法在 0℃冷库内贮存半年的蛋新鲜度好、蛋白清晰、浓稀蛋白分明、蛋黄指数高、气室小、无异味。该法贮藏的蛋比冷藏法冷藏的蛋平均可降低蛋干耗 2%～7%，况且对温、湿度要求也不严格、操作方便节省费用。

三、蛋的新鲜度检验

目前蛋新鲜度检验方法中蛋不破壳的检验方法应用比较多，其中最广泛应用的是感官检验法和光照鉴别法，因这两种方法在检验过程中不需将蛋破壳，保持了蛋的完整性。此外蛋新鲜度检验方法还有密度测定法、气室高度检验法、卵黄指数测定和哈夫单位测定等，必要时还可依据国标进行理化性质检查和微生物学检验。

（一）感官检验

主要是借助检验人员的感觉器官鉴别蛋品质量的检验方法。方便易行，但对蛋的质量只能做出初步的鉴定。蛋新鲜度的感官检验可概括为：一眼看，二耳听，三手摸，四鼻嗅。

1. 眼看

直接观察蛋表面的形状、大小、清洁度，有无霉斑和光泽。良质蛋，蛋壳完整平滑，无破损，色泽鲜明，红皮蛋发红润，白皮蛋洁白，清洁无粪污和斑点，壳壁坚实，气孔不显露，蛋壳上有一层霜状粉末；而陈蛋，则壳上的粉霜脱落，皮色油亮或乌灰，碰撞声空洞。

2. 耳听

(1) 从敲击蛋壳发出的声音来判断有无裂纹或破损、变质及蛋壳薄厚程度。即将两枚蛋拿起放于手中，使回转相碰或用手指甲轻轻敲击，听蛋发出的声音。若声音坚实如砖头碰击声，为新鲜蛋；若声音发沙哑，听到“啪啪”声为裂纹蛋；而空头蛋大头端有空洞声。

(2) 摇动蛋品。因陈旧蛋蛋内水分散发，蛋白变稀薄，蛋黄膜破裂，故摇动蛋时有不同程度的响声。没声响的是好蛋，发出声响的多为散黄蛋。

3. 手摸

主要靠检验员的手感。新鲜蛋拿在手中有“沉实”的压手感觉。孵化过的蛋，外壳多发滑，重量轻；霉蛋和贴壳蛋的外壳发涩。

4. 鼻嗅

嗅其气味，泻黄蛋发出不愉快的气味；黑腐蛋（老黑蛋，腐败蛋，坏蛋）有强烈硫化氢臭味；重度黑黏壳蛋，蛋液也有异味。

（二）光照鉴别

即采用光照透视法来检查蛋的内容物的状况，该法简便易行，应用广泛。透过灯光观察蛋内，可以鉴定气室的大小、蛋白、蛋黄、系带、胚珠和蛋壳的状态与透光程度。

检验时要求在暗室或弱光的环境内，蛋的大头向上紧贴照蛋器照蛋孔上（见图 14-2），使蛋的纵轴与照蛋器约成 30°角。注意检查气室的大小和内容物透光程度，然后将蛋迅速旋转约 1 圈，再依据蛋内容物移动情况来判断气室的大小、蛋白的黏稠度、系带的松弛度、蛋黄和胚胎的稳定性，观察蛋内有无污斑、黑点和其他异常物。

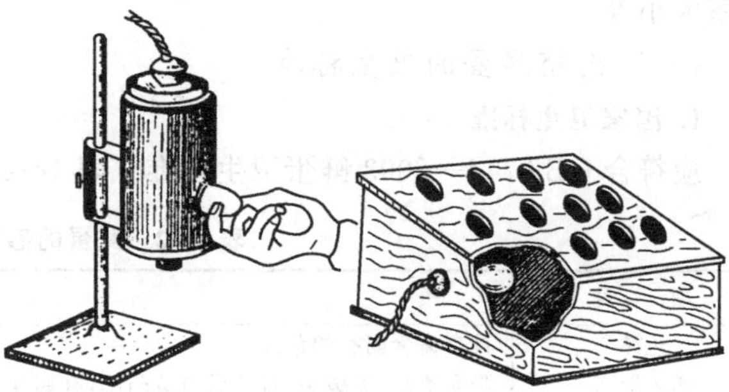

图 14-2 灯光照蛋

新鲜蛋光照时，蛋内容物透光，并呈淡橘红色。气室极小，高度不超过 0.5cm，略微发暗，不移动。蛋白浓厚澄清，无色，无任何杂质。蛋黄居中，呈朦胧暗影，中心色浓，边缘则色淡，看不出胚胎。系带在蛋黄的两端，呈现淡色条状带。

异常蛋有热伤蛋、靠黄蛋、红黏壳蛋（搭壳黄）、黑黏壳蛋、霉蛋、散黄蛋、老黑蛋（臭蛋）和孵化蛋等。

（三）密度测定

也称比重测定法，是间接测量蛋新鲜度的方法之一。新产出蛋的相对密度为 1.0845，蛋贮存过程中，由于水分不断地蒸发，蛋的相对密度每日减少 0.0017～0.0018，蛋的相对密度下降。因而，蛋的相对密度与蛋的新鲜度有密切关系。

蛋的相对密度是以食盐溶液对蛋的浮力来推算的。用已知不同浓度的食盐水，将蛋放入其中，根据其沉浮情况即可推测出蛋的相对密度大约在什么范围。在相对密度为 1.080 以上的食盐溶液下沉的蛋为最新鲜蛋，在相对密度 1.070 以上的食盐溶液中下沉者为次鲜蛋，在相对密度 1.060 的食盐溶液下沉者为界于新陈之间的蛋，在相对密度 1.050 以下食盐溶液中漂浮的蛋为陈旧蛋或变质蛋。

（四）卵黄指数测定

卵黄指数（又称卵黄系数），是蛋黄高度除以蛋黄横径所得的商，反映蛋黄体积增大的程度。首先将蛋破壳后倒塌于平面玻璃上，用蛋黄指数测定仪量取蛋黄最高点的高度和蛋黄最宽处的宽度，将蛋黄高度与蛋黄横径相比，即得到蛋黄指数，注意不要弄破蛋黄膜。随贮存时间延长，蛋黄指数呈下降趋势。新鲜蛋的卵黄指数为 0.36～0.44。

（五）哈夫单位测定

哈夫单位是根据蛋的重量和浓厚蛋白高度，按一定公式的回归关系计算出其指标的一种方法，可以衡量蛋白品质优劣和蛋的新鲜程度。它是现代国际上对蛋品质评价的重要指标和常用方法。国外根据哈夫单位值的大小来评定商品蛋的等级。据实验测定，蛋的哈夫单位值随着贮藏时间的延长而降低。其指标范围为 30～100，数值越高，蛋越新鲜。新鲜蛋的哈夫指数在 72 以上，当哈夫单位小于 30 时，判定为劣等蛋。哈夫单位的测定方法见实训指导。

此外，鲜蛋还要求测定汞含量（以汞计），国标要求不超过 0.05mg/kg。

四、蛋的卫生标准及商品评定

蛋的品质标准和商品等级一般从两个方面来综合确定：一是外观检验，二是光照鉴别。在分级时，应注重蛋壳的清洁度、色泽、形状和重量大小，蛋白、蛋黄、胚胎的透光度及蛋气室大小等。

（一）内销鲜蛋的卫生标准

1. 国家卫生标准

应符合 GB 2748—2003 鲜蛋卫生标准（表 14-2、表 14-3）。

表 14-2 鲜蛋的感官指标

项目	指标
色泽	具有禽蛋固有的色泽
组织形态	蛋壳清洁，无破裂，打开后蛋黄凸起，有韧性，蛋白澄清透明，稀稠分明
气味	具有产品固有的气味，无异味
滋味	无杂质，内容物不得有血块及其他鸡组织异物

表 14-3 鲜蛋的理化指标

项目	指标
无机砷/(mg/kg)	≤0.05
铅(Pb)/(mg/kg)	≤0.2
镉(Cd)/(mg/kg)	≤0.05
总汞(以 Hg 计)/(mg/kg)	≤0.05
六六六、滴滴涕	按 GB 2763 规定执行

2. 收购等级标准

一般我国收购鲜蛋时不分等级，没有统一的标准，但有些地区制订了当地相应标准，来评定蛋品的质量。

(1) 一级蛋　不分鸡、鸭、鹅品种，不论重量大小（除仔鸭蛋外），必须新鲜、清洁、完整，无破损的蛋。

(2) 二级蛋　品质新鲜，蛋壳完整，沾有污物或受雨淋水湿的蛋。

(3) 三级蛋　严重污壳，其面积超过 50%的蛋和仔鸭蛋。

注意：在加工腌制蛋时，一、二级鸭蛋宜加工彩蛋或糟蛋，三级蛋品适于加工咸蛋；在冷藏时，一级蛋可以贮存 9 个月以上，二级蛋可贮存 6 个月左右，三级蛋则短期贮存或者及时安排销出。

3. 冷藏鲜蛋

(1) 一级冷藏蛋　蛋的外壳清洁，坚实完整，稍有斑痕。透视时气室允许微活动，高度不超过1.0cm；蛋白透明，稍浓厚；蛋黄致密，明显发红色，位置可略偏离中央，胚胎无发育现象。一级冷藏蛋除夏季不可加工皮蛋、咸蛋外，其他季节均可生产。

(2) 二级冷藏蛋　蛋的外壳坚固完整，有少量泥污或斑迹。在光照时气室高度不能超过1.2cm，允许波动；蛋白透明稀薄，允许有水泡；蛋黄稍紧密，色明显发红，位置偏离中央，黄大扁平，但转动时正常，胚胎稍大。二级冷藏蛋可以加工咸蛋，只在冬季可以加工皮蛋。

(3) 三级冷藏蛋　蛋的外壳完整，有明显脏迹而且壳脆薄。透光时气室允许移动，空头大，但不允许超过全蛋的1/4；蛋白稀薄似水，蛋黄大且扁平，色泽显著发红色，明显偏离中央，胚胎明显扩大。三级冷藏蛋不宜加工皮蛋或咸蛋。

(二) 出口鲜蛋的等级标准

根据我国商检规定和蛋的重量、蛋壳以及气室、蛋白、蛋黄、胚胎状况而分为三个等级。

1. 一级蛋

刚产出不久的鲜蛋，外壳坚固完整，干燥清洁，有自然光泽，并带有新鲜蛋固有的腥味。透光时气室很小，不允许超过0.8cm高度，且不移动。蛋白浓厚透明，蛋黄置于中央，无胚胎发育现象。

2. 二级蛋

贮存时间稍长的鲜蛋，外壳坚固完整，清洁，允许略带斑迹。透视时气室略大，且高度不超过1.0cm，不移动。蛋白略稀透明，蛋黄略大明显，允许偏离中央，转动时速度略快，胚胎无发育现象。

3. 三级蛋

存放时间较长，外壳较脆薄，允许有污壳斑迹。透视时气室超过1.2cm，允许移动。蛋黄大而扁平，并有显著红色，胚胎允许发育。

近年来，国际供应出口的商品蛋，其质量分级标准也有所变化，尤其是外贸中注重根据国际市场的习惯和买方的具体要求，经由双方协商，将蛋品分级的标准具体规定在合同条款上。

第三节　蛋制品的卫生检验

以鸡蛋、鸭蛋、鹅蛋等禽蛋为原料制成的产品，主要包括再制蛋、冰蛋和干蛋品，它们能较长期贮存，便于运输，且能增加风味，易于消化吸收，因而蛋制品在动物性食品加工业中占有重要地位。除冰蛋和咸蛋在食用前需要加热烹调外，其他蛋制品一般为直接食用的食品，其卫生质量直接关系到广大消费者的健康。因此，必须加强蛋制品加工过程中的卫生监督和卫生检验。

一、干蛋品的加工卫生与检验

干蛋品是将蛋液中的水分蒸发干燥而成的蛋制品。包括干蛋粉（全蛋粉、蛋白粉、蛋黄粉）和干蛋白（蛋白片）。

(一) 加工卫生

1. 干蛋粉加工的卫生监督

干蛋粉加工可采用压力喷雾或离心喷雾法进行喷雾干燥，将蛋液混合均匀，然后喷入干燥塔内，形成微粒与热空气相遇，瞬时除去水分形成蛋白粉，最后经过晾晒即为成品。

2. 干蛋白加工的卫生监督

(1) 发酵　加工干蛋白时，对蛋白液进行发酵。目的是除去蛋白中混入的蛋黄、胚盘、黏液质、碳水化合物及其他杂质，使干燥时易于脱水，增加成品的溶解度。提高打擦度，防止成品色泽变深等。

(2) 中和　发酵后用氨水中和 pH 达 7.0～7.2。

(3) 烘干　用浅盘水浴干燥。将发酵中和后的蛋白液注入烘盘中，在蛋白不凝固的情况下，尽量提高温度。盘内的温度从 51℃开始，逐渐提高，在 4～6h 内达到 53～54℃，直至第一次揭片。在浇盘后必须将液面上的泡沫和油脂刮去。蛋白液经过 12～24h 的蒸发后，逐渐结成一层薄片，再经 2～3h 薄片变厚，当中心厚度达到 1.5～2mm 时，即可第一次揭片：再经过 1～2h 第 2 次，依次类推。

(4) 热晾和拣选　烘干后的蛋白片还有很多水分，需平铺在布盘上，温度 40～45℃的室温内晾晒 4～5h，水分降低到 15%左右时，进行拣选。拣选是将大块捏成 1cm 长的小块，并将碎屑、厚块、潮块等拣出，分别处理。

(5) 焐藏和包装　拣选后的大片，称重后倒入木箱，上盖，放置 48～72h 使水分均匀，这个过程称作焐藏。最后检验水分和打擦度，合格后包装。

(二) 卫生检验

干蛋品的检验包括感官检验、理化检验和微生物检验。理化检验包括水分、脂肪含量、游离脂肪酸、溶解度指数和汞含量的测定，对鸡蛋白片还应该测定水溶物含量和总酸度。干蛋品的微生物检验需要测定菌落总数、大肠菌群和检测致病菌（系指沙门菌）。具体方法参照冰蛋品的国家标准检验方法。

二、冰蛋品的加工卫生与检验

冰蛋品分为冰鸡全蛋、冰鸡蛋黄、冰鸡蛋白三种。

(一) 加工卫生

1. 半成品加工的卫生监督

半成品即对原料蛋进行检验、清洗、消毒、晾干，然后去壳所得的蛋液。半成品质量的好坏直接影响成品的质量。

(1) 原料蛋的检验　先进行感官检验，剔除感官上不合格的劣质蛋。然后照蛋检验，剔除所有的次劣蛋和腐败变质蛋。

(2) 蛋的清洗和消毒　经检验挑选出来的新鲜蛋，在流水槽中清洗蛋壳，然后放于 1%～2%有效氯的漂白粉或 0.04%～0.1%的过氧乙酸中浸泡 5min，再于 45～50℃并加有 0.5%硫代硫酸钠的温水中浸洗除氯。

(3) 晾蛋　将消毒后的蛋送至晾晒室晾干。所有工具清洁无菌。

(4) 去蛋壳　分手工和机械去壳 2 种方法。防止蛋液的人为污染。去壳后所得的全蛋液或蛋白液、蛋黄液即为半成品。

2. 成品加工的卫生监督

(1) 搅拌过滤　对半成品蛋液采用搅拌器搅拌均匀，再通过 0.1～0.5cm^2 的筛网滤净蛋壳碎片、壳内膜等杂质。

(2) 预冷　及时预冷可以阻止细菌繁殖，保证质量，缩短速冻时间。预冷在冷却罐内进行，使罐内温度达到 4℃左右。

(3) 装听（桶）冷却后即可装听（桶），送入速冻间速冻。

(4) 速冻　速冻间温度保持在－20℃左右，听（桶）之间留有一定缝隙，冷冻 36h 后将听（桶）倒置，使其四角冻结充实。冷冻时间不超过 72h，听（桶）中间温度保持在－18～－15℃。

(5) 冷藏　将速冻后的听（桶）用纸箱包装，送至冷藏库保存，温度保持在－15℃以下。

(二) 卫生检验

冰蛋品的卫生检验包括感官检验、理化检验和微生物检验。理化检验包括水分、脂肪含量、游离脂肪酸和汞含量的测定，按 GB/T 5009.47—1996、GB/T 5009.17—1996 操作。微生物检验按 GB 4789.2—1994、GB 4789.3—1994、GB 4789.4—1994 操作。

三、再制蛋的加工与检验

再制蛋主要有皮蛋、咸蛋和糟蛋 3 种，都是我国传统的禽蛋制品。

(一) 皮蛋的加工卫生与检验

1. 加工卫生

皮蛋因加工的原料和条件不同，其产品有不同的种类。按蛋黄的软硬来分，有硬心皮蛋和溏心皮蛋；按禽蛋种类不同，可分为鸭皮蛋、鸡皮蛋、和鹅皮蛋；按加工用辅料不同，可分为有铅皮蛋、无铅皮蛋、烧碱皮蛋、五香皮蛋、糖皮蛋及清凉解毒皮蛋等。

皮蛋的制作方法大致有三种。一是生包法，就是将调制好的料泥直接包在蛋壳上，硬心皮蛋加工采用此法。二是浸泡法，就是把辅料调制成料液，将鲜蛋浸渍在料液中加工而成，溏心蛋多用此法。三是涂抹法，即先制成皮蛋粉料，经调制后均匀地涂抹在蛋壳上来制作皮蛋，快速无铅皮蛋采用此法较多。

(1) 原料蛋的挑选　一般选用鸭蛋，也有用鸡蛋和鹅蛋的。原料蛋的品质直接关系到皮蛋的质量，因此，在加工皮蛋前必须认真挑选。挑选方法一般采用感官检验、照蛋检验和大小分级。

(2) 加工辅料　鲜蛋在辅料作用下，经过一系列化学反应后而成为皮蛋。所有的辅料都必须保持清洁、卫生。氧化铅的加入需要按照规定执行，以免危害人体健康。

2. 卫生检验

(1) 感官检验　先观察皮蛋外观（形态、包泥）有无发霉，敲摇检验时注意颤动感及响水声。皮蛋刮泥后，观察蛋壳的完整性，然后剥开蛋壳，要注意蛋体的完整性，检查有无铅斑、霉斑、异物和松花花纹。剖开后，检查蛋白的透明度、色泽、弹性、气味、滋味，检查蛋黄的形态、色泽、气味、滋味。

(2) 理化检验　皮蛋的理化检验项目有 pH、游离碱度、挥发性盐基氮、总碱度、铅、砷等，其测定按 GB/T 5009.47—1996 操作。

(3) 皮蛋的微生物检验　需要测定菌落总数、大肠菌群和致病菌（系指沙门菌），检验按 GB 4789.2—1994、GB 4789.3—1994、GB 4789.4—1994 操作。

(二) 咸蛋的加工卫生与检验

1. 加工卫生

咸蛋也称盐蛋、腌蛋、味蛋，制作简单，费用低廉，耐贮藏。加工方法主要有稻草灰腌制法、盐泥涂包法、盐水浸渍法。

(1) 原料蛋的挑选　应选择蛋壳完整的新鲜蛋。具体检验方法与皮蛋相同。

（2）辅料的卫生要求　主要辅料为食盐，要求食盐纯净，氯化钠含量高（96%以上）；草木灰和黄泥要求干燥，无杂质，受潮霉变和杂质过多的不能使用。加工用水达到饮用水标准。

2. 卫生检验

（1）大样感官检验　就是对成批的咸蛋进行感官检查，看包泥是否干燥，有无脱落现象，有无破损。检验咸蛋的成熟度，也就是咸味是否适中，以决定是否继续腌制。

（2）光照透视检验　一般抽取咸蛋样品5%左右，除去包泥后灯光透视。正常的蛋可见透亮鲜明，蛋黄红色带黄，随蛋的转动，蛋白清晰。

（3）摇晃检验　将咸蛋轻轻摇动，听到拍水的声音是成熟的蛋，无震荡拍水声是混蛋。

（4）去壳检验　去掉蛋壳，见蛋白、蛋黄分明，蛋白水样透明，蛋黄坚实，色红或橙黄色为好蛋；略有腥气味，蛋黄不坚实的为未成熟蛋；蛋黄、蛋白不清，蛋黄发黑，有臭气的是变质蛋。

（5）煮熟后检验　样品蛋洗净后煮熟，良质的蛋壳完整，烧煮的水透明，切开后蛋白鲜嫩洁白，蛋黄坚实，色红或橙黄色，周围有油珠；裂纹蛋或蛋白外溢凝固，烧煮水浑浊；变质蛋烧煮时炸裂，内容物全黑或黑黄，烧煮的水浑浊而有臭气。

（三）糟蛋的加工卫生与检验

1. 加工卫生

糟蛋是选用新鲜的鸭蛋经裂壳后，用优质的糯米制成的酒糟腌渍慢泡而成的一种再制蛋。具有蛋壳柔软、蛋质细嫩、醇香可口、回味悠长的特点。

（1）原料蛋的卫生要求　选用新鲜、大小均匀的鸭蛋为原料，一般每1000枚鸭蛋重量65～75kg，并且按重量分级，以便于成熟时间一致。鸭蛋用清水洗净，晾干。

（2）辅料的卫生要求　加工糟蛋的主要辅料有糯米及其酒糟、食盐、红砂糖。糯米是制作酒糟的主要原料，应选用优质糯米，以当年米最好，要求色白，颗粒饱满，气味好，无杂米粒。食盐质量应符合卫生标准。红砂糖总糖粉不应低于89%。

2. 卫生检验

良质平湖糟蛋的感官质量：蛋形态完整，蛋膜不破，蛋壳脱落或基本脱落；蛋白呈乳白色，色泽均匀一致，呈糊状或凝固状；蛋黄完整，呈黄色或橘红色，呈半凝固状；具有糟蛋的正常醇香味，无异味。

四、蛋制品的卫生标准

我国现行蛋制品卫生标准为GB 2749—1996，其主要内容如下。

（一）适用范围

本标准规定了蛋制品的卫生要求和检验方法。

本标准适用于巴氏杀菌冰鸡全蛋、冰鸡蛋黄、冰鸡蛋白、巴氏杀菌鸡全蛋粉、鸡蛋黄粉、鸡蛋白片、皮蛋（松花蛋）、咸蛋、糟蛋等蛋制品。

（二）卫生要求

1. 感官指标

蛋制品的感官指标见表14-4。

2. 理化指标

蛋制品的理化指标见表14-5、表14-6。

表 14-4 蛋制品的感官检验指标

品种	指标
巴氏杀菌冰鸡全蛋	坚洁均匀，呈黄色或淡黄色，具有冰鸡全蛋的正常气味，无异味，无杂质
冰鸡蛋黄	坚洁均匀，呈黄色，具有冰鸡蛋的正常气味，无异味、无杂质
冰鸡蛋白	坚洁均匀，白色或乳白色，具有冰鸡蛋白正常的气味，无异味，无杂质
巴氏杀菌鸡全蛋粉	呈粉末状或极易松散块状，均匀淡黄色具有鸡全蛋粉的正常气味，无异味，无杂质
鸡蛋黄粉	呈粉末状或极易松散块状，均匀黄色，具有鸡蛋黄粉的正常气味，无异味，无杂质
鸡蛋白片	呈晶片状，均匀浅黄色，具有鸡蛋白片的正常 气味，无异味、无杂质
皮蛋（松花蛋）	外包泥或涂料均匀洁净，蛋壳完整，无霉变，敲摇时无水声响声，剖检时蛋体完整，蛋白呈青褐、棕褐或棕黄色，呈半透明状、有弹性，一般有松花花纹，蛋黄呈深浅不同的墨绿色或黄色，略带溏心或凝心，具有皮蛋应有的滋味和气味
咸蛋	外壳包泥（灰）等涂料洁净均匀，去泥后蛋壳完整，无霉斑，灯光透视时可见蛋黄阴影，剖检时蛋白液化，澄清，蛋黄呈橘红色或黄色环状凝胶体具有咸蛋正常气味，无异味
糟蛋	蛋形完整，蛋膜无破裂，蛋壳脱落或不脱落蛋白呈乳白色、浅黄色，色泽均匀一致，呈糊状或凝固状。蛋黄完整，呈黄色或橘红色，呈半凝固状具有糟蛋正常的醇香味，无异味

表 14-5 冰蛋品和干蛋品的理化指标

项目		指标					
		巴氏杀菌冰鸡全蛋	冰鸡蛋黄	冰鸡蛋白	巴氏杀菌鸡全蛋粉	鸡蛋黄粉	鸡蛋白片
水分/%	≤	76	55	88.5	4.5	4.0	16
脂肪/%	≥	10	26	—	42	60	—
游离脂肪酸/%	≤	4	4	—	4.5	4.5	—
酸度/%	≤	—	—	—	—	—	1.2
汞(以 Hg 计)/(mg/kg)	≤	0.03	0.03	0.03	0.03	0.03	0.03

表 14-6 再制蛋的理化指标

项目		指标				
		咸蛋	糟蛋	皮蛋		
				传统工艺生产溏心皮蛋	其他工艺生产溏心皮蛋	硬心皮蛋及其他皮蛋
汞(以 Hg 计)/(mg/kg)	≤	0.03	0.03	—	—	—
铅(以 Pb 计)/(mg/kg)	≤	—	1.0	2.0	0.5	0.5
铜(以 Cu 计)/(mg/kg)	≤	—	—	—	10	—
锌(以 Zn 计)/(mg/kg)	≤	—	—	—	20	—
砷(以 As 计)/(mg/kg)	≤	0.05	0.05	0.5	0.5	0.5
pH(1∶15 稀释)	≥	—	—	9.5	9.5	9.5
食盐(以 NaCl 计)/%	≥	2.0	—	—	—	—
挥发性盐基氮	≤	10	—	—	—	—

3. 微生物指标

蛋制品的微生物指标见表 14-7。

表 14-7 蛋制品的微生物指标

项目		指标								
		巴氏杀菌冰鸡全蛋	冰鸡蛋黄	冰鸡蛋白	巴氏杀菌鸡全蛋粉	鸡蛋黄粉	鸡蛋白片	咸蛋	糟蛋	皮蛋
菌落总数/(个/g)	≤	5000	10^6	10^6	10000	5000	—	—	100	500
大肠菌群/(MPN/100g)	≥	1000	1.1×10^6	1.1×10^6	90	40	—	—	30	30
致病菌(系指沙门菌)		不得检出								

【复习思考题】

1. 禽蛋的组成结构中哪些特点与蛋的新鲜程度有关？
2. 蛋品在贮存过程中会发生哪些变化？
3. 蛋新鲜度检验常用方法有哪些？
4. 如何运用感官检验蛋的新鲜度？
5. 我国鲜蛋的质量分级主要依据哪些项目？
6. 蛋品的卫生检验一般进行哪些项目？
7. 如何进行皮蛋的感官检验？

（白　雪）

第十五章　水产品的卫生检验

【主要内容】 鱼的解剖结构，鱼在保藏时的变化，鱼及其他水产品的卫生检验方法及卫生评定。

【重点】 鱼新鲜度的感官检验和理化检验。

【难点】 鱼在保藏时的变化特征与鱼新鲜度检验的关系。

第一节　鱼的解剖结构及其保藏时的变化

我国水产品丰富，除占主要地位的鱼类外，还有种类繁多的贝壳类、甲壳类和海兽类。这些水产品与人类生活有着密切的联系，因其营养丰富，肉质鲜美，长期以来一直深受广大消费者的喜爱。但由于水产品生理结构的特点，使其极易受到微生物、寄生虫和其他有害物质的污染，以致其卫生质量得不到保证，食用者的安全健康受到损害。因此对水产品在生产及销售中进行兽医卫生监督及卫生质量检验，是一项十分重要的工作。

一、鱼的解剖结构

鱼类是一类具有适应水生环境的变温动物。鱼的体形随种类的不同而有差别，一般呈梭形或纺锤形，两侧扁平，有侧线，分为头、躯干和尾三部分。具有体表披鳞，以鳃呼吸，用鳍作为运动器官，凭上下颌摄食，变温等特性。鱼的主要解剖结构参见图 15-1，这些结构特征在鱼离水后会发生以下几方面的变化。

1. 皮肤

鱼类皮肤上有许多单细胞黏液腺，能分泌黏液，这种黏液由糖蛋白构成，有鱼腥味。黏液遍布体表，是细菌滋生的极好营养物。鱼死后黏液会很快腐败分解，发出臭味而失去鱼腥味。在市场检验中常依据鱼体表黏液、气味变化来判别鱼的新鲜程度。

多数鱼类的体表披覆有一层由真皮产生呈覆瓦状排列的鳞片，这些鳞片与鱼体结合牢固，不易剥离，起到保护鱼体的作用。但当鱼发生腐败时，由于皮肤腐败软糜，此时的鳞片松弛，较易剥离，甚至脱落。

2. 呼吸器官

鱼类的呼吸器官是含有丰富毛细血管的鳃。鳃位于鳃盖下的鳃腔里，每一鳃腔具有四片鳃弧，鳃弧又由无数梳状排列的鳃丝构成，鱼就是通过鳃丝的毛细血管来完成气体交换的。因鳃丝里毛细血管丰富，表皮又薄，所以活鱼的鳃总是呈鲜红色。鱼若死后开始腐败，鳃则因血液变性而变色，由鲜红色变为暗红色、灰红色，且鳃片黏附在一起。

3. 循环器官

鱼的循环器官主要是心脏和血管。心脏位于头与躯干交界处附近的腹腔中，由单一心房和单一心室组成。从心室延伸出鳃动脉干，由鳃动脉干分出若干微血管，经入鳃动物进入鳃弧，在这里完成气体交换，之后又于鳃汇集成出鳃动脉，又分出背主动脉，沿着脊柱向下分出微血管到达身体各部和各器官组织，再由同名静脉汇集成前后主静脉（在背主动脉两侧），

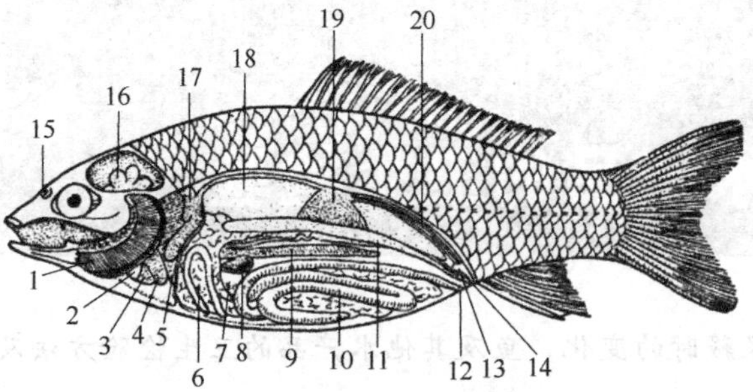

图 15-1 鲤鱼内脏解剖结构示意图
1—鳃；2—动脉球；3—心室；4—心房；5—静脉窦；6—肝胰脏；7—胃；8—胆囊；9—脾；10—肠；11—精巢；12—肛门；13—膀胱；14—泄殖孔；15—外鼻孔；16—脑；17—头肾；18—鳔；19—肾脏；20—输尿管

进入静脉窦及心室，如此就构成了鱼的血液循环。当鱼死后开始腐败时，由于血管壁变性，管壁通透性增强，致使血管和脊柱四周组织因血液成分浸润而红染，形成所谓“脊柱旁红染”现象，是鱼腐败的特征之一。

4. 消化器官

鱼类的消化器官是由消化管及消化腺两部分组成，包括口、咽、食道、胃、肠、肝、胆、胰等。肠管的色泽、粗细、长短随鱼的种类而异。鲤鱼的肠管呈玫瑰色，鲑鱼的肠管呈淡红色，其他鱼的肠管呈白色，但在保藏时变为红色。鱼的肝脏占据腹腔大部分。在肝脏向胃的一面，有一个小袋形的胆囊，一般呈绿色。鱼在腐败时，胆汁外渗，污染周围组织，俗称“印胆”或“走胆”。

5. 排泄器官

鲤鱼的排泄器官包括肾脏、输尿管和膀胱。肾脏紧贴在脊柱的下面，是两条黑红色长带，肾脏的后部两侧有两条输尿管通向膀胱，膀胱向外开口于肛门和生殖孔之间。

6. 生殖器官

鱼类的生殖器官主要是性腺。雄鱼是精囊，也称“鱼白”，雌鱼为卵巢，也称“鱼子”。性腺的大小和颜色随成熟和程度而不同。

二、鱼在保藏时的变化

（一）鲜鱼的变化

除少数淡水鱼外，鱼类在被捕获之后绝大多数很快死亡。死后的鱼，由于受到微生物和酶的作用，鱼体会发生一系列理化学变化，此过程大致可分为黏液分泌、僵直、成熟（可略）、自溶及腐败五个阶段。

1. 黏液分泌阶段

当鱼离水之后，机体处于不良环境中，呈现一种保护性反应，自皮肤腺分泌较多的黏液。鱼在濒死期前后，这种分泌最为旺盛，致使黏液覆盖整个体表。新鲜鱼的黏液均质透明而富有鱼腥味，但以后，随鱼体新鲜度的降低而变得浑浊、污秽，鱼腥气味消失。

2. 僵直

一般鱼体僵硬发生在其死后十几分钟至 4～5h，先始于背部肌肉，逐渐遍及整个鱼体。处于僵硬期的鱼，用手握鱼头时，鱼尾一般不会下弯，指压肌肉且不显现痕迹，口紧合，鳃盖紧闭。僵硬进行的速度，与种类、鱼体大小、捕捞方法、放置温度及处理方式等条件而异。故鱼体僵硬持续时间各异，短的几分钟，长的可维持数天之久。鱼体的温度越低，死后僵直发生愈慢，僵硬保持的时间也愈长，若不小心振动、翻弄或挤压，易引起僵硬过早消失。处于僵直期的鱼肉 pH5.0～6.0，多不利于致腐微生物生长繁殖。因此，僵直期的鱼体鲜度是良好的。

3. 成熟

鱼体僵硬持续过后，又逐渐体变软，肌肉具有弹性，这时便进入了成熟阶段。因为鱼类是冷血动物，体内组织蛋白酶在较低的温度下仍保持较强的活性，故鱼体的成熟期很短，极易使肌肉组织开始自体分解而过渡到自溶期。所以，对于鱼来说不提倡成熟期，也可以忽略不计。

4. 自溶

在鱼体僵硬的后期，由于受蛋白酶为主的自溶酶类作用的影响，蛋白质被逐渐分解，分解后产物主要是蛋白胨、多肽及氨基酸，鱼肉组织软化而失去固有的弹性。肌肉 pH 一般在 7 以上，这些有利于腐败菌生长和繁殖。故自溶阶段的鱼类不新鲜，不宜保存，应立即销售。

5. 腐败

鱼体死后，经过僵硬、自溶阶段，由于腐败微生物的繁殖，将鱼体组织分解，产生氨、胺类、酚类、吲哚等低级产物而使鱼体进入腐败阶段。这不仅降低了鱼肉的品质，同时也影响消费者的健康。

(1) 鱼易发生腐败的原因

① 鱼肉含水分多，一般在 80%以上，适于细菌的生长繁殖；

② 鱼的肌组织脆弱，肌束短，肌间结缔组织多，有利于细菌繁殖、蔓延；

③ 鱼肉中天然免疫素少，如无角化上皮；生活在存在有微生物的水中；糖原含量少，鱼体尸僵消失之后肌组织呈碱性等。

④ 鱼体温低，体内的酶在鱼离水后活性增强，使鱼在室温下很易分解；

⑤ 鱼类在捕获后一般不作解体处理，未及时取出易腐的内脏。

(2) 鱼腐败的过程　鱼肉较畜禽肉易腐败，一般鱼体腐败细菌的繁殖、分解过程几乎是与僵直、自溶过程同时发生和进行的，只不过在僵直和自溶初期，细菌的繁殖和含氮物的分解较缓慢；而自溶后期，细菌繁殖与分解速度加快。当细菌繁殖到一定数量，低级分解产物增加到一定程度，鱼体就呈现出明显的腐败现象。

首先鱼离水后，从皮肤腺体分泌较多的黏液覆盖在整个体表，这时的黏液是透明的并有鱼腥味。随着污染微生物对黏液的分解，体表黏液逐渐浑浊，原固有的鱼腥气味渐消失，散发出臭味；随着体表黏液的分解，体表鳞片与皮肤的结合也逐渐变得松动、易于脱落；同时鳃盖、鳃丝也会随着黏液分解发生变化，鳃盖松弛，鳃丝由鲜红色变为暗褐色或暗灰色，且较早地产生臭味；眼球及周围结缔组织也随着微生物的繁殖而被分解，眼球凹陷，角膜浑浊无光泽，有时虹膜及眼眶出现被血色素红染现象；由于胃肠内容物的腐败产气，使得鱼腹部膨胀，肛门向外突出，严重时肠管脱出。此时腹腔内胆囊的通透性增加，胆汁外溢而绿染肝脏和临近器官，呈“印胆”现象；若腐败菌沿血管蔓延，血液渗出红染周围的组织，尤其是脊椎旁纵行大血管最为明显，即所谓“脊椎旁红染”现象。若体表和腹腔的细菌共同向鱼体深部侵入分解基质蛋白质，鱼体弹性完全消失，肌肉指压后凹陷不能恢复，甚至出现肉骨分离现象。此时鱼体已严重腐败，不能食用。

(二) 冰冻鱼的变化

在渔业大规模捕捞生产后，鱼类保鲜最常用的方法是冷冻法。将鲜鱼置于不高于－25℃的条件下冻结，鱼体中心温度降到－15℃，然后存入－18℃低温冷库中冷藏。此法保鲜效果好，还可有效延长保鲜时间。但即使把冻鱼保藏在－18℃的条件下，抑制腐败菌类的生长繁殖及酶的活性，其变质过程也并没有完全停止，仅仅是变化速度变得缓慢，长期贮存的冷冻鱼品质量还是会有所下降。

冰冻鱼在存放过程中主要发生以下变化。

1. 组织损伤、变得硬固

鱼体冰冻时，由于低温使其中的水分形成冰晶，冻结速度越快，形成的冰晶越小，对组织压迫小。如果温度升高后再降低，冰晶的体积会逐渐增大，而且小冰晶会向大冰晶转移，从而使鱼组织容易受到压迫而损伤，失去弹性而变得硬固。

2. 失水干缩

由于鱼体内的水分在冷冻、反复融冻过程中一部分被升华，且鱼体内的大冰晶增多，压迫并损伤组织，使解冻时水分不能完全吸收，因此，冰冻的鱼常出现鱼体干缩和重量减轻，甚至鱼体的外形和风味发生不良变化，从而降低了冻鱼的质量，这在含水分高而个体小的鱼类特别显著。

3. 脂肪氧化

冰冻鱼在长期存放过程中，脂肪也会在细菌脂肪分解酶的作用下分解，形成丁酸、己酸和辛酸等具有特殊气味和滋味的脂肪酸，还可形成一些碳链较短的酮酸和甲基酮等，使鱼出现酸败。同时，鱼体脂肪因氧化作用使不饱和脂肪酸转化成氧化物，进而分解，生成醛和醛酸，产生异味，尤其是对多脂鱼类，此现象更为突出。酸败产物不仅影响口味，还具有一定毒性。因此，含脂类多的水产品不宜久藏。

（三）咸鱼的变化

在咸鱼贮运过程中，管理不当会出现发红、脂肪氧化和腐败等变质现象，造成咸鱼品质降低。如嗜盐菌类（黏质沙雷菌等）使腌制的鱼体产生红色素，即灵杆菌素，最终使鱼体表呈红色，俗称发红。在我国江南梅雨季节时，咸鱼常有此变化。另外脂肪发生氧化，俗称油酵，是指在皮肤表层、切断面和口腔内形成一层褐色薄膜的特殊变化。若咸鱼贮存不当，且又污染严重的情况下，由于耐盐菌的繁殖而使肌肉组织分解腐败，咸鱼常常表现鱼皮污秽，肌肉组织弹性丧失，且肉质发红或变暗，甚至在头部（尤其鳃附近）等处呈现淡蔷薇色，并可深入到肌肉深层，有不良气味伴随散发。所以，对咸鱼的加工和保藏应严格管理。

（四）干鱼的变化

干鱼在贮藏中主要是霉变、发红、脂肪氧化及虫害等变化。霉变的发生，往往因最初干度不足或者吸水回潮的原因。干鱼发红也是由能产生红色色素的嗜盐菌引起的，多见于盐干品，严重时可形成有氨臭异味的红色黏块。干鱼脂肪氧化，民间俗称哈喇。这在多脂鱼类的制品尤为严重，干鱼外观和风味都受到影响。因此，在加工保藏时，注意适当减少光和热的影响。贮存的干鱼还常出现虫害，常见的害虫有谷斑皮蠹、红带皮蠹、脯蛃及蠹蠹。

第二节　水产品的卫生检验

鱼及鱼制品的卫生检验，多以感官检验为主，必要时辅以理化检验和细菌学检验。其中感官检验在生产上应用最广，无需仪器与设备，只需通过鱼体的固有特征及其死后的感官变化，再结合丰富的实际经验，检验人员即可得出比较可靠的结论，但要准确判定，还需采取实验室检查。

一、鱼的新鲜度检验

（一）感官检验

1. 鲜鱼的检验

首先观察鱼眼角膜清晰程度和眼球饱满程度，眼球是否下陷及周围有无发红变化。再揭开鳃盖观察鳃丝色泽、黏液性状，并嗅其气味。之后检查鳞的色泽、完整性及附着度，同时用手触摸了解体表黏液的性状，必要时可用一块吸水纸印渍鱼体黏液，嗅测检查。再以手指按压肌肉，或将鱼置于手掌，判定肌肉坚实度和弹性。尤其检查肛门周围有无污染，是否凸出。必要时，使用竹签刺入肌肉深层，拔出后立即嗅闻有无异味。还可进行剖检，去除一侧体壁观察内脏状况，进一步检查内脏有无溶解吸收和胆汁印染现象；在横断脊柱后观察有无脊柱旁红染现象。不同新鲜度鱼的感官特征见表 15-1。

表 15-1 不同新鲜度鱼的感官特征

项目	新鲜鱼	次鲜鱼	不新鲜鱼
体表	具有鲜鱼固有的体色与光泽，嘴鳍末端鲜红，黏液透明	体色较暗淡，光泽差，黏液透明度较差	体色暗淡无光，黏液浑浊或污秽并有腥臭味
眼睛	眼睛饱满，角膜光亮透明，有弹性	眼球平坦或稍凹陷，角膜起皱、暗淡或微浑浊，或有溢血	眼球凹陷，角膜浑浊或发黏
鳃部	鳃盖紧闭，鳃丝鲜红或紫红色，结构清晰，黏液透明，无异味	鳃盖较松，鳃丝呈紫红、淡红或暗红色，黏液有酸味或较重的腥味	鳃盖松弛，鳃丝粘连，呈淡红、暗红或灰红色，黏液浑浊并有显著腥臭味
鳞片	鳞片完整，紧贴鱼体不易剥落	鳞片不完整，较易剥落，光泽较差	鳞片不完整，松弛，极易剥落
坚挺度	死后坚挺，竹签抬起鱼身中部，两端稍弯或呈直弧形	坚挺度较差，竹签抬起，头尾端较下垂	坚挺度极差，从中间提起几乎呈弯弓状
气味	有固有的鱼腥味	有较重的腥味	浓腥味为腐败鱼，大蒜味为有机磷中毒鱼，六六六味为有机氯致死鱼，污泥水味为污水毒死鱼
腹部肛门	腹部正常不膨胀，肛门紧缩凹陷，不外突(雌鱼产卵期除外)不红肿	膨胀不明显，肛门稍突出	膨胀或变软，表面有暗色或淡绿色斑点，肛门突出
肌肉	肌肉坚实，富有弹性，手指压后凹陷立即消失，无异味，肌纤维清晰有光泽	肌肉组织结构紧密、有弹性，压陷能较快恢复，但肌纤维光泽较差，稍有腥味	肌肉松弛，弹性差，压陷恢复较慢。肌纤维无光泽。有霉味和酸臭味
内脏	气鳔充满，胆囊完整，肠管稍硬，走向清晰可辨	气鳔固定不实，胆汁稍有外溢，肠管色暗	胆汁外溢，内脏呈黄色，肠管腐烂，相互脱离
骨肉联合	鱼肉和鱼骨联系紧密，肌肉鲜嫩	腹底骨肉联系不密，剖腹后骨骼末端突出	明显的肉骨脱离，剖腹有污水流出，有腥腐臭味
脊柱	无脊柱旁红染现象	脊柱旁红染现象不明显	脊柱旁红染现象明显

2. 冰冻鱼的检验

(1) 活鱼冰冻后的特点　眼睛明亮，眼球凸出，且充满眼眶。鳞片上覆有冻结的透明黏液层，皮肤色泽明显。鱼鳍展平张开，鱼体态仍保持临死前挣扎的弯曲状。

(2) 死鱼冷冻后的特点　鱼眼不突出，鱼鳍紧贴鱼体，鱼体挺直。中毒和窒息死后冰冻的鱼多口及鳃张开，皮肤颜色较暗。

(3) 腐败后冷冻鱼的特点　完全没有活鱼冰冻后的特征。如仍可疑，可用小刀或竹签穿刺鱼肉嗅闻其气味，还可切取鱼鳃一块，浸于热水后嗅闻气味。

此外，对冰冻较久的鱼，应注意检查头部和体表有无哈喇味，有无异常的黄色或褐色锈斑即可鉴别。

3. 咸鱼的检验

不同新鲜度咸鱼的感官指标见表 15-2。

4. 干鱼的检验

不同新鲜度干鱼的感官指标见表 15-3。

表 15-2 不同新鲜度咸鱼的感官指标

项目	良质咸鱼	次质咸鱼	劣质咸鱼
色泽	外表洁净有光泽，表面无盐霜，鱼体呈白色或淡	外表光泽度差，色泽稍暗	体表暗淡色污，无光泽，发红或呈灰白，黄褐，浑黄色
气味	具有干鱼的正常风味	可有轻微的异味	有酸味、脂肪酸败或腐败臭味
组织状态	鱼体完整、干度足，肉质韧性好，切割刀口处平滑无裂纹、破碎和残缺现象	鱼体外观基本完善，但肉质韧性较差	肉质疏松，有裂纹、破碎或残缺，水分含量高

表 15-3 不同新鲜度干鱼的感官指标

项目	良质干鱼	次质干鱼	劣质干鱼
色泽	外表洁净有光泽，表面无盐霜，鱼体呈白色或淡	外表光泽度差，色泽稍暗	体表暗淡色污，无光泽，发红或呈灰白，黄褐，浑黄色
气味	具有干鱼的正常风味	可有轻微的异味	有酸味、脂肪酸败或腐败臭味
组织状态	鱼体完整、干度足，肉质韧性好，切割刀口处平滑无裂纹、破碎和残缺现象	鱼体外观基本完善，但肉质韧性较差	肉质疏松，有裂纹、破碎或残缺，水分含量高

（二）理化检验

与肉类相似，主要根据鱼肉腐败分解产物的种类和数量，判定鱼的新鲜程度。目前我国已经有一系列的测定方法，如测定挥发性盐基氮含量、pH 测定、硫化氢试验、球蛋白沉淀反应、吲哚含量的测定等方法。其中测定挥发性盐基氮法能较好地反映鲜度变化规律。国外运用核苷磷酸化酶法、次黄嘌呤氧化酶法来确定鱼的新鲜度。

理化检验指标还有重金属毒物（如汞）、农药及组胺含量等的检测。常采用冷原子吸收法，或双硫腙比色法测定鱼肉样品中总汞含量。

（三）微生物检验

鱼类所污染的微生物，由于受环境条件的影响而差异性较大，微生物检验也很费时。所以，一般只在需要微生物指标时方进行检验，而通常情况下并不作为生产方面检验鲜度的依据。

（四）寄生虫检验

常见的鱼类寄生虫病有 50 多种，主要为原虫病和蠕虫病等。虫体寄生于鳃、体表、肌肉和内脏，一般有些寄生虫只有大量寄生时才会引起鱼类发病，甚至死亡，而有些寄生虫则危害不很明显。在所有鱼类寄生虫病中，尤其以华支睾吸虫病、猫后睾吸虫病、阔节裂头蚴病、异形吸虫病、横川后殖吸虫病和球虫病等可感染人，这在公共卫生方面有重要的意义。

在鱼的卫生检验中若用肉眼观察难判别，必要时可取其病原体所在的组织，滴入适量的 0.85% 食盐水，直接压片镜检（鳃丝主要采用水浸片法）。也可用含 1% 胃蛋白酶或 1% 稀盐酸生理盐水，于 37℃ 下消化病料组织 24h 左右，经过筛离心后，取其沉淀镜检。当发现圆形或卵圆形带吸盘或吸沟的小囊状体即可确诊。

二、贝甲类的卫生检验

贝甲类水产品具有很高的经济和实用价值，贝壳类有蚌、蚬、田螺、牡蛎、蛤、蚶、贻贝及鲍鱼等，甲壳类有虾、蟹等，都是富有营养、味鲜可口的水产食品。但这些贝甲类水产品因体内组织含水分较多，同时也含相当量的蛋白质，其生活环境又多半不大洁净，体表污染细菌的机会很多，加之捕、运、购、销等辗转较多，极易发生腐败变质，所以贝甲类水产品以鲜活为佳。除对虾、青虾等在捕获离水或死后，根据生产要求及时加冰保藏加工外，其他各种贝类、河蟹与青蟹死后均不得作食用。因此做好贝甲类的质量检验及卫生管理，是十分重要的。

贝甲类的检验，一般只作感官检验，必要时，才做理化检验或微生物检验（要先除去外壳）。以下简单介绍贝甲类水产品的感官检验。

1. 虾的卫生检验

首先观察虾体头胸节与腹节连接的紧密程度，以测知虾体的肌肉组织和结缔组织是否完好；其次，观察在头胸节、体腹节背内的肠管是否自溶或变质；再观察虾体体表色泽、肌肉组织是否完好等。不同新鲜度鲜虾与冰冻虾仁的感官特征分别见表 15-4、表 15-5。

表 15-4 鲜虾的感官特征

项目	新鲜生虾	不新鲜或变质生虾
外壳	体形完整，外壳透明、光亮	外壳暗淡无光泽
体表	体表呈青白色或青绿色。清洁，无污秽及黏性物质，触之有干燥感	体色变红，体质柔软。甲壳下颗粒细胞崩解，大量黏液渗到体表，触之有滑腻感
肢节	头、胸、腹处连接紧密	头胸节和腹节连接处松弛易脱落，甲壳与虾体分离
伸曲力	须足无损，刚死亡虾保持伸张或蜷曲的固有状态，外力拉动松手后可恢复原有姿态	死亡时间长且气温高，虾体发生自溶，组织变软，失去伸曲力
肌肉	肉体硬实，紧密而有韧性，断面半透明	肉质松软、黏腐，切面呈暗白色或淡红色
内脏	内脏完整，胃及肝脏没有腐败	内脏溶解
气味	有固有的清淡腥味，无异常气味	有浓腥臭味。严重腐败时，有氨臭味。

表 15-5 冰冻虾仁的感官特征

项目	良质虾仁	劣质虾仁
色泽	呈淡青色或乳白色	色变红
气味	无异味	有酸臭气味
组织形态	肉质清洁完整，无脱落之虾头、虾尾、虾壳及杂质。虾仁冻块中心在－12℃以下，冰衣外表整洁	肉体不整洁，肌肉组织松

2. 蟹的卫生检验

主要观察蟹体腹面脐部上方是否呈现黑印，步足和躯体连接的紧密程度，持蟹体加以侧动，观察其内部有无流动状，检视体表色泽，必要时可剥开蟹壳，直接观察蟹黄是否液化，鳃丝是否发生变化和浑浊现象，检验蟹是否已自溶或变质。不同新鲜度蟹及梭子蟹（死鲜蟹）的感官特征分别见表 15-6、表 15-7。

表 15-6 不同新鲜度蟹的感官特征

项目	活鲜蟹	垂死蟹
灵敏度	蟹只灵活，好爬行，善于翻身	蟹只精神委顿，不愿爬行，如将其仰卧时，不能翻身
组织状态	腹面甲壳较硬，肉多黄足，腹盖与蟹壳之间突起明显	肉少黄不足，体重轻

表 15-7 不同新鲜度梭子蟹（死鲜蟹）的感官特征

项目	良质死鲜蟹	变质死蟹
体表色泽	外表纹理清晰有光泽，背壳青褐色或紫色，脐上部无胃印，腹部和螯足内侧呈白色	外表纹理模糊光泽暗淡，背壳褐色，脐上部透现出褐色或微绿色的胃印。螯足内壁灰白色或褐色
蟹黄性状	蟹黄凝固不流动	蟹黄发黑或呈液状，能流动
鳃	眼光亮，鳃丝清晰，白色或稍带褐色	鳃丝暗浊，灰褐色或深褐色
肢体连接程度	肉质致密，有韧性，色泽洁白，步足和躯体连接紧密，提起蟹体时，步足不松弛下垂	肉质黏糊。步足和躯干连接松弛，提起时，步足下垂甚至脱落
气味	有一种新鲜气味，无异味	有腐败臭味

3. 贝蛤类的检验

一般以贝类死活作为可否食用的标准。活的贝蛤，贝壳紧合。当两壳张开时，稍触动就立刻关合，且有清亮的水流出者为活贝。反之则为死贝。检查文蛤与蛆子时，可随意抖动、互相撞击，发出笃笃实音的是活贝。死贝均较轻（排除内部泥沙），敲击时发出咯咯的虚音。当大批贝蛤类进行检验，可采用脚触动包件，若包件内活贝多，即发出的贝壳合闭的嗤嗤声；反之声音微弱或没有。对后者应进一步抽取一定数量的贝体做探重和敲击试验，死的贝蛤较多的，则整个包件逐只检查，或改作饲料用。揭开死贝蛤，两壳易分开，肉体干瘪，呈黑或红色，有腐败臭味，水汁浑浊而略带微黄色。必要时，煮熟后进一步作感官评定。牡蛎、蚶、蛏等都可采用如上方法检验。

咸泥螺的检验。①田螺可抽样检查，在一定容器内，加水至适量，多次搅动田螺，于15min后，方能检出浮水螺和死螺。②咸泥螺放于卤水中检查，良质的贝壳色光亮，呈乌绿色或灰色，且沉于卤水中，卤水浓厚洁净，有黏性，呈现深黄色或淡黄色，无异味和泡沫；变质的则表现贝壳暗淡，壳与肉稍有脱离就能使壳略显白色，而螺体上浮。卤液浑浊产气，或变褐色，伴有酸败刺鼻的异味。

三、有毒水产品的鉴别

1. 毒鱼类

(1) 肉毒鱼类　肉毒鱼类广泛分布于热带和亚热带海域，种类很多，有300余种，我国也有30种之多，其主要分布于广东和海南沿海。这些鱼的外形和一般食用鱼几乎没有任何差异，从外形上不易鉴别，需要有经验者才能辨认出。此类鱼的肌肉和内脏均含有雪卡毒素，肉毒鱼类的食毒原因十分复杂，食后会引起下痢、呕吐、关节痛及皮肤感觉异样等中毒症状。鱼肉有强毒或猛毒的主要有点线鳃棘鲈、侧牙鲈、黄边裸胸鳝和大眼鲹等。

(2) 豚毒鱼类　河豚鱼，又名鲢鲅鱼、气泡鱼，是一种味道鲜美但含有剧毒物质的鱼类。在我国，约有40余种河豚，多分布于沿海，少数种类上溯至江河。河豚鱼体形椭圆，不侧扁，体表无鳞并长有小刺，头粗圆，小口，后部逐渐狭小。背面黑灰色或杂以其他颜色的条纹（斑块），生满棘刺，腹部多为乳白色。体内含有河豚毒素，是一种毒性极强的天然毒素，称为（简称TTX）。在鱼体内以卵、卵巢、肝脏和皮肤的毒力最强，肌肉和睾丸毒性较小。主要以虫纹东方豚、星点东方豚、斑点东方豚、双斑东方豚、铅点东方豚、豹纹东方豚等毒力较强，特别是上述品种鱼肌肉也含有相当强的毒性。在季节上以3月份卵巢孕育期间毒力最强，且全年都有毒。

河豚鱼中毒患者一般在食后0.5～3h后出现症状，初期表现为口渴，唇舌和指头等神经末梢分布处发麻，随后发展到四肢麻痹、共济失调至全身软瘫，心率由加速而变得缓慢，血压降低，瞳孔先收缩而后放大，重症因呼吸困难窒息导致死亡。

(3) 胆毒鱼类　我国民间有吞服鱼胆治疗眼病或作为“凉药”习惯的地区易造成胆汁毒素中毒，主要损肝伤肾，有的出现神经症状。胆毒鱼类中毒病例危害仅次于河豚鱼中毒。其典型代表有青、草、鲤、鲢、鳙等淡水鱼，尤以草鱼为最多。

(4) 卵毒鱼类　这类鱼的卵子含有脂蛋白性鱼卵毒素。鲤科鱼类中产于我国西北及西南地区的青海湖裸鲤、软刺裸裂尻鱼、小头单列齿鱼，半刺光唇鱼、条纹光唇鱼、薄颌光唇鱼、虹彩光唇鱼、长鳍光唇鱼和狗鱼、鲭鱼、鲶鱼等，其鱼卵有毒。

(5) 血毒鱼类　我国的鳗鲡、黄鳝和海鳝血液中含有血毒素（遇热和胃酸不稳定，可分解)，在大量生饮鱼血时，轻者恶心、呕吐、腹泻、多涎和皮疹，严重的可因呼吸困难而死亡。

(6) 肝毒鱼类　有些鱼的肝中含有大量维生素A、鱼油毒、痉挛毒及麻痹毒，如鲨鱼、鲅鱼、旗鱼、金枪鱼、鲟鳇鱼等的肝脏都因含有此类毒素，若误作菜肴食用则会引发剧烈食物中毒。目前的有关防疫卫生部门规定5kg以上的大型鱼（如鲨鱼）必须摘除肝脏后，方可上市销售。

(7) 含高组胺鱼类　金枪鱼、鲐鱼、鲹鱼、鲭鱼、鲣鱼、鲱鱼、沙丁鱼等海产的青皮红肉鱼的肌肉含有较多的组氨酸，当鱼死亡后，受到富含组氨酸脱羧酶的细菌污染，极易发生腐败，体内组氨酸脱羧产生组胺，人大量食用后可导致过敏性食物中毒现象。

2. 刺毒鱼类

虎鲨类、角鲨类等刺毒鱼类体内有毒刺和毒腺，故这类毒鱼能蜇伤人体，引起中毒，严重的造成神志不清或死亡。有的鱼类死后，其棘刺的毒力仍能保持数小时，烹饪时尤其应注意此类鱼。

上述各科毒鱼虽然有毒，但其含毒部位不同，故并不意味着所有的毒鱼都不能食用，只要处理得当，弃去有毒脏器或破坏其毒素，就可成为营养价值很高的食用鱼类。

第三节　水产品的卫生评价

一、鱼的卫生评价

良质的新鲜鱼应符合国家规定的感官、理化及细菌指标，通过检验后，根据其卫生质量做出相应的卫生处理。

① 新鲜鱼不受限制食用。

② 次鲜鱼应立即销售食用。

③ 腐败变质鱼禁止食用

④ 变质咸鱼缺陷轻微者，经卫生处理后可供食用。严重者不得供食用。

二、贝甲类的卫生评价

① 虾类　体表发黏，颜色暗淡，肌肉组织变软，无弹性，有臭味时，不得食用。

② 蟹类和贝蛤类　蟹类和各种贝蛤类应新鲜出售，如有自然毒的贝蛤类不得食用。

③ 死亡贝类　因化学物质发生中毒而死亡的贝类，不得食用。

【复习思考题】

1. 鲜鱼在保藏过程中会发生哪些特征性变化？
2. 如何对鲜鱼进行卫生检验？
3. 鱼类腐败变质时有哪些特点？
4. 如何鉴别毒鱼类？
5. 虾与虾制品的感官检查特点有哪些？

（王力群）

实 训 指 导

实训一　菌落总数的测定

【实训目标】　掌握菌落总数测定的方法、菌落计数及报告方式，熟练操作技术。

【实训材料】　普通营养琼脂培养基、酒精灯、细菌培养箱、超净工作台、灭菌棉拭子、灭菌移液管、灭菌培养皿、盛有 90mL 及 9mL 灭菌蒸馏水的锥形瓶和试管。

【方法步骤】

一、样品的处理和稀释

1. 操作方法

(1) 以无菌操作取检样 25g（或 25mL），放于 225mL 灭菌生理盐水或其他稀释液的灭菌玻璃瓶内（瓶内预置适当数量的玻璃珠）或灭菌乳钵内，经充分振摇或研磨制成 1：10 的均匀稀释液。固体检样在加入稀释液后，最好置灭菌均质器中以 8000～10000r/min 的速度处理 1min，制成 1：10 的均匀稀释液。

(2) 用 1mL 灭菌吸管吸取 1：10 稀释液 1mL，沿管壁徐徐注入含有 9mL 灭菌生理盐水或其他稀释液的试管内，振摇试管混合均匀，制成 1：100 的稀释液。

(3) 另取 1mL 灭菌吸管，按上项操作顺序，制 10 倍递增稀释液，如此每递增稀释一次即换用 1 支 1mL 灭菌吸管。

2. 无菌操作

操作中必须有“无菌操作”的概念，所用玻璃器皿必须是完全灭菌的。所用剪刀、镊子等器具也必须进行消毒处理。样品如果有包装，应用 75%乙醇在包装开口处擦拭后取样。

操作应当在超净工作台或经过消毒处理的无菌室进行。琼脂平板在工作台暴露 15min，每个平板不得超过 15 个菌落。

3. 采样的代表性

如系固体样品，取样时不应集中一点，宜多采几个部位。固体样品必须经过均质或研磨，液体样品须经过振摇，以获得均匀稀释液。

样品稀释液主要是灭菌生理盐水，有的采用磷酸盐缓冲液（或 0.1%蛋白胨水），后者对食品已受损伤的细菌细胞有一定的保护作用。如对含盐量较高的食品进行稀释，可以采用灭菌蒸馏水。

二、倾注培养

1. 操作方法

(1) 根据标准要求或对污染情况的估计，选择 2～3 个适宜稀释度，分别在制 10 倍递增稀释的同时，以吸取该稀释度的吸管移取 1mL 稀释液于灭菌平皿中，每个稀释度做 2 个平皿。

(2) 将晾至 46℃营养琼脂培养基注入平皿约 15mL，并转动平皿，混合均匀。同时将营养琼脂培养基倾入加有1mL稀释液（不含样品）的灭菌平皿内作空白对照。

(3) 待琼脂凝固后，翻转平板，置(36±1)℃温箱内培养(48±2)h，取出计算平板内菌落数目，乘以稀释倍数，即得每克（每毫升）样品所含菌落总数。

2. 注意事项

(1) 倾注用培养基应在46℃水浴内保温，温度过高会影响细菌生长，温度过低琼脂易于凝固而不能与菌液充分混匀。如无水浴，应以皮肤感受较热而不烫为宜。

(2) 倾注培养基的量规定不一，从12～20mL不等，一般以15mL较为适宜，平板过厚可影响观察，太薄又易于干裂。倾注时，培基底部如有沉淀物，应将底部弃去，以免与菌落混淆而影响计数观察。

(3) 为使菌落能在平板上均匀分布，检液加入平皿后，应尽快倾注培养基并旋转混匀，可正反两个方向旋转，检样从开始稀释到倾注最后一个平皿所用时间不宜超过20min，以防止细菌有所死亡或繁殖。

(4) 培养温度一般为37℃（水产品的培养温度，由于其生活环境水温较低，故多采用30℃）。培养时间一般为48h，有些方法只要求24h的培养即可计数。培养箱应保持一定的湿度，琼脂平板培养48h后，培养基失重不应超过15%。

(5) 为了避免食品中的微小颗粒或培基中的杂质与细菌菌落发生混淆，不易分辨，可同时作一稀释液与琼脂培基混合的平板，不经培养，而于4℃环境中放置，以便计数时作对照观察。

在某些场合，为了防止食品颗粒与菌落混淆不清，可在营养琼脂中加入2,3,5-氯化三苯四氮唑（TTC），培养后菌落呈红色，易于分别。

三、计数和报告

(1) 培养到时间后，计数每个平板上的菌落数。可用肉眼观察，必要时用放大镜检查，以防遗漏。在记下各平板的菌落总数后，求出同稀释度的各平板平均菌落数，计算原始样品中每克（或每毫升）中的菌落数，进行报告。

(2) 到达规定培养时间，应立即计数。如果不能立即计数，应将平板放置于0～4℃，但不得超过24h。

(3) 计数时应选取菌落数在30～300之间的平板（SN标准要求为25～250个菌落），若有两个稀释度均在30～300之间时，按国家标准方法要求应以二者比值决定，比值小于或等于2取平均数，比值大于2则取较小数字（有的规定不考虑其比值大小，均以平均数报告）。

(4) 若所有稀释度均不在计数区间。如均大于300，则取最高稀释度的平均菌落数乘以稀释倍数报告之。如均小于30，则以最低稀释度的平均菌落数乘稀释倍数报告之。如菌落数有的大于300，有的又小于30，但均不在30～300之间，则应以最接近300或30的平均菌落数乘以稀释倍数报告之。如所有稀释度均无菌落生长，则应按小于1乘以最低稀释倍数报告之。有的规定对上述几种情况计算出的菌落数按估算值报告。

(5) 不同稀释度的菌落数应与稀释倍数成反比（同一稀释度的两个平板的菌落数应基本接近），即稀释倍数愈高菌落数愈少，稀释倍数愈低菌落数愈多。如出现逆反现象，则应视为检验中的差错（有的食品有时可能出现逆反现象，如酸性饮料等），不应作为检样计数报告的依据。

(6) 当平板上有链状菌落生长时，如呈链状生长的菌落之间无任何明显界限，则应作为一个菌落计，如存在有几条不同来源的链，则每条链均应按一个菌落计算，不要把链上生长的每一个菌落分开计数。如有片状菌落生长，该平板一般不宜采用，如片状菌落不到平板一半，而另一半又分布均匀，则可以半个平板的菌落数乘2代表全平板的菌落数。

(7) 当计数平板内的菌落数过多（即所有稀释度均大于300时），但分布很均匀，可取平板的一半或1/4计数。再乘以相应稀释倍数作为该平板的菌落数。

(8) 菌落数的报告，按国家标准方法规定菌落数在1～100时，按实有数字报告，如大于100时，则报告前面两位有效数字，第三位数按四舍五入计算。固体检样以克（g）为单位报告，液体检样以毫升（mL）为单位报告，表面涂擦则以平方厘米（cm^2）报告。

四、菌落总数的其他检验方法

还有涂布平板法、点滴平板法、螺旋平板法。螺旋平板法是由一台机器完成的。

1. 涂布平板法

将营养琼脂制成平板，经50℃ 1～2h或35℃ 18～20h干燥后，在上面滴加检样稀释液0.2mL，用“L”棒涂布于整个平板的表面，放置约10min，将平板翻转，放至（36+1)℃温箱内培养（24±2)h [水产品用30℃培养（48±2)h]，取出，进行菌落计数，然后乘以5（由0.2mL换算为1mL），再乘以样品稀释液的倍数，即得每克或每升检样所含菌落数。

这种方法比常规检验法效果好。因为菌落生长在表面，便于识别和检查其形态，虽检样中含有食品颗粒，也不会发生混淆．但是本法取样量比常规检验法少。代表性会受到一定影响。

2. 点滴平板法

与涂布平板法相似。不同的是点滴平板法只是用标定好的微量吸管或注射器针头按滴（使每滴相当于0.025mL）将检样稀释液滴加于琼脂平板上固定的区域（预先在平板背面用标记笔画四个区域），每个区域滴1滴，每个稀释度滴两个区域，作为平行试验。滴加后，将平板放平约10min，然后翻转平板，与涂布平板法一样移入温箱中，培养6～8h后进行计数，将所得菌落数乘以40（由0.025mL换算为1mL），再乘以样品的稀释倍数，即得每克或每毫升检样所含菌落数。

实训二　大肠菌群的测定

【实训目标】 了解大肠菌群测定的意义，掌握大肠菌群的测定方法，能够规范化操作各个环节。食品中大肠菌群数是以100mL（g）检样内大肠菌群最可能数（MPN）表示。

【实训材料】 温箱、恒温水浴、电子天平、普通光学显微镜、均质器或乳钵、平皿、灭菌吸管、500mL的广口瓶或三角烧瓶、玻璃珠、载玻片、酒精灯、试管架。培养基和试剂：乳糖胆盐发酵管、伊红美蓝琼脂平板、乳糖发酵管、EC肉汤、磷酸盐缓冲稀释液、生理盐水、革兰染色液。

【方法步骤】

1. 检样稀释

以无菌操作将检样25mL（或g）放于含有225mL灭菌生理盐水或其他稀释液的灭菌玻璃瓶内（瓶内预置适当数量的玻璃珠）或灭菌乳钵内，经充分振摇或研磨做成1∶10的均匀稀释液。固体检样最好用均质器，以8000～10000r/min的速度处理1min，做成1∶10的均匀稀释液。

用1mL灭菌吸管吸取1∶10稀释液1mL，注入含有9mL灭菌生理盐水或其他稀释液的试管内，振摇试管混匀，做成1∶100的稀释液。另取1mL灭菌吸管，按上述操作依次做10倍递增稀释液，每递增稀释一次，换用1支1mL灭菌吸管。根据食品卫生标准要求或对检样污染情况的估计，选择 3 个稀释度，每个稀释度接种 3 管。

2. 乳糖发酵试验

将待检样品接种于乳糖胆盐发酵管内，接种量在 1mL 以上者，用双料乳糖胆盐发酵管；1mL 及 1mL 以下者，用单料乳糖胆盐发酵管。每一稀释度接种 3 管，置（36±1)℃温箱内，培养（24±2)h。如所有乳糖胆盐发酵管都不产气，则可报告为大肠菌群阴性；如有产气者，则按下列程序进行。

3. 分离培养

将产气的发酵管分别转种在伊红美蓝琼脂平板上，置（36±1)℃温箱内，培养 18～24h，然后取出，观察菌落形态，并做革兰染色和证实试验。

4. 证实试验

在上述平板上，挑取可疑大肠菌群菌落 1～2 个进行革兰染色，同时接种乳糖发酵管，置（36±1)℃温箱内培养（24±2)h，观察产气情况。凡乳糖管产气、革兰染色为阴性的无芽孢杆菌，即可报告为大肠菌群阳性。

5. 报告

根据证实为大肠菌群阳性的管数，查 MPN 检索表，报告每 100mL（g）大肠菌群的 MPN 值。

实训三　盐酸克伦特罗的 ELISA 检测

【实训目标】了解检测盐酸克伦特罗检测的意义，掌握其规范化操作步骤。

【实训材料】实验器材和材料：无菌采集猪尿、猪肉、猪肝的样品；TECAN 生产的 Sunrise Remote/Toueh Screen 酶标仪；离心机；盐酸克伦特罗过氧化物酶标记物浓缩液（酶结合物浓缩液）；盐酸克伦特罗标准水溶液；盐酸克伦特罗抗体浓缩液；四甲基联苯胺发色剂（底物）；含有过氧化尿素的酶基质（阳性尿液参照品）；硫酸反应终止液。

【方法步骤】

一、样品处理

1. 猪尿

尿样不用处理，取 20μL 清亮样品置微孔中直接测定；如果尿样浑浊一定要过滤（取 5～10mL 尿样用微孔滤膜过滤）或离心（3000r/min 离心 10min），取上清液测定。

2. 猪肉（猪肝）

① 称取 5.0g 粉碎的组织样品与 25mL 50mmol/L HCl 置均浆杯中混合，振荡 1.5h，以达到均质的目的；②称取 6g 均质物（相当于 1g 组织）加入离心管中，高速（10000r/min）离心 15min，在 10～15℃转移上清液到另一个离心管中，加 300μL 1mol/L NaOH 混合 15min；③加入 4mL 500mmol/L 磷酸二氢钾缓冲液（pH3.0），简单混合（手摇、涡动或振荡器均可），并在 4℃冰箱保存 1.5h 或过夜（非常重要）；④在 10～15℃、10000r/min 下，高速离心 15min，分离全部上清液，使其升至室温 20～24℃，然后装柱（用已纯化好的 C_{18} 柱）。

二、净化（C_{18} 固相萃取柱的纯化步骤）

①用 3mL 无水甲醇活化 C_{18} 固相萃取柱，流速 1 滴/s。②用 2mL 50mmol/L 磷酸二氢钾缓冲液（pH3.0）淋洗萃取柱。③上柱：将前一步处理好的样品液全部过柱，速度控制为

15滴/min。④再用2mL洗涤液淋洗萃取柱。用正压除去残留的液体（用氮气吹干）。⑤洗脱样品：用2mL无水甲醇洗脱柱子，流速1滴/s，并用称量瓶收集洗脱液。在50～60℃水浴氮气下完全蒸发溶剂（缓缓吹干）。⑥用1mL蒸馏水溶解干燥的残留物，取20μL进行分析（如不马上测定，应放置冰箱2～8℃保存待测）。

三、测定步骤

（1）将盒中试剂取出，放置盒外2h，待测样品取出放置室温20～24℃回温。

（2）稀释抗体、酶标记物；轻轻混匀，不要剧烈振荡。

（3）将包被有兔IgG抗体的96孔酶联板（12条×8孔）取出实验需用的微孔条插入微孔板中，标准和样品做两个平行试验，记录标准和样品的位置，并用面巾纸盖上，防止落入灰尘等。

（4）加100μL稀释后的抗体到每个微孔底部，盖上盖板膜（避光），在室温孵育15min。

（5）洗板，倒出孔中的液体，将微孔板倒置放在吸水纸上拍打（拍打3次），以保证完全除去孔中的液体。用250μL蒸馏水充入孔中，再次倒掉孔中的液体，再重复操作两遍。

（6）加入20μL的标准液、参照品或处理好的样品液到各自的微孔中，标准和样品做两个平行试验。

（7）加100μL稀释的酶标记物到每个微孔底部，轻轻做圆周运动以混匀，在室温孵育30min。

（8）洗板，同（5）操作。

（9）迅速加入50μL基质及50μL发色剂到微孔中，充分混匀用盖板膜封好，记录反应开始时间，并在室温暗处孵育15min。取出后观察颜色变化，以第一个标准液明显呈色为宜。

（10）加100μL反应终止液到每个微孔中，混合后在450nm处测量吸光度值，在60min内测量酶标值（读数）。

四、测定结果判定

1. 定性判定

以1μg/L浓度的标准液孔的吸光度值为判定标准，样品吸光度值大于或等于该值为阴性，小于该值为阳性。阳性样品必须用GC-MS进一步确证。

2. 定量判定

所获得各个标准液、参照品和样品液吸光度值的平均值除以第一个标准液吸光度值的平均值再乘以100，即百分吸光度值。以盐酸克伦特罗浓度（μg/L）的对数为横坐标，百分吸光度值为纵坐标绘制标准曲线图。每一个样品对应的浓度（μg/L）可以从标准曲线上查出。也可以求出回归方程，计算未知样品的浓度。检测出盐酸克伦特罗浓度大于1.0μg/L（kg）的样品需要GC-MS确证。

实训四　肉类联合加工企业的教学参观

【实训目标】通过对肉类联合加工企业的参观学习，使学生了解肉类联合加工企业总体布局的卫生要求，明确各建筑设施的卫生要求及检验点的设置。

【实训材料】工作服、工作帽、口罩、网罩、胶靴等。

【实训场地】 大型肉类联合加工企业，或定点屠宰场，或观看相关教学片。

【方法步骤】 由实习指导教师和现场技术人员（兼职实习指导教师）带领学生按一定步骤进行参观，并讲解有关训练内容。一般先参观清洁区，后参观非清洁区。

1. 参观肉类联合加工企业的总体布局

(1) 参观并了解肉类联合加工企业场址选择是否符合卫生要求。

(2) 参观并了解肉类联合加工企业总平面布局是否符合卫生要求。

(3) 参观并了解肉类联合加工企业厂区的环境卫生要求。

2. 参观清洁区

(1) 参观熟肉制品加工车间的建筑和设备，了解其卫生要求和熟肉制品的加工工艺。

(2) 参观分割肉车间的建筑和设备，了解其卫生要求和加工过程。

(3) 参观屠宰加工车间的建筑和设备，了解其卫生要求和屠宰加工流程。

(4) 参观冷库的建筑和设备，了解冷库的卫生要求和冷冻加工工艺。

(5) 参观化验室，了解化验设备和化验项目。

3. 参观非清洁区

(1) 参观饲养管理圈，了解宰前饲养管理知识。

(2) 参观隔离圈，了解隔离圈的建筑和卫生要求。

(3) 参观急宰车间，了解急宰车间的建筑和卫生要求。

(4) 参观化制车间，了解化制车间的建筑和卫生要求以及化制方法。

(5) 参观粪便、污水的处理场所，了解粪便及污水的无害化处理方法。

4. 参观宰前检疫

(1) 观察屠宰动物入场验收。

(2) 观察宰前群体检查。

(3) 观察宰前个体检查。

5. 参观屠宰加工生产线及宰后检验

(1) 观察屠宰动物工艺流程。

(2) 观察宰后检验点及检验要点。

【实训报告】 对屠宰场总体布局的卫生要求、各设施的卫生要求、检验点的设置及检验内容的了解和体会。

实训五　猪的宰后检验技术

【实训目标】 使学生了解屠宰加工企业中宰后检验点的设置；初步掌握猪宰后检验的程序、方法、操作技术以及常见病变的鉴别和处理。

【实训材料】

(1) 常用检验工具（检验刀、检验钩和磨刀棒）。

(2) 常用实验室设备（显微镜、载玻片、染色液等）。

(3) 工作帽、工作服、胶靴、手套等。

【实训场地】 大型肉类联合加工企业或定点屠宰场或校内实训室。

【方法步骤】

1. 头部检验

(1) 颌下淋巴结检验　将宰杀放血后的猪体，倒悬在架空轨道上，腹面朝向检验者或仰卧在检验台上待检。

剖检颌下淋巴结时，一般由两人操作，助手以右手握住猪的右前蹄，左手持检验钩，钩住颈部放血口右侧壁中间部分，向右拉；检验者左手持检验钩，钩住放血口左侧壁中间部分，向左侧拉开切口，右手持检验刀从放血口向深部并向下方纵切一刀，使放血口扩大至喉头软骨和下颌前端。然后再以喉头为中心，朝向下颌骨的内侧，左右下颌角各作一平行切口，即可在下颌骨内侧、颌下腺下方（胴体倒挂时）找出该淋巴结进行剖检。同时摘除甲状腺。如在非流水生产线上进行操作，则由一人操作，左手持检验钩钩住放血口，右手持检验刀按上述方法切开放血口下颌角内侧，找到淋巴结即可。但要求技术熟练，动作准确、迅速。猪颌下淋巴结检验术式见实训图 5-1。

（2）咬肌检验　首先观察鼻盘、唇部有无水泡，必要时检验口腔、舌面、喉头黏膜，注意有无水泡、糜烂及其他病变，以检出口蹄疫，猪传染性水疱病等。然后用检验钩钩住头部一定部位，检验者左手固定猪头，右手持检验刀从左右下颌角外侧沿与咬肌纤维垂直方向平行切开两侧咬肌，观察有无囊尾蚴寄生。

咬肌检验术式见实训图 5-2。

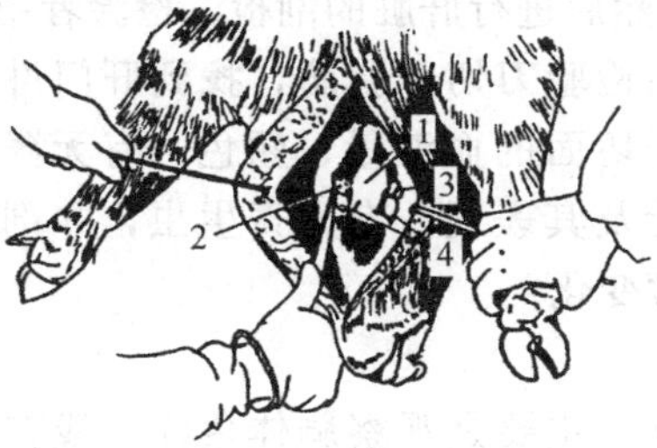

实训图 5-1　猪颌下淋巴结检验术式图

1—咽喉头隆起；2—下颌骨切迹；3—颌下腺；4—颌下淋巴结

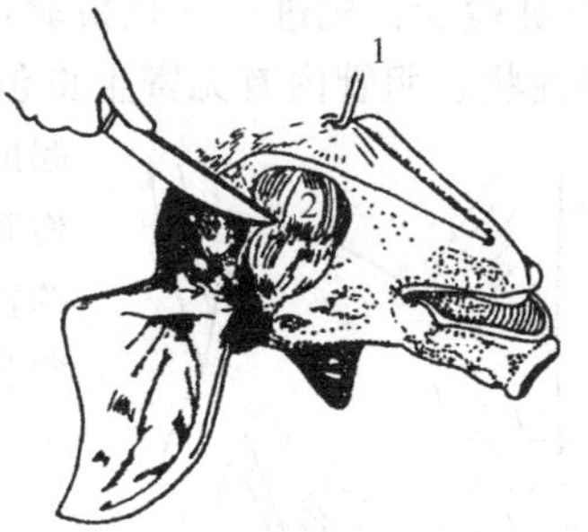

实训图 5-2　猪咬肌检验术式图

1—检疫钩住的部位；2—被切开的咬肌

2. 体表检验

烫毛后开膛前进行体表检验。主要观察全身皮肤的完整性及其色泽的改变，特别注意耳根、四肢内外侧、胸腹部、背部及臀部等处，观察有无点状、斑状出血性变化或弥漫性发红；有无疹块、痘疮、黄染等；有无鞭伤、刀伤等异常情况。同时注意耳尖、蹄冠、蹄踵和指间有无水疱或水疱破溃后留下的烂斑和溃疡等。在检查中还应特别注意猪的一、二、三类传染病和寄生虫病以及地方上规定的危害性较大的和新发现的传染病等显示于体表皮肤的病理变化。

3. 内脏检验

（1）胃、肠、脾检验　受检脏器必须与胴体同步编号。先检查胃、肠的外形和色泽，看其浆膜有无粘连、出血、水肿、坏死及溃疡等变化，再观察肠系膜上有无细颈囊尾蚴寄生；然后观察脾脏的外形、大小、色泽和性状，触检其硬度，观察其边缘有无楔形梗死。必要时再剖检脾、胃、肠，观察脾实质性状，沿胃大弯和与肠管平行方向切开胃、肠，检查胃肠浆膜和胃肠壁有无出血、水肿、纤维素渗出、坏死、溃疡和结节形成。再将胃放在检验者左前方，大肠放在正前方，用手将小肠部分提起，使肠系膜铺开，可见一串珠状隆起，先观察其外表有无肿胀、出血，周围组织有无胶样浸润；检验者用刀在肠系膜上作一条与小肠平行的切口，切开串珠状隆起，即可在脂肪中剖检肠系膜淋巴结。并注意猪肠型炭疽。

（2）肺、心、肝检验

① 肺脏检验　先进行外观和肺实质检查，用长柄钩将肺脏悬挂，观察肺脏的色泽、形状、大小，触检其弹性及有无结节等变化，或将肺脏平放在检验台上，使肋面朝上，肺纵沟对着检验员进行检验。然后进行剖检，切开咽喉头、气管和支气管，观察喉头、气管和支气管黏膜有无变化，再观察肺实质有无异常变化，有无炎症、结核结节和寄生虫等变化。最后剖检支气管淋巴结，左手持检验钩钩住主动脉弓，向左牵引，右手持检验刀切开主动脉弓与气管之间的脂肪至支气管分叉处，观察左侧支气管淋巴结，并剖检；再用检验钩钩住右肺尖叶，向左下方牵引，使肺腹面朝向检验者，用检验刀在右肺尖叶基部和气管之间紧贴气管切开至支气管分叉处，观察右侧支气管淋巴结，并剖检。剖检内容同颌下淋巴结。

② 心脏检验　先观察外形，检查心包及心包液有无变化，注意心脏的形状、大小及表面情况（如冠状沟脂肪的量和形状），心外膜有无炎性渗出物、纤维化，有无创伤，心肌内有无囊尾蚴寄生。然后检验者用检验钩钩住心脏左纵沟，用检验刀在与左纵沟平行的心脏后缘纵剖心脏，观察心肌、心内膜、心瓣膜及血液凝固状态，特别应注意心瓣膜上有无增生性变化及心肌内有无囊尾蚴寄生。

③ 肝脏检验：先进行外观检验，重点注意观察肝脏的大小、形状、硬度、颜色及肝门淋巴结的性状、胆管内有无寄生虫包囊和结节等；然后进行肝脏的剖检，检验者用检验钩牵起肝门处脂肪，用检验刀切开脂肪，找到肝门淋巴结进行检查；然后观察肝切面的血液量、颜色、有无隆突、小叶的性状，有无病灶及其表现、有无寄生虫，并剖检胆管及胆囊观察有无异常变化。

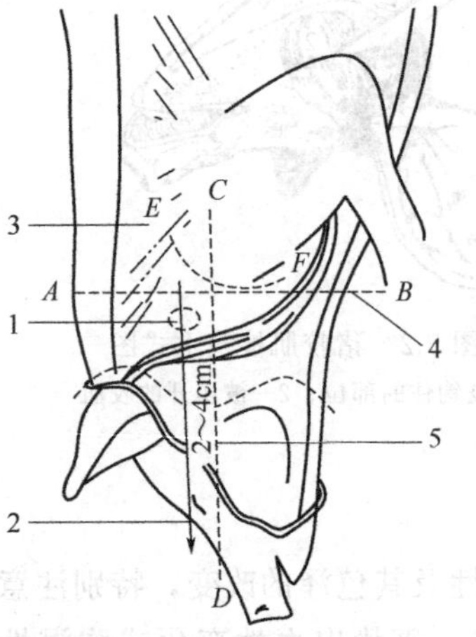

实训图 5-3　猪颈浅背侧淋巴结剖检法的部位确定

1—颈浅背侧淋巴结；2—剖检目的淋巴结切口线；3—*EF* 线是肩端弧线；4—*AB* 线是颈基底部宽度；5—*CD* 线是 *AB* 线的等分线

4. 胴体检验

(1) 一般检查　主要是观察胴体色泽、浅在血管中血液潴留情况、肌肉切口湿润程度以判定放血程度，分别观察皮肤、皮下结缔组织、脂肪、肌肉、骨骼及其断面、胸膜和腹膜有无变化。

(2) 主要淋巴结的剖检　重点剖检颈浅背侧淋巴结、腹股沟浅淋巴结和髂内淋巴结，必要时剖检颈深后淋巴结、髂下淋巴结、腘淋巴结和腹股沟深淋巴结。

① 颈浅背侧淋巴结（肩前淋巴结）　在悬挂的胴体上，沿颈基部紧靠肩端处虚设一条水平线 *AB*，目测颈基部侧面的宽度，再虚设一条纵线 *CD* 将 *AB* 线垂直等分，在两线交点向背脊方向移动 2～4cm 处，用检验刀垂直刺入颈部皮肤组织并向下垂直切开，以检验钩牵开切口，在肩关节前缘，斜方肌之下，所做切口最上端的深处，可见到一个被少量脂肪包围的淋巴结隆起，剖开进行检验（检验术式见实训图 5-3）。

② 腹股沟浅淋巴结（乳房淋巴结）　在悬挂的胴体上，检验者以检验钩钩住最后乳头稍上方的皮下组织，向外侧拉开，用检验刀从脂肪层正中部纵切，即可找到被切开的该淋巴结，观察其形状，如未切开则需补刀切开后进行检查（检验术式见实训图 5-4）。

③ 髂内淋巴结和腹股沟深淋巴结　在悬挂的胴体上，检验这两组淋巴结时，先在最后腰椎处设一水平线 *AB*，再从第五、六腰椎结合处斜上方作一直线 *CD* 与 *AB* 线相交呈 45°左右夹角。检验者将胴体固定后，沿 *CD* 线切开脂肪层，在切线附近可以找到髂外动脉，在腹主动脉与髂外动脉的夹角中，旋髂深动脉起始部的前方，找到髂内淋巴结进行剖检。在髂外动脉径路上，髂外动脉与旋髂深动脉的夹角中，找到腹股沟深淋巴结（有时和髂内淋巴结

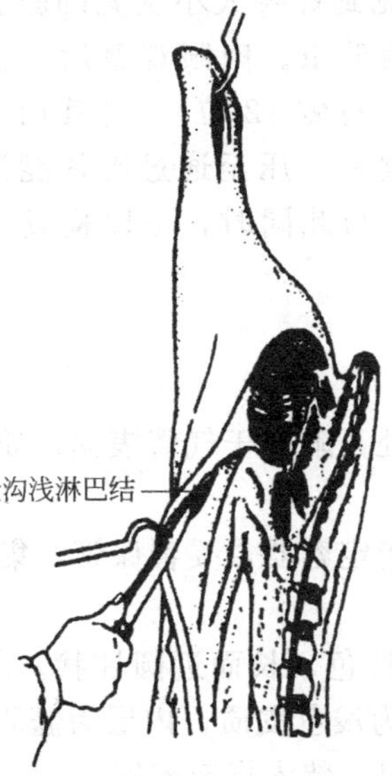

实训图 5-4 腹股沟浅淋巴结检验术式图

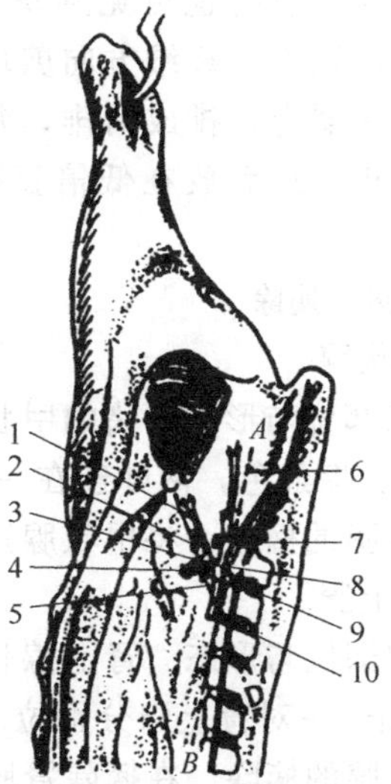

实训图 5-5 髂内淋巴结和腹股沟深淋巴结检验术式图

1—髂外动脉；2—腹股沟深淋巴结；3—旋髂深动脉；4—髂外淋巴结；5—检验腹股沟深淋巴结的刀口线；6—沿腰椎假设的 AB 线；7—腹下淋巴结；8—髂内动脉；9—髂内淋巴结；10—腹主动脉

连在一起）进行剖检（检验术式见实训图 5-5）。

④ 髂下淋巴结（股前淋巴结、膝上淋巴结） 检验者以检验钩在最后乳头处钩住整个腹壁组织，向左上方牵拉露出腹腔并固定胴体，可见到耻骨断面与股部白色肥膘层将股薄肌及股内侧肌围成一个半椭圆形红色肌肉区，用检验刀在此顶点处下刀，沿虚线 AB 作一条很深的切口。刀刃应紧靠着股部圆形肌肉群运行，将肌肉和肥膘间结缔组织分离。注意既不要切破肌肉，也不使脂肪组织留在肌肉上。当切口到达腰椎附近髋结节之下时，在股阔筋膜张肌的前缘，找到该淋巴结并进行剖检。

⑤ 腘淋巴结 将胴体的后肢跟突面向检验者，在跟腱下面的小窝（即股二头肌与半腱肌之间的间隙）的下缘设一水平线，在该水平线上目测该处猪腿的厚度，将其 3 等份，在外 1/3 处用刀尖垂直点刺，做一个 3.5cm 的切口，即可发现淋巴结并进行剖检。

⑥ 颈深后淋巴结 在胸腔前口处，胸骨柄背侧稍下方（胴体倒挂时）接近胸骨处切开，即可找到该淋巴结并进行剖检。

（3）深腰肌检验 以检验钩固定胴体，在深腰肌部位，顺肌纤维方向作 3～5 个平行的切口，仔细检查每个切面有无囊尾蚴寄生。

（4）肾脏检验 一般多附着于胴体上检验。先用检验钩钩住肾盂部，右手持检验刀沿肾脏边缘处，顺肾脏纵轴轻轻地切开肾包膜，切口长约 3.5cm，然后将检验钩一边向左下方牵引，一边向外转动，与此同时，以刀尖背面向右上方挑起肾包膜，两手同时配合，将肾包膜剥离，迅速视检其表面，观察有无出血点、坏死灶和结节形成，必要时切开肾脏检验，观察其颜色等情况。在肾脏检验的同时摘除肾上腺。

5. 旋毛虫检验

（1）检样采取 开膛取出内脏后，取两侧膈肌脚各 15g，编上与胴体同一的号码，送旋毛虫检验室检验。

（2）检验方法　先撕去肉样肌膜作肉眼观察，有时可见到针尖大小发亮的膨胀物，即旋毛虫的包囊，有时也可见到灰白色小白点，即钙化的旋毛虫。肉眼观察后，在肉样的不同部位上，顺着肌纤维方向剪取24个麦粒大小的肉粒（每侧12粒）；将其均匀地排列在旋毛虫压片器上，排成两排，每排12粒；将肉粒压成肉片，压至通过肉片能清晰透视书上字迹为止；最后放在低倍显微镜下，用暗视野检查。与此同时，可以检查是否存在肉孢子虫。

6．“三腺”摘除

（1）甲状腺

① 解剖部位与形态：猪的甲状腺位于气管前端近喉头处，附着于气管表面，质地坚实，呈暗红、褐、棕红色，两叶连在一起，俗称“栗子肉”。

② 甲状腺的摘除：将甲状腺连同喉头一并摘除，装入指定容器，妥善保管，集中处理。

（2）肾上腺

① 解剖部位与形态　肾上腺俗称小腰子或副肾，呈暗红色，长而近圆柱状，断面呈钝端状，4～5g。一对肾上腺分别位于左右肾的内前方，外层为浅色皮质，内层为髓质。

② 肾上腺的摘除　在摘除肾脏的同时，分离割除肾上腺，装入指定容器。

（3）病变淋巴器官　病变淋巴器官包括病变的胸腺、扁桃体和淋巴结。淋巴结呈圆形、长椭圆形，色泽灰白、淡黄或淡红，质地结实。病变淋巴器官往往含有病原体，而且本身又有部分病变组织，人食用后会影响健康。哺乳动物的胸腺在颈部和胸腔入口处。在剖检时，割除病变淋巴结，装入指定容器，与甲状腺、肾上腺一起作销毁处理。

7．复检

根据以上检验结果提出处理意见。

【实训报告】猪宰后检验的方法、程序及操作技术；“三腺”的位置；本次实训的收获、体会等。

实训六　家禽的屠宰加工及检验技术

【实训目标】了解家禽的屠宰加工工艺，掌握鸡的宰前检疫与宰后检验技术。

【实训材料】鸡笼、刀、剪子、镊子、搪瓷盘、盆、污物桶等。

【实训场地】禽屠宰场或校内实训室。

【方法步骤】

1．家禽的屠宰加工

禽屠宰加工的工序一般为：放血→烫毛→脱毛→去绒毛→清洗、去头爪→净膛→待检验→入库。

（1）候宰　在家禽上市量不大的情况下，对收购来的家禽必须休息一天以上，以消除疲劳，提高产品的质量。家禽宰前休息时，要实行饥饿管理，即断食，但要给以定量的饮水。一般家禽断食以12～24h为宜。宰前3h左右要停止饮水，以免肠胃内含水分过多，宰时流出造成污染。

（2）送宰　经过断食和停水的家禽要分批赶运到屠宰车间。每批赶运数要控制在500～800只。

（3）刺杀放血　家禽赶入屠宰间后，首先将家禽一只只挂在吊轨的挂排上，然后进行屠宰。采用口腔屠宰的家禽上挂排时，以左手抓住禽的右大腿向上，右手抓住头部及嘴部向下，将挂排底部的小钩从家禽的左鼻孔插入直至右鼻孔，固定头部。然后，使禽的腹部向上，双翅靠入挂排的空隙中，然后再将右大腿的爪卡入挂排的弹簧卡上，以固定右脚并将禽体拉直，以防家禽挣扎。家禽宰杀方法有：

① 切断三管刺杀法　切断颈部放血，主要用于鸡的生产。方法是从禽的下颚颈部处切割，刀口不得深于0.5cm。此法操作虽简单，但刀口外露，不美观。

② 口腔刺杀法（即斜刺延脑法）　将禽类头部向下斜向固定后，用左手或右手拉开嘴壳，将刀尖伸入口腔，刀尖达第二颈椎处，即腭裂的后方，用刀尖切断颈静脉和桥状静脉的联合处。接着收刀通过腭裂处缝的中央、眼的内侧用力将刀尖斜刺延脑，以破坏神经中枢，使羽毛易于脱落，促其早死，减少挣扎，使肌肉松弛，放血快而净，不易污染，有利于拔毛。此法外部没有伤口，外观整齐，但技术比较复杂，不易掌握，且会造成放血不良，使颈部淤血。

③ 电麻放血法　目前大中型机械化流水线生产的工厂中，多采用此方法。要配以机械化的传动装置。先把鸡的双爪插入放血传送带的吊脚上，使鸡倒挂。鸡体随着传送带运行，当通过电麻器时，构成一个回路，而被自动电麻，随后被送入圆盘电锯，割断其静脉，而宰杀。

电麻有交流电麻、直流电麻、脉冲电麻三种。交流电麻，常用电压50V，放血60s；直流电麻，常用电压90V，放血90s；脉冲电麻，以100V电压为好。

(4) 浸烫　家禽屠宰后要立即浸烫、去毛，浸烫方式有如下几种。

① 手工浸烫　手工烫毛的水温，一般鸡为62～65℃，鸭、鹅的羽毛覆盖层厚，温度要稍高一些，一般为65～68℃，月龄短的家禽，温度要低些。浸烫时间一般为30～60s。

② 机械浸烫　机械浸烫缸或烫槽一般是采用蒸汽加热，使水温保持在规定的范围内。所以浸烫的温度要比手工的略低一些，一般鸡为58～60℃、鸭为61～62℃，鹅为62～63℃较适宜。浸烫设备，一般是在长形圆底的热水槽内装有胶管和胶齿的转轴，在电动机的带动下，有规则均匀地上下搅动和推进，将家禽羽毛烫透并传送到打毛机上。方法是，移动吊轨上的家禽被屠宰后，已基本死透，但体温还未散尽，通过手工将禽一只一只投入烫缸，或者通过自动装置一只一只投入烫缸内进行浸烫。

(5) 脱毛　脱毛方法有以下几种。

① 手工去毛　手工去毛时，要根据羽毛的性能、特点和分布的位置、顺序进行。一般是先拔右翅羽，附带推脱肩头毛；再拔左翅羽，同时推脱背毛；然后拔除胸腹毛，倒搓颈毛；最后拔去尾毛。

② 机械去毛　简单的脱毛机械有两种：一种是筒式脱毛机，筒的内壁上装有许多橡皮桩，筒的中央有一条顺放的长轴。长轴上也装有长橡胶棒。轴由电动机带动做轴向旋转，使鸡在运动中，靠橡胶棒的摩擦，而使羽毛脱掉。另外一种是由电机带动附有橡胶棒的滚筒旋转，用手抓住鸡爪把鸡体放入其中，靠橡胶棒的抽打脱毛。

(6) 拔细毛　经过去毛的家禽，体表上还残留一部分细小的羽毛。为了减轻脱小毛的体力劳动和提高工作效率，在钳小毛前可用石蜡先去一次细毛。

(7) 钳小毛　家禽经过浸烫、去毛以及拔细毛后，全身羽毛基本去净，但仍残留有细小绒毛及血管毛，必须再进行一次手工钳小毛才能完成。钳小毛时以右手执镊并紧持镊柄，使刀面与大拇指面持平，增加夹毛面积。刀面与指面斜度为150°左右，以左手执禽体，使禽体浮在水面，用手指将表皮绷紧，使毛孔竖起，右手执拔毛镊从左背尾部开始，逆毛方向经过左腿及翅外侧，钳到颈根，再顺毛方向从颈根钳净右背，经过右翅及腿外侧，直至尾部。然后翻动禽体，从左腹开始，逆毛方向顺序钳到颈根，再从颈根顺毛方向钳到尾部。经过这样四个来回的钳除，可以将全身细毛去除。操作必须按以上顺序依次进行、不得乱钳。钳完一只禽时，同时将禽的脚皮和嘴壳去除，以保持禽体全身洁白干净。

(8) 冷却　在一般工厂中可以采取流动水冷却法，即鸡体在传送带吊架下，通过冷却水槽，冷却水温度最好控制在10℃以下。冷却时间，要根据冷却条件和冷却效果确定。必要时可以采取人工制冷方法，控制冷却水温度，使鸡体表面温度迅速降至10℃，甚至更低一些。

(9) 开膛拉肠　开膛的位置要正确，要符合加工禽制品的要求。开膛前先要进行整理，使禽体全身光洁，保持清洁卫生，便于净膛和拉肠的进行。

① 除粪便　操作时将禽体腹部朝上，两掌托住背部，以两拇指用力按捺禽的下腹部向下推挤，即可将禽粪便从肛门挤出。

② 洗淤血　钳净小毛后的禽体再在清水池内洗去淤血。一手握住头颈，另一手的中指用力将口腔、喉部或耳侧部的淤血挤出，再抓住禽头在水中上下、左右摆动，把血污洗净，同时顺势把嘴壳和舌衣拉出。

③ 净膛　也称开膛，开膛的方法很多，一般有腋下开膛和腹部开膛。腋下开膛时从右翅下肋窝处切开长约3cm的切口，再顺翅割开一个月牙形的口，总长度为6～7cm即可。腹下开膛时用刀尖或剪刀从肛门至胸骨间腹中线正中切开长度约3cm的刀口，以便于食指和中指伸入拉肠。

家禽在开膛后，根据加工产品的不同，拉肠或取出内脏有以下几种形式。

a. 全净膛　即除肺、肾外将家禽的内脏全部拉出的胴体。凡是腋下开膛的家禽都是全净膛。一般是先把禽体腹部朝上，右手控制禽体，左手压住小腹，以小指、无名指、中指用力向上推挤，使内脏脱离尾部的油脂，便于取内脏。随即左手控制禽体，右手中指和食指从腋下的刀口处伸入，先用食指插入胸膛，抠住心脏拉出，接着用两指圈牢食管，同时将与肌胃周围相连的筋腱和薄膜剥开，轻轻一拉，把内脏全部取出。对腹下开膛的全净膛家禽，一般是以右手的四个指头侧着伸入刀口触到禽的心脏，同时向上一转，把周围的薄膜剥开，再手掌向上，四指抓牢心脏，将内脏全部取出。

b. 半净膛。即从肛门处切开长约2cm的刀口，拉出肠子和胆囊，而其他内脏仍留在禽的体腔之中的胴体内。操作时，使禽体仰卧，左手控制禽体，右手的食指和中指从肛门刀口处伸入腹腔，夹住肠壁与胆囊连接处的下端，再向左转，抠牢肠管，将肠子连同胆囊一齐拉出。

c. 不净膛　活禽屠宰后不开膛不拉肠的禽体，称为“不净膛”，又称为“满膛”，即全部内脏仍留在体腔之中。

(10) 检验与处理　净膛后的禽胴体由专职卫检人员进行宰后检验，剔除不合格的次品，如果是出口商品，应按出口标准进行分级。

(11) 入库　以上工序结束后把禽体挂在轨道架上运到预冷间，市销家禽经过钳净小毛后，验收合格的可直接挂在轨道架上运送到预冷间。

2. 宰前检疫

采取以群体检查为主，个体检查为辅的综合方法，将6～10只实验鸡放在笼内，从“静态、动态、饮食状态”三个方面观察，先从群体里剔出病鸡或疑似病鸡，然后对这些病鸡或疑似病鸡进行较详细的个体检查，并将病、健鸡区分开。

3. 宰后检验

宰后检验以感官检验为主，依次进行体表检查、体腔检查和内脏检查。

(1) 体表检查　检查放血程度、皮肤是否完整、清洁卫生；检查眼、口腔、鼻腔和肛门有无病变或异常；检查体躯和四肢关节有无病变。

（2）体腔检查　左右手分别持镊子和手术刀撑开腹腔，检查气囊有无病变；注意卵巢有无变色、变性和变硬；检查肾脏是否正常，有无肿大、尿酸可卡因析出等变化；体腔内有无断肠、粪污和胆污现象。有疑问时可进一步用手术刀柄钝性剥离肾脏，暴露腰荐神经丛，检查有无增粗，横纹是否消失，也可自大腿内侧肌肉缝剥离出坐骨神经检查有无变化。

（3）内脏检查　依次检查肝、脾、胃、肠、心，注意其大小、形态、色泽、弹性，有无出血、坏死、结节和肿瘤等。特别注意小肠、盲肠、腺胃和肌胃，必要时剪开肠管检查肠黏膜；剖开腺胃和肌胃，剥去肌胃角质膜，检查有无出血和溃疡。

【实训报告】记录禽的屠宰检验程序和要点，分析宰后检验结果并给出处理意见。

实训七　家兔的屠宰加工及检验技术

【实训目标】了解家兔的屠宰加工工艺，掌握兔的宰前检疫与宰后检验技术。

【实训材料】兔笼、刀、剪子、镊子、搪瓷盘、盆、污物桶等。

【实训场地】兔屠宰场或校内实训室。

【方法步骤】

1. 家兔的屠宰加工

兔屠宰加工的工序一般为：活兔验收饲养→送宰→击晕→放血→淋浴→剥皮→截肢→修黏膜→剖腹→取内脏→检验内脏→质量检验→修割整理→肉尸复检→分等级→预冷→拆骨→冷却→过磅→装箱→速冻。

（1）击晕　击晕的方法，目前在我国各兔肉加工厂广泛采用的是电击晕法（即电麻法），使电流通过兔体，麻醉中枢神经引起晕倒。此法还能刺激心脏活动，使心搏升高，便于放血。

兔用电麻器形如长柄钳子，钳端附有海绵体，电压70V，电流0.75A，通电时间2～4s。使用时先蘸5%的盐水，然后插入家兔两耳后部，家兔触电后昏倒，即可宰杀。目前各地盛行的电麻转盘，操作则更为方便，其电流、电压同电麻器。

（2）宰杀、放血　现代化兔肉加工厂，宰兔多用机械割头。这种方法可以减轻劳动强度，提高工效，防止兔毛飞扬，兔血飞溅。此设备多为机械化程度较高的兔肉加工厂所采用。而在广大农村及小型兔肉加工厂，宰杀家兔时，大都是手工操作或半机械化操作。兔的致死方法有以下几种。

① 棒击法　此方法是将兔的两耳提起，用圆木棒猛击家兔后脑，昏迷时立即放血，但被击中的头部有淤血，影响兔头的深加工质量。

② 灌醋法　即给所宰兔灌服食醋数汤匙。因为家兔对食醋的反应很敏感，服醋后，血液中的安定碱类（维持生命所必需的物质）很快被夺去，心脏衰弱，出现麻痹及呼吸困难，口吐血沫，片刻即死，死后要立即放血。服醋后，腹腔内的血管异常扩大，全身血液大部分积聚在内脏，血压下降幅度很大，也就是致死的原因之一。但这种方法，比较麻烦，多弃而不用。

③ 颈部移位法　即固定兔的后腿和头部，使兔身尽量延长，然后突然用力一拉，这样兔的头部弯向后方，从而使颈部移位致死，然后，迅速放血。

④ 放血法　将所宰兔倒挂起来，然后用小利刀割断颈部动脉血管，放出体内血液致死。由于放血完全，可提高肉的质量和延长保存期，因此，这种宰杀方法一直被广泛采用。

⑤ 空气法　此法是在家兔的耳静脉注射一针空气，使之发生血液栓塞而死，接着迅速

放血。这种方法操作复杂，放血不净，易使肉质变性，不宜采用。

总之，无论采取何种屠宰方法，都必须放净血液。因为肉尸放血程度的好坏，对家兔肉的品质和贮藏起着决定性的作用。放血充分，肉质细嫩柔软，含水量少，保存时间长。放血不净，就会使肉中含水分多，色泽不美观，影响贮存时间。根据实际操作，放血的时间不少于 2min。放血不净的原因，主要是因家兔疲劳过度或放血时间短或宰前家兔患病所致。放血不净，胴体内残余的血液易导致细菌繁殖，影响兔肉质量。

(3) 挂腿、水淋　将放血后的兔体右后肢跗关节卡入挂钩，为防止兔毛飞扬，污染车间或产品，要用清水淋湿兔体，但不要淋湿挂钩和吊挂的兔爪，以防污液下流污染肉体。

(4) 剥皮、去头　从左后肢跗关节处平行挑开至右后肢跗关节处，不要挑破腿部肌肉。再从跗关节处挑破腿皮，剥至尾根处，用力不要太猛，防止撕破腿部肌肉。做到手不沾肉，肉不沾毛，接触毛皮的手和工具，未经消毒或冲洗不得接触肉体。从第二尾椎处去尾。从跗关节上方 1～1.5cm 处截断左、右肢上的皮，再割断腹部皮下腺体和结缔组织，将皮扒至前肢处。剥离前肢腿皮，从腕关节稍上方 1cm 处截断前肢。剥离头皮后，从第一颈椎处去头。若使用剥皮机剥皮，则在去头后，截断前肢，随即从上向下身剥皮。

皮板向外的筒皮剥离后，从腹部中线剪开，去掉头皮、前肢腕关节和后肢跗关节及尾部皮后，呈方形固定晾晒。

(5) 剖腹、出腔、去脏　分开耻骨联合，从腹部正中线下刀开腹，下刀不要太深，以免开破脏器，污染肉体。然后用手将胸、腹腔脏器一齐掏出，但不得脱离肉体。接着进行内脏检验和胴体检验。检查完毕后，将脏器去掉，肝、肾、肺、心脏、肠、胃、胆等分别处理和保存。脏器出腔时，注意防止划破胃肠和胆囊。

(6) 修整、截肢　在链条上先洗涮净血脖，从跗关节处截断右后肢，修净体表和腹腔内表层脂肪；修除残余的内脏、生殖器官、耻骨附近（肛门周围）的腺体、结缔组织和外伤；后腿内侧肌肉的大血管不得剪断，应从骨盆腔处挤出血液。

(7) 清污　用洗净消毒后的毛巾擦净肉体各部位的血和浮毛，或用高压自来水喷淋肉体，冲去血污和浮毛，转入冷风道沥水冷却。为防止污染，擦兔用的毛巾，不得用同一部位擦两只兔。

经过修整的兔肉，应逐只过秤、分级。

(8) 冷却、包装、冷藏　经过修整分级的兔肉立即进入冷风道冷却。兔的加工，从宰杀到预冷不得超过 2h。经预冷肉温不得高于 20℃，包装后即送速冻、冷藏。对于出口产品，在包装前要取样检查细菌总数、大肠菌群和沙门菌。

2. 宰前检疫

兔宰前检疫一般是在铺有漏粪板的保养圈内进行。健康家兔脉搏 80～90 次/min，体温 38～39℃，呼吸 20～40 次/min，眼睛圆而明亮，眼角干燥，精力充沛；白色兔耳色粉红，用手捏之，略高于体温者为正常；粪呈豌豆大小的圆粒，整齐。对活兔作逐圈检查，如发现有被毛粗乱、眼睛无神且有分泌物、呼吸困难、不喜活动、行走踉跄、粪便稀薄且有臭味者应剔除做进一步检验和处理。

3. 宰后检验

兔的宰后检验主要分为内脏检验和胴体检验。

(1) 内脏检验　以肉眼检查为主。为便于固定和翻转内脏，避免检验人员直接接触，可用长犬齿镊和小型剪刀进行工作。

检查先从肺部开始，注意肺及气管有无炎症、水肿、出血、化脓或小结节，但无需剖检支气管、淋巴结。肺脏检验后，检查心脏，看心脏外膜有无出血点、心肌有无变性等。然后检查肝脏，注意其硬度、色泽、大小、肝组织有无白色或淡黄色的小结节。肝导管及胆囊有无发炎及肿大，必要时剪割肝、胆管，用剪刀背压出其内容物，以便发现肝片吸虫及球虫卵囊（患肝球虫病的肝管内容物用挤压法挤出后置于低倍显微镜下观察，可以检出卵囊）。当家兔患有多种传染病和寄生虫病时，肝脏大多发生病变，所以，为保证产品质量，对肝脏必须加强复检，有专人负责处理。

心、肝、肺的检查，主要是检查球虫、线虫、血吸虫、钩子虫及结核病等的病变。

胃、肠的检查，主要是检查其浆膜上有无炎症、出血、脓肿等病变。检查脾脏，视其大小、色泽、硬度，注意有无出血、充血、肿大和小结节等病变，同时还须增加肾脏检查。

（2）胴体检验　一般分为初检和复检。

① 初检　主要检查胴体的体表和胸、腹腔炎症，对淋巴结、肾脏主要检验有无肿瘤、黄疸、出血和脓疱等。

② 复检　主要对初检后的胴体进行复查工作。在操作过程中，要特别注意检验工作的消毒，严防污染。

胴体检查时，用检验钩进行固定，打开腹腔，检查胸、腹有无炎症、出血及化脓等病变，并注意有无寄生虫。同时检查肾脏有无充血、出血、炎症、变性、脓肿及结节等病变（正常的肾脏呈棕红色）。检查前肢和后肢内侧有无创伤、脓肿，然后将胴体转向背面，观察各部位有无出血、炎症、创伤及脓肿。同时也必须注意观察肌肉颜色，正常的肌肉为淡粉红色，深红色或暗红色则属放血不完全或者是老龄兔。

检验后，应按食用、不适合食用、高温处理等分别放置，在检验过程中，除胴体上小的伤斑应进行必要的修整外，一般不应划破肌肉，以保持兔肉的完整和美观。

【实训报告】 记录兔的屠宰检验程序和要点，分析宰后检验结果并给出处理意见。

实训八　屠畜主要传染病的鉴定

【实训目标】 通过实训，使学生掌握屠畜主要传染病的临床鉴定技术。

【实验材料】 各种病畜或病料，或传染病教学图谱。

【实验方法】

一、屠猪主要传染病的鉴定

1. 猪炭疽

猪对炭疽杆菌具有一定抵抗力，主要表现为咽炭疽和肠炭疽。

（1）宰前鉴定　可发现一侧咽喉部红肿，颌下淋巴结和咽后淋巴结肿胀，呼吸、吞咽困难，肠炭疽时便秘或腹泻。

（2）宰后鉴定　颌下淋巴结和肠系膜淋巴结出血、肿胀、坏死及其邻近组织呈出血性胶样浸润为特征，还可见扁桃体肿胀、出血、坏死，并有黄色痂皮覆盖。

2. 猪瘟

（1）宰前鉴定　表现为高热稽留，脓性结膜炎，皮肤点状出血指压不褪色，先便秘后腹泻，粪便带血或有纤维素性黏液。

（2）宰后鉴定　以全身性出血为特征。皮肤有出血斑，喉头、胆囊、膀胱黏膜和心内外膜出血。淋巴结水肿、出血，黑红色，切面呈大理石样外观。脾不肿大或肿大不明显，边缘有出血性梗死。肺切面暗红色，间质水肿、出血。肾贫血色淡，有针尖大小出血点。在回肠末端、盲肠和结肠处呈坏死性肠炎。扁桃体充血、水肿、化脓性坏死、溃疡。胃底有片状充血、出血。

3. 猪丹毒

(1) 宰前鉴定 体温升高，稽留热，眼结膜潮红，两眼清亮有神，呕吐，便秘或腹泻，皮肤出现大小不等红斑，指压褪色。亚急性型典型症状为皮肤出现疹块，疹块呈方形、圆形或菱形。慢性型表现为消瘦，听诊有心杂音，关节炎，有的病猪皮肤大片坏死脱落，甚至耳或尾全部脱落。

(2) 宰后鉴定 为败血症的变化，全身淋巴结肿胀充血；脾脏明显肿大，呈樱桃红色；肾肿大，颜色暗红；肺淤血、水肿；胃或十二指肠有卡他性或出血性炎症。亚急性型皮肤上出现疹块。慢性型在心脏二尖瓣上形成菜花状赘生物。关节炎病例可见关节肿大或变形，关节囊内充满多量浆液，混有白色纤维素性渗出物。

4. 猪弓形虫病

(1) 宰前鉴定 体温升高，呈稽留热，便秘。呼吸困难，流鼻涕，咳嗽甚至呕吐。耳翼、鼻端、下肢、股内侧、下腹部等处皮肤出现紫红斑或小点状出血。体表淋巴结肿大。

(2) 宰后鉴定 肠系膜淋巴结、胃淋巴结、颌下淋巴结及腹股沟淋巴结肿大，切面呈砖红色或灰红色；肺脏水肿，有出血斑和白色坏死点；肝脏变硬、浊肿、有坏死点；肾表面和切面有出血点。

5. 猪肺疫

(1) 宰前鉴定 体温升高，咳嗽，呼吸极度困难，呈犬坐式。皮肤发绀，耳根、四肢内侧有红斑，颈部、咽喉部肿胀，伴有脓性结膜炎。

(2) 宰后鉴定 多呈现纤维素性胸膜肺炎变化，肺明显实变，尖叶、心叶和膈叶有不同程度坏死区，周围水肿气肿，切面呈大理石样花纹；胸膜有纤维素附着，并且与肺粘连；心外膜出血，心包、胸腔积液；脾和淋巴结出血。

6. 猪链球菌病

(1) 宰前鉴定 败血性表现体温升高，眼结膜充血、流泪，有浆液性鼻液，便秘，皮肤有出血斑点；慢性病例主要表现为关节炎；脑膜炎型出现共济失调、盲目运动、全身痉挛等症；淋巴结脓肿性表现为局部肿胀，触诊硬固，有热痛。

(2) 宰后鉴定 皮肤出现紫斑，黏膜出血。浆膜腔积液，含有纤维素。全身淋巴结肿大、充血和出血。肺充血肿胀。心包积液，心内膜有出血斑点。脾肿大，暗红色。肠系膜水肿。脑膜充血、出血。慢性病例表现为关节炎和心内膜炎。

7. 猪副伤寒

(1) 宰前鉴定 急性型主要表现发热，呼吸困难，耳根、胸前和腹下等处皮肤发红并出现紫斑。亚急性型出现体温升高，畏寒和结膜炎。慢性型多为顽固性下痢，排出水样、黄绿色的恶臭粪便，伴以消瘦、脱水以及贫血。

(2) 宰后鉴定 急性型表现肝肿大、充血和出血，有针尖大小坏死点。脾肿大，暗蓝色。全身黏膜、浆膜出血，肠系膜淋巴结肿大。亚急性和慢性型特征是在盲肠、结肠、回肠后段出现纤维素性坏死性肠炎。肝、脾、肠系膜淋巴结肿大，并有针尖大灰白色坏死灶。

8. 猪呼吸与繁殖综合征

(1) 宰前鉴定 双眼肿胀，呼吸困难，腹泻，耳部、外阴、尾、鼻、腹部皮肤发绀。

(2) 宰后鉴定 主要病变见肺弥漫性间质性肺炎，表现暗红色、肿大。

9. 猪口蹄疫

(1) 宰前鉴定 主要在蹄部出现水疱、溃疡、糜烂，有时在鼻盘、口腔黏膜、乳房出现水疱、溃疡、糜烂。

（2）宰后鉴定　除蹄部和口腔出现水疱、烂斑外，有的可能出现“虎斑心”。

二、屠牛、羊主要传染病的鉴定

1. 炭疽

（1）宰前鉴定　绵羊和山羊常呈最急性型，表现突然倒地，昏迷，全身痉挛，呼吸困难，可视黏膜发绀，天然孔出血，常于数小时内死亡。牛常呈急性型，表现体温升高，兴奋不安，吼叫，呼吸困难，初便秘后腹泻，粪尿中带血，一般 1～2d 死亡。

（2）宰后鉴定　牛羊表现全身出血，皮下、肌间、浆膜下结缔组织水肿，呈黄色胶样浸润。全身淋巴结充血、出血和肿大。脾脏淤血、出血，肿大 3～5 倍，脾髓呈暗红色，粥样软化。此外，还可在胃、肠和皮肤出现炭疽痈。

2. 口蹄疫

（1）宰前鉴定　牛、羊患口蹄疫后，表现体温升高，在唇内面、齿龈、舌面和鼻镜等处出现水疱、溃疡、糜烂；病牛流涎，呈白色泡沫状；同时，趾间及蹄冠的皮肤上表现水疱，破溃后形成糜烂；有的病牛乳头皮肤也可出现水疱、烂斑。羊多不流涎。

（2）宰后鉴定　除在口腔、蹄部有水疱和烂斑外，在咽喉、气管、支气管和前胃黏膜也可出现圆形烂斑和溃疡。有时出现“虎斑心”。

3. 牛结核病

（1）宰前鉴定　患肺结核时表现干咳，并咳出脓性分泌物，呼吸困难，消瘦，被毛粗乱；恶化时，病牛体温升高，呼吸极度困难；患乳房结核时于乳房内可摸到局限性或弥漫性硬结，无热无痛，乳房淋巴结肿大；患肠结核时病牛出现顽固性下痢，消瘦。

（2）宰后鉴定　可发现在乳房、肺、胸膜、纵膈淋巴结和乳房淋巴结等有结核性结节。

4. 牛、羊巴氏杆菌病

（1）宰前鉴定　败血型表现体温升高，结膜潮红，呼吸困难。水肿型者在头颈、咽、胸、肛门和四肢出现水肿，吞咽、呼吸困难。肺炎型者主要表现纤维素性胸膜肺炎症状，此时病牛出现呼吸困难，痛苦干咳，流鼻汁，后呈脓性或带有血色；胸部叩诊有疼痛感；肺部听诊有支气管呼吸音及水泡性杂音。

（2）宰后鉴定　可见颌下、咽后和纵膈淋巴结水肿、出血。全身浆膜与黏膜散布点状出血。咽喉部、下颌间、颈部与胸前皮下组织发生水肿。肺组织发生实变，颜色从暗红到灰白，切面呈大理石样，并有黄色坏死灶。胸腔积有淡黄色絮状纤维素浆液。胃肠呈急性卡他性或出血性炎。

【实训报告】　写出猪、牛、羊常见传染病的宰前、宰后鉴定要点，并会正确处理。

实训九　旋毛虫病畜肉的检验

【实训目的】　学习和掌握旋毛虫病畜肉的肌肉压片镜检法，了解肌肉消化检查法，并能正确识别旋毛虫。

【实训材料】

（1）器材　镊子、弯头剪刀、旋毛虫压定器或载玻片、实体显微镜、旋毛虫检查投影仪、组织捣碎机、磁力加热搅拌器、0.3～0.4mm 铜筛或贝尔曼幼虫分离装置、分液漏斗等。

(2) 药品 5%或10%盐酸溶液、50%甘油溶液、0.1%～0.4%胃蛋白酶水溶液、胃蛋白酶（每克含酶30000U）等。

【方法步骤】

一、肌肉压片镜检法

1. 采样

从胴体左右膈肌脚各采取肌肉一块，每块约重30～50g，编上与胴体相同的号码。如果被检对象是部分胴体，可从咬肌、腰肌、肋间肌等处采样，送实验室检查。

2. 制片

将采取的肉样置于左手中指，用食指与拇指将其抻平，用弯头剪刀顺着肌纤维的方向，分别在肉样两面的不同部位剪取12个麦粒大小的肉粒（其中如果有肉眼可见的小白点，必须剪下），两块肉样共剪取24粒，依次将肉粒贴附于夹压玻片上，排列成整齐的两排，每排放置12粒。如果用载玻片，则每排放置6粒，共用两张玻片。然后取另一玻片覆盖于肉粒上，旋动夹压片的螺丝或用力压迫载玻片，将肉粒压成厚度均匀又很薄的薄片（至透过肉片可看到报纸上的字为度），并使其两端固定后镜检。

3. 镜检

将制好的压片置于50～70倍的低倍显微镜或投影仪下，进行仔细观察。从压片一端的第一个肉片外缘开始，顺着肌纤维检查，直到压片另一端的最后一个肉片的外缘为止，逐个检查每一个视野，不得漏检。视野中的肌纤维呈黄蔷薇色。

4. 判定

(1) 没有形成包囊的旋毛虫幼虫，在肌纤维之间，虫体呈直杆状或逐渐蜷曲状，但有时因压片时压力过大或压得太紧，使虫体被挤出在肌浆中。

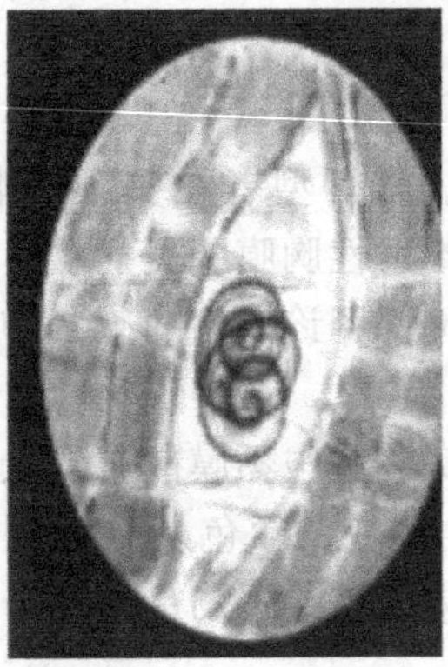
实训图9-1 显微镜下形成包囊的旋毛虫幼虫

(2) 形成包囊后的旋毛虫幼虫，在淡黄蔷薇色的背景上，可看到发亮透明的圆形或椭圆形的包囊，囊中央是蜷曲的旋毛虫幼虫，通常为一条，重度感染时，可见到双虫体包囊和多虫体包囊。见实训图9-1。猪旋毛虫的包囊呈椭圆形，而狗旋毛虫的包囊常呈圆形。有时因压片致包囊破裂，幼虫游离于包囊外周。

(3) 钙化的旋毛虫幼虫，在包囊内可见数量不等、染色浓淡不均的黑色钙化物。通常虫体的钙化先始于局部，逐渐波及全虫，最后四周包囊开始钙化。钙化后的包囊仅见虫体轮廓和包囊，包囊连同钙化了的虫体在镜下为一黑色团块。为了便于鉴别，此时可在压片上滴加10%的盐酸溶液数滴，静置15～30min，待钙盐溶解后，便可见到完整的幼虫虫体，此系包囊钙化，或可见到断裂成段、模糊不清的虫体，此系幼虫本身钙化，前者钙化是从包囊腔两端开始，逐渐向中间扩展；后者钙化是从虫体本身开始，逐渐向包囊边缘扩展（实训图9-2）。

(4) 发生机化的旋毛虫幼虫，虫体未形成包囊以前，包围虫体的肉芽组织逐渐增厚、变大，形成纺锤形或椭圆形的肉芽肿，生产实践中检验人员称之为“大包囊”或“云雾包”，被包围的虫体结构完整或破碎，乃至完全消失。虫体形成包囊后的机化，其病理过程与上述相似。由于机化灶透明度较差，此时可在压片上滴加2～3滴50%甘油生理盐水溶液，经数分钟透明处理后，即可看到虫体的形态，或死亡的虫体残骸（实训图9-2）。

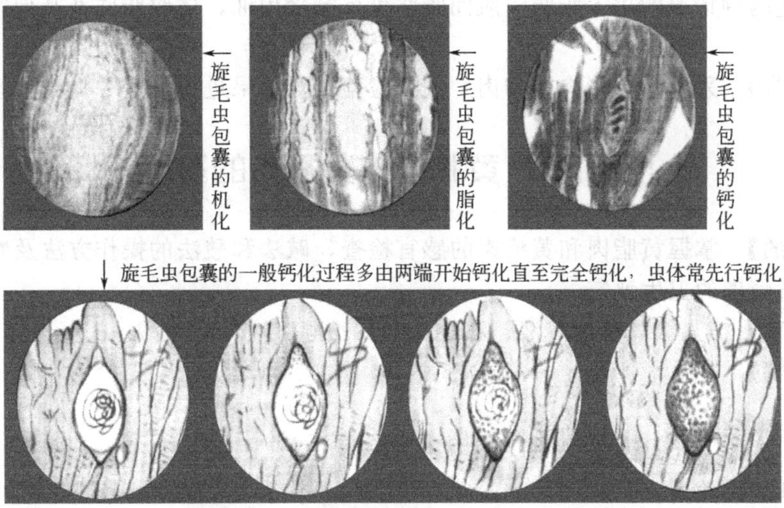

实训图 9-2　显微镜下的旋毛虫机化与钙化

二、集样消化检查法

1. 操作方法

(1) 取检样　按胴体的编号顺序，以 5～10 头猪为一组，每头猪胴体采取膈肌 5～8g，分别放在相应顺序号的采样盘或塑料袋内送检。

(2) 磨碎肉样　将编号送检的肉样，各取 2g，每一组共 10～20g，放入组织捣碎机的容器内，加入 100～200mL 胃蛋白酶溶液，捣碎 0.5min，肉样则成絮状并混悬于溶液中。

(3) 消化　将肉样捣碎液倒入锥形瓶中，再用等量胃蛋白酶溶液分数次冲洗容器，冲洗液注入锥形瓶中，

再按每 200mL 消化液加入 5%盐酸溶液 7mL 左右，调整 pH 为 1.6～1.8，然后置磁力加热搅拌器上，在 38～41℃条件下，中速搅拌、消化 2～5min（如无磁力加热搅拌器，可置于 43.3℃温箱中，消化 4～8min 并不断搅拌）。

(4) 过滤和沉淀　先用 40～50 目铜筛过滤消化肉样液，并以少量水冲洗黏附在瓶壁上的残渣，经此粗筛后，将滤液和冲洗液都置于一个大烧杯中，接着将粗筛后的滤液通过折成漏斗形的 80 目尼龙筛，再用适量的水，分别冲洗烧杯和筛面残渣，经细筛后，将滤液、冲洗液都收集在另一个大烧杯中，待其自然沉降；为了加速沉降，可用适量水和碎冰块加入烧杯中，使之迅速降温至 20～23℃。然后倾去烧杯中 1/2～2/3 的上清液，剩下的滤液用玻棒引流入 250mL 的分液漏斗内，此时，操作者用手轻轻摇晃分液漏斗，促使虫体下沉，经过 10～15min 沉淀，待分液漏斗底层出现沉淀物后，迅速把底层沉淀物放在底部划分为若干个方格的大平皿内，待镜检。

(5) 镜检　将平皿放在 50～70 倍显微镜下，按平皿底部划分的方格，逐个检查每一方格内有无旋毛虫幼虫或旋毛虫包囊。

(6) 判定　若发现虫体或包囊，则该检样组为阳性，必须对该组的 5～10 头猪的检样，逐一进行压片复检。

2. 卫生评定

(1) 在 24 个肉粒压片中，发现包囊的或钙化的旋毛虫，头、胴体和心脏化制或销毁。

（2）上述两种情况的皮下脂肪、肌间脂肪可炼制食用油，体腔脂肪及其他脏器不受限制出场。

【实训报告】采肉样（猪肉或狗肉）进行检验，对结果进行判定并提出处理意见。

实训十　黄脂肉与黄疸肉的鉴别

【实训目的】掌握黄脂肉和黄疸肉的感官检查，碱法和酸法的操作方法及判定标准；掌握黄脂肉与黄疸肉的卫生评定。

【实训材料】5%氢氧化钠溶液、乙醚、50%乙醇溶液、浓硫酸。

【方法步骤】

一、感官检查

见第八章的有关内容。

二、氢氧化钠-乙醚法

1. 原理

脂肪中胆红素能与氢氧化钠结合，生成黄色的胆红素钠盐，可溶于水，在氢氧化钠水层中呈现黄色，为黄疸。天然色素属于脂溶性物质，不溶于水，只溶于乙醚，在乙醚层中呈现黄色，为黄脂。

2. 操作方法

取猪肥膘或脂肪组织2g于平皿中剪碎，置于试管中，向试管内加入5%氢氧化钠溶液5mL，煮沸约1min，使脂肪全部溶化，并不时振摇试管，防止液体溅出。取下试管，置于流水下冲淋，使之冷却至约40～50℃（手触摸有温热感），小心加入乙醚2～3mL，摇匀，加塞静置，待溶液分层后观察其颜色的变化，并同时做空白对照试验。

3. 判定标准

（1）若上层乙醚液为黄色，下层液无色，则系天然色素所致，证明是黄脂。

（2）若上层乙醚液无色，下层液体染成黄色或黄绿色，则存在胆红素，为黄疸。

（3）若上、下两层均为黄色，则表明检样中两种色素同时存在，既有黄疸，也有黄脂。

三、硫酸法

1. 原理

胆红素在酸性环境（pH1.39）下显绿色或蓝色反应。故可在肉浸液中加入硫酸后使之显色而进行定性检查。

2. 操作方法

取被检脂肪5～10g，剪碎，置于具塞锥形瓶中，加入50%乙醇溶液约40mL，振摇浸抽10～15min，将浸出液过滤，量取滤液8mL置于试管中，滴加浓硫酸10～20滴，振摇混匀，观察溶液颜色变化。

3. 判定标准

当溶液中存在胆红素时，滤液呈现绿色，如继续加入硫酸，经适当加热，则变为淡蓝色。若无胆红素时，则溶液无颜色反应。

【实训报告】采取样品，进行感官检验和实验室检验，对检验结果进行综合评价。

实训十一　肉新鲜度检验

【实训目的】 掌握肉新鲜度综合检验的操作技术以及对检验结果进行综合判定的技能。

【实训材料】

1. 总挥发性盐基氮的测定

(1) 半微量凯氏定氮法　半微量凯氏定氮器、微量滴定管（最小分度 0.01mL)、1%氧化镁混悬液、2%硼酸溶液吸收液、甲基红指示液（0.2%甲基红乙醇溶液)、次甲基蓝指示液（0.1%次甲基蓝乙醇溶液，临用时将甲基红乙醇溶液和次甲基蓝乙醇溶液等量混合，即为混合指示液)、0.0100mol/L 盐酸标准溶液、无氨蒸馏水。

(2) 微量扩散法　扩散皿、微量滴定管（最小分度 0.01mL)、水溶性胶（取 10g 阿拉伯胶，加 10mL 水、5mL 甘油、5g 无水碳酸钾或无水碳酸钠，摇匀)、饱和碳酸钾溶液（称取 50g 碳酸钾，加 50mL 无氨蒸馏水，微加热助溶。使用时取上清液)、吸收液、混合指示液、盐酸或硫酸标准滴定溶液、无氨蒸馏水（同半微量凯氏定氮法)。

2. pH 的测定

精密 pH 试纸，pH 比色计，酸度计。

3. 粗氨测定（纳氏法）

纳氏试剂：称取碘化钾 10g 溶于 10mL 蒸馏水中，再加入热的升汞饱和溶液至出现红色沉淀。过滤，向溶液中加入碘溶液（30g KOH 溶于 80mL 水中)，并加入 1.5mL 上述升汞饱和溶液。待溶液冷却后，加蒸馏水至 20mL，贮存于棕色玻璃瓶内，置暗处密闭保存。使用时取上清液。

4. 球蛋白沉淀试验

10%硫酸铜溶液。

5. 硫化氢试验

碱性醋酸铅溶液（于 10%醋酸铅溶液加入 10%氢氧化钠溶液至析出白色沉淀)、醋酸铅滤纸条（将滤纸条浸入碱性醋酸铅溶液中，数分钟后取出阴干，保存备用)。

6. 过氧化物酶反应

1%过氧化氢溶液（取 1 份 30%过氧化氢与 2 份水混合即成，临用时配制)、0.2%联苯胺乙醇溶液（称取 0.2g 联苯胺溶于 95%乙醇溶液 100mL 中，置棕色瓶内保存，有效期不超过 1 个月)。

7. 鲜肉片镜检

酒精灯、革兰染色液、显微镜等。

【方法步骤】

一、感官检验

主要观察肉品表面和切面的状态，如色泽、组织状态、弹性、气味以及煮沸后肉汤等。

(1) 肉块检查　各项感官指标见表 10-6～表 10-8。

(2) 肉汤检查　称取 20g 肉样，剪碎后置于 250mL 的锥形瓶内或烧杯内，加水 100mL，用表面皿盖上，加热至 50～60℃，开盖后嗅其气味。继续加热至煮沸，维持 20～30min，然后，检查肉汤的气味、滋味和透明度。

二、挥发性盐基氮（TVB-N）的测定

（一）半微量凯氏定氮法

1. 原理

蛋白质分解产生的氨、胺类等碱性含氮物质，在碱性环境中具有挥发性，故称为挥发性盐基氮或总挥发性盐基氮。本测定方法是利用氧化镁的弱酸性环境，使碱性含氮物质游离并被蒸馏出来，被含有指示剂的硼酸溶液吸收，用标准盐酸滴定，通过计算求得含量。以确定肉品的新鲜度。

2. 方法

（1）肉浸液制备　除去肉样中脂肪、筋腱、剪碎，称取 5～10g，置 250mL 锥形瓶中，加 10 倍的无氨蒸馏水，不时振摇，浸渍 30min 后过滤，滤液备用。

（2）样品测定　半微量凯氏定氮装置在使用前，全部蒸馏装置必须用水蒸气发生器的蒸汽通入反应室洗涤 5min 左右，目的在于洗去仪器中可能残留的氨。最后用无氨水冲洗冷凝管外口，关闭电源，拧开螺旋夹准备样品测定。将盛有 2% 硼酸溶液 10mL 并加甲基红-次甲基蓝混合指示剂 5～6 滴的锥形瓶置于冷凝管下端。精确称取上述样品滤液 5mL，小心地从小玻璃杯加入蒸馏器反应室内，加 1% 氧化镁混悬液 5mL，迅速盖塞，并加少量水于小玻杯中以防漏气。接通电源，加热水蒸气发生器，沸腾后关闭螺旋夹，通入蒸汽，进行蒸馏，当冷凝管出现第一滴冷凝水时，迅速使冷凝管下端插入硼酸吸收液液面下，蒸馏 5min。先移开接收瓶，用表面皿覆盖瓶口，然后关闭电源。吸收液用盐酸标准滴定溶液（0.01mol/L）滴定，直至混合指示剂由绿色或草绿色变为蓝紫色为滴定终点。同时用无氨馏水代替样品溶液做试剂空白对照试验。

3. 计算

$$X=\frac{(V_1-V_2)\times M\times 14}{m\times 5/100}\times 100$$

式中　X——样品中挥发性盐基氮的含量，mg/100g；

V_1——测定用样液消耗盐酸标准溶液的体积，mL；

V_2——试剂空白消耗盐酸标准溶液的体积，mL；

M——盐酸标准溶液的实际浓度，mol/L；

14——1.000mol/L 盐酸标准 1.00mL 相当氮的质量，mg/mmol；

m——样品质量，g。

（二）康维（Conways）微量扩散法

1. 原理

挥发性含氮物质可在碱性溶液中释放出来，利用饱和碳酸钾溶液（强碱），使样品中含氮物质在 37℃ 恒温条件下游离并扩散至康维皿密闭空间中，并被硼酸溶液吸收。硼酸酸度改变引起其中指示剂的颜色发生变化。然后用标准酸溶液滴定中和所吸收的含氮物质。根据滴定终点，计算求得含量。

2. 方法

（1）肉浸液制备　同半微量凯氏定氮法。

（2）样品测定　将水溶性胶涂于康维皿的边缘，在皿内室加入 2% 硼酸溶液 1mL 及 1 滴甲基红-次甲基蓝混合指示液。在皿外室一侧加入 1.00mL 样品液，另一侧加入 1mL 饱和碳酸钾溶液（注意勿使两侧液体接触），立即加盖密封，将皿轻轻水平转动，使样品液与碳酸钾溶液混合，然后于 37℃ 温箱内放置 2h，揭去盖，内室的吸收液用盐酸（0.0100mol/L）

标准溶液滴定，滴定时，轻轻晃动内室的溶液，滴定至呈蓝紫色时为终点。同时做试剂空白对照试验。

3. 计算

$$X=\frac{(V_1-V_2)\times M\times 14}{m\times 1/100}\times 100$$

式中 X——样品中挥发性盐基氮的含量，mg/100g；

V_1——测定用样液消耗盐酸标准溶液的体积，mL；

V_2——试剂空白消耗盐酸标准溶液的体积，mL；

M——盐酸标准溶液的实际浓度，mol/L；

14——1.000mol/L 盐酸标准 1.00mL 相当氮的质量，mg/mmol；

m——样品质量，g。

4. 判定标准

我国国家标准 GB 2707—1994、GB 2708—1994、GB 2710—1994 规定猪、牛、羊、兔、禽肉挥发性盐基氮≤20mg/100g。

三、pH 的测定

（一）原理

屠宰后的畜肉，由于肌糖原无氧酵解和 ATP 分解，乳酸和磷酸含量增加，使肉的 pH 下降。肉腐败变质过程中，由于肉中蛋白质在细菌和酶的作用下被分解为氨和胺类化合物等碱性物质，使肉的 pH 升高，因此肉中 pH 的升降幅度，一定范围内可以反映肉的新鲜程度，但不能作为判定肉新鲜度的绝对指标和最终指标。因为宰后肉的 pH 受许多因素影响，如宰前健康状况，疲劳、衰弱、饥饿等均能影响肉的 pH 变化。因此 pH 可以作为肉质量鉴定的一项参考指标。但对鉴定 PSE 肉仍不失为一个重要指标。

（二）方法

目前测定肉 pH 的方法有比色法和点位法。

1. 比色法

比色法是利用不同的酸碱指示剂来显示 pH。由于酸碱指示剂在溶液中随着溶液 pH 的改变而显示不同的颜色，而且溶液 pH 在一定范围内，某种指示剂的色度与 pH 成比例，因此，可以利用不同指示剂的混合物显示的各种颜色来指示溶液的 pH。根据这一原理，制成一种由浅至深的标准试纸或标准比色管，测定时以检样加指示剂后呈现的颜色与标准比较，即可得出被检样品的 pH。

（1）pH 试纸法　将选定的 pH 精密试纸条的一端浸入被检溶液中，数秒钟后取出与标准色板比较，直接读取 pH 的近似数值。本法简便，测定精确度在 pH±0.2 左右（不能检冻肉）。

（2）溶液比色法　首先从 pH 比色计中选定适当指示剂，一般选用甲基红（pH4.6～6.0）或溴麝香草酚蓝（pH6.0～7.6），必要时可选用酚红（pH6.8～8.4）。然后取 5mL 被检样液加入与标准管质量相同的小试管内，根据预测的 pH 范围，加入适当的指示剂 0.25mL，与标准比色管对光观察比较，当样品管与标准管色度一致时，标准管的 pH 即是样品的 pH。如色度介于两个比色管之间，则取其平均值。

2. 点位法

比色法只能测定粗略近似值，有一定局限性，而点位法对于有色，浑浊及胶状溶液的 pH 都能测定，其准确度较比色法高，点位法使用的仪器为酸度计，实验室常用的酸度计有国产雷磁 25 型酸度计或国产 PHS-2A 型酸度计。它们都是直读型 pH 计，除测量酸度之外也可以测量电极点位，点位法是将一只能指示溶液 pH 的玻璃电极作为指示电极，甘汞电极作为参比电极共同组成一个电池，浸入样品中产生的直流电动势，经放大器放大后，在点位差计上显示出相应读数或者直接转换为 pH 读数。

（三）判定标准

新鲜肉，pH5.8～6.2；次鲜肉 pH6.3～6.6；变质肉，pH6.7 以上。

四、粗氨测定（纳氏法）

（一）原理

肉腐败分解后产生的氨及胺类能与纳斯勒试剂中碘化汞和碘化钾的复盐生成黄色化合物，其颜色的深浅和沉淀物的多少能反应肉中氨的含量。

（二）方法

取试管 2 支，1 支加入 1mL 肉浸液，另一支加入 1mL 无氨蒸馏水做对照。向两支试管中各加入纳斯勒试剂 1～10 滴，每加 1 滴后振荡试管，并比较试管中溶液颜色、透明度、有无浑浊或沉淀等。

（三）判定标准

见表 10-12。

五、球蛋白沉淀试验（硫酸铜沉淀法）

（一）原理

利用蛋白质在碱性溶液中能和重金属离子结合，形成不溶性盐类的性质，以 10%硫酸铜做试剂，使铜离子与检液中溶解状态的球蛋白结合形成稳定的蛋白质盐。

（二）方法

取试管 2 支，编号后向 1 支加入 2mL 肉浸液，另一支加入 2mL 水做对照。向两支试管中各加入 10%硫酸铜溶液 3～5 滴，充分振荡后观察。

（三）判定标准

以猪肉为例。新鲜肉，呈淡蓝色，完全透明，以“—”表示；次鲜肉，轻度浑浊，有时有少量絮状物，以“＋”表示；变质肉，溶液浑浊并有白色沉淀，以“＋＋”表示。

六、硫化氢检验

（一）原理

肉在腐败过程中含硫氨基酸进一步分解，释放出硫化氢。硫化氢在碱性条件下与可溶性铅盐反应，生成黑色的硫化铅，据此判断肉的质量鲜度。

（二）方法

将待检肉样剪成米粒大小，置于 100mL 锥形瓶中，达锥形瓶容积的 1/3。取醋酸铅滤纸条，或取已剪好的定性滤纸条，用碱性醋酸铅溶液浸湿，稍干后插入锥形瓶内使其下端接近肉面，但不触及肉面，一般在肉上方 1～2cm 处悬挂，立即将滤纸的另一端以瓶塞固定于瓶口。室温反应 15min，观察滤纸条颜色变化。

（三）判定标准

新鲜肉，滤纸条无变化，以“—”表示；次鲜肉，滤纸条的边缘变成淡褐色，以“＋”

表示；变质肉，滤纸条下端变为褐色或黑褐色，以“++”表示。由于硫化氢的定性反映尚不敏感，故该指标只作为肉新鲜度综合评定的辅助指标。

七、过氧化物酶反应

（一）原理

新鲜健康的畜禽肉中，含有过氧化物酶，不新鲜肉，严重病理状态的肉，或濒死畜禽肉，过氧化物酶显著减少，甚至完全缺乏。

过氧化氢在过氧化物酶的作用下，分解产生新生态氧，新生态氧将联苯胺指示剂氧化成二酰亚胺代对苯醌，后者与尚未氧化的联苯胺作用生成特异的蓝绿色或青绿色化合物，经过一定时间则变为褐色。

（二）方法

取 2mL 肉浸液（1∶10）于试管中，滴加 4～5 滴 0.2%联苯胺乙醇溶液，充分振荡后再加新配置 1%过氧化氢溶液 3 滴，稍振摇，立即观察结果，同时做空白对照实验。

（三）判定标准

健康畜禽新鲜肉，肉浸液立即或在数秒内呈蓝色或蓝绿色；次新鲜肉、过度疲劳、衰弱、患病、濒死期或病死的畜禽肉，肉浸液无颜色变化，或在稍长时间后呈淡青色并迅速变为褐色；变质肉，肉浸液无变化，或呈浅蓝色、褐色。

八、细菌菌落总数的测定

见实训一。

九、大肠菌群的测定

见实训二。

十、鲜肉触片镜检

（一）触片制备

以无菌操作方法从样品中切取 $3cm^3$ 左右的肉块，浸入酒精中并立即取出，点燃灼烧，如此处理 2～3 次，分别从肉样的表层（表面下 1～2mm）和深层剪取 $0.5cm^3$ 大小的肉块，分别制成触片或抹片。

（二）染色镜检

触片自然干燥，用甲醇或火焰固定 1min，进行革兰染色后镜检。镜检时每个触片观察 5 个以上视野，分别记录每个视野中所见的球菌和杆菌数，然后求出一个视野中细菌的平均数。

（三）判定标准

新鲜肉，触片上几乎不留肉组织痕迹，着色不明显，肉样的表面触片上可见少数球菌和杆菌，深层触片上看不到细菌或偶见个别细菌，触片上看不到分解的肉组织；次鲜肉，触片印迹着色较好，表层肉触片上平均每个视野可见 20～30 个球菌或杆菌，触片上明显可见到分解的肉组织；变质肉，触片印迹着色极浓，表层、深层触片上平均每个视野细菌数为 30 个以上，并以杆菌为主，当严重腐败时，各层触片上几乎看不到球菌，而杆菌可多至数百个或不计其数。触片上有大量分解的肉组织。

【实训报告】 根据感官检验、理化检验和细菌检验结果，对所检样品的新鲜度做出综合判定，写出实训报告。

实训十二　病死畜禽肉的检验

【实训目标】 掌握病死畜禽肉实验室检验的操作方法和卫生评价。

【实训材料】

1. 细菌学检验

器材：显微镜、具盖搪瓷盘、酒精灯、灭菌镊子、灭菌剪子、灭菌载玻片。

药品：革兰染色液、瑞特染色液。

2. 放血程度检验

器材：新华滤纸 0.5cm×5cm、镊子、检验刀、搪瓷盘、吸管、吸耳球、10mL 量筒，每组一套。

药品：愈创木脂酊（称取 5g 愈创木脂，加入 75%乙醇至 100mL 溶解后备用）、3%过氧化氢溶液（量取 30%过氧化氢 3mL，用蒸馏水稀释至 30mL，现用现配）。

3. 细菌毒素检验

器材：天平、水浴锅、灭菌的剪子和镊子、小试管 3 支、三角瓶、大平皿或广口瓶（带玻璃珠）、吸管 4 支，每组一套。

药品：鲎试剂（TAL 试剂），将冻干制品，临用时从冰箱内取出，锯开安瓿，加入稀释液 0.5mL 溶解后备用（可保存 2 周）；去离子蒸馏水；大肠杆菌内毒素的制成品，临用前从冰箱取出；氢氧化钠；健康新鲜肉浸液，除去肉样中的脂肪、筋腱、绞碎，称取 10g，置于 250mL 锥形瓶中，加入 100mL 中性蒸馏水，不时振摇，浸渍 15min 后过滤，滤液待测；生理盐水。

【方法步骤】

一、细菌学检验

1. 操作方法

(1) 利用无菌操作的方法，取有病理变化的淋巴结、实质器官和组织、触片（每个检样制备两个以上的触片）。

(2) 将自然干燥并经火焰固定的触片，用革兰染色液进行染色（亦可将自然干燥的组织触片经瑞特染色法进行染色），油镜下检查。

2. 判定标准

根据微生物或动物性食品微生物学检验标准进行炭疽杆菌、猪丹毒杆菌、巴氏杆菌、链球菌等各种致病菌的判定。

二、放血程度检验

1. 滤纸浸润法

(1) 操作方法

① 检验者用镊子将被检肉固定后，用检验刀切开肉。

② 取制备好的滤纸条插入被检肉新鲜切口 1～2cm 深。

③ 经 2～3min 后观察。

(2) 判定标准

① 放血不全　滤纸条被血样液浸润且超出插入部分 2～3mm。

② 严重放血不全　滤纸条被血样液严重浸润且超出插入部分 5mm 以上。

2. 愈创木脂酊反应法

(1) 操作方法

① 检验者用镊子将被检肉固定后，用检验刀切取前肢或后肢肉片 1～2g，置于瓷皿中。

② 用吸管吸取愈创木脂酊 5～10mL，注入瓷皿中，此时肌肉不发生任何变化。

③ 加入 3%过氧化氢溶液数滴，此时肉片周围产生泡沫。

(2) 判定标准

① 放血良好　肉片周围溶液呈淡蓝色环或无变化。

② 放血不全　数秒钟内肉片变为深蓝色，周围组织全呈深蓝色。

三、细菌毒素检验

1. 原理

鲎试剂中含有内毒素敏感因子凝固酶原、凝固蛋白等凝固素。微量的内毒素可将其依次激活，产生胶冻样凝集现象，其程度与被检物中内毒素含量成正比。本法不但可以定性，还可以依据凝集的最小需要量，推算出检样中内毒素含量。此反应敏感，特异性高，简便快速。

2. 操作方法

(1) 检验液的制备：检验者以无菌法从被检肉中心剪取 $3cm^3$ 肉一块，用去离子蒸馏水冲洗表面后，置于经处理的平皿中剪成肉泥，称取 10g 置于广口瓶中，加入去离子蒸馏水 90mL 混匀，在 5℃下放置 15min（每 5min 振荡一次）后静置 2min，取上清液过滤备用。

(2) 取 3 支小试管，第 1 支加入检样液 0.1mL，第 2 支加大肠杆菌内毒素稀释液 0.1mL 作阳性对照，第三支加去离子蒸馏水 0.1mL 作空白对照。

(3) 依次向上述 3 个试管中加入鲎试剂 0.1mL 稀释液，立即用透明胶带封好试管口，防止污染和蒸发。

(4) 轻轻摇匀后将试管置于 37℃水浴中保温 1h，取出试管慢慢倾斜成 0°～45°，观察结果。

3. 判定标准

(1) 完全凝固　试管中凝胶完全凝固不变形，为强阳性（+++）。

(2) 80%凝固　倾斜试管，凝胶稍变形，但不流动，为阳性（++）。

(3) 40%凝固　倾斜试管，凝胶呈半流动状态，具有黏性，为弱阳性（+）。

(4) 无凝固　倾斜试管，凝胶不凝固，为阴性（－）。

实训十三　注水肉的检验

【实训目标】 了解动物肉是否注水；掌握注水动物肉的各种检验方法。

【实训材料】

(1) 放大镜检验法　检验刀、镊子、放大镜、20mL 注射器各 1 个、大瓷盘 2 个，每组 1 套。

(2) 滤纸贴　检验刀、镊子各 1 个、将滤纸剪成 1cm×8cm 大小的纸条若干、每组 1 套。

(3) 燃纸检验法　检验刀、镊子各 1 个、吸水纸、瓷盘 2 个，每组 1 套。

(4) 加压检验法　干净塑料袋、重 5kg 重的哑铃或铁块。

(5) 熟肉率检验法　锅、电炉、检验刀、秤、量筒（500～1 000mL）各 1 个，每组 1 套。

(6) 肉的损耗检验法　吊钩、秤。

(7) SY-01 型肉类注水测定仪检测法　SY-01 型肉类注水测定仪。鲜猪、牛、羊前后肢精瘦肉。

【方法步骤】

一、感官检查

1. 视检

(1) 肌肉　注水肉色泽比较淡，呈淡红色、湿润、肌纤维肿胀。经过浸泡注水的白条鸡，冠髯膨胀，胸肌呈苍白色，皮肤变软，毛孔胀大呈浅白色。

(2) 皮下脂肪及板油　正常猪肉的皮下脂肪及板油色泽洁白，质地较柔软。而注水肉的皮下脂肪和板油呈现轻度的充血、呈粉红色，新鲜切面的小血管有血液流出。

(3) 心脏　正常猪心冠脂肪洁白，而注水猪心冠脂肪充血、心血管怒张，有时可在心尖部找到注水孔，心肌纤维肿胀，挤压时有血水流出。

(4) 肝脏　注水的肝脏严重淤血、肿胀、边缘增厚，呈暗褐色，切面有鲜红色血水流出。

(5) 肺脏　注水肺脏明显肿胀、呈淡红色、表面光滑，切面有大量血水流出。

(6) 肾脏　注水肾脏肿胀、淤血、呈暗红色，切面肾实质呈深紫色。

(7) 胃肠　注水的胃肠黏膜充血、胃肠壁增厚、呈砖红色。

2. 触检

用手触压注水肉，缺乏弹性，指压后凹痕恢复很慢或难以恢复，指压时有血水流出。

二、放大镜观察法

1. 操作方法

(1) 将正常肉、注水肉或光禽放到搪瓷盘内，以备检验人员观察。

(2) 检验人员用镊子固定住被检肉样，用检验刀顺着肌纤维方向切开肌肉后用放大镜观察。

2. 判定标准

(1) 正常肉　肌纤维排列均匀，结构致密紧凑无断裂、无变细增粗等形态变化，色泽呈鲜红或浅红色，看不到血液和渗出液。

(2) 注水肉　肌纤维肿胀、粗细不匀、结构纹理不清、有大量血水和渗出液。

三、滤纸贴

1. 操作方法

(1) 检验者用镊子将被检肉样固定，用检验刀切开肌肉。

(2) 立即将滤纸条插入切口内 2cm 深贴紧肉面 1～2min。

(3) 观察滤纸条被浸润情况，将滤纸条揭下后用两手均匀拉，检验其拉力。

2. 判定标准

(1) 正常肉　滤纸条稍湿润且有油渍，揭后耐拉。

(2) 注水肉　滤纸条立即被水分和肌肉汁浸湿，均匀一致，超过插入部分 2～5mm 以上（注水越多，湿得越快、超过部分越高）揭后不耐拉，易断。

四、燃纸检验法

1. 操作方法

(1) 检验者用镊子将被检肉样固定，用检验刀顺着肌纤维切开肌肉。

(2) 将吸水纸贴于肉的新鲜切面上，取下后点火燃烧。

2. 判定标准

(1) 正常肉　吸水纸贴后有油渍，点火后易燃烧。

(2) 注水肉　吸水纸贴后立即湿润，点火后不易燃烧。

五、加压检验法

1. 操作方法

(1) 取 10cm×10cm×5cm 的正常肉块和注水肉分别装在干净塑料袋内扎紧。

(2) 将哑铃或铁块压在塑料袋上，10min 后观察袋内情况。

2. 判定标准

(1) 装正常肉的塑料袋内无水或有非常少的几滴血水。

(2) 装注水肉的塑料袋内有水被挤出。

六、熟肉率检验法

1. 操作方法

(1) 称取正常肉和注水肉各 0.5kg 重的肉块，放在锅内，加 2000mL 水。

(2) 水煮沸后继续煮 1h，捞出晾凉后称取熟肉重量。

2. 计算

$$熟肉率=\frac{熟肉重}{鲜肉重}\times 100\%$$

3. 判定标准

(1) 正常肉　熟肉率>50%。

(2) 注水肉　熟肉率<50%。

七、肉的损耗检验法

1. 操作方法

(1) 取相同大小的正常肉和注水肉各 1 块，分别称重。

(2) 将其分开挂在 15～20℃通风良好的阴凉处的吊钩上，24h 后分别称重。

2. 计算

$$损耗率=\frac{晾前肉重-晾后肉重}{晾前肉重}\times 100\%$$

3. 判定标准

(1) 正常肉　损耗率 0.5%～0.7%。

(2) 注水肉　损耗率 4.0%～6.0%。

八、SY-01 型肉类注水测定仪检测法

1. 原理

应用电导原理进行测量。正常情况下，瘦肉中含水量一般在 70%左右，正常肉电导度

$S<1/51V$，电阻 $R>51\Omega$；加入不洁水质的肉电导度 $S\geqslant 1/51V$，电阻 $R\leqslant 51\Omega$。

2. 操作方法

将检测探头插入被检部位的精瘦肉中，按下测量键。表头指针所指为检测结果。

3. 判定标准

(1) 正常肉　表头指针停在蓝色带上。

(2) 注入少量水的肉　表头指针停在黄色带上。

(3) 严重注水肉　表头指针停在红色带上。

实训十四　免疫学方法鉴别肉种类

【实训目标】 掌握免疫学方法鉴别不同种类肉的操作技术。

【实训材料】

1. 沉淀反应

器材：显微镜、灭菌剪刀、灭菌镊子、电炉、琼扩打孔器、恒温箱、锥形瓶（250mL）、玻璃小漏斗、吸管（2mL）、毛细管、载玻片、中性滤纸。

药品：牛蛋白原沉淀素血清、马蛋白原沉淀素血清（如欲测其他动物肉，也应有相应的血清准备）、灭菌生理盐水、硝酸（相对密度 1.2）。

2. 琼脂扩散反应

牛蛋白原沉淀素血清、马蛋白原沉淀素血清（如欲测其他动物肉，也应有相应的血清准备）、琼扩反应用琼脂平板。

【方法步骤】

一、沉淀反应

1. 原理

本实验是一种单相扩散法，以相应动物的血清作抗原接种家兔，然后分离兔血清作为特异抗体。用这种已知的抗血清测未知的肉样浸出液（抗原），凡能在 10min 内以 1∶1000 的稀释度与同源抗原呈现显著沉淀反应的抗血清，即认为是适用的。

2. 操作方法

(1) 待检肉浸出液的制备，将除去脂肪和结缔组织的肌肉剪碎，按 1∶10 的比例加入灭菌生理盐水内，浸泡 1～3h，并不断搅拌，将浸出液通过双层滤纸过滤。按下述方法测定其稀释度：于 1mL 的浸出液内加入 1 滴相对密度为 1.2 的硝酸，并煮沸，如出现轻度乳白色，证明其中含有 1∶1000 蛋白质，说明适于反应用。如发生浑浊或沉淀，证明蛋白质含量高于 1∶300，应作适当稀释。若无乳白色而完全透明，则说明其中含蛋白质过少，须将盐水的比例减少，重新制造浸出液。如果肉浸液呈蔷薇色，则应置于 70℃水浴上加热 30min，过滤，滤液待测。

(2) 反应方法

① 沉淀管法　取沉淀小试管，分别加入 0.1mL 特异沉淀素血清（勿使产生气泡），用毛细吸管吸取等量待检肉浸液，沿管壁徐徐流下重叠于各试管的血清层上，在室温下静置 15～30min 后，对光观察结果。阳性者于两液面之间出现白色沉淀轮环。然后振摇混合，于次日检查管底有无沉淀。

② 平板法　在载玻片上置数滴特异血清，并放入 37℃恒温箱内干燥（制成的玻片可放于干燥处长期保存）。进行检验时，将数滴透明抗原（肉浸液）加在干燥的血清上，并用玻

璃棒搅拌，此后将玻片放入湿盒内（用湿纱布垫在盒底即可），置于37℃温箱中30min，取出后，在300倍显微镜下观察。阳性反应者可见浑浊的云雾状物。

二、琼脂扩散反应

1. 原理

本实验是一种双相扩散，不但能检测单一肉种，还能同时与有关抗原作比较，便于分析混合肉样的抗原成分，比单相扩散更为敏感。琼扩反应形成沉淀线以后不再扩散，并可保存作为永久记录。

2. 操作方法

在琼脂平板上打孔，中间1个孔，周围6个孔，孔间距离为4mm，孔直径为4mm。将制备好的被检肉浸液（同沉淀反应法）分别注入外周的5个孔内，第6个孔注入已知肉浸液作为阳性对照，中央孔加入已知特异性抗血清。每次加样时，均以刚好加满为宜。加样完毕后，将琼脂平板放入湿盒中，于25℃恒温箱或15℃室温下，8～72h观察结果。

3. 判定标准

阳性反应在中央孔和外周孔之间形成一白色沉淀线。

【实训报告】 采集检样进行检验，对结果进行分析、评价，写出实训报告。

实训十五　鲜乳的一般性状检验

【实训目标】 掌握鲜乳感官检验、乳的理化检验、乳的微生物检验等技术以及结果判定。

【实训材料】 试管、试管架、烧杯、白瓷皿、温度计、水浴锅、乳稠计（20℃/4℃）、温度计、250mL量筒、盖勃乳脂计、10mL硫酸自动吸管、11mL牛乳吸管、1mL异戊醇自动吸管、乳脂离心机、乳脂计架、相对密度1.820～1.825硫酸、沸点128～132℃的异戊醇、鲜牛乳样数个、碱溶液（称取15g氢氧化钠，加150mL水使溶解。另称取无水碳酸钠，加200mL水使溶解。再取37.5g氯化钠溶于水后，将此三液混合并加水稀释至500mL，以脱脂棉过滤，贮存于带橡皮塞玻璃瓶中）、异戊醇-乙醇混合液（65∶105）、碱式滴定管、滴定架、250mL锥形瓶、烧杯、刻度吸管、1%酚酞乙醇溶液、0.1mol/L NaOH溶液、68%或70%或72%中性酒精溶液等。

【方法步骤】

一、鲜乳的感官检验

1. 色泽鉴定

将检样乳倒入白瓷皿中，观察其颜色。

良质鲜乳为乳白色或稍带微黄色；次质鲜乳色泽较良质鲜乳为差，白色中稍带青色；劣质鲜乳呈浅粉色或显著的黄绿色，或是色泽灰暗。

2. 气味鉴定

将乳加热后嗅其气味。良质鲜乳具有乳特有的乳香味，无其他任何异味；次质鲜乳中固有的香味稍使或有异味；劣质鲜乳有明显的异味，如酸臭味、牛粪味、金属味、鱼腥味、汽油味等。

3. 滋味鉴定

将乳放进口中品尝其味道。良质鲜乳具有鲜乳独具的纯香味，滋味可口而稍甜，无其他任何异常滋味；次质鲜乳有微酸味（表明乳已开始酸败），或有其他轻微的异味；劣质鲜乳有酸味、咸味、苦味等。

4. 组织状态鉴定

将乳样倒入小烧杯中，静置1h左右，再仔细倒入另一小烧杯内，认真观察一个小烧杯底部有无沉淀和絮状物。再取一滴乳置于大拇指上，检查是否黏滑。

良质鲜乳呈均匀的流体，无沉淀、凝块和机械杂质，无黏稠和浓厚现象；次质鲜乳呈均匀的流体，无凝块，但可见少量微小的颗粒，脂肪聚黏表层呈液化状态；劣质鲜乳呈稠而不匀的溶液状，有乳凝结成的致密凝块或絮状物。

5. 卫生评定

正常鲜乳为乳白色或微带黄色，不得含有肉眼可见的异物，不得有红、绿等异色，不能有苦、涩、咸的滋味和饲料、青贮、霉等异味。

二、鲜乳的理化检验

（一）乳密度测定

1. 操作步骤

将温度为10～25℃的牛乳样品小心注入250mL的量筒中，加到量筒容积的3/4处，勿使生成泡沫，如有泡沫，可用滤纸条吸收。首先用温度计测定乳样的温度，记录。然后捏住乳密度计上部，小心地将其插入乳样中的1.030刻度处，松手让其自由浮动，使其勿与筒壁接触。待静置2～3min后，水平目视筒内牛乳液面的高度，读取密度计读数。根据样品的温度和乳稠计读数查表换算成20℃时的乳密度。

2. 结论

将乳样密度与标准值相比较。

（二）乳脂率测定

1. 盖勃法

（1）操作步骤

① 将乳脂计置于乳脂计架上，用硫酸自动吸管取10mL硫酸注入乳脂计中。

② 用11mL牛乳吸管吸取11mL混合均匀的乳样，慢慢加入乳脂计内，使乳在硫酸液面上，切勿混合。

③ 用1mL异戊醇自动吸管吸取1mL异戊醇小心注入乳脂计内。

④ 塞紧乳脂计胶塞，并用湿毛巾将乳脂计包好，用拇指压住胶塞，塞端向下，使细部硫酸液流到乳脂计膨大部，用力多次摇动使内容物充分混合。待蛋白质完全溶解，溶物变成褐色后，将乳脂计以塞端向下放入65～70℃水浴锅中4～5min。

⑤ 于水浴锅中取出乳脂计置于离心机中，以800～1200r/min离心5min。

⑥ 将乳脂计置于65～70℃水浴锅中4～5min，取出后立即读数，即可测得乳脂率。

（2）结论　判定乳样乳脂率是否达到标准。

2. 伊尼霍夫碱法

（1）操作步骤　取盖勃乳脂计，小心加入10mL碱溶液，再加入11mL异戊醇-乙醇混合液，用特制橡皮塞塞紧，小心摇匀，至产生泡沫为止。将塞向上，放入70～73℃水浴中，加温10min，5min后小心振摇1次，待10min后取出，将其反转使塞向下，再于70～73℃水浴中静置10～15min（时间长短取决于泡沫消失的速度），然后取出读取其脂肪层读数，即为脂肪的百分数。

(2) 结论　判定乳样乳脂率是否达到标准。

(3) 注意事项　水浴加温要求70～73℃，勿使降低到70℃以下；若最后读取脂肪层时仍有泡沫，可将乳脂计轻轻摇动，再次水浴10min后读数。

(三) 乳酸度检验

1. 直接滴定法

(1) 原理　利用酸碱中和的原理，以酚酞作指示剂，滴定100mL乳中的酸，至终点时，根据所消耗的氢氧化钠标准溶液的体积（mL）即可算出乳的酸度。

(2) 操作步骤　精密吸取牛乳10mL置于250mL三角瓶中，加水20mL，再加1%酚酞乙醇溶液0.5mL，小心摇匀。将0.1mol/L氢氧化钠标准溶液注入碱式滴定管内，并调整活塞使液面至整数刻度。将加入指示剂的乳样置于滴定管下，用0.1mL氢氧化钠标准溶液滴定，滴至微红色，并在1min内不消失为止。

(3) 计算　将滴定所消耗的0.1mol/L氢氧化钠标准液的体积（mL）乘以10，即为被检乳的滴定酸度（°T）。

(4) 判定标准　新挤出的鲜乳酸度为16～18°T，可以出售的乳的酸度不能高于22°T。

(5) 注意事项

① 检样乳中切不可忘记滴入指示剂。

② 滴定之前应记录滴管中碱溶液的体积（mL）。

③ 滴定时应先快后慢，时时注意滴定终点（滴入最后一滴立即变淡红色时）。

④ 达滴定终点后迅速计算消耗的碱溶液体积（mL），并乘以10。

2. 酒精凝固试验法（酒精阳性试验）

(1) 原理　乳中的酪蛋白胶粒带负电荷，周围形成一水化层，酒精有脱水作用，可将酪蛋白周围水化层脱掉，乳中的H^+或Ca^{2+}与负电荷作用，使酪蛋白发生变性而沉淀。

(2) 操作步骤　分别吸取乳样3mL于试管中，加等量68%、70%、72%中性酒精溶液，迅速混合，观察有无絮状物出现。

(3) 判定标准

① 如加68%酒精出现絮状物，说明乳酸度高于20°T，未出现絮状物，说明乳酸度低于20°T。

② 如加70%酒精出现絮状物，说明乳酸度高于19°T，未出现絮状物，说明乳酸度低于19°T。

③ 如加72%酒精出现絮状物，说明乳酸度高于18°T，未出现絮状物，说明乳酸度低于18°T。

三、乳的微生物检验

乳中的微生物检验通常进行细菌总数测定、大肠菌群MPN测定和致病菌菌检验，这些微生物指标的测定可以参照相关方法进行。还可以采用以下方法快速检验乳中的微生物。

1. 美蓝还原试验检测法

(1) 原理　存在于乳中的微生物在生长繁殖过程中能分泌出还原酶，可使美蓝还原而退色，还原反应的速度与乳中的细菌数量有关。根据美蓝退色时间，可估计乳中含菌数的多少，从而评价乳的品质。

(2) 操作步骤　用量筒量取20mL乳样于试管中，在水浴上加热至38～40℃，加入1mL美蓝溶液，混匀后将试管置于38～40℃恒温箱中，经过20min、2h和5.5h，观察3次退色情况，根据退色时间将牛乳分为 4 个等级，见实训表 15-1。

实训表 15-1 美蓝退色时间与乳中细菌数的关系

级 别	乳的质量	乳的退色时间	相当于每毫升牛乳中的细菌总数
1	良好	>5.5h	$<5\times10^5$
2	合格	2～5.5h	$5\times10^5\sim4\times10^6$
3	差	20min～2h	$4\times10^6\sim2\times10^7$
4	劣	<20min	$>2\times10^7$

2. 刃天青试验检测法

(1) 原理　刃天青是氧化还原反应的指示剂，加入到正常鲜乳中呈青蓝色或微带蓝紫色，如果乳中含有细菌并生长繁殖时，能使刃天青还原，并产生颜色改变。根据颜色从青蓝→红紫→粉红→白色的变化情况，可以判定鲜乳的品质优劣。

(2) 操作步骤。

① 用 10mL 无菌吸管取被检乳样 10mL 于灭菌试管中，如为多个被检样品，每个检样需用 1 支 10mL 吸管，并将乳样编号。

② 用 1mL 无菌吸管取 0.005%刃天青水溶液 1mL 加于被检试管中，立即塞仅无菌胶塞，将试管上下倒转 2～3 次，使之混匀。

③ 迅速将试管置于 37℃水浴箱内加热（松动胶塞，勿使过紧）。

④ 水浴 20min 时进行首次观察，同时记录各试管内的颜色变化，去除变为白色的试管，其余试管继续水浴至 60min 为止。记录各试管颜色变化结果。根据各试管检样的变色程度及变色时间判定乳品质量，也可放在光电比色计中检视。详见实训表 15-2。

实训表 15-2 刃天青试验颜色特征与乳品质量

编号	颜色特征		乳品质量	处 理
	20min	60min		
6	青蓝色	青蓝色	优	可作鲜乳(消毒乳)或制作炼乳用
5	青蓝色	微带青蓝色	良好	
4	蓝紫色	红紫色	好	
3	红紫色	淡红紫色	合格	光电比色读数在 3.5 及 1 者，可考虑做适当加工
2	淡红紫色	淡粉红色或白色	差	
1	粉红色	—	劣	读数在 0.5 及 0 者，不得供食用
0	白色		较劣	

【实训报告】 详细记录实训操作过程，根据观察结果判断被检乳的各项指标。

实训十六 乳腺炎乳检验

【实训目标】 掌握乳腺炎乳的检验方法，并能正确判定。

【实训材料】

1. 溴甲酚紫法

试液［称取 60g 碳酸氢钠（化学纯）溶于 100mL 蒸馏水中，称取 40g 无水氯化钙溶于 300mL 蒸馏水中，二者须均匀搅拌，加温过滤；然后将两种滤液倾注一起，予以混合搅拌、加温和过滤，于第二次滤液中加入等量的 15%的氢氧化钠溶液，继续搅拌加温过滤即为试液。加入溴甲酚紫于试液中，有助于观察，试液存放在棕色玻璃瓶内］、白色平皿、吸管、鲜奶。

2. 氯糖数的测定

10mL 吸管、100mL 量筒、250mL 容量瓶、50mL 滴定管、石蕊试纸、20%硫酸铝溶液、10%铬酸钾溶液、0.2mol/L 氢氧化钠溶液、0.02817mol/L 硝酸银溶液（每 1000mL 水溶解 4.788g 硝酸银，标定后使用）。

【方法步骤】

1. 溴甲酚紫法

（1）操作方法　吸取乳样 3mL 于白色平皿中，加入 0.5mL 试液，立即回转混合，约 10s 观察结果。

（2）判定　见实训表 16-1。

实训表 16-1　乳腺炎乳（溴甲酚紫法）检查结果判定

结　果	判　定
无沉淀及絮片	－(阴性)
稍有沉淀发生	±(可疑)
肯定有沉淀	＋(阳性)
发生黏稠性团块并继之分为薄片	＋＋(强阳性)
有持续性的黏稠性团块	＋＋＋(强阳性)

2. 氯糖数的测定

（1）操作方法　用吸管吸取乳样 20mL，注入 200mL 的容量瓶中，加 20%硫酸铝溶液 10mL 及 0.2mol/L 氢氧化钠溶液 8mL，混合均匀，加水至刻度，摇匀后过滤。

取 100mL 滤液，用 0.02817mol/L 硝酸银标准溶液滴定到砖红色。1mL 的 0.02817mol/L 硝酸银标准溶液相当于 1mg 氯。

（2）计算

$$\text{氯含量}(\%)=\frac{V\times 10}{1.030\times 1000}$$

式中　V——滴定时用掉硝酸银的体积，mL；

1.030——正常乳的相对密度；

$V\times 10$——每 100mL 牛乳中含氯量，mL。

$$\text{氯糖数}=\frac{\text{氯含量}(\%)\times 100}{\text{乳糖含量}(\%)}$$

（3）判定　健康牛乳中的氯糖数不超过 4。患乳房炎时乳中氯化物增加，乳糖数减少，故氯糖数大于 4。

【实训报告】　根据测定结果判定牛乳是否为乳房炎乳。

实训十七　乳中抗生素残留检验

【实训目标】　掌握用 2,3,5-氯化三苯四氮唑（TTC）试验检测乳中抗生素残留的方法，并能正确判定。

【实训材料】　水浴锅、灭菌试管、灭菌吸管、恒温培养箱、嗜热乳酸链球菌、4% TTC 指示剂（称取 TTC 1g，溶于 5mL 灭菌蒸馏水中，装褐色瓶内于 7℃冰箱保存，临用时用灭菌蒸馏水稀释至 5 倍。如遇溶液变为玉色或淡褐色，则不能再用）、脱脂乳、被检乳样。

【方法步骤】

1. 原理

乳中有抗生素存在，则检样中虽加菌液培养物，但因细菌的繁殖受到抑制，因此指示剂TTC不还原，不显色。与此相反，如果没有抗生素存在，则加入菌液即行增殖，TTC被还原而显红色。也就是说检样呈乳的原色时为阳性，呈红色为阴性，从而可以判定有无抗生素残留。

2. 操作方法

（1）菌液制作　将菌种移种脱脂乳，经36℃±1℃培养15h后，以灭菌脱脂乳1∶1稀释待用。

（2）检验程序　抗生素残留检验程序如实训图17-1所示。

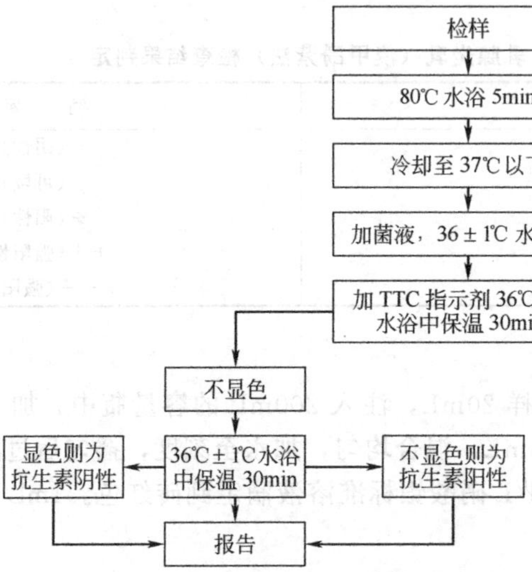

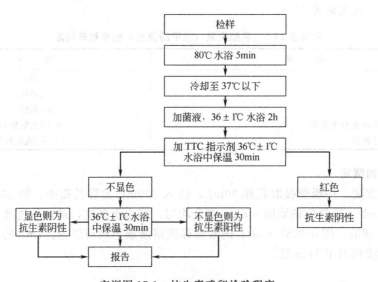

实训图17-1　抗生素残留检验程序

（3）操作步骤　取乳样9mL，置于试管内，置80℃水浴中加热5min。然后冷却至37℃以下，加入菌液1mL，36℃±1℃水浴锅中培养2h。加入4%TTC指示剂0.3mL，置36℃±1℃水浴中培养30min。观察牛乳颜色的变化。

（4）结果判定　加入TTC指示剂并于水浴中保温30min后，如检样呈红色反应，说明无抗生素残留，即报告结果为阴性；如检样不显色，再继续保温30min作第二次观察，如仍不显色，则说明有抗生素残留，即报告结果为阳性，反之则为阴性。显色状态判断标准实训表17-1。

实训表17-1　显色状态判断标准

显色状态	判断
未显色者	阳性
微红色者	可疑
桃红色——→红色	阴性

（5）注意事项　①掌握好观察时间，第一次观察时间应在加入TTC后半小时，这一时间既不宜过短，也不宜过长，过短则显色尚未充分，过长则不仅延长了检验时间，也会错失显色高峰。②检验过程中应防过多的光照。因TTC试剂需避光照，所以在试管内加入TTC试剂后的检验过程，宜在光线较暗处进行。每次取出观察时，动作要快，以防光照的干扰。

【实训报告】　详细记录实训过程，根据观察结果判断乳的质量。

实训十八　乳中掺假掺杂物的检验

【实训目标】 掌握乳的各种掺伪鉴别方法。

【实训材料】 各实验共用的有玻璃杯、试管、吸管。不同的材料见各实验。

【方法步骤】

1. 掺水乳的检验

(1) 试剂　10%重铬酸钾溶液、0.5%硝酸银溶液。

(2) 操作方法

① 感官检验方法　正常牛乳的色泽为乳白色或淡黄色。牛乳掺水，乳液即由稠变稀，而且色泽变浅。将煮沸的牛乳盛半烧杯，轻轻摇晃，如碗边上沾的白沫很快流下，证明掺水很多；如果白沫流下很慢，则掺水较少或未掺水。

② 化学试验方法　取样品 2mL 于试管中，加入 10%重铬酸钾溶液 2 滴，摇匀，再加入 0.5%硝酸银溶液 4mL，摇匀，观察颜色反应。

(3) 判定标准　掺水乳呈不同程度的砖红色。

2. 掺豆浆乳的检验

(1) 原理　豆浆中含有皂素，可溶于热水或热酒精中，与氢氧化钠反应生成黄色溶液，据此进行检验。

(2) 试剂　醇醚混合液、25%氢氧化钠溶液。

(3) 操作方法　取乳样 2mL 注入试管中，吸取醇醚混合液 3mL 加入试管内，再加入 25%氢氧化钠溶液 5mL，充分混合，在 5～10min 内观察试管内乳样颜色的变化。同时用正常乳样作对照。

(4) 判定标准　乳中掺有豆浆时，呈黄色，无豆浆乳不变色。

3. 掺碱乳的检验

(1) 原理　乳中掺入碱后，使氢离子浓度发生变化，与酸碱指示剂相遇，显示出与正常乳不同的颜色反应。

(2) 试剂　0.04%溴麝香草酚蓝乙醇溶液。

(3) 操作方法　取牛乳 5mL 注入试管中，然后用滴管沿试管壁加 5 滴 0.04%溴麝香草酚蓝乙醇溶液，将试管小心地倾斜转动 2～3 次，使试管内液体充分接触，应避免两种液体相互混合。最后轻轻地把试管垂直放到试管架上，经 2min 后观察两液面间色环的出现及其颜色。同时用不掺碱的鲜乳对照。

(4) 判定标准　见实训表 18-1。

实训表 18-1　掺碱乳结果判定

鲜乳中含碱的浓度/%	接触面环层的颜色
0.03	黄绿色
0.05	淡绿色
0.1	绿　色
0.3	深绿色
0.5	青绿色
0.7	淡青色
1.0	青　色
1.5	深青色

4. 掺淀粉（面粉）乳的检验

（1）原理　淀粉遇碘变成蓝色，据此进行检验。

（2）试剂　碘溶液（2g 碘与 4g 碘化钾溶于 100mL 水中）。

（3）操作方法　取乳样 5mL 于试管中，再加入碘溶液 2～3 滴，观察被检乳颜色的变化。

（4）判定标准　有淀粉存在时，乳立即出现蓝色，否则不变色。

5. 掺甲醛乳的检验

（1）试剂　硫酸-硝酸混合液。

（2）操作方法　吸取 5mL 乳样注入试管内，仔细缓慢地沿着试管壁加入 2mL 硫酸和硝酸混合液，注意防止乳与酸混合，要使乳与酸分成两层。观察颜色的变化。

（3）判定标准　经过 1～2min 后在乳与酸交接处如产生紫色环，说明有甲醛存在（不含甲醛的牛乳在交接面处呈淡黄褐色）。当甲醛含量极少时（少于 0.00001%）需要经过 0.5～1h 后才出现。

6. 掺蔗糖乳的检验

（1）试剂　浓盐酸、间苯二酚。

（2）操作方法　取牛乳 30mL，加入浓盐酸 2mL，混合、过滤。取滤液 5mL 于试管中，加间苯二酚 1g，置于沸水浴锅中 5min 后观察。

（3）判定标准　如出现红色，说明乳中掺有蔗糖。

7. 掺三聚氰胺乳的检验

此法是利用酶联免疫吸附测定法定量测定三聚氰胺残留。

（1）试剂　三聚氰胺、三聚氰胺酶标记物、盐酸。

（2）操作方法　利用萃取液通过均质及振荡的方式提取样品中的三聚氰胺进行免疫测定。先将三聚氰胺酶标记物，样品萃取物及标准加入到已经包被有三聚氰胺抗体的微孔中开始反应。在 30min 的孵育过程中，样品萃取物中的三聚氰胺与三聚氰胺酶标记物竞争结合微孔中的三聚氰胺抗体，孵育 30min 后洗掉小孔中所有没有结合的三聚氰胺及三聚氰胺酶标记物。在配制的洗液清洗结束后，每孔中加入清澈的底物溶液，结合的酶标记物将无色的底物转化为蓝色的物质。孵育 30min 后加入终止液（盐酸），终止底物反应，在 450nm 波长检测吸光度值。

（3）判定标准　根据各孔颜色深浅进行数据读取。依据标准的吸光度值得出样品中三聚氰胺的浓度值。

【实训报告】　详细记录实训过程，根据观察到的实验现象作出判断。

实训十九　鲜蛋的新鲜度检验

【实训目标】　掌握禽蛋新鲜度的感官检查和常用检验方法、原理及蛋的卫生评价。

【实训材料】　蛋盘、平皿、镊子、照蛋器、天平、蛋质分析仪、气室测定规尺、各种不同程度种类的鲜蛋、破蛋、次劣质或变质蛋。

【方法步骤】

1. 感官检验

运用视觉、听觉、触觉和嗅觉综合检查判定蛋品的感官性状。

2. 灯光透视检验

本方法操作简便易行，通过灯光透视，可以鉴定蛋的气室的大小，蛋白、蛋黄、系带、胚珠和蛋壳的状态和透光程度，以及蛋壳的完整度等。

检验在暗室中进行，将蛋的大头紧贴照蛋器洞口上观察，首先用气室测定规尺测定气室的高度，测定时将蛋的大头朝向上，使蛋的顶点和规尺上的零线重合，即调零。检验者的视线应该和蛋的顶点取水平，然后读取气室左右两端落在规尺刻度线上的刻度数（亦即气室左右边的高度值）。两端刻度的平均值即为该蛋的气室高度。

然后观察蛋内容物透光情况以判定有无胚胎发育、散黄或发霉现象。

判定标准：特级鲜蛋高度为 0.3cm 以内；一级鲜蛋高度为 0.4～0.5cm；二级鲜蛋高度为 1.0cm 以内；三级鲜蛋高度为 1.1cm 以上，但不超过蛋长轴的 1/3。陈旧蛋高度超过蛋长轴的 1/3。

3. 蛋黄指数测定

（1）操作方法　先将被测蛋小心破壳，再将破壳蛋的内容物轻轻倒放在蛋质分析仪的水平玻璃测试台上。然后用蛋质分析仪的垂直测微器量取蛋黄最高点的高度，用卡尺小心量取蛋黄最宽处的宽度（即横径）。注意测量时要小心，切不可将蛋黄膜损破。

（2）计算

$$\text{蛋黄指数}=\frac{\text{蛋黄高度(cm)}}{\text{蛋黄宽度(cm)}}$$

（3）判定标准　新鲜蛋：0.36～0.45，次鲜蛋：0.25～0.36，陈旧蛋：0.25 以下。

4. 哈夫单位测定

（1）操作方法　待检验样蛋称重后，将蛋打开倒在水平的玻璃台上。用蛋质分析仪的垂直测微器测量浓蛋白最宽部位的高度，这个部位大约距蛋黄 1cm，优质蛋的蛋黄周围几乎紧贴着浓蛋白。测定时一定将垂直测微器的轴慢慢地下降到和蛋白表面接触，再读取读数，要精确到 0.1mm，依次选取 3 个点，测出 3 个高度值，取其平均数，作为蛋白高度。

（2）计算

$$Hu=100\lg\left[H-\frac{G(30M^{0.37}-100)}{100}+1.9\right]$$

式中　Hu——哈夫单位；

H——蛋白高度，mm；

G——36.2（常数）；

M——蛋的质量，g。

（3）判定标准　哈夫单位的指标范围从 30～100，“30”表示质量差，“100”为最高指标。特级：哈夫单位 72 以上；甲级：哈夫单位 60～72；乙级：哈夫单位 30～60。

【实训报告】根据实际检测过程写出蛋新鲜度的检验方法，得出检验结果并提出处理意见。

实训二十　鲜鱼的新鲜度检验

【实训目标】掌握鲜鱼新鲜度的感官检查和常用检验方法、及鲜鱼的卫生评定。

【实训材料】酸度计、复合 pH 玻璃电极、搪瓷盘、剪刀、竹签、滤纸、天平（配砝码）、小广口瓶、胶塞、吸管、玻璃棒、小钩、待检鱼样品若干等、10%硫酸溶液、10%醋酸铅碱性溶液、爱贝尔试液（取 25%相对密度为 1.12 的盐酸 1 份，无水乙醚 1 份，96%酒精 3 份混合即成）等。

【方法步骤】

1. 感官检验

观察鱼的体表状态、挺直度、鱼眼、鱼鳃、内脏、肌肉及气味等状况。

鱼新鲜度感官检验的特征如下，详情见表 15-1。

(1) 体表状态　鲜鱼的体表有少量而透明均匀分布的黏液附着；鱼鳞牢固地固着在鱼体表面，不易用手剥落；鱼腹部无膨胀现象，肛门发白向腹部紧缩无污染，无内容物外泄。变质鱼体表黏液暗淡无光，污浊黏稠有异味；鳞片暗淡无光，容易脱落，往往背部鳞片残缺不全；腹部膨大，肛门向外凸，内容物外泄。

(2) 挺直度　鱼死后相继发生僵硬、自溶和腐败三个过程。淡水鱼死后，用手握住鱼头，使鱼体倒立，新鲜鱼可以挺立。海水鱼死后，用手托住鱼体中部，使鱼体横卧，新鲜鱼可以观察到头与尾稍弯曲。

(3) 鱼眼　新鲜鱼眼球凸出明亮，角膜透明清晰，无血液浸润。随着鲜度的降低，血管呈现出血现象，眼球凹进，但眼球仍然透明清晰。腐败鱼的眼球浑浊，眼球下凹，变成暗褐色，浑浊不清。

(4) 鱼鳃　新鲜鱼的鳃部呈鲜红色。只有薄薄透明一层较少的黏液，鳃板的条纹清晰，鳃盖紧闭，具有腥味；鲜度次之的鱼鳃有灰白色黏液、鳃片呈淡红色或灰褐色，黏液黏稠浑浊，有异味；腐败的鱼鳃呈黑褐色，黏液浑浊，鳃丝粘连，有腐败味。

(5) 气味　用干净的竹签从鱼的鳃部斜向背部刺入，然后拔出立即嗅查气味，新鲜鱼有一种固有的鱼腥味，血是鲜红的。腐败变质鱼有一种恶臭味，腥味减退。可观察到竹签上有污物。

(6) 内脏　用检验刀剖开鱼体后，新鲜鱼可以观察到腹壁肌肉坚实，有光泽，各内脏完整保持原有形态与自然颜色，无胆汁印染和脊柱红染现象，无异味。脊柱两侧肌肉无变化，刺骨与肌肉结合紧密；腐败鱼，腹膜无光泽，刺骨脱离，肌肉松散，看到内脏各器官溶解、鱼鳔无气，脊柱周围肌肉呈暗红色，不规则，异味较浓。

2. pH 值的测定

运用酸度计法测定鱼样本的 pH 值。

(1) 方法

① 肉浸液制备　除去鱼肉样中的鱼皮、鱼刺，切碎，称取 10g，置于 250mL 锥形瓶中，加 100mL 中性蒸馏水，不时振摇，浸渍 15min 后过滤，滤液待检。

② 样品测定　通电→预热→温度补偿→调零→安装电极→定位→检测滤液→读数→水洗电极→关闭电源。

(2) 判定标准　新鲜鱼 pH 值为 6.5～6.8；次鲜鱼 pH 值为 6.9～7.0；变质鱼 pH 值为 7.1 以上。

3. 硫化氢的测定

(1) 方法　称取检样鱼肉 20g，装入小广口瓶内，加入 10%硫酸液 40mL，取大于瓶口的方形或圆形滤纸一张，在滤纸块中央滴 10%醋酸铅碱性液 1～2 滴，然后将有液滴的一面向下盖在瓶口上并用橡皮圈扎好。15min 后取下滤纸块，观察其颜色有无变化。

(2) 判定标准

① 新鲜鱼：滴乙酸铅碱性液处，颜色无变化，为阴性反应（－）。

② 次鲜鱼：在接近滴液边缘处，呈现微褐色或褐色痕迹，为疑似反应（±）或弱阳性反应（＋）。

③ 腐败鱼：滴液处全是褐色，边缘处色较深，为阳性反应（＋＋）；或全部呈深褐色，

为强阳性反应（+++）。

4. 氨的测定

（1）方法　取蚕豆大小一块鱼肉，挂在一端附有胶塞另一端带钩的玻璃棒上，用吸管吸取爱贝尔试液 2mL，注入试管内并稍加振摇，把带胶塞的玻璃棒放入试管内（注意切勿碰管壁），直到检样距液面 1～2cm 处，迅速拧紧胶塞，然后立即在黑色背景下观察试管中样品周围的变化情况。

（2）判定标准

① 新鲜鱼：无白色云雾出现，为阴性反应（－）。

② 次新鱼：在取出检样离开试管的瞬间有少许白色云雾出现，但立即消散，为弱阳性反应（+）；或检样放入试管后，经数秒钟后才出现明显的云雾状，为阳性反应（++）；

③ 变质鱼：检样放入试管后，立即出现云雾，为强阳性反应（+++）。

【实训报告】 根据实际检测过程写出鱼新鲜度的检验方法，得出检验结果并提出处理意见。

附录　病害动物和病害动物产品生物安全处理规程

（国家标准 GB 16548—2006）

1　范围

本标准规定了病害动物和病害动物产品的销毁、无害化处理的技术要求。

本标准适用于国家规定的染疫动物及其产品、病死毒死或者死因不明的动物尸体、经检验对人畜健康有危害的动物和病害动物产品、国家规定的其他应该进行生物安全处理的动物和动物产品。

2　术语和定义

下列术语和定义适用于本标准。

2.1　生物安全处理

通过用焚毁、化制、掩埋、或其他物理、化学、生物学等方法将病害动物尸体和病害动物产品或附属物进行处理，以彻底消灭其所携带的病原体，达到消除病害因素，保障人畜健康安全的目的。

3　病害动物和病害动物产品的处理

3.1　运送

运送动物尸体和病害动物产品应采用密闭、不渗水的容器，装前卸后必须要消毒。

……

3.2　销毁

3.2.1　适用对象

3.2.1.1　确认为炭疽、鼻疽、牛肺疫、恶性水肿、气肿疽、狂犬病、羊快疫、羊肠毒血症、肉毒梭菌中毒症、羊猝殂、马流行性淋巴管炎、马传染性贫血病、马鼻腔肺炎、马鼻气管炎、蓝舌病、口蹄疫、猪传染性水疱病、猪瘟、非洲猪瘟、牛瘟、猪密螺旋体痢疾、急性猪丹毒、牛鼻气管炎、黏膜病、钩端螺旋体病（已黄染肉尸）、李氏杆菌病、布鲁氏菌病、鸡新城疫、马立克氏病、鸡瘟（禽流感）、小鹅瘟、鸭瘟、兔病毒性出血症、野兔热、兔产气荚膜梭菌病等传染病和恶性肿瘤或两个器官发现肿瘤的病畜禽整个尸体；从其他患病畜禽各部分割除下来的病变部分和内脏。

……

3.2.2.1　焚毁

将病害动物尸体、病害动物产品投入焚化炉或用其他方式烧毁炭化。

3.2.2.2　掩埋

本法不适用于患有炭疽等芽孢杆菌类疫病，以及牛海绵状脑病的染疫动物及产品、组织的处理。具体掩埋要求如下：

a）掩埋地点应远离学校、公共场所、居民住宅区、村庄、动物饲养和屠宰场所、饮用水源地、河流等地区；

b）掩埋前应对需掩埋的病害动物尸体和病害动物产品实施焚烧处理；

c）掩埋坑底铺 2cm 厚生石灰；

d）掩埋后需将掩埋土夯实，病害动物尸体和病害动物产品上层应距地表1.5m以上；

e）焚烧后的病害动物尸体和病害动物产品表面，以及掩埋后的地表环境应使用有效消毒药喷洒消毒。

3.3　无害化处理

3.3.1　化制

3.3.1.1　适用对象

除3.2.1传染病以外的其他疫病的染疫动物，以及病变严重、肌肉发生退行性变化的动物的整个尸体或胴体、内脏。

3.3.1.2　操作方法

利用干化、化机，将原料分类，分别投入化制。

3.3.2　消毒

3.3.2.1　适用对象

除3.2.1规定的动物疫病以外的其他疫病的染疫动物的生皮、原毛以及未经加工的蹄、骨、角、绒。

3.3.2.2　操作方法

3.3.2.2.1　高温处理法

适用于染疫动物蹄、骨和角的处理。

将肉尸作高温处理时剔出的骨、蹄、角放入高压锅内蒸煮至骨脱或脱脂时止。

3.3.2.2.2　盐酸食盐溶液消毒法

适用于被3.1.1疫病污染的和一般病畜的皮毛消毒。

用2.5%盐酸溶液和15%食盐水溶液等量混合，将皮张浸泡在此溶液中，并使液温保持在30℃左右，浸泡40h，1的皮张用10L消毒液。浸泡后捞出沥干，放入2%氢氧化钠溶液中，以中和皮张上的酸，再用水冲洗后晾干。也可按100mL25%食盐水溶液中加入盐酸1mL配制消毒液，在室温15℃条件下浸泡48h，皮张与消毒液之比为1∶4。浸泡后捞出沥干，再放入1%氢氧化钠溶液中浸泡，以中和皮张上的酸，再用水冲洗后晾干。

3.3.2.2.3　过氧乙酸消毒法

适用于任何染疫动物的皮毛消毒。

将皮毛放入新鲜配制的2%过氧乙酸溶液浸泡30min，捞出，用水冲洗后晾干。

3.3.2.2.4　碱盐液浸泡消毒

适用于被病原微生物污染的皮毛消毒。

将皮毛浸入5%碱盐液（饱和盐水内加5%烧碱）中，室温（18～25℃）浸泡24h，并随时加以搅拌，然后取出挂起，待碱盐液流净，放入5%盐酸液内浸泡，使皮上的酸碱中和，捞出，用水冲洗后晾干。

3.3.2.2.5　煮沸消毒法

适用于染疫动物鬃毛的处理。

将鬃毛于沸水中煮沸2～2.5h。

参 考 文 献

［1］ 郑明光．动物性食品卫生检验．北京：解放军出版社，2003.
［2］ 张彦明，佘锐萍．动物性食品卫生学．第3版．北京：中国农业出版社，2002.
［3］ 王雪敏．动物性食品卫生检验．北京：中国农业出版社，2002.
［4］ 孙锡斌．动物性食品卫生学．高等教育出版社，2006. 2.
［5］ 刘占杰，王惠霖．动物性食品卫生学．中国农业出版社，1989.
［6］ 王亚宾．动物性食品检验学．中国农业科学技术出版社，2003.
［7］ 曲祖乙．兽医卫生检验．中国农业出版社，2006.
［8］ 章银良．食品检验教程．化学工业出版社，2006.
［9］ 蔡宝祥．家畜传染病学．北京：中国农业出版社，2001.
［10］ 孔繁瑶．家畜寄生虫病学．第2版．北京：中国农业大学出版社，1997.
［11］ 薛慧文．肉品卫生监督与检验手册．北京：金盾出版社，2003.
［12］ 王志成等．动物检疫检验工．北京：中国农业出版社，2004.
［13］ 王子轼．动物防疫与检疫技术．北京：中国农业出版社，2006.
［14］ 黄秀明等．屠宰工基本技能．北京：中国劳动社会保障出版社，2006.
［15］ 杨廷桂．动物防疫与检疫．北京：中国农业出版社，2001.
［16］ 许伟琦．畜禽检疫检验手册．上海：上海科学技术出版社，2000.
［17］ 尹凯丹．食品理化分析．北京：化学工业出版社，2008.
［18］ 金明琴．食品分析．北京：化学工业出版社，2008.
［19］ 李东凤．食品分析综合实训．北京：化学工业出版社，2008.
［20］ 吴晓彤．食品检测技术．北京：化学工业出版社，2008.
［21］ 程云燕．食品分析与检验．北京：化学工业出版社，2007.
［22］ 魏明奎．食品微生物检验技术．北京：化学工业出版社，2008.
［23］ 马丽卿．食品安全法规与标准．北京：化学工业出版社，2009.
［24］ 丁立孝．食品卫生检验与管理．北京：化学工业出版社，2008.
［25］ 蔡花真．食品安全与质量控制．北京：化学工业出版社，2008.
［26］ 杨国伟．食品质量管理．北京：化学工业出版社，2008.
［27］ 刘爱红．食品毒理学基础．北京：化学工业出版社，2008.
［28］ 罗红霞．畜产品加工技术．北京：化学工业出版社，2007.
［29］ 毕玉霞．动物防疫与检疫技术．北京：化学工业出版社，2009.
［30］ 顾洪娟．畜牧兽医行政执法与管理．北京：化学工业出版社，2009.
［31］ 刘振湘．动物传染病防治技术．北京：化学工业出版社，2009.
［32］ 谢拥军．动物寄生虫病防治技术．北京：化学工业出版社，2009.